国家科学技术学术著作出版基金资助出版

定向断裂控制爆破理论与实践

Theory and Practice of Directional Fracture Controlled Blasting

杨仁树　杨国梁　高祥涛　著

科学出版社
北京

内 容 简 介

本书介绍了切缝药包定向断裂控制爆破技术。采用超动态应变测试系统、数字激光动态焦散线测试系统等研究手段，分析了切缝药包爆轰波动态演化过程、爆炸加载下切缝管的动力学响应、切缝药包爆炸参量的时空分布规律以及影响定向断裂控制爆破效果的主要因素。揭示了切缝药包定向断裂控制爆破机理，优化设计了切缝药包装药结构，形成了切缝药包定向断裂控制爆破技术体系。

本书可供从事煤矿巷道、铁(公)路隧道建设及其他边坡工程等研究领域的科技工作者、研究生和大学本科生学习和参考，同时还可供矿山安全科技工作者借鉴使用。

图书在版编目（CIP）数据

定向断裂控制爆破理论与实践 = Theory and Practice of Directional Fracture Controlled Blasting / 杨仁树，杨国梁，高祥涛著. —北京：科学出版社，2017.3

ISBN 978-7-03-051986-3

Ⅰ. ①定… Ⅱ. ①杨… ②杨… ③高… Ⅲ. ①凿岩爆破－定向爆破－预裂爆破 Ⅳ. ①TD235.37

中国版本图书馆 CIP 数据核字（2017）第 044077 号

责任编辑：李　雪 / 责任校对：郭瑞芝
责任印制：张　倩 / 封面设计：无极书装

科学出版社 出版
北京东黄城根北街 16 号
邮政编码：100717
http：//www. sciencep. com

中国科学院印刷厂 印刷
科学出版社发行　各地新华书店经销
*
2017 年 3 月第　一　版　开本：787×1092　1/16
2017 年 3 月第一次印刷　印张：21 1/4
字数：501 000

定价：298.00 元

（如有印装质量问题，我社负责调换）

前　言

随着国家现代化建设的飞速发展，对能源资源的需求日益显著。采掘工业是国民经济的基础，爆破是采掘业中重要的工艺环节，是破碎岩石的主要手段,在今后相当长的时期内，仍将占主导地位。为了安全高效开挖岩体，必须重视爆破理论与技术的研究，推动爆破行业的可持续发展。

采掘工程爆破按照要达到的效果可分为两个方面：一方面是破碎岩体；另一方面是保护围岩。采用光面爆破、预裂爆破、切槽孔爆破、聚能药包爆破、切缝药包爆破等方法可在一定程度上保护围岩。这些技术的爆破作用过程相似，但是其装药结构、起爆方式、作用机理等不尽相同，其主要目的是为了实现定向断裂控制爆破。

《定向断裂控制爆破理论与实践》是在总结和借鉴前人研究成果的基础上，通过建立新的试验测试系统，研究切缝药包定向断裂控制爆破机理，从细观角度分析爆破裂纹形成过程。通过纹影试验，得到了自由场中切缝药包爆破后冲击波的传播规律。通过建立并采用动态焦散线测试系统，提取爆生裂纹尖端的应力强度因子，揭示切缝药包爆破后裂纹起裂-持续发展-止裂的规律。同时通过数值仿真分析，实现了切缝药包爆破后裂纹发展的可视化，重点分析了影响切缝药包定向断裂爆破效果的几个主要因素：不耦合装药系数、切缝宽度及切缝管材质，得到了上述几个主要因素对定向断裂控制爆破效果的综合影响规律。在此基础上，采用超声波测试手段，得到了切缝药包爆破近区的损伤规律。研究成果分别在煤矿井下岩石巷道、地铁隧道、铁路边坡以及金属矿山边坡等工程中进行了运用，均取得了良好的爆破效果。现场实践成功运用的基础上，建立了切缝药包生产线，实现了切缝药包的集成化生产。

中国矿业大学（北京）矿山建设学科组长期致力于煤矿爆破的理论与技术方面的教学和科研工作，本书凝聚了研究团队二十多年来从事爆破研究的最新成果。相关成果经过中国煤炭工业协会、中国爆破行业协会等部门鉴定。成果曾获得国家科技进步奖二等奖 1 项，省部级科技进步奖励多项。

切缝药包定向断裂爆破技术课题的研究和成果应用，得到了山东、山西、河南、河北、安徽等煤炭行业企业的大力支持。此外，青岛地铁集团、江西德兴铜业有限公司、北京矿冶研究总院、北京京煤化工厂等企业为课题研究提供了支持和帮助。

本课题还得到了国家“863”科技支撑计划项目课题（2007AA06Z131）的子课题“深凹露天矿邻近边坡定向断裂爆破技术及设计方法”、国家自然科学基金煤炭联合基金重点项目“大断面巷道快速掘进与支护基础”（51134025）、国家自然科学基金面上项目“爆破动载对冻结壁（管）及支护结构的作用机理”（51274203）等基金的资助。

在本书出版之际，作者对被引用文献的作者、给予课题研究指导帮助的专家和课题研究的参与者表示衷心的感谢和诚挚的敬意！

由于作者水平有限，书中难免存在不准确或不妥之处，恳请读者批评指正。

2016年10月

目　录

第1章 绪 论

在爆破开挖岩体工程中，对于爆破效果通常有两个方面的要求：一是要保证开挖岩体充分破碎；二是确保被保护岩体受到的破坏最小。最具有代表性的，如露天采场的边坡爆破，隧道工程和水利工程爆破中的开挖与保护问题。在露天开采中，边坡的稳定性一直是困扰露天采掘业的一个重要问题，直接影响着矿山的正常生产。爆破危害是影响边坡稳定的一个主要原因：靠帮爆破后，会对边坡造成不同程度的损伤，在被保护一侧的岩体侧壁形成许多微裂纹；而爆破振动使得先前形成的微裂纹不断发展，久而久之，随着微裂纹发展到一定程度，岩体发生松动破裂，甚至会造成边坡坍塌。

爆破振动波是炸药爆炸产生的冲击波，经由岩石介质传播到一定距离后，衰减形成的弹性波。在一般情况下，这种弹性波不会造成岩石破裂，但在其作用下岩体内节理、裂隙可以发生变形或位移。爆破振动对边坡稳定性的影响包括两个方面：一是由于爆破振动波不断地在边坡岩体中形成剪应力和拉应力，促使岩体中的节理裂隙逐渐张开，岩体结构逐渐松散，导致岩体强度降低；二是爆破本身引起的惯性力导致边坡岩体的下滑力加大，当达到一定量级后将导致整个边坡失稳。爆破使岩体产生大量的微裂纹，降低岩体的强度和抗滑力，这样就会使边坡稳定性逐渐降低。尤其是高陡边坡及岩体强度较差时，当爆破振动达到某一阈值时，就会发生边坡局部坍塌甚至整体滑坡[1]。

根据损伤力学的观点，爆炸作用下岩石的动态断裂是一个连续损伤累积的过程，其损伤机制可归结为岩石内部微裂纹的动态演化。岩石是一种脆性损伤材料，其间存在着大量的微裂隙、微裂纹等缺陷。在爆炸作用下，岩体的破坏过程是其内部大量微裂纹的成核、贯穿，进而导致岩体的宏观力学性质劣化，最终失效或破坏的过程[2]。实际工程中，为了降低爆破危害，在边坡爆破时通常采用预裂爆破和光面爆破等爆破方法。沿开挖边界布置密集炮孔，采取不耦合装药或装填低猛度炸药，在主炮孔之前起爆，沿开挖线形成预裂缝，以减弱主爆区爆破对受保护一侧岩体的损伤，并形成平整轮廓的爆破作业。开挖区和受保护区之间预裂缝的作用，使主爆区爆破形成的应力波传播到预裂缝时被反射掉一部分，透射到受保护一侧岩体中的应力波强度得到了很大程度上的降低，从而达到减振的目的[3]。另外，预裂缝的存在阻断爆生裂纹的传播，避免其伸入保留岩体内部，使得受保护岩体的损伤度降到最小。

岩石定向断裂爆破是在传统光面爆破法的基础上发展起来的。传统光面爆破通常采用不耦合装药或空气间隔装药结构，来降低爆炸对炮孔壁的直接作用，避免在孔壁岩石中形成压碎区。多个炮孔同时起爆后，在炮孔中心连线方向形成应力场叠加，从而在炮孔间产生贯穿裂隙，爆破后岩面光滑平整[4]。但是这种方法不能避免在孔壁上产生随机的径向裂纹，造成受保护侧岩壁的损伤，而且在节理裂隙发育时，光面爆破效果较差。定向断裂爆破采用改变装药结构、炮孔形状或在炮孔内增加附件等方法来改善炮孔周围岩体的受力，即在炮孔中心的连线方向上增强装药爆炸的作用力，或者降低岩石的抗破坏能力，从而使裂纹在预定方向上优先起裂、扩展和贯通，得到光滑的爆破面，从而提高光面爆破的效果。岩石定向断裂爆破技术，目前已经被广泛地应用于井巷周边成形爆破、珍贵石材的开采爆破和大型块体切割爆破等领域。在井巷爆破中采用定向断裂爆破技术，可以有效地减少超、欠挖，提高爆后炮孔眼痕率；同时也减少了孔壁周围岩石上次生裂纹的产生，改善了爆破质量，提高了围岩的稳定性。特别是在节理、裂隙较发育的岩层中使用定向断裂爆破方法，爆破效果会明显改善，产生较好的经济效益和社会效益。

1.1 定向断裂爆破技术分类

岩石定向断裂爆破方法基本上可以分为三类[5]（图 1.1）：①切槽孔岩石定向断裂爆破，采用机械方法形成初始定向裂纹（改变炮孔形状）；②聚能药包岩石定向断裂爆破，利用炸药聚能射流破坏机理，在炮孔周围形成定向裂纹（改变装药结构）；③切缝药包定向断裂爆破，利用切缝管对能量的导向作用，沿切缝方向形成定向裂纹（孔内增加附件）。

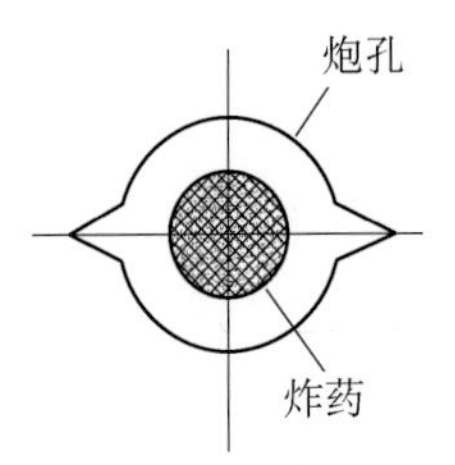

(a) 切槽孔定向断裂爆破

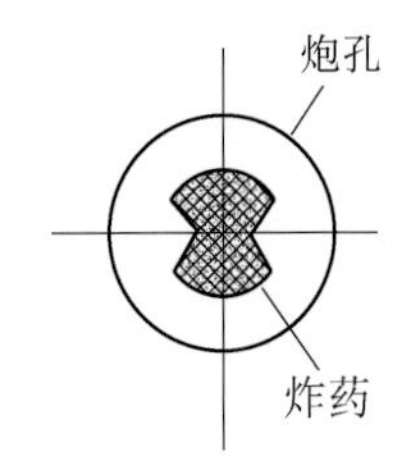

(b) 聚能药包定向断裂爆破

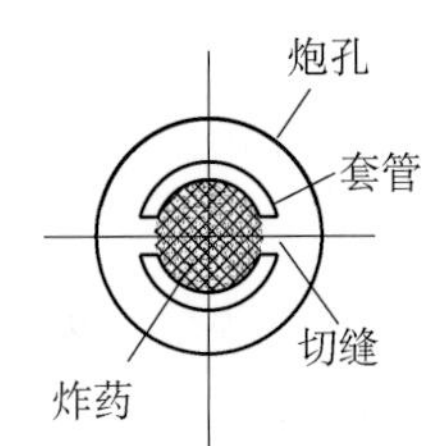

(c) 切缝药包定向断裂爆破

图 1.1 岩石定向断裂爆破分类

切槽孔爆破是指在炮孔轴向炮孔壁上按爆破开裂方向和设计要求，切出一定深度的 V 形槽。V 形槽炮孔是根据裂纹扩展理论，在炮孔内壁预制初始裂纹，初始裂纹起到应力集中和导向的作用，使岩石在爆炸作用下，沿着槽线方向断裂[6]。这种爆破方法的优点在于将爆破能量集中于切槽方向，在切槽方向裂纹扩展的同时，抑制了其他方向的裂纹起裂，其裂纹起裂所需要的能量较低，引起的爆破振动很小。

聚能药包的聚能效应（shaped charges）也称为空穴效应（cavity effect），亦即炸药爆炸时释放的一部分能量，可以通过某一方向实施空心装药而使其能量往这一区域的轴线方向集中。

切缝药包爆破是在具有一定密度和强度的炸药外壳上开有不同角度、不同形状和数量的切缝，利用切缝控制爆炸应力场的分布和爆生气体对（孔壁）介质的准静态作用和尖劈作用，达到控制所爆介质开裂方向的目的。

1.2 定向断裂控制爆破技术研究现状

1.2.1 切槽孔定向断裂爆破

1. 试验研究

Foster 等[7]首先在 1905 年提出了在岩石中预制 V 形槽来控制裂纹扩展的爆破方法。1952 年，Williams 等[8]通过建立 V 形切口问题的特征方程，得出在切口尖端处应力奇异性的强弱与切口张开角度有关。20 世纪 60 年代，Langefors 等[9]提出，在孔壁沿轴向预先切槽可以控制径向裂纹生成及断裂面形成。70 年代末，Noda Nao-Aki 等[10]采用实验方法，在无限平面条件下，研究了切槽角度对切口尖端的应力集中系数的影响关系。Fourney 等[11~13]采用速燃剂作为破碎剂，在有机玻璃上进行了切槽孔爆破模型实验。实验结果得出，炮孔壁无压碎现象，且有机玻璃模型均沿切槽方向断裂，断面平整光滑。Barker[14]采用带预制 V 形裂纹的简化方法对灰岩、粉砂岩进行了平面断裂韧性的实验研究。1981 年，瑞典 Biarnholt[15]对有 V 形槽的药柱进行了断裂控制的实验研究，得出孔压数值计算结果和具体参数。Costin[16]对油页岩进行了动态和静态裂隙发展的实验研究。

我国在 20 世纪 90 年代初期，开始研究采用切槽孔定向断裂控制爆破技术。Yang YQ 等[17]、Yang RS 等[18]、宋俊生和杨仁树[19]、杨仁树等[20]利用动云纹和动焦散方法，通过改变炮孔的形状对切槽孔在爆破作用下应力场的分布规律和裂纹扩展规律进行了一系列研究工作。结果表明：沿切槽方向应力场加强，更有利于裂纹的定向扩展。切槽孔爆破参数即切槽角度、切槽尖端半径和切槽深度是影响切槽裂纹扩展的主要因素。爆破中裂纹的起裂、扩展和止裂主要受爆生气体静压的作用。陆文等[21,22]进行了切槽爆破现场试验的研究工作，取得了满意的爆破效果。采用脆性介质宏观断裂力学理论，推导出爆生气体作用于孔壁最大、最小压力，提出合理的切槽爆破参数。李清等[23]应用爆炸加载的透射式动焦散线测试系统，研究了有机玻璃切槽孔爆破模型的裂纹动态特征变化规律，并得出合理的切槽爆破参数。杜云贵和张志呈[24]进行了圆形炮孔切槽爆破模型实验研究，得出采用 V 形切口的炮孔合理性。徐颖和刘积铭[25]将切槽爆破技术应用到钢筋混凝土大楼的保护性楼板拆除，取得了较好效果。任从坡和王聚永[26]在分段凿岩阶段矿房法回采实践中，尝试性采用扩井、切槽爆破同步进行方案。提高了爆破作业生产效率，缩短了爆破通风时间，大大降低了爆破对整个矿山生产的影响。

2. 理论研究

随着爆破理论的迅速发展，切槽孔定向断裂爆破理论研究取得了较快的发展。以弹性理论处理爆破问题的 Farvreau 模型[27]和 Harries 模型[28]。以线弹性断裂力学为基础的 NAG FRAG 模型[29]和 BCM 模型[30]。Kuszmaul 将岩石由损伤累积而导致的破坏视为一种逾渗转变的逾渗模型[31]。此外，Grady、Thorne、Preece、Burchell 等提出了以损伤演化特别是细观损伤演化为框架的损伤力学模型[32~35]。

切槽爆破的成缝机理研究方面：肖正学等[36]详细讨论了 V 形切槽炮孔在冲击波的动

态压力和爆轰气体的静压作用下所产生的力学效应。根据对比计算，得出切槽爆破能定向成缝扩展的原因。宗琦[37]建立了不耦合装药孔壁预切槽爆破时的脆性断裂力学模型，分析了裂缝的扩展规律，并初步探讨了切槽爆破的动态效应。Chen 和 Zheng[38]、Yan 等[39]将切槽定向断裂爆破技术引入到松动爆破领域，对螺旋切槽孔松动爆破理论机理、数值分析等方面进行了研究。王成端[40]提出了预制 V 形裂纹的复变应力函数，推导了 V 形裂纹尖端应力场和位移场，得出 V 形裂纹尖端的应力强度因子。李成芳等[41,42]通过对比数值分析的方法，得出螺旋孔爆破比圆孔切槽爆破更能有效地提高破岩面积，增加能量利用率。张志呈和王成端[43]通过研究，从理论上论证了采用 V 形炮孔的合理性，并把切槽定向断裂爆破应用于切割大理石，其切割效果令人满意。阳友奎等[44]以爆炸理论和断裂力学为基础，探讨了切槽的导向作用机理，阐明了其初始裂纹生成的定位性及其扩展的定向性，以及裂纹优先扩展等保证破裂面得以精确控制的断裂特征。

3. 数值模拟研究

徐海清[45]采用有限元 ANSYS 软件数值模拟了 V 形、矩形和半圆形刻槽孔，并且采用应力图可视化地显现出三种刻槽方式在刻槽尖端都具有应力集中作用。在数值解上证明 V 形、矩形和半圆形刻槽尖端是首先产生裂缝的位置，分析了 V 形刻槽角度、刻槽深度、槽孔曲率半径等因素对槽孔附近及槽孔尖端应力场的影响，并得出了 V 形槽孔各参数与槽孔周围应力分布之间的规律。张玥[46]以显式动力分析有限元程序 ANSYS/LS-DYNA 为模拟运算工具，详细计算了在动载作用下槽孔周围及双孔连心线上岩体的动态应力分布与变化规律，并运用断裂力学理论分析刻槽爆破动态成缝机理，探讨爆破参数变化对 V 形刻槽爆破效果的影响。叶晓明等[47]利用大型 ADINA 有限元程序对三维切槽孔、二维切槽孔和圆形孔爆破做了线弹性数值分析，结果表明三维槽孔爆破具有应力高度集中现象、应力的空间分布可以人为控制、切槽效应小于二维切槽孔爆破，遵守能量守恒规律。这说明三维切槽孔爆破方法能够应用于破岩爆破，其效率明显高于传统的圆孔爆破方法。

1.2.2 聚能药包定向断裂爆破

1. 试验研究

1792 年，采矿工程师 Franz Von Baader 首先提出聚能现象，并在 1799 年观察到了爆炸刻蚀现象[48]。1888 年，美国人 Munroe 在试验中发现，具有空穴的柱形装药不带药型罩的成形装药，在空穴端会形成爆轰产物的能量聚集，形成聚能气流。在 1940 年，Thomanek 对壁厚递增和喇叭形药型罩进行了试验研究。1943 年 Thomanek 首次发展了自旋补偿药型罩。德国人从实验中测出了有药型罩和无药型罩时对钢靶的侵彻深度及各种聚能装药在不同药型罩锥角、不同药型罩材料和壁厚，以及不同炸高时的效应。

聚能效应原理的全面研究始于二战期间。美国学者 Seely 等以及英国学者 Clark 对聚能装药爆炸过程都进行了闪光 X 射线照相[49,50]。德国人 Schardin 和 Thomer 清晰地记录了带半球形药型罩的聚能装药压垮情况[51]。20 世纪 40 年代末到 50 年代初，Birkhoff 等[52]、Evans[53]和 Pugh 等[54]相继提出药型罩聚能装药的分析模型。80 年代后，随着计算机技术和实验手段的发展，线性聚能装药得到了深入研究。线性聚能装药又称切割装药，是聚能装药的一种。线性聚能装药起爆后，金属罩在爆炸产物作用下压垮，形成高速的“刀片”状金属射流。瑞典学者 Bjarnholt[55]把聚能装药引入岩石爆破，提出了线性聚能装药爆破方法。Hayes[56]对线性聚能罩的压垮机理做了研究工作。Curtis[57]提出轴对称不稳定模型。Hirsch[58]等对线性聚能装药做了大量的研究工作。美国桑迪亚国家试验室进行了小锥角罩聚能装药和爆炸成型弹丸在凝灰岩中的穿孔试验研究。

此外，聚能装药装置还应用到其他领域。在矿山开采中，芬兰和南非研制了一种解决溜井堵塞问题的聚能翻转弹，其可将 1000mm 厚的石英岩穿透。聚能切割器被应用于爆破拆除中。美国应用聚能切割爆破技术成功地拆除了一座钢结构反应塔和 Tallawarra 发电站的设备；2002 年报废的澳大利亚皇家海军舰船采用线性聚能切割器，切割取得圆满成功。南非也采用聚能切割器拆除多种大型钢结构建筑物，均取得满意的效果。在俄罗斯，聚能切割器广泛地应用于各个领域，技术水平相当先进。例如，工业设施、大型容器、地上或水下的石油井架，甚至坦克、舰艇、机车、飞机等。由于聚能装药装置具有诸多优点，如装药量少、质量轻、便于搬运和携带、聚能效果佳等优点，还被广泛用于弹药销毁中[59]。Hcld [60,61]对不同角度和罩厚的聚能炸药对反应装甲的侵彻进行了研究。

国内从 20 世纪 80 年代中期开始，以中国矿业大学为代表，着重对聚能药包切割机理和应用进行了系列研究。杨永琦[62]采用动光弹方法，对聚能作用进行试验研究。从动光弹条纹图中可以得出，聚能罩所对应的方向，条纹十分密集，条纹级数增大等特点，表明聚能方向有明显的定向爆破作用。淮南矿业学院取得了“双面切割器”专利和“大理石花岗岩切割技术应用”专利。大连理工大学研制了可快速切割各种水上与水下的钢筋混凝土和钢结构建筑的聚能线性切割器。谢源等[63]研究了不同药包形状产生的聚能效果，得出适合岩石二次破碎的最佳爆破药包形状。Ji[64]和季荣生等[65]通过提高炸药爆速、增大装药密度等方法对提高聚能装药爆炸后形成射流的能量和改善聚能爆破切割石材的效果进行了研究，并在可见光条件下拍摄自制聚能药包爆轰后产生聚能射流的过程。李明等[66]用聚能爆炸切割岩体及混凝土块体进行了试验研究，解释了试验现象，并讨论了影响切割效果的诸多因素。Luo 等[67,68]对聚能药包导向裂缝的形成。裂纹的起裂、扩展和贯通进行了初步研究。同时对线性聚能切割器进行了设计。聚能药包也应用于矿岩切割爆破中，体现了聚能药包爆炸切割岩体的实用性。1994 年，聚能药包爆破法应用于白银公司深部铜矿 550 号溜井堵塞处理，取得了满意的效果[69]。在水利水电工程中，Zhao 和 Wlen[70]应用环向聚能药包开挖水平建基面，并研制出了切割型和射孔型两种不同环向聚能药包。

2. 理论研究

在理论上，Neumann 和 Neumann 论证了带空穴的装药的聚能效应。1966 年，Mohaupt[71]博士宣布观察到了衬罩空穴效应。Bernard、Rohni 等分别针对岩石和混凝土发表了基于空穴膨胀模型的文章，对侵彻过程进行了分析[72]。王铁福[73]研究了药型罩材料的晶粒度对射流性能的影响机理。罩材料的晶粒细化可以增加有效连续射流长度，推迟射流断裂时间。Zhao 等[74]研究了爆轰波阵面形状对射流性能的影响。陈启珍[75]研究了炸药能量对穿甲深度的影响。郑哲敏[76]对射流失稳、断裂进行了研究。贾光辉等[77]、蒋浩征等[78]对药型罩做了大量的研究工作。秦承森等[79,80]导出了聚能射流断裂时间的近似公式和相邻颗粒间速度差的理论计算公式。郭德勇等[81,82]将聚能定向断裂爆破理论用于煤层深孔聚能爆破瓦斯抽放工程,分析了煤层深孔聚能爆破裂隙起裂、扩展和止裂的力学条件,同时分析了低透气高瓦斯煤层聚能爆破定向致裂的微观机理,为煤层聚能爆破致裂工艺设计提供了理论依据。

3. 数值模拟研究

计算机技术的应用使科技工作者能广泛采用试验、理论分析和数值计算相结合的方法来研究和设计，因而聚能射流技术在理论研究和试验研究上进展迅速。

宁建国等、郝莉等、吴开腾等[83~85]基于多物质流体的 Euler 算法，用面向对象的 C++语言自行编制了 M-MMIC 通用多物质二维流体弹塑性程序，对锥形聚能装药射流形成过程进行了数值模拟，并用 VISC 2D 可视化软件对射流的形成过程进行动画演示。计算结果符合聚能射流形成的物理现象和规律，说明该物理模型和数值算法比较合理，可用于指导聚能破甲战斗部的工程设计。韩秀清等、曹丽娜等[86,87]通过分析聚能射流形成的机理，利用显式动力有限元分析程序对聚能射流形成过程进行了数值仿真模拟，且针对药型罩的结构参数（锥角、壁厚和形状）对聚能射流的影响分别做了数值计算，得到了聚能射流头部速度与药型罩结构参数之间的关系。李伟兵等[88]运用 LS-DYNA 仿真软件研究了弧锥结合罩的结构参数对侵彻体形成的影响规律。对于起爆方式为中心点和不同位置的环形起爆，通过改变弧锥结合罩的圆弧曲率半径和锥角，对比分析了形成侵彻体性能，得出弧锥结合罩的结构参数对 EFP 成型的影响规律。叶文通等[89]采用 ANSYSAUTODYN 软件模拟了聚能装药金属射流，得出了射流形成过程以及相应物理现象。对于爆炸聚能射流对在岩石孔内进行切割工程设计与侵彻参数的计算具有一定的参考价值。冯其京等[90]用二维有限差分欧拉程序 MEPH2Y 模拟了聚能装药的作用过程，包括爆轰波的形成、传播及与其他介质的相互作用，高温高压下射流（或射弹）的形成、延展、减压、断裂，射流（或射弹）对靶的侵彻及靶的成坑和动态响应等过程。

1.2.3 切缝药包定向断裂爆破

1. 理论研究

早在 20 世纪 70 年代，Fourney 等就提出了在炮孔中使用轴向切缝的管状药包在岩体中形成定向裂缝的方法。其特点是在切缝方向造成压应力集中和剪切应力差，沿切缝方向形成断裂破裂面。我国从 20 世纪 80 年代开始，对切缝药包爆破技术进行研究。切缝药包爆破形成定向裂缝过程分为两个阶段：第一个阶段即爆炸初期，在切缝管内腔尚未形成均布压强之前，主要是冲击波的动态作用使得切缝对应的孔壁处优先产生预裂缝。第二个阶段主要是爆生气体的准静态压力作用促使裂缝扩展和贯通。Fourney 提出在爆生气体的准静应力场作用下，在孔壁上首先形成剪切破坏面[91]。应力集中使裂纹继续扩展，最终形成孔与孔间的裂纹或孔壁裂纹与自由面的贯通。吴金有[92]认为，冲击波只对岩石起预裂作用，为整个岩石破碎或开裂创造了有利条件。岩石破碎的主要因素是爆炸气体准静压作用。张志呈[93]综述了爆破破裂过程中爆生气体作用和应力波作用，并重点分析了圆形炮孔爆破的成缝机理。在耦合装药条件下，爆生气体使裂纹增长 2～6 倍，可达到炮孔半径的 10～20 倍。李彦涛和杨永琦[94]认为，在切缝处会产生强应力集中，应力强度因子最大。在相同条件下切缝药包爆破可增大炮孔间距、提高孔痕率。张玉明等[95]通过模型试验并运用数理统计的方差分析理论对切缝套管的参数进行优化，在切缝外壳厚度等其他条件保持一定的情况下，当外壳外径为 32mm、切缝宽为 4mm 时爆破效果最佳，定向最好。高全臣等[96]、戴俊等[97]也对切缝宽度和切缝外壳厚度做了大量的研究工作。宋俊生等[98]、王树仁等[99]指出：影响裂纹定向扩展的主要参数是切缝宽度和外壳厚度。当在中硬石灰岩中，采用 2 号岩石炸药，塑料外壳的厚度 4.5mm，不耦合系数 K=1.33 时，得出了切缝宽度对裂缝长度和宽度的影响规律。对于切缝药包爆破的不耦合系数方面的研究，Langefors[100]根据试验数据回归分析得出了裂纹长度与不耦合系数的关系。不耦合系数为 1.67 时，爆破裂纹总长度和平均长度都是最大的。而裂纹数目随着不耦合系数的增大而减少。唐中华等[101,102]对切缝药包爆破的聚能作用、开裂条件与力学分析，以及爆炸成缝的机理进行了研究。张玉明等[103]论述了切缝药包破岩机理，运用弹塑性理论分析了其在定向断裂中的力学作用，对切缝药包在岩巷的推广应用情况做了简要的介绍。杨永琦等[104]根据电测结果认为，在炮孔周围相同比例距离处，应变峰值随不耦合系数增加而下降。当不耦合值一定时，应变峰值随比例距离增加而衰减。不耦合系数的合理取值范围为 $1.33<K<1.7$。切缝药包爆破中，由于切缝外壳的存在，改变了炸药爆炸时，爆生产物对孔壁的压力作用，对于其力学机理也做了相应研究工作。杨同敏等[105]根据岩体在爆生气体作用下成缝的开裂、扩展和止裂理论，从切缝药包爆破的动应力场分析了它的定向控制断裂爆破机理，提出了岩体开裂的相应判据，裂纹分稳定扩展和间断扩展两个过程，控制爆破影响成形的因素。高金石和张继春[106]根据炮孔壁的变形位移用动弹塑性理论,推得了半圆套管作用下炮孔壁压力分布规律：分析了套管材质与孔壁压力的关系；讨论了半圆套管在定向成缝爆破中的方向控制原理与孔壁开裂的形式和条件。

2. 试验研究

岩巷掘进中普遍采用聚能管爆破技术就是切缝药包定向断裂爆破的实际工程运用，并取得了很好的效果。中国矿业大学（北京）首次将切槽药包定向断裂、聚能药包定向断裂和切缝药包定向断裂爆破参数进行综合优化，经过对机具的实用对比和试验对比，最终得到了在岩巷中的深孔定向断裂爆破新工艺。其主要特点是利用套管切缝药包实现周边定向断裂。能够精确控制巷道的成型，大大减少了超欠挖现象。在现有机械化水平的基础上，不需增加投资即可实施中深孔爆破[107~111]。全国多家大型煤矿，例如：大同矿务局云岗矿、新汶矿业协庄煤矿、翟镇矿、开滦（集团）赵各庄矿等在大断面岩巷掘进中采用中国矿业大学（北京）研发的聚能管，实现了大断面岩巷快速掘进。在金佳矿井＋1721m 水平瓦斯抽放巷施工中，采用切缝药包爆破技术，爆破后巷道成型规整，符合设计轮廓要求。对于软岩层而言，爆破后很少产生或不产生大的爆振裂缝，提高了围岩的稳定性和承载能力，取得了较好的爆破效果[112]。何满潮提出双向聚能拉伸爆破技术，并成功地应用于国防大型复杂断面硐室成型爆破工程中[113，114]。2006 年，凡口矿首次采用切缝药包对采场顶板进行控制爆破。有效控制顶板的爆破效果，炸药的利用率可提高 30%，超欠挖小于 50mm，炮孔痕率大于 89%[115]。切缝药包还应用于采石场料石开采、公路边坡工程等方面，均取得了较好的效果[116,117]。张济宏等[118]将切缝药包能量控制技术应用到某采石场料石开采，取得了良好的爆破效果与经济效益。李伟等[119]引入切缝药包爆破技术，结合现场的实际施工，有效地改善了该段隧道的爆破效果。

杨仁树等[120]为研究闭合和张开节理对切缝药包断裂控制爆破裂纹扩展规律的影响和裂纹扩展机制，采用有机玻璃模型用切缝药包形成初始裂纹，进行爆炸加载下透射式动焦散试验。刘永胜等[121]在分析空气介质耦合切缝药包装药结构的基础上，结合含水炮孔爆破技术的成果，提出了一种新的水耦合切缝药包装药结构。在试验室进行了单孔和双孔模型试验，测试了各模型的动态应变值，优化出该装药结构 PVC 管的最佳缝宽为 4mm。利用射流理论对该装药结构作用下岩石的开裂机理进行了探讨。蒲传金等[122]通过理论和实验研究了切缝药包爆破机理和爆破参数。结果表明，切缝药包爆破有明显的聚能效应和护壁作用，其最佳装药不耦合系数为 1.5～2.2。肖正学等[123]用动态光弹性法对不同切缝宽度的切缝药包的爆炸过程进行了试验，获得了切缝药包爆炸过程中的序列等差条纹图。张志雄等[124]通过实验室模型试验研究切缝外壳参数、不耦合系数对裂纹定向扩展的影响，现场初步试验验证了爆破参数设计的合理性。

3. *数值模拟研究*

肖定军等[125]运用 LS-DYNA 软件对单孔护壁爆破和切缝药包爆破进行了三维数值模拟，结果显示，由于 PVC-U 套管的存在，作用于孔壁的爆炸应力波峰值被显著削弱，降低率达到 30%～46%，并推迟了其到达保留岩体孔壁时间。与传统的切缝药包爆破相比，保留岩体损伤更小。李显寅等[126]进行的切缝药包爆破数值模拟结果表明，切缝药包爆破的切缝套管切缝处具有明显的剪应力作用。该剪应力将使爆破裂纹首先从切缝处形成，从而具有定向断裂成缝效果。Yang 等[127]、杨仁树等[128]针对单孔定向断裂爆破初期岩体的破坏过程进行了数值模拟研究。主要研究了聚能管装药结构下炸药起爆后爆轰波在聚能管中的传播过程，以及不同耦合系数、不同管壁厚度对岩体初期破坏的影响。

1.3　定向断裂爆破技术的发展趋势

近年来，随着现代岩石爆破技术的发展及其越来越广泛的应用，如何精确地控制爆破裂缝的产生、发展方向和断裂面的形成，获得较为平整的岩石开挖面与井巷轮廓线，且能有效地保护围岩及边坡稳定性，引起了越来越多研究者的关注。这也是当前石材开采、地下硐室工程、隧道工程、公路和铁路路堑开挖工程以及矿山开采等工程技术提升的关键。

虽然对定向断裂爆破研究起步较早，但是对该技术的研究尚处于半理论、半经验阶段，尚没有成熟的理论来指导实践。主要体现在以下几个方面：

（1）定向断裂爆破破岩过程理论研究不深入，尚未见文献对定向断裂的破岩过程进行系统研究。

（2）对于定向断裂中，影响切缝形成效果的因素研究较少。定向断裂爆破过程中，影响因素较多，且诸多因素之间具有相关性，各因素的共同作用最终决定了定向断裂爆破效果。对于定向断裂爆破的影响因素研究目前还不够系统。

（3）通常在边坡预裂爆破中炮孔较深，轴向空气间隔装药是预裂孔采用的主要装药形式，对于合理的空气间隔比例研究还处于试验阶段。当采用切缝药包轴线间隔装药时，对于合理的空气间隔比例，更是缺少理论依据支撑。

（4）研究中主要采用试验手段，由于爆炸过程的瞬时性，试验中无法捕捉到细观的断裂破坏过程，较难获得真实的实测数据。

开展切缝药包爆轰冲击动力学研究，对于掘进巷道的围岩损伤的控制、轮廓面的成型效果以及爆破危害的控制尤为重要，为切缝药包定向断裂爆破能量控制技术及方法奠定理论基础。

第 2 章　切缝药包爆破基本原理

关于炸药爆炸破岩理论，目前在认识上还存在着分歧，比较成熟的有爆轰气体压力作用理论、应力波作用理论以及应力波和爆轰气体压力共同作用理论。由于爆炸过程是不连续的强间断，且反应时间极短，通常为几微秒至几百微秒，因此给理论研究和试验研究带来很大的困难。本章将从炸药爆炸及破岩基本理论入手，对切缝药包爆破机理进行研究。研究中主要考虑不耦合装药系数 α、切缝宽度和切缝管材料对初始裂纹的形成，以及最大裂纹扩展长度的影响规律。

2.1　炸药爆炸及其破岩理论

2.1.1　炸药爆炸的基本特征

通常，能够进行爆炸及爆轰的物质称为炸药，但这并不很严格。有一些物质在一般情况下不能爆轰，但在特定条件下却是能够爆轰的。例如，发射药及火箭推进剂在通常情况下主要的化学变化形式是速燃，但是在密闭容器内或用大威力传爆药柱起爆时，往往是可以发生爆轰的。苦味酸和 TNT 在发明雷管之前一直不被视为炸药，工业上用它们作为黄色染料，但在诺贝尔发明雷管之后却成了很重要的烈性炸药。硝酸铵一直被看作是很好的化学肥料，但现在被广泛地用作工程爆破炸药。因此，炸药与非爆炸物之间并没有十分明确的界限。

从热力学意义上说，炸药是一种相对不稳定的体系，它在外界作用下能够发生快速的放热化学反应，同时形成强烈压缩状态的高压气体。在通常温度条件下，炸药内部总是存在着缓慢的化学分解反应。但是在不同的环境条件下炸药能够以不同的形式进行化学反应，而且其性质与形式都可能具有重大差别。按照反应的速度及传播的性质，炸药的化学变化过程具有三种形式，即缓慢的化学变化、燃烧和爆轰。炸药在常温常压下，在不受其他任何外界的作用时，常常以缓慢速度进行分解反应。这种分解反应是在整个物质内展开的。同时反应的速度主要取决于当时环境的温度。温度升高，反应速度加快，服从于阿伦尼乌斯定律。例如，TNT 炸药在常温下的分解速度极小，很不容易觉察，然而当环境温度增高到数百摄氏度时，它甚至可以立即发生爆炸。燃烧和爆轰与一般的缓慢化学变化的主要区别就在于燃烧和爆轰不是在整个物质内发生的，而是在物质的某一局部，而且二者都是以化学反应波的形式在炸药中按一定的速度一层一层地自动进行传播的。化学反应波的波阵面比较窄，化学反应正是在此很窄的波阵面内进行并完成的（图 2.1）。

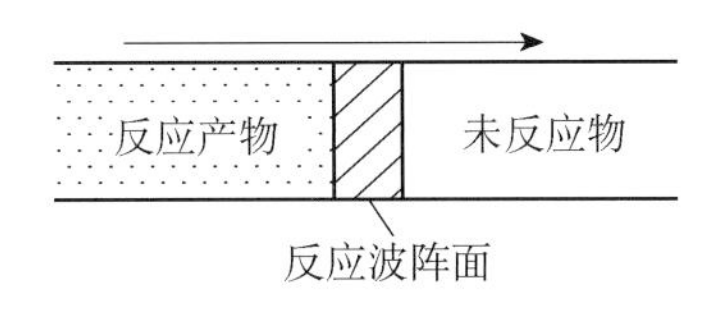

图 2.1　反应波阵面的传播

燃烧和爆轰是性质不同的变化过程。实验与理论研究表明，它们在基本特性上有以下区别：首先，传播机理不同，燃烧时反应区的能量是通过热传导、热辐射及燃烧气体产物的扩散作用传入未反应的原始炸药的。而爆轰的传播则是借助于冲击波对炸药的强烈冲击压缩作用进行的。其次，从波的传播速度上看，燃烧传播速度通常约为数毫米每秒到数米每秒，最大的也只有数百米每秒（如黑火药的最大燃烧传播速度为 400m/s 左右），即比原始炸药内的声速要低得多。相反，爆轰过程的传播速度总是大于原始炸药的声速，速度一般高达数千米每秒，如注装 TNT 爆轰速度约为 6900m/s（$\rho_0=1.60\text{g/cm}^3$）,在结晶密度下黑索金的爆轰速度达 8800m/s 左右。再次，燃烧过程的传播容易受外界条件的影响，特别是受环境压力的影响。如在大气中燃烧得很慢，但若将炸药放在密闭或半密闭容器中，燃烧的速度急剧加快，压力高达数千帕。此时燃烧所形成的气体产物能够做抛射功，火炮发射弹丸正是对炸药燃烧这一特性的利用。而爆轰过程的传播速度极快，几乎不受外界条件的影响，对于一定的炸药来说，爆轰速度在一定条件下是一个固定的常数。最后，燃烧过程中，燃烧反应区内产物质点运动方向与燃烧波面传播方向相反。因此燃烧波面内的压力较低。而爆轰时，爆轰反应区内产物质点运动方向与爆轰波传播方向相同，爆轰波区的压力高达数十吉帕。

通常将爆炸过程分为燃烧、爆炸和爆轰三类。爆炸和爆轰在基本特性上并没有本质差别，只不过传播速度一个是可变的（称为爆炸）,一个是恒定的（称为爆轰）。“爆炸”也是爆轰的一种现象，称为不稳定爆轰，而恒速爆轰称为稳定爆轰。炸药化学变化过程的三种形式（缓慢化学反应、燃烧和爆轰）在性质上虽各不相同，但它们之间却有着紧密的内在联系。炸药的缓慢分解在一定的条件下可以转变为炸药的燃烧，而炸药的燃烧在一定的条件下又能转变为炸药的爆轰。

分析炸药爆炸现象可以看出，炸药爆炸过程是放热的，因为形成温度很高的火光；爆炸在瞬间完成，说明爆炸过程的速度极快；炸药爆炸过程中有大量气体产物形成，而这些气体产物的快速膨胀则是周围建筑物发生破坏或强烈振动的原因。因此，炸药爆炸过程的基本特征可归纳为：过程的放热性；过程的高速度并能自动传播；过程中生成大量气体产物。上述三个条件是任何化学反应能成为爆炸性反应的基本条件，三者相互关联，缺一不可。过程的放热性：这是爆炸性化学反应所必须具备的第一个条件。只有放热化学反应才可以造成爆炸现象，靠外界供给能量来维持其分解的物质是不能成为炸药的。炸药爆炸反应所放出的热量称为爆热，它是爆炸对外界做功和引起目标破坏的根源，是炸药爆炸做功能力的标志。因此，它是炸药爆炸性能的重要示性数。一般炸药的爆热为 3700～7000kJ/kg。过程的高速度：爆炸反应过程与通常的化学反应过程的一个突出的不同点是它的高速度。许多普通放热反应放出的热量往往要比炸药爆炸时放出的热量大得多，但它们并未能形成爆炸现象，其根本原因在于它们的反应过程进行得很慢。

例如，煤炭燃烧的放热量为 8924.7kJ/kg，苯燃烧的放热量为 9762.7kJ/kg，而 TNT 炸药的爆炸热效应约为 4190kJ/kg。但前二者反应完成所需的时间为数分钟乃至数十分钟，而后者却仅仅需要十几微秒至几十微妙，时间相差数千万倍。由于炸药爆炸过程速度极快，所经历的时间极短，因此实际上可近似地认为，爆炸反应所放出的能量几乎全部聚集在炸药爆炸前所占据的体积内，从而造成了一般化学反应所无法达到的能量密度。一般来说，炸药爆炸所造成的能量密度要比普通燃料燃烧所达到的能量密度高数百倍乃至数千倍。例如硝酸甘油炸药爆炸形成的能量密度高达 9.972kJ/cm^3，而煤炭燃烧达到的能量密度为 0.01718kJ/cm^3，前者比后者要高约 600 倍。正是由于这个原因，炸药爆炸产物中形成 10^3～10^4MPa（数十万大气压）的高压，从而使其具有巨大的做功功率和对目标的强烈破坏效应。炸药爆炸过程进行的速度，是指爆轰波在炸药中传播的直线速度，这个速度称为炸药的爆速。炸药的爆速通常为数千米至万米每秒。爆炸过程必然形成气体产物，炸药爆炸所放出的热能必须借助于气体介质的膨胀才能转化为机械功。因此，形成气体产物是炸药爆炸做功必不可少的条件。气体与凝聚介质相比具有大得多的体积膨胀系数，它是爆炸做功的优质功质。炸药爆炸就是利用气体的高压缩性能，首先把瞬间放出的热量转变为气体的压缩能，而后借助于它的膨胀把爆炸所形成的巨大势能转化为机械功。显然，如果一高速放热反应不能伴随着大量气体产物的产生，那么就不可能形成高的能量密度和高压状态，因此也就不能产生由高压到低压的膨胀过程及爆炸性破坏效应。只有具有过程的放热性、高速度和过程必须形成气体产物这三个特征的反应过程才具有爆炸性。因此，炸药爆炸现象乃是一种以高速进行的能自行传播的化学变化过程，在此过程中产生大量的热、生成大量的气体产物，并对周围介质做功或形成压力突跃的传播。

2.1.2 爆轰波传播的基本理论

炸药的爆轰过程是爆轰波沿爆炸物一层一层传播的过程，而爆轰波则是一种沿爆炸物传播的冲击波。炸药爆炸对外界的作用过程则又同爆炸气体产物的高速膨胀流动及其在介质中引起的压力突跃（即冲击波）的传播密切相关。炸药爆炸时所形成的高压高温气体产物急剧膨胀对周围介质冲击压缩，从而形成了爆炸冲击波的传播。可见，扰动就是在受到外界作用（如振动、冲击等）时介质的局部状态变化。而波就是扰动的传播。换言之，介质局部状态变化的传播称为波。

介质的某个部位受到扰动后，便立即由近及远地传播开去。因此，在扰动或波传播过程中，总存在着已受扰动区和未受扰动区的分界面，此分界面称为波阵面。以活塞运动形成的弱扰动为例，对波的传播物理过程进行分析。如图 2. 2 所示，在初始时刻，管子左侧的活塞尚未动，管内的气体处于 p_0、ρ_0、T_0 和流速 $u_0=0$ 的状态。当活塞突然向右运动时，便有波从左向右传播。因为这时活塞前紧贴着的一薄层气体受到推压，压力升高，密度增大，随后这层已受压缩的气体又压缩其邻接的一层气体并使压力也升高。这样，压力有所升高的这种压缩状态便逐层传播开去，形成了压缩扰动的传播，而 D-D 断面是已受压缩区域与未受压缩区域的分界面，称为波阵面。

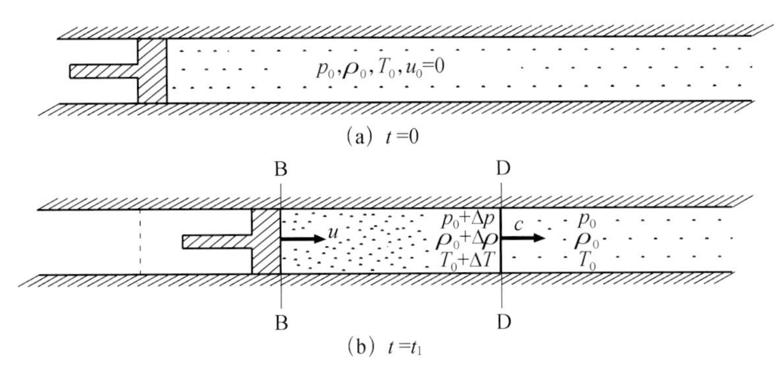

图 2.2　扰动及其传播

波沿介质传播的速度称为波速，它以每秒波阵面沿介质移动的距离来度量，单位为米/秒或毫米/微秒。扰动波传过后，压力、密度、温度等状态参数增加的波称为压缩波。例如，管子内活塞推压方向的前方所形成的波即为压缩波。压缩波的特点是，除了状态参数 p、ρ、T 有所增加外，介质质点所获得的运动速度方向与波的传播方向相同。稀疏波阵面传过之后介质状态参数值将有所下降。如图 2.3 所示，管内有高压静止气体，状态参数为 p_0、ρ_0、T_0 和流速 $u_0=0$。当活塞突然向左运动时，在活塞表面与高压气体之间就会形成低压（稀疏）状态，这种低压状态便逐层地向右扩展，此即为稀疏波传播现象。稀疏波阵面传到哪里，哪里的压力便开始降低，密度开始变疏。由于波前面为原有的高压状态，波后为低压状态，高压区的气体必然要向低压区膨胀，气体质点便依次向左飞散。因此，稀疏波的传播过程总是伴随着气体的膨胀运动，故稀疏波又称膨胀波。在稀疏波传播过程中，通常情况下气体膨胀运动速度的绝对值是减速的。另外，由于气体的膨胀飞散是按顺序连续进行的，故稀疏波传播中介质的状态变化是连续的。波前沿阵面处的压力与未受扰动气体的压力相同，从波阵面至活塞表面之间压力依次降低。在稀疏波扰动过的区域中，任意两邻接断面间的参数都只相差一个无穷小量。因此，稀疏波的传播速度就等于介质当地的声速。

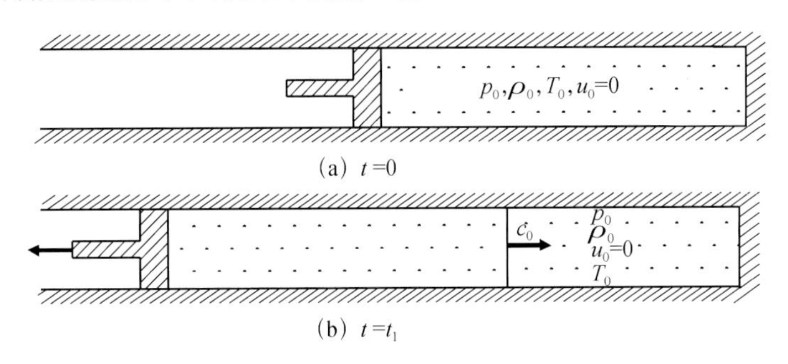

图 2.3　稀疏波现象

根据大量实验结果，由气体爆轰理论推导出的爆轰波结构模型，Z-N-D 理论模型同样适用于凝聚炸药爆轰波结构。模型认为：爆轰波可以看成是由前沿冲击波和紧跟其后的化学反应区构成，并且它们以同一速度 D 沿炸药传播。对于工业炸药爆轰波反应区的宽度可达到几毫米至数十毫米的量级。在切缝管内炸药爆炸完成后，爆炸产生的爆轰波，在切缝处，有一稳定传播的平面冲击波以 D_1 的速度向刚体壁面垂直入射，入射波阵面介质的绝热指数 k

的多方气体，具有初态 p_0、$\rho_0(v_0)$、u_0 和比内能 e_0，波阵面后的参数为 p_1、$\rho_1(v_1)$、u_1 和比内能 e_1。则波阵面前后参数的关系为

$$D_1 - u_0 = v_0\sqrt{\frac{p_1 - p_0}{v_0 - v_1}} \tag{2.1}$$

$$u_1 - u_0 = \sqrt{(p_1 - p_0)(v_0 - v_1)} \tag{2.2}$$

$$\frac{\rho_0}{\rho_1} = \frac{v_1}{v_0} = \frac{(k-1)p_1 + (k+1)p_0}{(k+1)p_1 + (k-1)p_0} \tag{2.3}$$

如果入射波阵面碰到刚体壁面时，由于刚性面不变形，则波阵面后气体流的速度立即由 u_1 变为零。就在这一瞬间，速度为 u_1 的气体介质的动能便立即转化为静压势能，从而使壁面处的气体压密，密度由 ρ_1 突增为 ρ_2，压力由 p_1 跃升为 p_2，比内能由 e_1 升至为 e_2。由于 $p_2 > p_1 > \rho_2 > \rho_1 >$ 受到第二次冲击压缩的气体必然反过来冲击压缩已被入射波压缩过的气体，这样就形成反射冲击波远离刚体壁面的传播。由于反射冲击波是在已受到入射冲击波压缩的介质中传播的，故它传过之后介质的参数可用下面三个方程联系起来，即

$$D_2 - u_1 = -v_1\sqrt{\frac{p_2 - p_1}{v_1 - v_2}} \tag{2.4}$$

$$u_2 - u_1 = -\sqrt{(p_2 - p_1)(v_1 - v_2)} \tag{2.5}$$

$$\frac{\rho_1}{\rho_2} = \frac{v_2}{v_1} = \frac{(k-1)p_2 + (k+1)p_1}{(k+1)p_2 + (k-1)p_1} \tag{2.6}$$

假设 $u_0 = 0$，并且由刚体壁面条件知道 $u_2 = 0$，故可以得到

$$\sqrt{(p_1 - p_0)(v_0 - v_1)} = \sqrt{(p_2 - p_1)(v_1 - v_2)} \tag{2.7}$$

即

$$\frac{p_1 - p_0}{\rho_0}\left(1 - \frac{\rho_0}{\rho_1}\right) = \frac{p_2 - p_1}{\rho_1}\left(1 - \frac{\rho_1}{\rho_2}\right) \tag{2.8}$$

代入后得到

$$\frac{p_2}{p_1} = \frac{(3k-1)p_1 - (k-1)p_0}{(k-1)p_1 - (k+1)p_0} \tag{2.9}$$

$$\frac{\rho_2}{\rho_1} = \frac{v_1}{v_2} = \frac{kp_1}{(k-1)p_1 + p_0} \tag{2.10}$$

2.1.3　爆破作用下岩石破坏理论

岩石爆破破碎的机理主要有爆轰气体压力作用理论、应力波作用理论以及应力波和爆轰气体压力共同作用理论。

爆轰气体压力作用理论，从静力学观点出发，认为岩石的破碎主要是由爆轰气体的膨胀压力引起的。该理论忽视了岩体中冲击波和应力波的破坏作用，其基本观点如下：药包爆炸时，产生大量的高温高压气体，这些爆炸气体产物迅速膨胀并以极高的压力作

用于药包周围的岩壁上，形成压应力场。当岩石的抗拉强度低于压应力在切向衍生的拉应力时，将产生径向裂隙。作用于岩壁上的压力引起岩石质点的径向位移，由于作用力的不等引起径向位移的不等，导致在岩石中形成剪切应力。当这种剪切应力超过岩石的抗剪强度时，岩石就会产生剪切破坏。当爆轰气体的压力足够大时，爆轰气体将推动破碎岩块做径向抛掷运动。

应力波作用理论以爆炸动力学为基础，认为应力波是引起岩石破碎的主要原因。该理论忽视了爆轰气体的破坏作用，其基本观点如下：爆轰波冲击和压缩药包周围的岩壁，在岩壁中激发形成冲击波并很快衰减为应力波。此应力波在周围岩体内形成裂隙的同时向前传播，当应力波传到自由面时，产生反射拉应力波，如图 2.4 所示。当拉应力波的强度超过自由面处岩石的动态抗拉强度时，从自由面开始向爆源方向产生拉伸片裂破坏，直至拉伸波的强度低于岩石的动态抗拉强度处时停止。应力波作用理论只考虑了拉应力波在自由面的反射作用，不仅忽视了爆轰气体的作用，而且也忽视了压应力的作用，对拉应力和压应力的环向作用也未考虑。实际上爆破漏斗形成主要是由里向外的爆破作用所致。

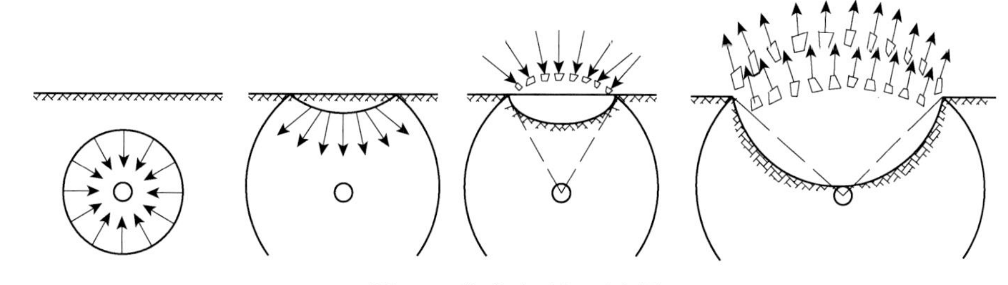

图 2.4　拉应力破坏示意图

应力波和爆轰气体压力共同作用理论认为，岩石的破坏是应力波和爆轰气体共同作用的结果。这种学说综合考虑了冲击波和爆轰气体在岩石破坏过程中所起的作用，更切合实际而为大多数研究者所接受。其观点如下：爆轰波波阵面的压力和传播速度大大高于爆轰气体产物的压力和传播速度。爆轰波首先作用于药包周围的岩壁上，在岩石中激发形成冲击波并很快衰减为应力波。冲击波在药包附近岩石中产生“压碎”现象，应力波在压碎区域之外产生径向裂隙。随后，爆轰气体产物压缩被冲击波压碎的岩石，爆轰气体“楔入”在应力波作用下产生的裂隙中，使之继续延伸和进一步扩张。当爆轰气体的压力足够大时，爆轰气体将推动破碎岩块做径向抛掷运动。对于不同性质的岩石和炸药，应力波与爆轰气体的作用程度是不同的。在坚硬岩石、高猛炸药、耦合装药或不耦合系数较小的条件下，应力波的破坏作用是主要的；在松软岩石、低猛度炸药、装药不耦合系数较大的条件下，爆轰气体的破坏作用是主要的。

为了分析岩体的爆破破碎机理，通常假定岩石是均匀介质，并将装药简化为在一个自由面条件下的球形药包。球形药包的爆破作用原理是其他形状药包爆破作用原理的基础。当药包在岩体中的埋置深度很大，其爆破作用达不到自由面时，这种情况下的爆破作用即为内部作用。岩石的破坏特征随着其离药包中心距离的变化而发生明显的变化。根据岩石的破坏特征，可将耦合装药下受爆炸影响的岩石分为三个区域（图 2.5）。

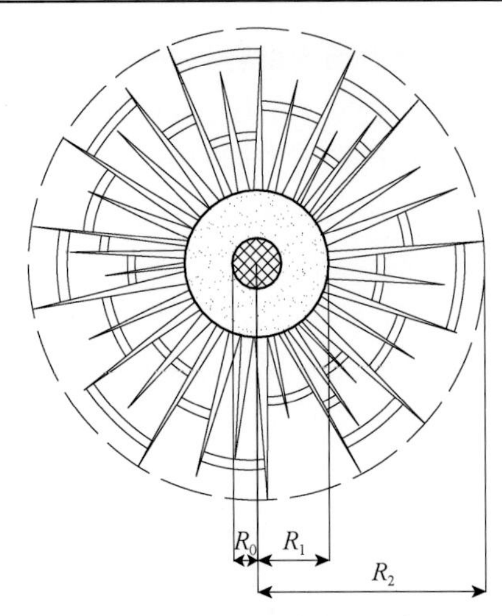

图 2.5　爆破的内部作用示意图

R_0-药包半径；R_1-粉碎区半径；R_2-裂纹扩展半径

1）粉碎区

当密闭在岩体中的药包爆炸时，爆轰压力在数微秒内急剧增高到数十吉帕，并在药包周围的岩石中激发起应力波，其强度远远超过岩石的动态抗压强度。在冲击波的作用下，对于坚硬岩石，在此范围内受到粉碎性破坏，形成粉碎区；对于松软岩石（如页岩、土壤等），则被压缩形成空腔，空腔表面形成较为坚实的压实层，这种情况下的粉碎区又称为压缩区。研究表明：对于球形装药，粉碎区半径一般是药包半径的 1.28～1.75 倍；对于柱形装药，粉碎区半径一般是药包半径的 1.5～3.05 倍。虽然粉碎区的范围不大，但由于岩石遭到强烈粉碎，能量消耗却很大。

2）破裂区

在粉碎区形成的同时，岩石中的冲击波衰减成压应力波。在应力波的作用下，岩石在径向产生压应力和压缩变形，而切向方向将产生拉应力和拉伸变形。由于岩石的抗拉强度仅为其抗压强度的 1/10～1/50，当切向拉应力大于岩石的抗拉强度时，该处岩石被拉断，形成与粉碎区贯通的径向裂隙，如图 2.6（a）所示。

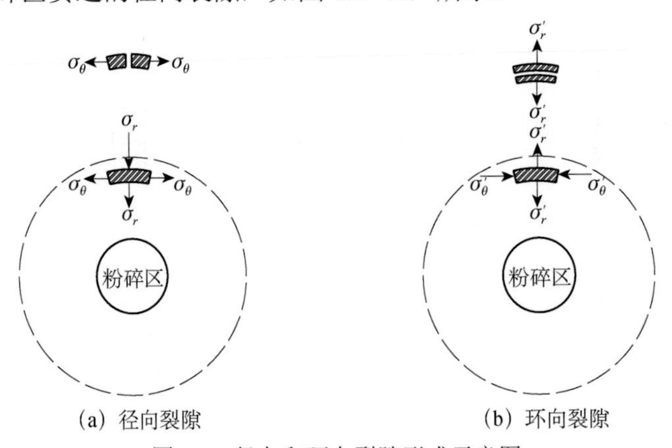

(a) 径向裂隙　　(b) 环向裂隙

图 2.6　径向和环向裂隙形成示意图

σ_r-径向压应力；σ'_r-径向拉应力；σ_θ-切向拉应力；σ'_θ-切向压应力

随着径向裂隙的形成，作用在岩石上的压力迅速下降，药室周围的岩石随即释放出在压缩过程中积蓄的弹性变形能，形成与压应力波作用方向相反的拉应力，使岩石质点产生反方向的径向运动。当径向拉应力大于岩石的抗拉强度时，该处岩石即被拉断，形成环向裂隙，如图2.6（b）所示。

在径向裂隙和环向裂隙形成的过程中，由于径向应力和切向应力的作用，还可形成与径向呈一定角度的剪切裂隙，应力波的作用在岩石中首先形成了初始裂隙，接着爆轰气体的膨胀、挤压和气楔作用使初始裂隙进一步延伸和扩展。当应力波的强度与爆轰气体的压力衰减到一定程度时，岩石中裂隙的扩展趋于停止。在应力波和爆轰气体的共同作用下，随着径向裂隙、环向裂隙的形成、扩展和贯通，在紧靠粉碎区处就形成了一个裂隙发育的区域，称为破裂区。

3）振动区

在破裂区外围的岩体中，应力波和爆轰气体的能量已不足以对岩石造成破坏，应力波的能量只能引起该区域内岩石质点发生弹性振动，这个区域称为振动区。在振动区，由于地震波的作用，有可能引起地面或地下建筑物的破裂、倒塌，或导致路堑边坡滑坡，隧道冒顶、片帮等灾害。

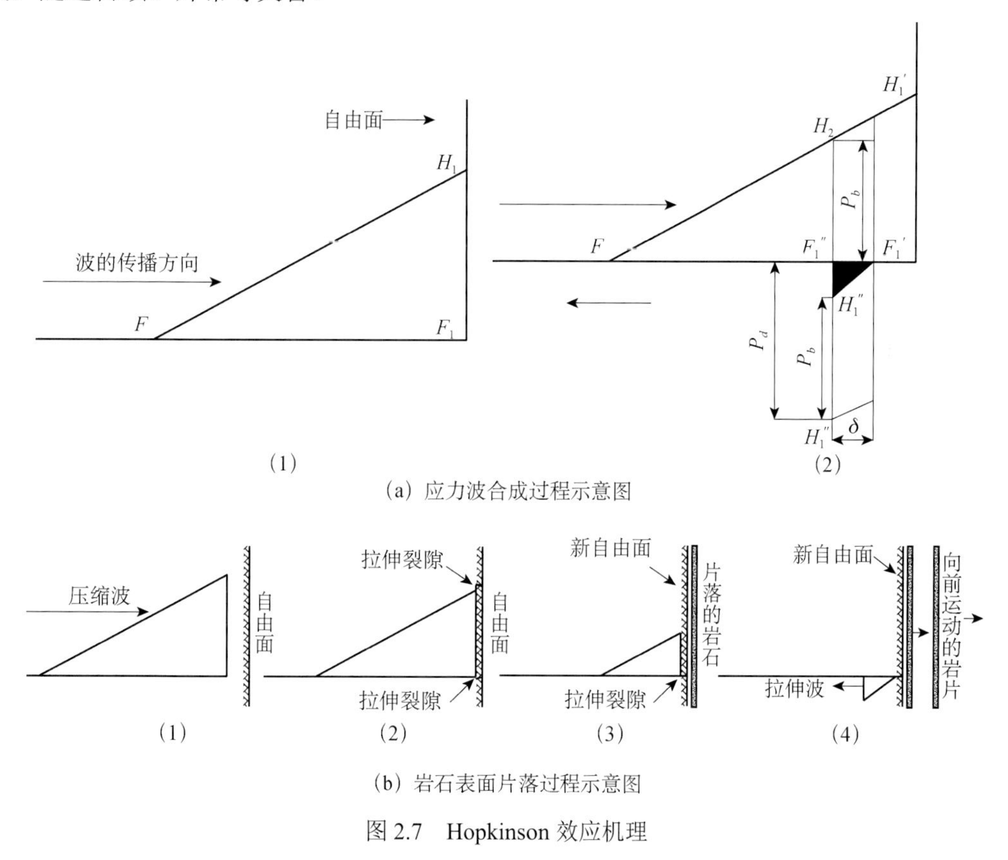

（a）应力波合成过程示意图

（b）岩石表面片落过程示意图

图2.7　Hopkinson效应机理

压应力波传播到自由面，一部分或全部反射回来成为与传播方向相反的拉应力波，这种效应称为Hopkinson效应。图2.7所示为Hopkinson效应的破碎机理中应力波的合成过程。图2.7（a）中的图（1）表示压缩应力波正好到达自由面的情况，这时的峰值压力为P_a。图 2.7（a）中的图（2）表示经过一定时间后，假如前面没有自由面存在，则应力波阵面必然会到达$H_1'F_1'$的位置。但是，由于前面有自由面存在，压缩应力波经过反射成为拉伸应力波并返回到$H_1''F_1''$的位置。在$H_1''H_2$平面上，在受到$F_1''H_1''$拉伸应力作用的同时，又受到$F_1''H_2$压缩应力的作用。合成的结果，在这个面上就受到拉伸合应力$H_1''F_1''$的作用。这种拉伸应力引起岩石沿H_2H_1''平面呈片状裂开，片裂的过程如图 2.7（b）所示。

过去曾把爆破时岩石的片落当作岩石破碎的主要过程，但近年来的研究表明，片落现象的产生主要同药包的几何形状、药包的大小和入射波的波长有关。对装药量较大的药室爆破，片落现象形成的破碎范围比较大；而对装药量较小的深孔爆破或浅眼爆破，产生片落现象可能性较小。

当反射拉伸应力波的强度减小到不足以引起片落时，也还能在破碎岩石方面起到一定的作用。如图 2.8 所示，从自由面反射回来的拉伸应力波使原先存在于径向裂隙梢上的应力场得到加强，故裂隙继续向前延伸。当径向裂隙与反射应力波阵面呈 90° 角时，反射拉伸效果最好。当交角为θ时，存在一个$\sin\theta$方向的拉伸分量，促使径向裂隙扩展和延伸，或者造成一条分支裂隙。垂直于自由面方向的径向裂隙，则不会因反射拉伸应力波的影响而继续扩展和延伸。

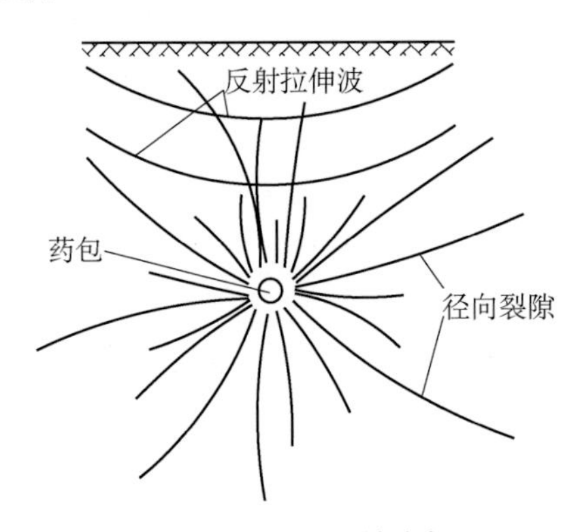

图 2.8　Hopkinson 效应机理

岩石是一种充满各种节理、裂隙等不连续界面的非均匀物质。研究表明，爆破过程产生的新自由面仅占爆堆岩石碎块表面的 1/3，所以爆破所产生的拉应力波只是将岩石中原有的裂隙进一步扩张。由于岩石的不连续性，较小的反射拉应力就可以将破裂区的裂纹扩张贯通形成碎块。

自由面的作用是非常重要的。增加自由面的个数，可以在明显改善爆破效果的同时，显著地降低炸药消耗量。合理地利用地形条件或人为地创造自由面，往往可以达到事半功倍的效果。图 2.9 所示为自由面个数对爆破效果的影响。图 2.9（a）表示只有一个自由面时的情况，图 2.9（b）表示具有两个自由面时的情况，如果岩石是均质的，而且条件相同，那么图 2.9（b）条件下所爆下的岩石体积几乎为图 2.9（a）条件下的两倍。

目前，应用较为广泛的大孔距小抵抗线爆破方法，正是充分利用了自由面对爆破效果的影响作用，通过调整空间起爆顺序，人为地造成每个炮孔享用两个自由面的有利条件，从而明显改善爆破效果。

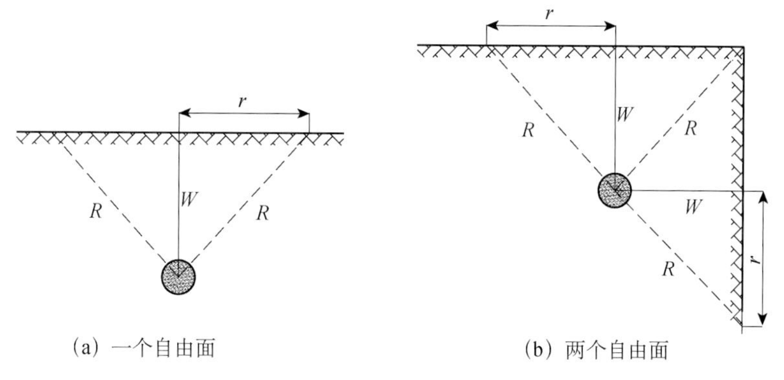

图 2.9　自由面对爆破效果的影响

2.2　切缝药包爆破理论

对于一定的炸药，当改变装药的约束形式和耦合介质特性时，炸药能量的作用和分布将随之改变，从而形成能量释放和作用的加强区和减弱区。炸药装药有外壳存在时，一定程度上限制了爆轰产物侧向的膨胀作用，减小了侧向稀疏波的进入所造成的能量损失。切缝药包外壳的作用正是改变了爆轰气体对炮孔壁作用初始阶段的均衡性。

1970 年，柏森、伦德伯和约翰逊等根据对冲击波和炮孔周围应力波计算的结果提出，因为距炮孔中心 3～4 倍炮孔半径的地方切向（或环向）应力变成张应力，所以径向裂缝首先在此处出现。从炮孔壁到炮孔半径 1～2 倍的范围内，由于径向和轴向应力很高而可能显现塑流，而冲击波和应力波造成的破碎，其优先开裂的形式，大概是剪切成与径向呈一定角度的张开裂缝，这正是冲击成缝所需要的。

冲击波是一种强烈的压缩波，其波阵面通过前后介质的参数变化不是微小量，而是一种有限量的跳跃变化。炸药爆炸时，高压、高密度的爆炸气体产物高速膨胀，冲击压缩周围介质（包括金属、岩石及水等凝聚介质以及各种气体等），从而在其中形成冲击波的传播。

切缝药包爆炸时，由于切缝外壳具有一定的厚度和强度，在爆炸瞬间表现出明显的聚能效果。在非切缝处，爆轰产物直接冲击其外壳表面，因为外壳的密度（如竹片、塑料和金属等）大于爆轰波阵面上产物的密度，且外壳的压缩性一般小于爆轰产物的压缩性，所以爆轰产物从该表面反射回来并产生反射冲击波。同时，也产生少量透射波，冲击波沿外壳传播。透射波经切缝外壳和外壳与孔壁之间的环形空间衰减后，能量大大降低。同时外壳本身也产生变形与位移，吸收部分能量。这样就大大降低了切缝区域孔壁产生径向裂缝的可能性。而在切缝方向，爆轰产物直接冲击空气介质；在其中产生冲击波，形成集中高速、高压射流定向作用于切缝方向的炮孔壁。若其冲量密度 $J_D>J_{ID}$，[J_{ID} 为被爆介质的临界冲量密度，（kg • s）/cm^2]，则在炮孔壁上产生破裂，预先形成初始裂缝。而切缝以外的其他方向，外壳对爆轰产物的飞散形成阻碍，使能量流进一步向切缝方向集中，一定程度上加强了切缝方向的破坏作用。切缝药包爆破原理如图 2.10 所示。

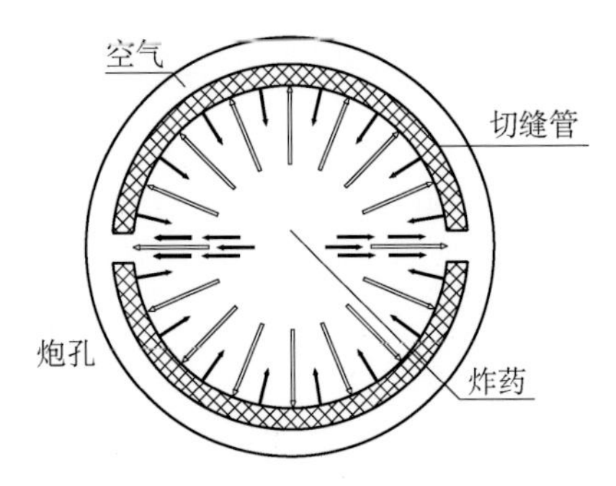

图 2.10　切缝药包爆破原理

在切缝方向初始定向裂纹首先形成之后，使炮孔周壁介质内形成应力松弛，而在一定程度上抑制了其他方向上裂纹的形成。定向初始裂纹形成之后，在爆生气体的准静应力场和楔尖劈作用下，于初始裂纹尖端形成应力集中，当其动态应力强度因子超过介质的动态断裂韧性 K_{IC} 时，裂纹便继续扩展，介质呈脆性断裂。

切缝药包爆破大致可以分为三个过程[129]：第一个过程是炸药起爆至在切缝管内爆炸完全。第二个过程是爆炸产生的冲击波冲出切缝与岩体相互作用，形成初始裂纹，此时伴随着爆生产物与管壁发生作用的过程，一方面爆生产物在管壁处发生透射和反射，另一方面管壁在冲击作用下向炮孔壁运动。第三个过程是爆生产物驱动初始裂纹继续发展，同时管壁与炮孔发生挤压，在热和冲击的共同作用下，管壁发生破坏。

2.2.1　炸药起爆至初始冲击波阶段

切缝药包通常采用点起爆方式，爆轰波波阵面以球面形式展开，并且波传播方向总是垂直于波阵面。从本质上讲，爆轰波是在炸药中传播的一种强冲击波。这种冲击波在炸药中传播过后，使得炸药受到强烈冲击压缩，压力、温度均上升到很高的数值，炸药立即发生剧烈的化学反应，并释放出大量的化学能，所放出的能量又供给冲击波对下一层炸药进行冲击压缩，从而使爆轰波在炸药中一层层地传播下去。炸药爆炸瞬间，爆轰产物处于原来炸药占据的体积内，随着时间的变化，高温高压下的爆轰产物必定迅速向周围进行膨胀，使得爆轰瞬间所达到的温度、压力不断下降，产物质点运动的速度也不断变化。炸药爆轰和爆轰产物膨胀，都是炸药和爆轰产物内部的变化。除此之外，爆轰产物还必然向外部传播，对其相接触的介质进行作用，在其相接触的介质内形成初始冲击波。因此，对于切缝药包，随着爆轰产物的不断膨胀过程，在切缝处即空气与炸药的接触边缘，形成了初始冲击波。

炸药爆炸对于空气更是属于介质冲击阻抗低于炸药冲击阻抗的情况，不同之处在于，空气的密度很低，爆轰产物达到与空气相接触的界面需要剧烈膨胀，以至在整个膨胀过程中不能再将膨胀指数视为常数。也就是说，爆轰产物从爆轰波界面压力 p_H 膨胀到空气冲击波初始压力 p_i 的过程不是等熵过程，精确计算爆炸在空气中形成的冲击波比较困难。为了实际计算爆炸在空气中形成的冲击波，经常采用近似的方法。近似方法将爆轰产物的膨胀过程分为两个阶段：

第一阶段，爆轰产物压力由 p_H 膨胀至所谓的临界压力 p_r, 在此阶段中膨胀指数 k 保持不变，产物膨胀遵循规律

$$p_H - {v_H}^k = p_r - {v_r}^k \tag{2.11}$$

第二阶段，爆轰产物压力由 p_r 膨胀至空气冲击波初始压力 p_i，在此阶段中膨胀指数 γ 保持不变，产物膨胀遵循规律

$$p_r - {v_r}^\gamma = p_i - {v_i}^\gamma \tag{2.12}$$

式中，通常取 k=3，γ=1.2～1.4。

爆轰产物临界压力 p_r 和比容 v_r 可以按下列方法确定。由爆轰波 Hugoniot 方程

$$\frac{p_H v_H}{k-1} - \frac{p_r v_r}{k-1} + \Delta Q = \frac{1}{2} p_H \left(v_0 - v_H\right) + Q_v \tag{2.13}$$

式中，ΔQ 为爆轰产物由 p_H 、v_H 状态膨胀至 p_r、v_r 状态时的剩余能量；Q_v 为炸药的爆热。

计算表明，$\frac{p_r v_r}{k-1}$ 与 $\frac{p_H v_H}{k-1}$ 相比，可以略去。且 $p_H = \frac{\rho_0 D^2}{k+1}$，$v_H = \frac{k}{k+1} v_0$，由此得

$$\Delta Q = Q_v - \frac{D^2}{2(k^2-1)} \tag{2.14}$$

在临界压力 p_r 之下，将爆轰产物作为理想气体处理

$$p_r v_r = RT_r \tag{2.15}$$

且 $T_r = \frac{\Delta Q}{c_v}$，$c_v = \frac{R}{\gamma - 1}$，代入上式得到

$$p_r v_r = (\gamma-1)\left[Q_v - \frac{D^2}{2(k^2-1)}\right] \tag{2.16}$$

联立上式，解得

$$p_r = \left\{\frac{(\gamma-1)^k\left[Q_v - \frac{D^2}{2(k-1)}\right]^k}{p_H {v_H}^k}\right\}^{\frac{1}{k-1}}$$

$$v_r = \left\{\frac{p_H {v_H}^k}{(\gamma-1)\left[Q_v - \frac{D^2}{2\left(k^2-1\right)}\right]}\right\}^{\frac{1}{k-1}} \tag{2.17}$$

代入 p_H 、v_H 后整理为

$$p_r = \rho_0 D^2 \left(k+1\right)^{\frac{k+1}{k-1}} \left\{\frac{\gamma-1}{k}\left[\frac{Q_v}{D^2} - \frac{1}{2\left(k^2-1\right)}\right]\right\}^{\frac{k-1}{k-1}}$$

$$v_r = \frac{1}{\rho_0}\left[\frac{k^k}{(k+1)^{k+1}}\right]^{\frac{k}{k-1}}\left[\frac{Q_v}{D^2} - \frac{1}{2\left(k^2-1\right)}\right]^{\frac{-1}{k-1}} \tag{2.18}$$

当求得 p_r、v_r 时,可以采用分段积分的方法处理膨胀区内产物的变化。按照膨胀波区内质点速度与状态参数之间的关系

$$\int_{u_H}^{u_x} \mathrm{d}u = -\left(\int_{c_H}^{c_r} \frac{2}{k-1}\mathrm{d}c + \int_{c_r}^{c_x} \frac{2}{\gamma-1}\mathrm{d}c\right) \tag{2.19}$$

式中，k、γ 在对应区间内为常数。

故

$$u_x = u_H + \frac{2c_H}{k-1}\left(1-\frac{c_r}{c_H}\right) + \frac{2c_r}{\gamma-1}\left(1-\frac{c_x}{c_r}\right) \tag{2.20}$$

代入 $u_H = \dfrac{D}{k+1}$，$c_H = \dfrac{k}{k+1}D$，$\dfrac{c_r}{c_H} = \left(\dfrac{p_r}{p_H}\right)^{\frac{k-1}{2k}}$，$\dfrac{c_x}{c_r} = \left(\dfrac{p_x}{p_r}\right)^{\frac{\gamma-1}{2\gamma}}$，整理得

$$u_x = \frac{D}{k+1}\left\{1 + \frac{2k}{k-1}\left[1-\left(\frac{p_r}{p_H}\right)^{\frac{k-1}{2k}}\right]\right\} + \frac{2c_r}{\gamma-1}\left[1-\left(\frac{p_x}{p_r}\right)^{\frac{\gamma-1}{2\gamma}}\right] \tag{2.21}$$

式中，c_r 为临界声速，$c_r = c_H\left(\dfrac{p_r}{p_H}\right)^{\frac{k-1}{2k}}$。

对于爆炸产生的强冲击波，采用强冲击波公式

$$u_m = \sqrt{\frac{2}{\gamma_m+1}\frac{p_m}{\rho_{m0}}} \tag{2.22}$$

式中，γ_m 为空气的等熵指数，可取 $\gamma_m = 1.2$；ρ_{m0} 为未扰动空气的密度。

按照界面连续条件，有 $p_x = p_m$，$u_x = u_m$。由上两式可以确定空气冲击波后压力和质点速度。至此，切缝管内炸药爆轰完成，高压爆轰产物迅速膨胀，即有一系列膨胀波紧随在爆轰波波阵面之后传播。在切缝附近膨胀波开始向空气中传播，转化为强空气冲击波。

2.2.2　初始裂纹形成阶段

随着炸药爆炸过程的完成，形成的膨胀波开始透过切缝向空气中传播，形成强空气冲击波。一般来说，采用切缝药包爆破，切缝管与炮孔壁之间留有一定的空隙，炮孔直径与装药直径的比值称为径向不耦合系数，用 α 表示。

$$\alpha = D_h / D_e \tag{2.23}$$

式中，D_h 为炮孔直径；D_e 为装药直径。

炸药在空气中爆炸后形成的冲击波，随着传播距离增加而发生较快的衰减。一般来说，对于无限空气域中冲击波的衰减计算一般凭借由实验回归得到的经验公式进行计算，有以下几种方法[130]。

1955 年，由 Brode 提出空气冲击波超压计算公式：

$$\Delta P=\begin{cases}\dfrac{0.67}{Z^3}+0.1 & Z>1\\ \dfrac{0.0975}{Z}+\dfrac{0.01455}{Z^2}+\dfrac{0.585}{Z^3}-0.0019 & 0.01\leqslant Z\leqslant 1\end{cases}\tag{2.24}$$

1979 年，Henrych 建议空气中冲击波的峰值超压表达式为

$$\Delta P=\begin{cases}\dfrac{1.407\,17}{Z}+\dfrac{0.553\,97}{Z^2}-\dfrac{0.035\,72}{Z^3}+\dfrac{0.000\,625}{Z^4} & 0.05\leqslant Z\leqslant 0.3\\ \dfrac{0.619\,38}{Z}-\dfrac{0.032\,62}{Z^2}+\dfrac{0.213\,24}{Z^3} & 0.3\leqslant Z\leqslant 1\\ \dfrac{0.0662}{Z}+\dfrac{0.405}{Z^2}+\dfrac{0.3288}{Z^3} & 1\leqslant Z\leqslant 10\end{cases}\tag{2.25}$$

1987 年，Mills 提出高爆装药冲击波峰值超压的计算式：

$$\Delta P=\frac{0.108}{Z}-\frac{0.114}{Z^2}+\frac{1.772}{Z^3}\tag{2.26}$$

1995 年，Crawford 和 Karagozian 提出峰值超压的计算式：

$$\frac{\Delta P}{P_0}=\frac{40.4R^2+810}{\left[\left(1+434R^2\right)\left(9.77R^2\right)\left(1-0.55R^2\right)\right]^{1/2}}\tag{2.27}$$

TNT 球形装药在无限空气中爆炸时的冲击波超压峰值为

$$\Delta P=\frac{0.084}{Z}+\frac{0.27}{Z^2}+\frac{0.7}{Z^3}\tag{2.28}$$

Wu 和 Hao 建议高爆炸药冲击波峰值超压采用下式：

$$\Delta P=\begin{cases}\dfrac{1.059}{Z^{2.65}}-0.051 & 0.1\leqslant Z\leqslant 1\\ \dfrac{1.008}{Z^{2.01}} & 1\leqslant Z\leqslant 10\end{cases}\tag{2.29}$$

萨多夫斯基根据模型相似率理论建立公式，由试验确定系数，得到冲击波超压的表达式：

$$\Delta P=\begin{cases}\dfrac{1.07}{Z^3}-0.1 & Z\leqslant 1\\ \dfrac{0.076}{Z}+\dfrac{0.255}{Z^2}+\dfrac{0.65}{Z^3} & 1\leqslant Z\leqslant 15\end{cases}\tag{2.30}$$

式中，$Z=R/W^{1/3}$；R 为测点与爆心之间的距离，m；W 为等效 TNT 药量，kg。

由上述对冲击波超压的计算公式可以看出，在无限空气域中，冲击波超压与炸药质量和距离爆炸中心距离两个因数有关。而采用切缝管装药爆破，在炮孔直径固定的前提下，不耦合系数越大，单位长度炮孔内药量越小。同时由于切缝管具有一定的强度，对炸药有一定包裹作用，爆轰产物作用管壁后发生反射，这使得管内冲击压力增大。因此由上式计算出的空气冲击波超压应乘以一个系数 λ_1，λ_1 是与切缝宽度 L_w 和不耦合系数 α 的函数

$$\lambda_1=F_1\left(L_w,\ \alpha\right)\tag{2.31}$$

一般认为，切缝方向炮孔壁初始裂纹的形成主要有两种形式，一是切缝方向岩体在冲击波作用下与周围岩体形成剪应力差，在剪应力的作用下，孔壁发生初始破坏。二是切缝管对炮孔侧壁的保护作用，使得在切缝处形成环向拉应力。这里，笔者认为不能简单地考虑单一的破坏形式。

设爆炸冲击波（通过切缝）直接作用在炮孔壁上的压力为p_d，通过切缝管壁作用在炮孔壁上的压力为p_i，则在切缝方向炮孔壁形成的剪应力差为

$$\tau > S_{ds}$$

$$\tau = p_d - p_i$$

$$S_{ds} = \sigma \tan\phi + C \tag{2.32}$$

式中，τ为炮孔壁的剪应力；σ为炮孔壁上的最大环向拉应力；S_{ds}为岩石动态剪切强度；C为岩石动态内聚力；ϕ为岩石动态摩擦角。

如果切缝处炮孔壁岩石发生拉伸破坏，可以建立其破坏准则：

$$\sigma > S_{dt} \tag{2.33}$$

式中，σ为炮孔壁上的最大环向拉应力；S_{dt}为岩石的动态单轴抗拉强度。

环向应力和径向应力存在以下关系：

$$\sigma = \mu p / (1-\mu) \tag{2.34}$$

式中，μ为岩石的泊松比；p为炮孔壁上的压力。

由上两式可以得到，单孔条件下在环向拉应力作用下，形成裂纹开裂时，炮孔压力p应满足：

$$p > (1-\mu)\cdot S_{dt} / \mu \tag{2.35}$$

$$p > (1-\mu)(C-\tau) / (\mu \cdot \tan\phi) \tag{2.36}$$

以上两式是切缝药包爆破时初始裂纹形成的条件。

2.2.3 裂纹扩展阶段

初始裂纹形成后，裂纹尖端在爆生气体和应力波的共同作用下，继续扩展。根据岩石断裂力学理论，在准静态压力作用下，若满足：

$$K_{\mathrm{I}} > K_{IC} \tag{2.37}$$

裂纹起裂、扩展。式中，K_{IC}为岩石动态断裂韧性。

裂纹扩展过程中其尖端处的应力强度因子K_{I}为

$$K_{\mathrm{I}} = pF\sqrt{\pi(r_h + a)} \tag{2.38}$$

式中，p为炮孔壁上的压力；a为裂纹扩展长度；r_h为炮孔半径；F为应力强度因子修正系数，且为a与r_h的函数，$F = F\left[(r_h + a)/r_h\right]$。

由此得到

$$p \geqslant \frac{K_{IC}}{F\sqrt{\pi(r_h + a)}} \tag{2.39}$$

按照弹性理论，可以近似确定裂纹的扩展长度a，得到的岩体内的径向应力分量：

$$\sigma_r = \left[\frac{r_h}{r_h + a}\right]^2 \cdot p \tag{2.40}$$

按照弹性理论，参照拉梅解得到岩石裂纹的最大扩展长度 a 为

$$a = r_h\left[\sqrt{\frac{\mu p}{(1-\mu)S_{dt}}} - 1\right] \tag{2.41}$$

药包切缝宽度的大小会影响孔壁上优先产生的预裂缝。如果切缝宽度太小，则动作用对孔壁的直接作用就减弱。如果切缝宽度过大，则动作用对孔壁的作业范围就增加，难以有效地控制裂纹发展方向。根据岩石断裂动力学理论及摩尔-库伦强度准则，提出了切缝宽度与裂纹长度的关系：

$$b = a/[2\tan(\theta/2)] \tag{2.42}$$

式中，θ 为导向裂纹的夹角，$\theta = \pi/2 - \phi$。 （2.43）

在考虑最大裂纹扩展长度时，除了要考虑岩石的动态断裂韧性、炮孔半径等几个因素外，切缝处冲击波超压的作用时间是影响裂纹长度的另一个主要因素。冲击波超压作用时间一般包括上升沿持续时间和下降沿持续时间，一般来说，求得冲击波超压的解析解极其困难，在实践中一般采用经验公式对其进行求解。计算无限空气域中炸药爆炸的冲击波超压作用时间，一般采用 Henrych 的研究成果：

$$\begin{aligned} T_a &= 0.34R^{1.4}Q^{-0.2} / c_a \\ T_r &= 0.34R^{1.4}Q^{-0.2} / c_a \\ T_d &= 0.0005Z^{0.72}W^{0.4} \end{aligned} \tag{2.44}$$

式中，c_a 为声速；T_a 为冲击波到达时间；T_r、T_d 分别为冲击波超压上升段和下降段持续时间。

由于切缝管壁具有一定的强度，在裂纹扩展一定的长度后，在爆生产物对切缝管壁的冲击和热的共同作用下，管壁才发生破坏，同时失去了对爆生气体的包裹作用，因此切缝管材料对冲击波超压上升段作用明显。另外，切缝宽度对于炸药的能量释放率起到主要作用，不耦合系数 α 决定了炮孔内单位长度的药量。因此，切缝药包爆炸时，在理论上冲击波上升沿的持续作用时间要远远长于炸药爆炸直接作用孔壁的时间。因此，这里引入一个冲击波上升沿作用时间增大系数 λ_2，λ_2 为切缝宽度、不耦合系数及切缝管材料的函数

$$\lambda_2 = F_2（L_w，\alpha，f） \tag{2.45}$$

式中，L_w 为切缝宽度；a 为径向不耦合系数；f 为与材料强度相关的函数。因此，采用切缝药包爆破，上升沿的作用时间为

$$T = \lambda_2 \cdot T_r \tag{2.46}$$

切缝药包定向断裂控制爆破的三个过程中第二个过程决定了初始裂纹的形成，直接影响到定向断裂方向精准性；第三个过程决定了裂纹的扩展情况，直接影响裂纹的扩展长度。可见，第二个、第三个过程共同决定着定向断裂控制爆破效果。

第3章　切缝药包爆轰波动态演化机理

切缝药包定向断裂爆破效果显著，其结构起了非常重要的作用。一直以来，对于切缝药包本身爆轰波动行为的研究仅仅是根据炸药爆轰理论做一些浅显的推测，而没有深入系统地开展切缝药包爆轰波动行为的实验研究。本章从切缝药包本身的结构出发，研究其爆轰波动行为，为深入研究切缝药包定向断裂爆破机理提供理论依据。

采用高速纹影摄像技术捕捉切缝药包沿切缝方向爆轰波阵面传播过程中的细微结构特征。纹影摄像是利用流场对光折射的原理产生图像，通过纹影图像可清晰再现爆轰波内部流场结构的变化，结合高速摄像技术记录爆轰波阵面与切缝管结构相互作用过程中流场结构的瞬时动态演化过程，对切缝药包爆轰波动态演化机理进行了探讨[131]。

3.1　切缝药包爆轰波动高速纹影实验

3.1.1　高速纹影测试原理

1. 高速摄像机

高速摄像技术是用来研究人眼不可分辨的高速瞬变现象与运动规律，揭示运动事物的本质。既要利用高的摄影速度获得事件发生变化过程的清晰图像（定性观察），必要时又要给出事物运动的诸如速度、位置和姿态等数据参数（定量测量）。

高速摄像机工作原理：高速摄像机通过 CMOS 或 CCD 传感器感受外界光信号，通过内部集成的高速或超高速图像采集控制器将信号送入高速的数字处理器中，复杂的图像处理过程全部在摄像机内部完成。在所有的图像捕捉并完成处理过程后，所有信息将通过以太网将图像直接传输到计算机终端。高速摄像机的主要设置参数包括以下几项：

（1）拍摄频率（帧频）：拍摄帧频设置：①根据测试要求，确定水平和垂直方向上的拍摄空间范围 x 和 y，根据 CCD 芯片成像区尺寸 $a\times b$ 计算影像放大比 $\beta=a/x$。②根据目标尺寸 L 及影像放大比，计算目标像尺寸 $L'=L\times\beta$，要求目标像在任何方向都能覆盖 3～10 个像元。③根据安全因素确定布站距离 S，镜头焦距设置为 $f=S\times\beta$。④根据目标速度 V 和 CCD 像元尺寸确定拍摄频率，要求摄像频率应满足像移量要求，即由于目标运动引起的像移量不应大于所允许的运动模糊量 d（可以看成允许像元数），由此可推出摄像机拍摄频率 $F=\beta V/d$。⑤根据计算出的拍摄频率要求和存储器容量，计算摄像机总的记录时间。

（2）触发方式：根据具体使用情况，可采用零时信号、光学信号、声音信号和人工触发方式。

（3）曝光时间：曝光时间应满足摄像机曝光量和像移量的要求。

（4）摄像机布站位置：摄像机布站时，应首先考虑安全因素，然后通过选择合适的焦距来满足拍摄视场要求。

实验系统中所用的高速摄像机为美国 Photron 公司生产的 Fastcam SA5 摄像机，如图 3.1 所示，该摄像机前置镜头为 NIKON 系列镜头，内存为 16G，其性能参数如表 3.1 所示。

图 3.1　Fastcam SA5 高速摄像机

表 3.1　Fastcam SA5 部分性能参数

帧数/（f/s）	最大分辨率/像素	最大曝光速度/μs	拍摄时长/s
1000	1024×1024	f1	10.92
5000	1024×1024	1	2.18
10000	1024×744	1	1.5
50000	512×272	1	1.64
100000	320×192	1	1.86
150000	256×144	1	2.07
300000	256×64	1	2.33
775000	128×24	1	4.81
1000000	64×16	0.369	11.18

将高速相机的拍摄速度设置为 100000f/s，也就是每秒钟拍摄 100000 幅照片。参考标志以纹影的反射镜尺寸（直径 30cm）衡量。

2. 纹影系统

德文单词 Schlieren 用来表示透明介质中的非均匀性或扰动。Schlieren 方法由英国自然哲学科学家 Robert Hooke 于 1672 年发明，1858 年法国物理学家 Léon Foucault 使用 Schlieren 方法测试望远镜中反光镜的光学表面。1864 年 August Toepler 在德国皇家农学院物理和化学的讲座中设计了一个修正的 Schlieren 方法，称为“Toepler 施利伦方法”，这种修正的方法证明了在流体动力学中非常有用。August Toepler 被称为第一个看到冲击波的人，用这种方法实现了火花波动传播（弱冲击波）的可视化。此后，Toepler 施利伦方法被用于弹道实验以及空气中高压射流的研究。

施利伦法是利用介质中密度的变化来显示声场的，此方法与其他方法相比的优点是：①可以显示出直观的图像；②接收设备不必置入声场（因而对声场无影响）；③应用频率范围较广。其局限性是仅对透明介质能显示出与光通路相垂直传播的声场。

纹影系统的基本组成与工作原理：

1）激光光源

与其他光源相比，激光具有单色性好、方向性强、光亮度极高和相干性极好的优点，可排除波长变化对折射率及其导数的影响。激光器是一族将工质吸能粒子（分子、原子或离子）激发光子能量振荡的受激辐射式现代新型光源，能分别在可见光、红外、紫外波长范围发射线谱光的设备。纹影系统的灵敏度取决于照明光源的强度，激光光强度足以满足纹影系统的需求。激光的光束不仅是脉冲序列，而且还可扩展周期进行连续照明。

2）纹影仪

纹影仪能够把透明介质折射率的变化变为屏幕上可见的照度的变化，是流场显示的重要手段。如图 3.2 所示，线光源 S 发出的光由透镜 L_1 成像在狭缝 R 处，狭缝的作用是将光源 S 的像整形。狭缝 R 放在透镜 M_1 的前焦平面上，两个全同的透镜 M_1 和 M_2 将线光源 R 成像在 M_2 的后焦平面上，在该焦平面处放置刀口 K。流场 T 处于透镜 M_1 和 M_2 中间，流场 T 通过成像物镜 L_2 成像到照相底片 Ph 处。

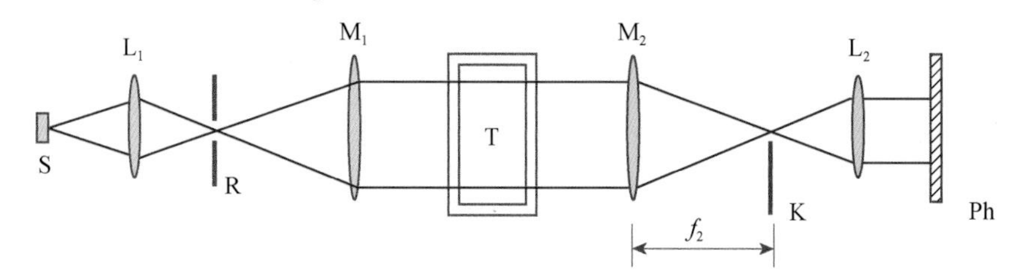

图 3.2　纹影仪原理光路图

光源 1 经过纹影仪两反射镜后成像在刀口（图 3. 3）平面 7，成像透镜 8 距刀口很近，光路呈 Z 形布置，纹影镜采用球面反射镜，离轴工作。因此，光路调节时不应离轴太多，一般为 $\theta<7°$，减少图像变形。

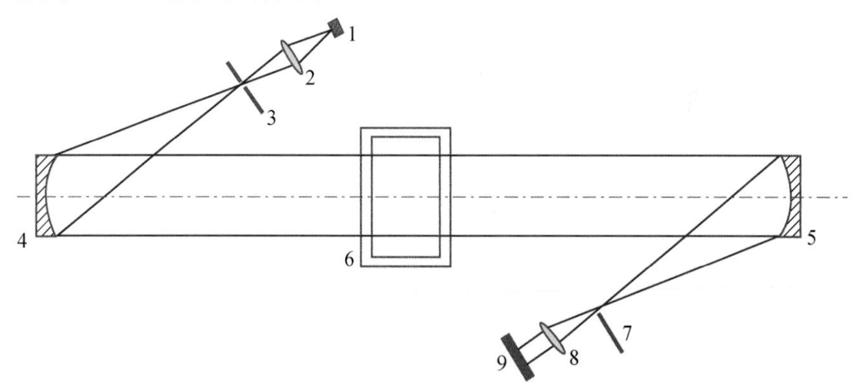

图 3.3　实验用纹影仪光路

1-光源；2-透镜；3-狭缝；4-球面反射镜；5-球面反射镜；6-实验段；7-刀口；8-成像透镜；9-相机

纹影仪有两个关键部件，纹影镜 M_1、M_2 和刀口 K。在图 3.3 中有两个成像过程，一个是纹影镜 M_1 和 M_2 将光源 S 的像成像在刀口 K 的位置；另一个是纹影镜 M_2 和照相物镜 L_2 将实验流场 T 成像在记录平面 Ph 位置。图 3.4 所示为流场中由密度引起的折射率的变化产生光线的折射偏差。

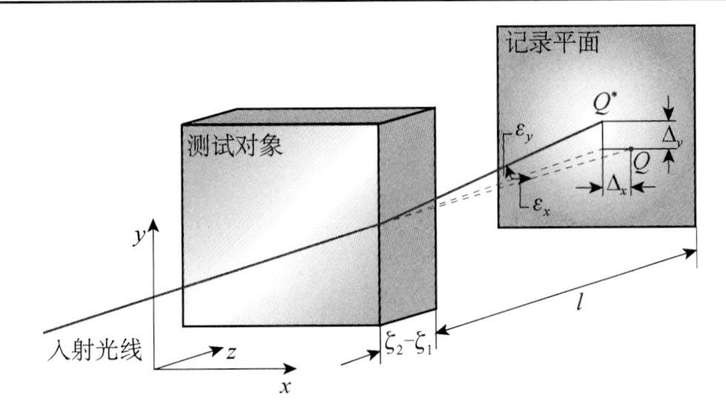

图 3.4　流场中光线的折射偏差

刀口 K 是纹影仪中的重要部件，图 3.5 所示为刀口的作用。当试验段 T 内没有流动时，调节纹影仪刀口 K，使刀口慢慢切割未受扰动光源的像。假设光源的像切割后剩余高度为 a，长度为 b。试验段内有流动后，光线通过试验段受到扰动。对应光源像的位置也发生了移动，沿垂直于刀口方向移动的距离为 Δa，则通过刀口的光线就相应有变化。

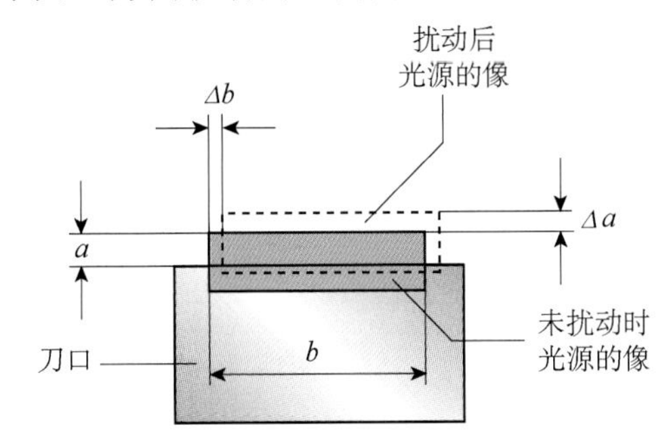

图 3.5　刀口的作用

当试验段内无气流时，屏幕均匀照明亮度为

$$I(x,y)=\eta I_0\frac{ab}{f_e^2}=\text{常数} \tag{3.1}$$

式中，I_0 为光源的光强；η 为衰减系数；f_e 为成像物镜焦距。

试验段内有气流时，刀口处光源像有位移，使得屏幕上对应点光强发生变化，变化的亮度为

$$\Delta I=\eta I_0\frac{\Delta a\cdot b}{f_e^2},\Delta a=f_2\tan\varepsilon_y\approx f_2\varepsilon_y \tag{3.2}$$

f_2 为纹影镜焦距。因此纹影像的反差为

$$\gamma=\frac{\Delta I}{I}=\frac{\Delta a}{a}=\frac{f_2}{a}\varepsilon_y=\frac{f_2}{a}\int_{\xi_1}^{\xi_2}\frac{1}{n}\frac{\partial \mathrm{n}}{\partial \mathrm{y}}\mathrm{d}z \tag{3.3}$$

刀口水平放置时

$$\gamma=\frac{f_2}{a}\int_{\xi_1}^{\xi_2}\frac{1}{n}\frac{\partial \mathrm{n}}{\partial \mathrm{y}}\mathrm{d}z\approx\frac{f_2}{\mathrm{a}}k\int_{\xi_1}^{\xi_2}\frac{\partial\rho}{\partial y}\mathrm{d}z \tag{3.4}$$

因此，纹影法测量的是垂直于刀口方向流场密度的一阶导数。纹影仪的灵敏度与纹影镜焦距 f_2 及刀口切割后光源像的剩余高度 a 有关。纹影镜焦距越长，灵敏度越高。刀

口切割光源的像越多（光源像的剩余高度越小），灵敏度越高。

3.1.2 切缝药包爆轰波动实验系统

高速纹影摄影在研究空气冲击波传播规律方面非常有用，甚至可以说是唯一形象化的观测手段，可以得到冲击波的传播速度、冲击波遇障碍物绕射、马赫反射的形成过程、临界角等参数。高速摄像机与纹影结合使用的条件：

（1）纹影仪光源在刀口平面所成的实像应在高速摄像机的入口光阑处成像。

（2）在满足第一点的同时，扰动区域（T 区域）能在高速相机的胶片平面上清晰成像。

（3）纹影仪有效视场在相机胶片平面上成的像与高速相机的画幅尺寸相等。

高速纹影实验系统实物图如图 3.6 所示。

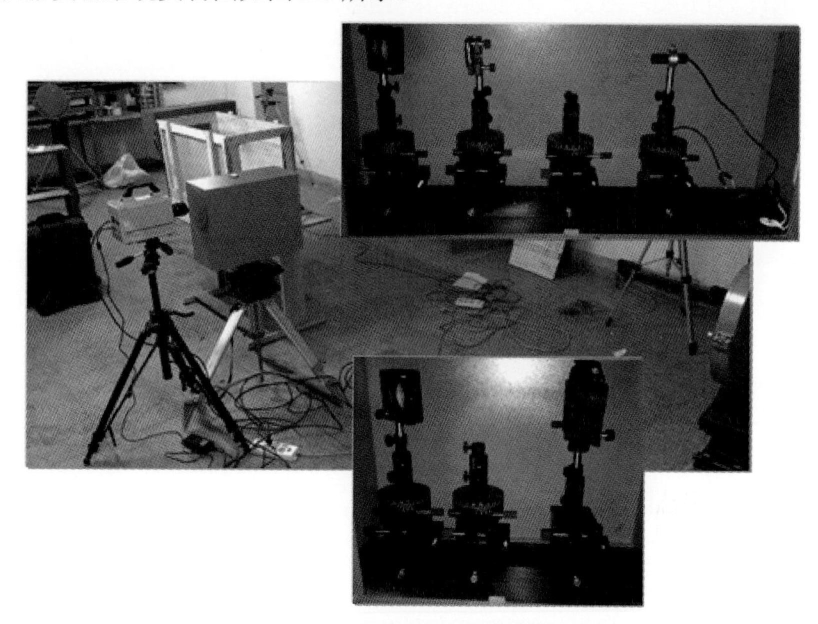

图 3.6　高速纹影系统实物图

如图 3. 6 所示，切缝药包爆轰波动实验系统为纹影系统外加高速相机，纹影系统中光源采用激光光源，产生平行流场的两个凹面镜的焦距都为 2.5m, 主要元件还有控制刀口和聚焦透镜。切缝药包放置在纹影系统的反射镜的平行流场中，在平行流场中置一防止木箱，防止切缝药包爆炸碎片或爆生气体冲击破坏周围仪器设备。在刀口末端放置 Fastcam SA5 高速摄像机。

切缝管材质为不锈钢，切缝药包设计结构：①单缝/双缝耦合装药，外直径 14mm, 内径 6mm，壁厚 4mm，切缝宽度 2.5mm。②单缝/双缝不耦合装药，外直径 14mm,内径 8mm，壁厚 3mm，切缝宽度 2.5mm，不耦合系数（切缝管内径与药包直径的比值）为 1.3。装药为二硝基重氮酚，药包长度为 10cm，有效装药长度为 8cm。所选炸药为起爆药，对火花敏感度很高，起爆时，用扭绞的漆包线高压放电起爆切缝药包，起爆点置于药包中心。药包用热塑管包装，首先将热塑管放置于切缝管有效装药位置，起爆端先用 AB 胶固定漆包线，一定要保证起爆点在药包中心位置，并且确保扭绞的漆包线起爆端头不分叉、不滑移，然后将称量好的炸药沿微型漏斗内壁缓慢装入切缝管内，切缝管末端用橡胶塞封堵，剩余未封堵部分用橡皮泥封堵密实。图 3. 7 为切缝药包实物图。

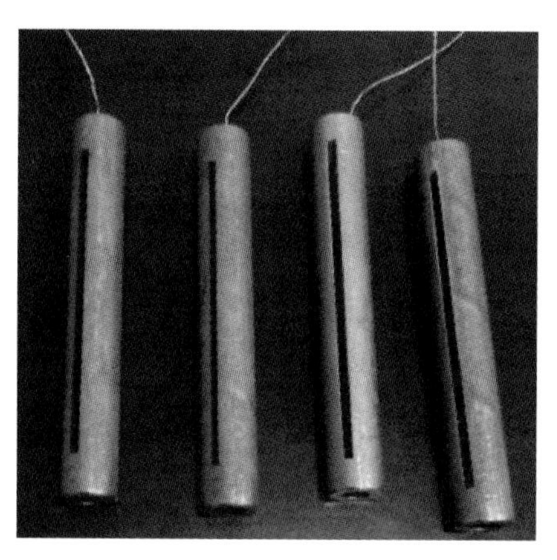

图 3.7　用于纹影实验的切缝药包

3.2　高速纹影实验结果与分析

实际工程中切缝药包置于炮孔中，药包与孔隙间存在空隙，即存在一定的不耦合系数，也就是说，切缝药包的爆轰波动是受空间限制的。为了真实地反映切缝药包的爆轰波动态发展过程，高速纹影实验全部为自由场中爆炸。

本章进行双缝/耦合药包，双缝/不耦合药包、单缝/耦合药包和单缝/不耦合药包四种情况的高速纹影实验。每种药包在高速纹影平行流场中设置两种放置方式：一种采用切缝药包轴向垂直于纹影系统平行流场；另一种采用切缝药包轴向平行于纹影系统流场。第一种放置方式能够形象地看出切缝药包截面整个爆轰波传播过程，但是不能反映纵向切缝处的爆轰波阵面的波动过程，第二种放置方式能够弥补第一种放置方式的不足。

3.2.1　双缝/耦合药包爆轰过程

1. 切缝药包轴向垂直于纹影系统的平行流场

图 3.8 所示的时间为名义时间（以爆炸波传播到切缝处开始计时），高速纹影记录图中的初始时间与此相同。对于凝聚炸药内部爆轰的传播无法用纹影仪观测，因此没有考虑炸药爆炸波在切缝管内部的传播和膨胀时间。图 3.8 所示为双缝耦合装药的切缝药包的高速纹影记录图。切缝药包轴向垂直于纹影系统的平行流场，这种放置方式能够直接观察切缝处爆轰波阵面的形状和传播过程。

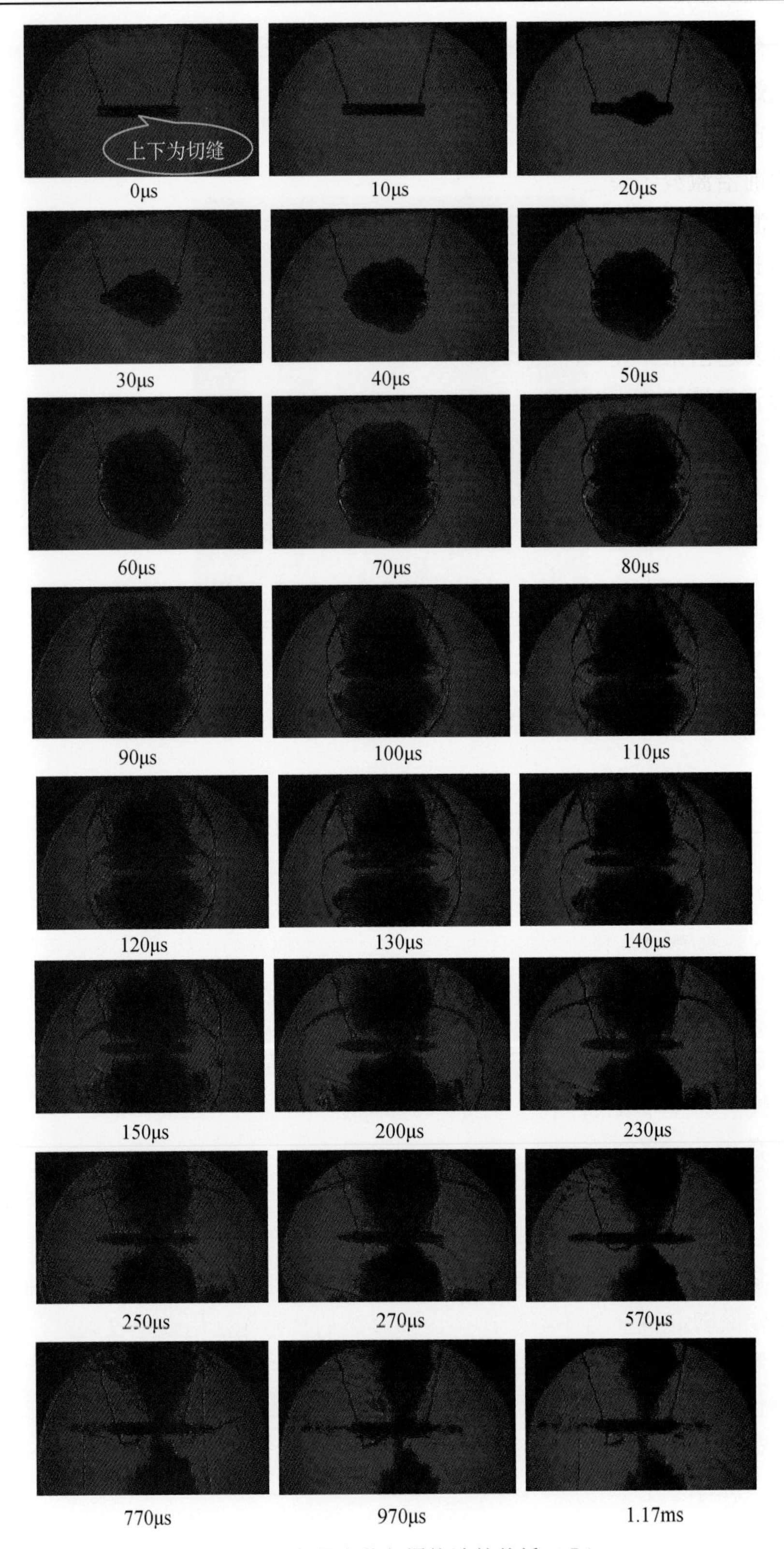

图 3.8　双缝/耦合药包爆炸波的传播（Ⅰ）

在爆炸的初始阶段，爆轰从起爆点开始传播，30μs 时整个切缝管内的炸药完全发生反应，起爆端处的爆炸波已经传播出切缝管一段距离，在 20～40μs 时，爆炸波分布形状犹如“芭蕉扇”形。在 40μs 时，已能够观察到前沿激波与爆生气体的分界面，两个切缝处的前沿激波阵面迅速地朝着各自的切缝方向扩展。从 50μs 开始，能够非常明显地观察到激波阵面，冲击波向两端绕流的波阵面很清晰，在 60μs 时，两切缝方向的冲击波沿着切缝管外壁绕流，这种绕流与两端部的激波面相互作用产生三波点。三波点紧随前沿爆轰波阵面。在 210μs 时这种波逐渐弱化，随后消失。另一种放置方式能够很清晰地表达出来。在 80μs 时两切缝方向的爆炸波阵面接近于平行，爆生气体紧随其后，切缝管壁绕流部分的冲击波形成“橄榄形”逐渐膨胀。从 90～270μs 爆生气体运动缓慢，在切缝处爆轰波传播的很长一段时间内，切缝药包两端部一直都没有波的传播。在 100μs 时两端堵塞物质受内部气体的膨胀开始冲出，从整个过程来看，其速度很慢。在所观测的范围内，堵塞物质一直沿切缝管轴向直线运动，左端部相对于右端部的速度快些。在后面的时间段，初始爆炸波传播到防护木箱内壁发生的反射波阵面可以清晰观察到其形状。

爆炸波在遇到障碍物之前，这个空间对于小药量的切缝药包足够大，爆炸波从切缝处传播，经过一段时间的飞散后，冲击波阵面与爆生气体完全脱离，这个时间发生在 110μs 之后。最终占据某个极限比容，此时相应爆炸产物的剩余压力等于周围介质的压力（大气压）。

2. 切缝药包轴向平行于纹影系统的平行流场

将图 3.9 与图 3.8 的图形结合起来，能够更加详细地理解切缝药包的爆轰波动过程。将切缝管在纹影流场中以不同的方式放置，可以多角度观察切缝药包爆轰波动过程。

图 3.9 所示的过程为爆轰波动的侧面，根据纹影测试原理，爆轰波阵面并没有详细展示出来。这与切缝药包在平行流场中的放置方式有关。图 3.9 中放置的切缝药包在初始阶段的爆轰波阵面与流场中的光线是平行的。但是沿着切缝药包轴向可以形象地看出切缝处爆炸波的传播过程。在 30μs 时，爆炸波在两个切缝处呈现纺锤形分布。可以初步看出亮色的前沿激波与紧随其后的爆生气体分界面。由于药包直径小，爆轰波动很快从两个缝的方向绕流到彼此的区域。这种特殊的装药结构犹如两个爆源波动相互扰动。爆炸波在自由场中逐渐膨胀，在 70μs 时垂直切缝方向上亮色部分非常明显，爆生气体与爆轰波开始分离。但是切缝方向爆生气体与爆轰波阵面仍然向各自方向同步传播，存在分离的趋势。在 90μs 时，爆轰波阵面在切缝药包周围形成一个包络轮廓线将内部爆生气体围住，随后两者完全分离，爆生气体速度变慢，切缝处两个爆生气体的分布形态极其相似，可以称为“爆生气体孪生态”，这种孪生态在爆炸波动的整个阶段形态相对稳定。

从爆生气体孪生态上下两端部能够清晰观察到两个 W 形波阵面，这是由两个切缝处的爆炸波在垂直切缝方向上扰流波交互作用产生的马赫波，形成三波点紧随初始前沿激波。

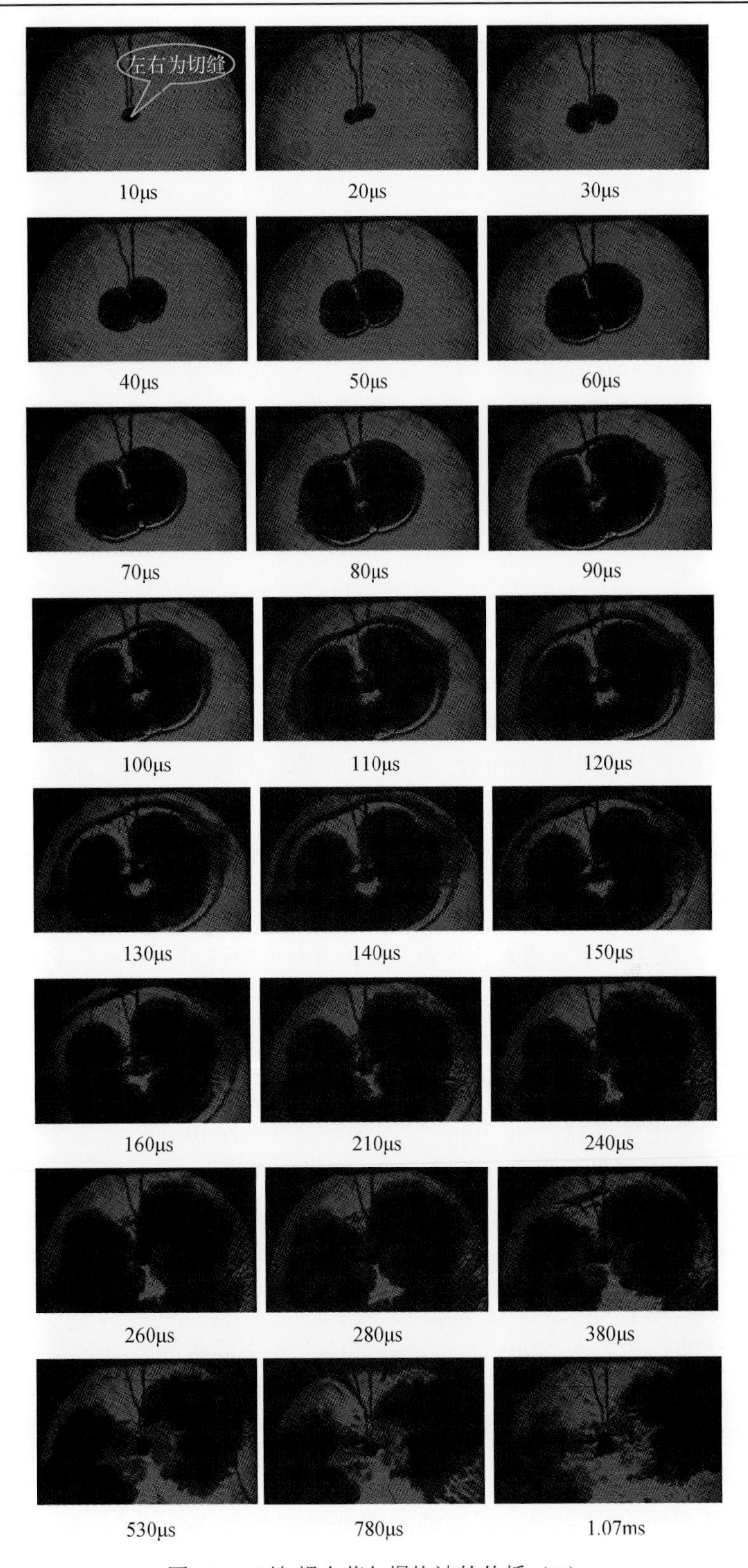

图 3.9　双缝/耦合药包爆炸波的传播（II）

根据高速纹影拍摄到的切缝药包爆轰波动的照片，可以获取切缝药包各个方向爆炸波波阵面速度随时间的变化。图 3.10 所示为双缝/耦合切缝药包爆炸波波阵面速度变化。

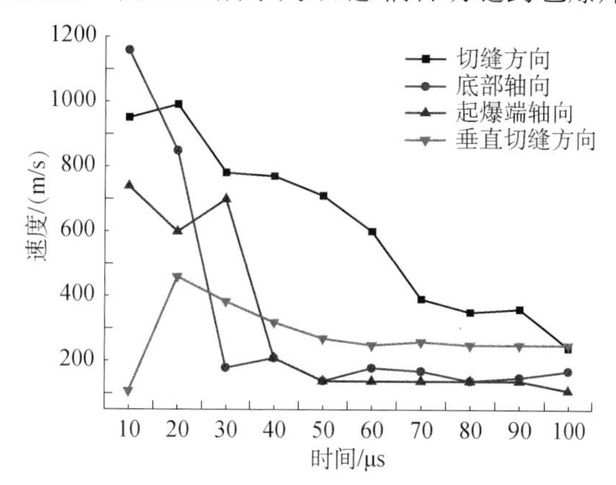

图 3.10　双缝/耦合切缝药包各方向波阵面速度变化

由图 3.10 可知，这种切缝药包切缝方向爆炸波波阵面的速度一直处于优势状态，切缝方向的波阵面速度显著高于底部轴向、起爆端轴向以及垂直切缝方向，仅仅在切缝管内部爆轰波传播的初始阶段大于切缝方向的波阵面传播速度，内部爆轰波阵面速度在 1200m/s 左右（所用炸药为散装装药，未做压实处理，所以爆速很低）。

切缝方向的爆炸波阵面速度的变化趋势很有规律。整个时间段内，爆炸波阵面的速度是衰减的。在初始阶段（10～20μs），爆炸波动速度由小增大，然后再减小，随后衰减的加速度逐渐变缓，在 30～70μs，波阵面速度变化曲线图呈上凸形，70μs 之后衰减为一个稳定的速度平台，90μs 之后继续加速衰减。

垂直切缝方向的爆炸波是由切缝方向的爆炸波绕流形成的，在整个传播阶段速度相对较小，而且衰减缓慢。70μs 之后稳定在 300m/s 左右。

切缝药包两个端部的爆炸波阵面传播速度衰减剧烈，在切缝管内传播速度很大，在切缝管外侧向稀疏波和切缝方向的侧向膨胀波相互作用下，其波阵面速度迅速减少。两者的速度最后衰减到 200m/s 以下。

3.2.2　双缝/不耦合药包爆轰过程

这里只给出了切缝药包轴向平行于纹影系统的平行流场图，另一种放置方式的图片与双缝/耦合药包爆炸波的传播大致相同，本章没有给出。

从图 3.11 可以看出，由于切缝管内空气不耦合系数的存在，爆轰产物快速膨胀，犹如一个活塞驱动切缝管内壁和装药的空气间隙形成前驱冲击波，爆炸波动衰减较快，爆炸波从切缝处传播出来时，在同等时间段内，与双缝/耦合装药爆炸波动相比，波阵面分布范围较小，前沿波阵面波动幅度小。很明显，双缝不耦合装药在 40μs 时的爆轰波阵面大致相当于双缝/耦合装药在 30μs 时爆炸波阵面。但与其不同的是，前沿激波阵面与爆生气体分离较快。和双缝耦合装药一样，爆轰波阵面在切缝药包周围形成一个包络轮廓线将内部爆生气体包围住，爆生气体运动速度缓慢。切缝药包两个切缝处的前沿激波包络面和紧随其后的爆生气体也形成孪生态的布局。从图中还可以看到，在前沿波阵面与

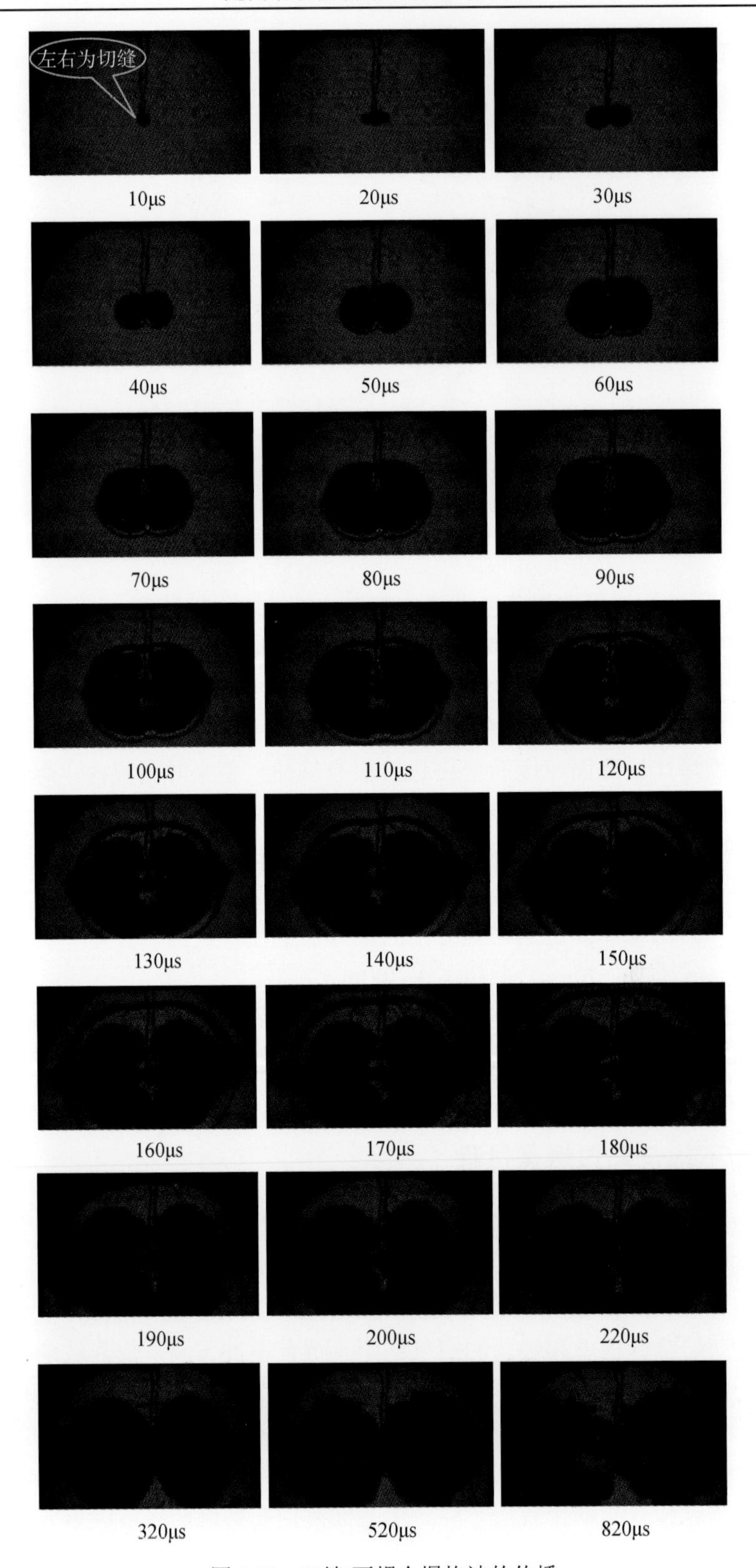

图 3.11　双缝/不耦合爆炸波的传播

爆生气体之间存在一个弱波动，也就是二次波动。因为爆生气体具有很强的压力，爆生气体孪生态运动过程中，压缩周围的空气，产生二次弱激波。这种波动很快就消失了。在随后的传播过程中，爆生气体孪生态从外边缘逐层飞散。200μs 之后，前沿激波的传播离开了高速纹影视场。

图 3.12 所示为双缝/不耦合切缝药包各方向波阵面速度变化。可以看出，切缝药包内不耦合介质的存在，严重削弱了切缝方向波阵面的速度，在10～30μs 的时间段，切缝方向的爆炸波阵面速度大于垂直切缝方向。在30～100μs 的时间段内，切缝方向的爆炸波阵面速度与垂直切缝方向相差很小，在前半阶段甚至重合。速度范围为200～400m/s。轴向两个相反方向上的爆炸波阵面速度变化与双缝/耦合装药的情形大致相同。

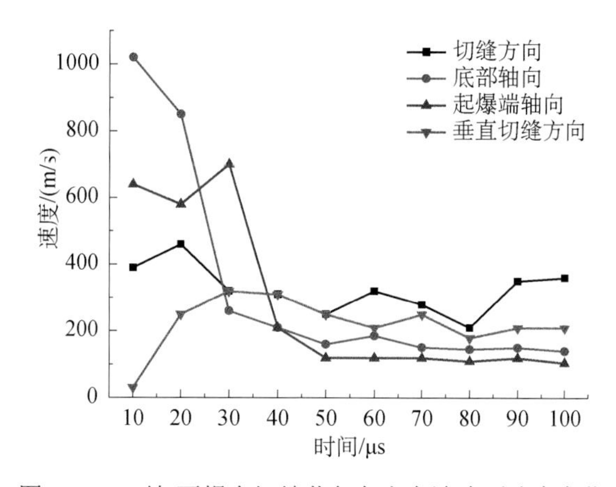

图 3.12　双缝/不耦合切缝药包各方向波阵面速度变化

结合两种药包的速度变化（图 3.10 和图 3.12），可以得出：不耦合系数严重影响切缝处爆炸波的传播。在 10～50μs 的时间段内，也就是在切缝药包切缝方向近区，其波阵面波动速度相差 500m/s。

两种情况的切缝药包装药，仅仅是波阵面移动速度的快慢，但是这种波动速度却反映出波阵面强度的弱化，波阵面与空气作用的间断面逐渐衰减，速度决定猛度，猛度反映冲量的变化，直接决定了优势爆生气体在切缝方向积聚并冲击固体介质。这种对岩石局部作用的高强度的应力集中直接导致了固体介质的定向破坏。

3.2.3　单缝/耦合药包爆轰过程

1. 切缝处初始爆轰波阵面与纹影系统的平行流场平行

从图 3.13 可看出，单缝/耦合装药的高速纹影时间序列，起爆瞬间，爆炸波沿切缝口快速波动，并在切缝边缘形成涡流，随后向周围空间发散，形成扇形，当爆炸波扰流至垂直切缝方向时，爆生气体已经完全与前沿激波分离。此时，两边的绕流在切缝方向汇聚，整个爆炸波形态呈心形（50μs 以后），亮色前沿激波从心形边缘向两边扩展，这是稀疏波侧向膨胀造成的。从图中可以看出，二次波动位于爆生气体与前沿激

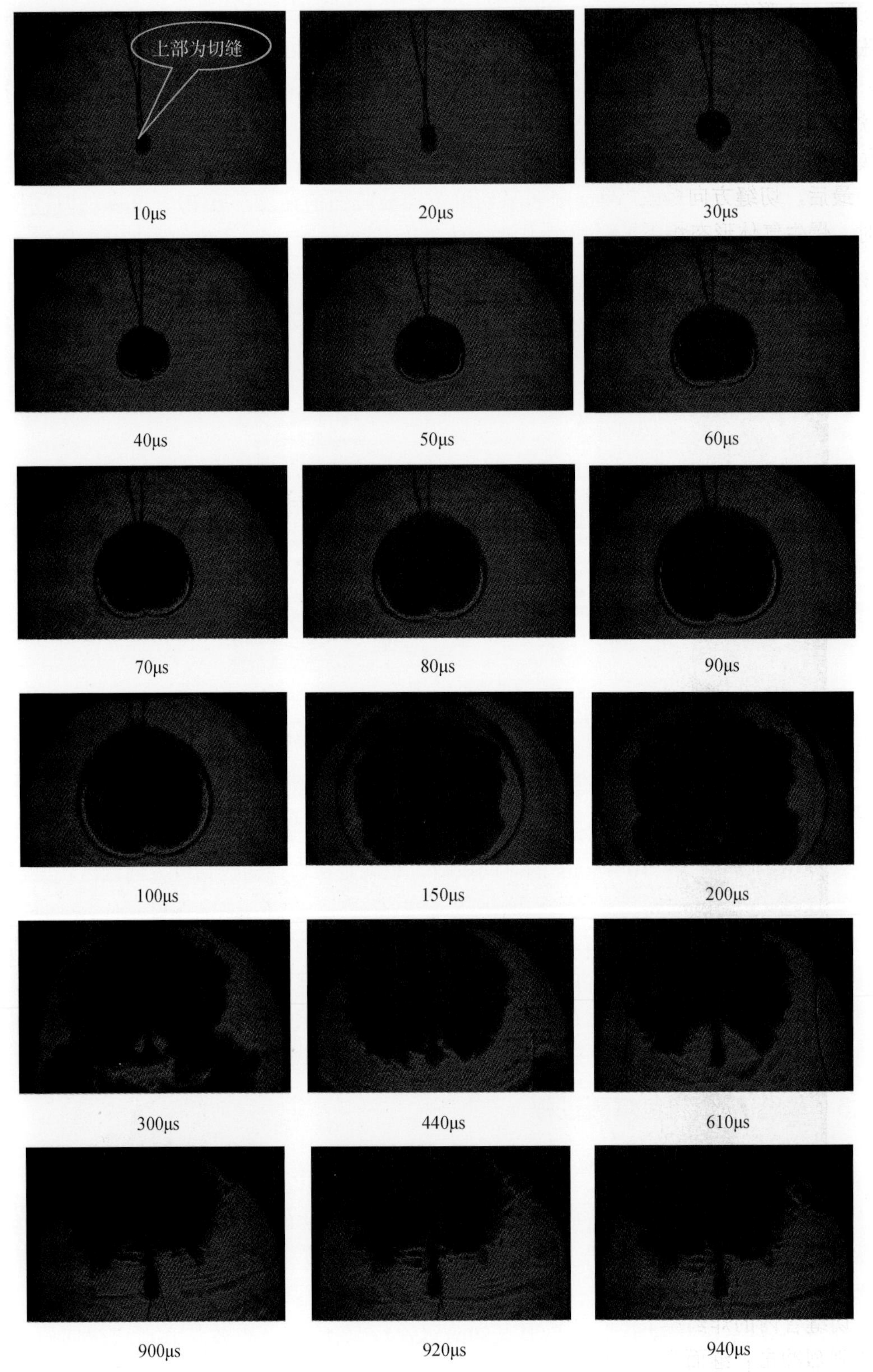

图 3.13　单缝/耦合药包各时间段爆炸波传播（Ⅰ）

波之间。心形包络面将爆生气体包围。随着时间的增加，心形包络面内的爆生气体在膨胀和发散，并在边缘处有层状飞散的趋势。150μs 之后，爆生气体的分布形状发生变化，以切缝口为平面，切缝口上方的爆生气体逐渐形成心形，平面下方的爆生气体逐渐脱离切缝管的近区（300μs 时）。初始前沿激波遇到防护木箱内壁产生反射波向切缝管传播。在 900μs 时可以看到两个反射波在切缝管处相遇，并相互作用，形成三波点。

最后，切缝方向爆生气体逐渐远离切缝管继续运动。当波动场中压力与环境压力平衡时，爆生气体形态将不再保形，而呈飞散状态逃逸。

2. *切缝处初始爆轰波阵面与纹影系统的平行流场垂直*

图 3.14 所示为单缝/耦合药包各时间段爆炸波传播（Ⅱ）。

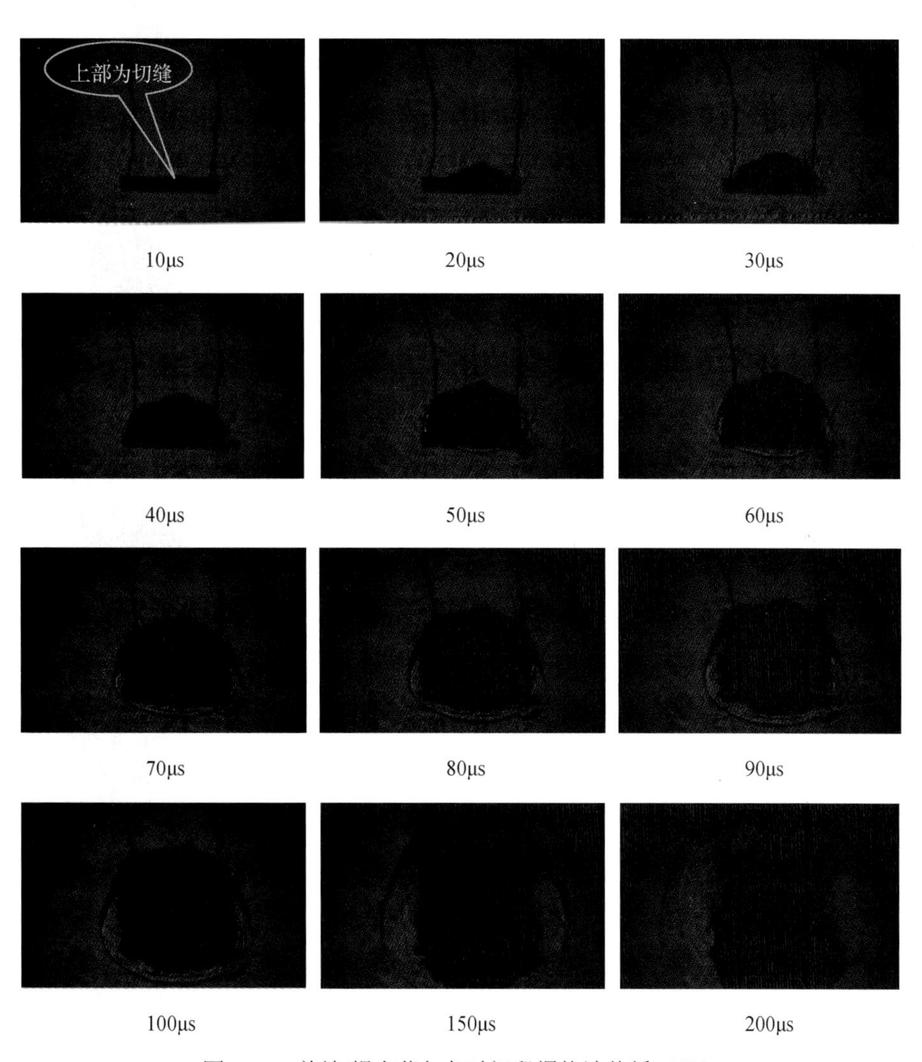

图 3.14　单缝/耦合药包各时间段爆炸波传播（Ⅱ）

切缝管内的炸药爆轰，高速的爆生气体从切缝处优先释放，并对切缝处的空气介质形成强烈冲击，继而产生瞬间压力突跃的传播。从纹影图中可以明显看到二次冲击波的产生。爆轰产物与前沿激波之间的间隙存在大量的气泡，波阵面并不光滑。

从图 3.15 可以看出，单缝耦合药包爆炸后切缝管内炸药的爆轰波动速度最大，达 1300m/s。而且向底部轴向传播的爆速最高。在 40μs 之前，切缝方向爆轰速度小于轴向爆轰波动速度，40μs 之后切缝方向的爆轰波动速度比其他方向都要快。切缝方向的爆轰波动速度传播缓慢，而且幅值稳定，保持在 400m/s 左右。垂直切缝方向上的爆炸波动速度非常小，为 200m/s。

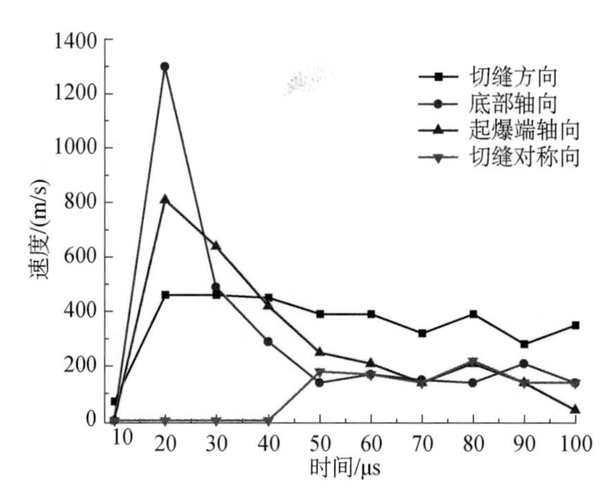

图 3.15　单缝/耦合切缝药包各方向波阵面速度变化

3.2.4　单缝/不耦合药包爆轰过程

图 3.16 所示为单缝/不耦合药包各时间段爆炸波传播。

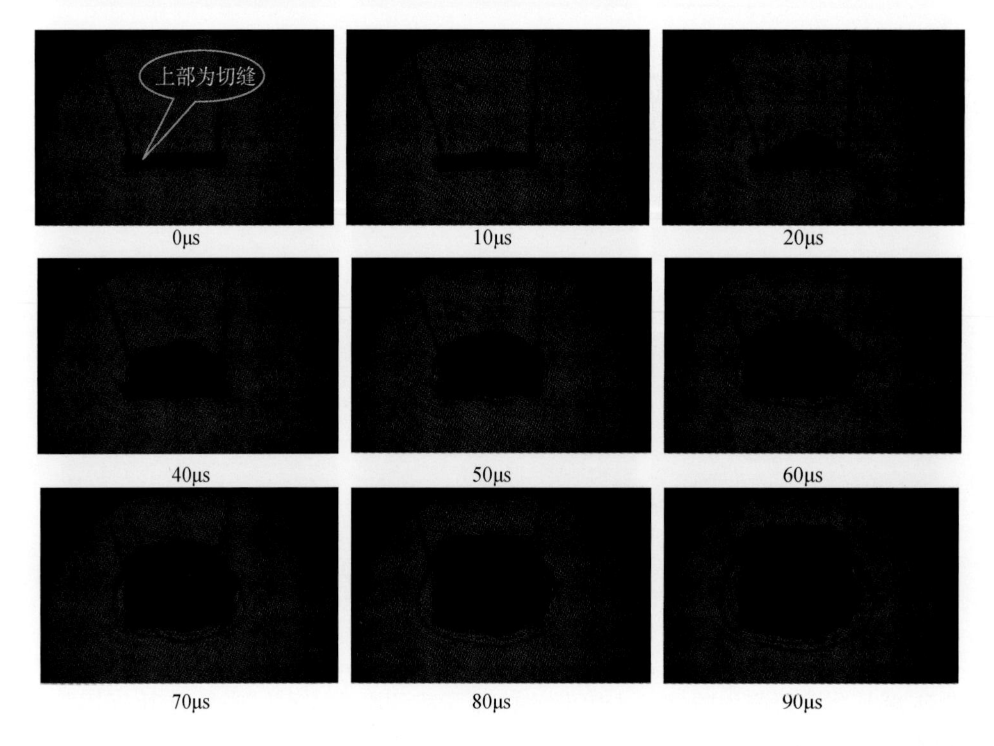

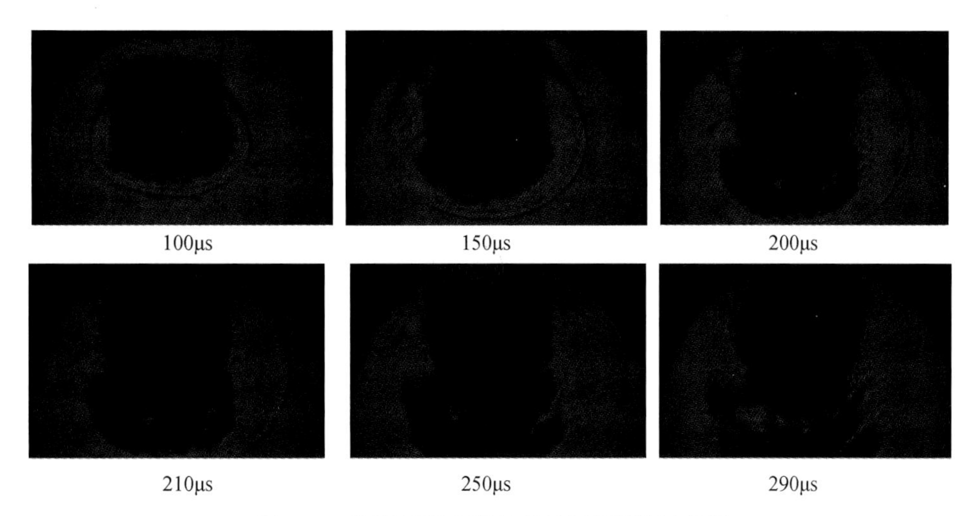

图 3.16　单缝/不耦合药包各时间段爆炸波传播

炸药在空气中爆炸的耗散比能量最大，切缝管内装药在一定不耦合比的空气作用下，在没有从切缝处释放出来之前就消耗了许多能量，爆轰波速下降较快。从图 3.17 可以看出，这种装药的切缝药包切缝方向的速度在 10～100μs 内为 200～400m/s。

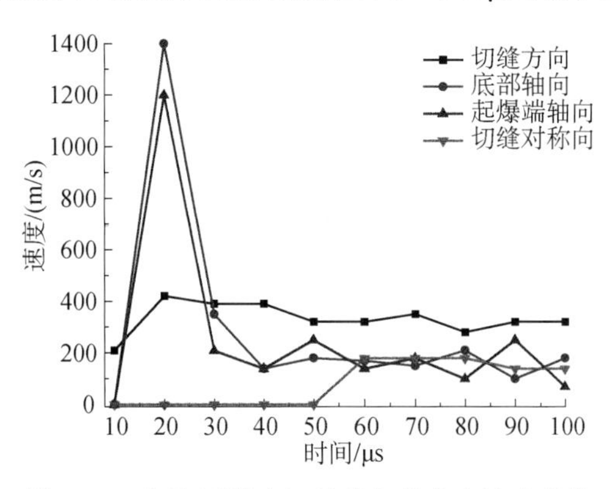

图 3.17　单缝/不耦合切缝药包各方向速度变化

3.3　切缝药包爆轰波动数值模拟

由于高速纹影对固体炸药内部爆轰波动研究方面的局限性，为深入探索切缝药包爆轰波动全场域的演化机理，建立数值计算模型，开展切缝药包爆轰波动数值模拟。

3.3.1　数值计算方法简介

随着计算机技术的飞速发展，数值模拟技术作为一种研究手段，已经广泛应用于各研究领域。目前，数值分析方法主要分为两大类，一类是以有限差分法为代表，其特点是直接求解基本方程和相应的定解条件的近似解；另一类数值分析方法是首先建立和原问题基本方程及相应定解条件等效的积分方法，然后据此建立近似解法。如配点法、最小二乘法、伽辽金（Galerkin）法、力矩法等都属于这一类数值方法。目前国内外较流行的方法有很多，发展较为成熟的主要有有限单元法、边界元法、不连续变形分析（DDA）、散体单元法（DEM）。

对于裂纹问题的数值模拟，常用的数值计算方法有有限差分法（finite difference method, FDM）、有限单元法（finite element method，FEM）、边界单元法（boundary element method，BEM）和离散单元法（discrete element method，DEM）等。

FLAC 岩土分析软件是典型的有限差分软件，可以在 FLAC 中采用应变松弛本构模型对裂纹的起裂及扩展问题进行模拟。在有限单元法中，可以采用有限元软件 SICRAP（simulation of crack propagation program）模拟裂纹的起裂和扩展过程、采用有限元软件 Cracker 模拟裂纹的动态扩展、在有限单元法中有学者利用材料的非均匀性和材料的弱化这一思想来模拟岩石的破坏，建立了岩石破裂过程分析模型 RFPA（rock fracture process analysis），并在有限单元法和 RFPA 模型的基础上发展了用于分析力学加载条件下岩石破裂过程的数值分析软件 R-T^{2D}（rock and tool interaction code）。另外，在有限元软件 LS-DYNA 中，还可以采用生死单元控制来进行材料破坏的模拟。在边界单元法中，主要采用位移不连续方法（displacement discontinuity method，DDM）来模拟裂纹问题、利用基于位移不连续方法的边界元软件 FROCK 对裂纹的贯通和翼裂一致发育问题进行模拟、对径向加载条件下岩石圆盘试件的破坏问题进行模拟。

在有限差分法、有限单元法和边界单元法等连续数值方法中，通过网格重分、采用断裂力学的知识能够对裂纹的起裂和扩展进行准确的计算，但裂纹尖端应力场的奇异性导致了数学处理上的困难，对于多裂纹的汇聚问题难以处理。国内有学者还利用数值流形方法对裂纹问题进行了较好的模拟，但在处理多裂纹问题时遇到了和连续数值计算方法同样的困难。

由于离散单元法、DDA 方法等不连续数值计算方法对独立块体组成的块体系统进行计算，其在破坏问题的处理上不存在数学上困难，因此能将这类方法较为方便地应用到裂纹问题的数值模拟当中。学者们还利用离散单元法对岩石以及混凝土中的裂纹扩展问题进行模拟、对 DDA 方法中的断裂破坏计算问题进行研究。

1. 显式动力分析程序 LS-DYNA 理论

1976 年，美国 Lawrence Livermore 国家重点实验室 Hallquist 博士主持开发完成了 DYNA 程序系列，主要目的是为武器设计提供分析依据。目前，最新版的 ANSYS/LS-DYNA 11.0，集成了 WORKBENCH 及 AUTODYN 等程序，支持 LS-DYNA 970 的大部分功能。

LS-DYNA 是功能齐全的非线性显式分析程序包，可以求解各种几何非线性、材料非线性和接触非线性问题。其显式算法特别适合于分析各种非线性结构冲击动力学问题，如爆炸、结构碰撞、金属加工成型等高度非线性问题，同时还可以求解传热、流体及流固耦合问题。其算法特点是以 Lagrange 为主，兼有 ALE 和 Euler 算法；以显式为主，兼有隐式求解功能；以结构分析为主，兼有热分析、流固耦合功能；以非线性动力分析为主，兼有静力分析功能，是军用和民用相结合的通用结构分析有限元程序。LS-

DYNA 软件在各个应用领域可以解决的实际问题（表 3.2）。

表 3.2　LS-DYNA 软件的应用领域

应用领域	具体问题
航空航天	飞机结构冲击仿真分析
国防	爆炸冲击仿真、侵彻问题、战斗部优化
土木工程	工程爆破拆除、结构动力响应
汽车工程	汽车碰撞动力分析
石油工程	管道动力分析、流固耦合分析
电子工业	电子产品跌落分析
加工制造业	金属材料成型分析

2. LS-DYNA 显式动力算法

以八节点实体单元为例，从动力学问题的基本提法（基本方程与控制条件）入手，对连续体结构动力方程的空间有限元离散、显式中心差分等方法进行介绍。

在理论力学中研究质点系的运动时，采用的是跟踪质点运动轨迹的 Lagrangian 增量法，DYNA 中提供的主要算法即为这种方法。对初始时刻位于空间点(a_1,a_2,a_3)的物质质点运动轨迹进行跟踪，其运动轨迹方程为

$$x_i = x_i(a,t) \tag{3.5}$$

式中，a 为物质点的初始位置(a_1,a_2,a_3)。

运动初始条件为

$$x_i(a,0)=a_i,\ \dot{x}_i(a,0)=v_i(a) \tag{3.6}$$

弹性动力学空间问题的运动微分方程为

$$\sum_{j=1}^{3}\frac{\partial\sigma_{ij}}{\partial x_j}+f_i=\rho\ddot{u}_i \tag{3.7}$$

满足下列边界条件：

位移边界条件，

$$u_i=\overline{u}_i\ \text{（在位移边界}\ \partial b_1\ \text{上）} \tag{3.8}$$

应力边界条件，

$$\sum_{j=1}^{3}\sigma_{ij}n_j=\overline{T}_i\ \text{（在应力边界}\ \partial b_2\ \text{上）} \tag{3.9}$$

滑动接触面位移间断处的跳跃条件，

$$\sum_{j=1}^{3}\left(\sigma_{ij}^{\ +}-\sigma_{ij}^{\ -}\right)n_j=0 \tag{3.10}$$

当 $x_i^+=x_i^-$ 时，发生接触，沿着内部的接触边界 ∂b_3。

此外，还需满足质量和能量守恒方程，

$$\rho V=\rho_0\ \text{（质量守恒方程）} \tag{3.11}$$

$$\dot{E}=Vs_{ij}\dot{\varepsilon}_{ij}-(p+q)\dot{V}\ \text{（能量守恒方程）} \tag{3.12}$$

运动微分方程的弱积分形式（基于最小势能原理）为

$$\delta\prod=\int_V\sum_{i=1}^{3}(\rho\ddot{x}_i-f_i)\delta u_i\mathrm{d}V+\int_V\sum_{i=1}^{3}\sum_{j=1}^{3}\sigma_{ij}\delta\varepsilon_{ij}\mathrm{d}V-\int_{\partial b_2}\sum_{i=1}^{3}\overline{T}_i\delta u_i\mathrm{d}s=0 \tag{3.13}$$

式中，δu 为满足位移边界条件的虚位移场；$\delta\varepsilon$ 为对应于 δu 的虚应变场。

设整个结构离散为一系列有限单元，则结构总势能的变分可以近视地表示为各单元的势能变分之和，由式（3.13）即可得到动力问题有限元基本方程。

以八节点实体单元为例，在单元内部，任意点的坐标可通过节点坐标值的插值得到，即

$$x_i(\xi,\eta,\zeta,t)=\sum_{j=1}^{8}\phi_j(\xi,\eta,\zeta)x_i^j(t) \tag{3.14}$$

式中，ξ,η,ζ 为单元的自然坐标。如图 3.18 所示。

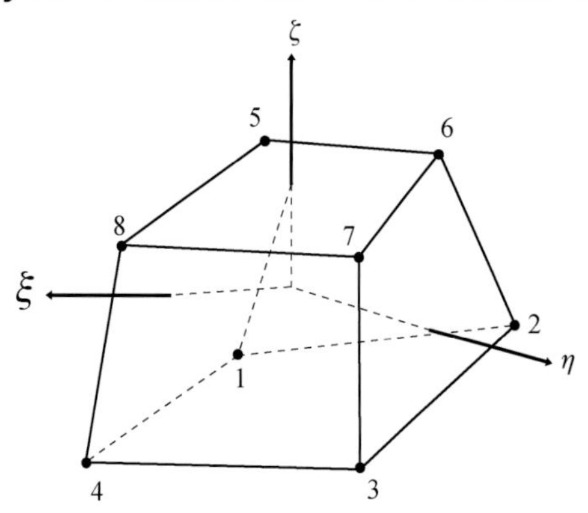

节点 \ 自然坐标	ξ	η	ζ
1	−1	−1	−1
2	1	−1	−1
3	1	1	−1
4	−1	1	−1
5	−1	−1	1
6	1	−1	1
7	1	1	1
8	−1	1	−1

图 3.18　八节点实体等参元示意图

形函数为

$$\phi_j(\xi,\eta,\zeta)=\frac{1}{8}\left(1+\xi_j\xi\right)\left(1+\eta_j\eta\right)\left(1+\zeta_j\zeta\right) \tag{3.15}$$

式中，$\left(\xi_j,\eta_j,\zeta_j\right)$ 为单元第 j 节点的自然坐标。

上式可表示为矩阵形式：

$$\boldsymbol{x}(\xi,\eta,\zeta,t)=\boldsymbol{N}\boldsymbol{x}^e \tag{3.16}$$

式中，$\boldsymbol{x}(\xi,\eta,\zeta,t)$ 为单元内任意点的位置坐标；$\boldsymbol{x}^e$ 为 t 时刻单元各节点的位置坐标列阵。$\boldsymbol{x}(\xi,\eta,\zeta,t)=\boldsymbol{N}\boldsymbol{x}^e$ 为插值函数列阵。

可写为以下形式：

$$\boldsymbol{N}(\xi,\eta,\zeta,t)=[\boldsymbol{N}_1,\cdots,\boldsymbol{N}_8] \tag{3.17}$$

其中，第 j 个子块为 $\boldsymbol{N}_j=\phi_j\boldsymbol{I}_{3\times3}$。

用各个单元的势能变分之和来近似结构的总势能，根据虚位移原理：

$$\delta\prod=\sum_e\delta\prod_m=\sum_e\delta\boldsymbol{x}^{e\mathrm{T}}\left[\int_{Ve}\rho\boldsymbol{N}^{\mathrm{T}}\boldsymbol{N}\mathrm{d}V\ddot{\boldsymbol{x}}^e+\int_{Ve}\boldsymbol{B}^{\mathrm{T}}\boldsymbol{\sigma}\mathrm{d}V-\int_{Ve}\boldsymbol{N}^{\mathrm{T}}\mathbf{f}\mathrm{d}V-\int_{\partial b_{2e}}\boldsymbol{N}^{\mathrm{T}}\overline{\boldsymbol{N}}\mathrm{d}S\right]=0 \tag{3.18}$$

式中，$\boldsymbol{\sigma}$ 为 Cauchy 应力矢量，$\boldsymbol{\sigma}=\left[\sigma_x,\sigma_y,\sigma_z,\tau_{xy},\tau_{yz},\tau_{zx}\right]^{\mathrm{T}}$；$\boldsymbol{B}$ 为应变矩阵，$\boldsymbol{B}=\boldsymbol{L}\boldsymbol{N}$；$\boldsymbol{L}$

为微分算子矩阵，具体元素为

$$L^{\mathrm{T}}=\begin{bmatrix}\partial_x & 0 & 0 & \partial_y & 0 & \partial_z\\ 0 & \partial_y & 0 & \partial_x & \partial_z & 0\\ 0 & 0 & \partial_z & 0 & \partial_y & \partial_x\end{bmatrix} \tag{3.19}$$

程序中，由于一致单元质量矩阵

$$\boldsymbol{m}^e=\int_{V_e}\rho\boldsymbol{N}^{\mathrm{T}}\boldsymbol{N}\mathrm{d}V \tag{3.20}$$

同一行的元素都合并到对角元上形成集中质量阵，然后再集成总体对角质量矩阵 $\boldsymbol{M}$，于是上式可以改写为

$$\boldsymbol{M}\ddot{\boldsymbol{x}}=\boldsymbol{P}(t)-\boldsymbol{F} \tag{3.21}$$

此式即为离散化的运动方程。式中，$\boldsymbol{M}$ 为总体质量矩阵；$\boldsymbol{F}$ 为由单元应力场的等效节点力矢量组集而成：

$$\boldsymbol{F}=\sum_e\int_{V_e}\boldsymbol{B}^{\mathrm{T}}\boldsymbol{\sigma}\mathrm{d}V \tag{3.22}$$

$\boldsymbol{P}$ 为总体节点载荷向量，由集中节点力、面力、体力等形成：

$$\boldsymbol{P}=\sum_e\left(\int_{V_e}\boldsymbol{N}^{\mathrm{T}}\boldsymbol{f}\mathrm{d}V+\int_{\partial b_{2e}}\boldsymbol{N}^{\mathrm{T}}\bar{\boldsymbol{T}}\mathrm{d}S\right) \tag{3.23}$$

至此，完成了对有限元空间运动微分方程的离散。

程序中采用单点积分方法。通过等参变换后，在自然坐标系中，进行高斯求积，即

$$\begin{aligned}\int_V g\mathrm{d}V&=\int_{-1}^{1}\int_{-1}^{1}\int_{-1}^{1}g(\xi,\eta,\zeta)|\boldsymbol{J}|\mathrm{d}\xi\mathrm{d}\eta\mathrm{d}\zeta\\&=\sum_{i=1}^{l}\sum_{j=1}^{m}\sum_{k=1}^{n}w_iw_jw_kg(\xi_i,\eta_j,\zeta_k)|\boldsymbol{J}|(\xi_i,\eta_j,\zeta_k)\end{aligned} \tag{3.24}$$

式中，w_i、w_j 和 w_k 为加权系数；$\boldsymbol{J}$ 为等参变换的 Jacobi 矩阵：

$$\boldsymbol{J}=\begin{bmatrix}\partial x/\partial\xi & \partial y/\partial\xi & \partial z/\partial\xi\\ \partial x/\partial\eta & \partial y/\partial\eta & \partial z/\partial\eta\\ \partial x/\partial\zeta & \partial y/\partial\zeta & \partial z/\partial\zeta\end{bmatrix} \tag{3.25}$$

取 $l=m=n=1$，即单点高斯积分，则有，i=j=k =1，$w_i=w_j=w_k=2$，$\xi_i=\eta_j=\zeta_k=0$。于是，上述积分可以简化为

$$\int_V g\mathrm{d}V=8g(0,0,0)|\boldsymbol{J}(0,0,0)| \tag{3.26}$$

单点高斯积分极大地节省了数据存储量和运算次数，但是有可能引起零能模式，即沙漏模态。下面将介绍沙漏模态产生的原因，以及程序中对沙漏模态的控制方法。

在计算过程中，应力增量 $\dot{\sigma}\Delta t$ 由应变率 $\dot{\varepsilon}$ 按本构关系得到，而应变率则与单元的速度场有关，单元内任一点的速度由节点速度进行插值得到，即

$$\dot{x}_i(\xi,\eta,\zeta,t)=\sum_{j=1}^{8}\phi_j(\xi,\eta,\zeta)\dot{x}_i^j(t) \tag{3.27}$$

将形函数代入上式，用向量形式表示为

$$\dot{x}_i(\xi,\eta,\zeta,t)=\frac{1}{8}\left(\boldsymbol{\Sigma}^{\mathrm{T}}+\boldsymbol{\Lambda}_1^{\mathrm{T}}\xi+\boldsymbol{\Lambda}_2^{\mathrm{T}}\eta+\boldsymbol{\Lambda}_3^{\mathrm{T}}\zeta+\boldsymbol{\Gamma}_1^{\mathrm{T}}\xi\eta+\boldsymbol{\Gamma}_2^{\mathrm{T}}\eta\zeta+\boldsymbol{\Gamma}_3^{\mathrm{T}}\zeta\xi+\boldsymbol{\Gamma}_4^{\mathrm{T}}\xi\eta\zeta\right)\left\{\dot{x}_i^k(t)\right\} \tag{3.28}$$

式中：

$$\left\{\dot{x}_i^k(t)\right\}=\left\{\dot{x}_i^1(t),\cdots,\dot{x}_i^8(t)\right\}^{\mathrm{T}} \tag{3.29}$$

由上式可以看出，单元的速度场是由基矢量 $\boldsymbol{\Sigma}$、$\boldsymbol{\Lambda}_1$、$\boldsymbol{\Lambda}_2$、$\boldsymbol{\Lambda}_3$、$\boldsymbol{\Gamma}_1$、$\boldsymbol{\Gamma}_2$、$\boldsymbol{\Gamma}_3$ 和 $\boldsymbol{\Gamma}_4$ 组成。以上各模态基矢量分别为不同变形模式：$\boldsymbol{\Sigma}$ 为单元的刚体平移；$\boldsymbol{\Lambda}_1$ 为刚体的拉压变形；$\boldsymbol{\Lambda}_2$ 和 $\boldsymbol{\Lambda}_3$ 为刚体的剪切变形；$\boldsymbol{\Gamma}_1$、$\boldsymbol{\Gamma}_2$、$\boldsymbol{\Gamma}_3$ 和 $\boldsymbol{\Gamma}_4$ 为沙漏基矢量。

应变场按下式计算：

$$\dot{\boldsymbol{\varepsilon}}^e=\boldsymbol{LN}\dot{\boldsymbol{x}}^e \tag{3.30}$$

$\boldsymbol{L}$ 为微分算子，在计算应变率时要计算速度对坐标的导数，由于单元速度场是由节点速度按形函数插值得到，因此需要计算形函数的导数，利用坐标变换的 $\boldsymbol{J}$ 矩阵，对总体坐标的偏导数可以用单元自然坐标显式的给出：

$$\begin{bmatrix}\partial_x & \partial_y & \partial_z\end{bmatrix}^{\mathrm{T}}=\boldsymbol{J}^{-1}\begin{bmatrix}\partial_\xi & \partial_\eta & \partial_\zeta\end{bmatrix}^{\mathrm{T}} \tag{3.31}$$

式中，$\boldsymbol{J}^{-1}$ 为 $\boldsymbol{J}$ 的逆阵。

由于程序中采用单点高斯积分，因此需要计算形函数在单元形心处的导数值：

$$\left.\begin{aligned}\partial\phi_k/\partial\xi\big|_{\xi=\eta=\zeta=0}&=\frac{1}{8}\left(\boldsymbol{\Lambda}_{1k}+\boldsymbol{\Gamma}_{1k}\eta+\boldsymbol{\Gamma}_{3k}\zeta+\boldsymbol{\Gamma}_{4k}\eta\zeta\right)\Big|_{\xi=\eta=\zeta=0}=\frac{1}{8}\boldsymbol{\Lambda}_{1k}\\\partial\phi_k/\partial\eta\big|_{\xi=\eta=\zeta=0}&=\frac{1}{8}\left(\boldsymbol{\Lambda}_{2k}+\boldsymbol{\Gamma}_{1k}\xi+\boldsymbol{\Gamma}_{2k}\zeta+\boldsymbol{\Gamma}_{4k}\xi\zeta\right)\Big|_{\xi=\eta=\zeta=0}=\frac{1}{8}\boldsymbol{\Lambda}_{2k}\\\partial\phi_k/\partial\zeta\big|_{\xi=\eta=\zeta=0}&=\frac{1}{8}\left(\boldsymbol{\Lambda}_{3k}+\boldsymbol{\Gamma}_{2k}\eta+\boldsymbol{\Gamma}_{3k}\xi+\boldsymbol{\Gamma}_{4k}\xi\eta\right)\Big|_{\xi=\eta=\zeta=0}=\frac{1}{8}\boldsymbol{\Lambda}_{3k}\end{aligned}\right\} \tag{3.32}$$

式中，$\boldsymbol{\Lambda}_{1k}$、$\boldsymbol{\Lambda}_{2k}$、$\boldsymbol{\Lambda}_{3k}$ 分别为向量 $\boldsymbol{\Lambda}_1$、$\boldsymbol{\Lambda}_2$、$\boldsymbol{\Lambda}_3$ 的第 k 个分量。

由上式可以看出，采用高斯积分时，沙漏模态不能发挥作用，响应的变形能被丢失。在动力响应计算中，沙漏模态不受控制，会使得计算结果出现数值振荡的现象。

程序中，采用沙漏黏性阻尼力的办法来解决沙漏问题，下面对程序中采用的默认的 Standard 算法进行介绍。

在单元各个节点处，沿 x_i 轴方向引入沙漏黏性阻尼力为

$$f_{ik}=-a_k\sum_{j=1}^{4}h_{ij}\Gamma_{jk} \tag{3.33}$$

式中，负号为沙漏黏性阻尼力与沙漏模态变形方向相反；Γ_{jk} 为第 j 个沙漏基矢量的第 k 个分量；h_{ij} 为沙漏模态的模。由下式给出：

$$h_{ij}=\sum_{k=1}^{8}\dot{x}_i^k\Gamma_{jk} \tag{3.34}$$

系数 a_k 的表达式为

$$a_k=Q_{hg}\rho V_e^{2/3}C/4 \tag{3.35}$$

式中，Q_{hg} 为用户指定的常数（一般取 0.05～0.15）；C 为材料的声速；ρ 为当前质量密度。

将各单元的沙漏黏性阻力组集成为结构沙漏黏性阻尼力的向量，代入离散化的运动方程，可得

$$\boldsymbol{M}\ddot{\boldsymbol{x}}=\boldsymbol{P}(t)-\boldsymbol{F}+\boldsymbol{H} \tag{3.36}$$

程序中使用中心差分法，算法如下：

$$\ddot{\boldsymbol{x}}(t_n)=\boldsymbol{M}^{-1}\left[\boldsymbol{P}(t_n)-\boldsymbol{F}(t_n)+\boldsymbol{H}(t_n)-\boldsymbol{C}\dot{\boldsymbol{x}}(t_{n-1/2})\right] \tag{3.37}$$

$$\dot{\boldsymbol{x}}(t_{n+1/2})=\dot{\boldsymbol{x}}(t_{n-1/2})+\ddot{\boldsymbol{x}}(t_n)(\Delta t_{n-1}+\Delta t_n)/2 \tag{3.38}$$

$$\boldsymbol{x}(t_{n+1})=\boldsymbol{x}(t_n)+\dot{\boldsymbol{x}}(t_{n+1/2})\Delta t_n \tag{3.39}$$

式中，$t_{n-1/2}=(t_n+t_{n-1})/2$；$t_{n+1/2}=(t_{n+1}+t_n)/2$；$\Delta t_{n-1}=(t_n-t_{n-1})$；$\Delta t_n=(t_{n+1}-t_n)$；$\ddot{\boldsymbol{x}}(t_n)$、$\dot{\boldsymbol{x}}(t_{n+1/2})$和$\boldsymbol{x}(t_{n+1})$分别为$t_n$时刻的节点加速度向量、$t_{n+1/2}$时刻的节点速度向量、$t_{n+1}$时刻的节点位置坐标向量，其余依此类推。

由于采用集中质量矩阵，因此运动方程组求解是非耦合的，无须集成总体矩阵，对处理接触碰撞、爆炸等大位移大变形问题具有优势。但是显式中心差分不是无条件稳定的，为保证收敛，程序中采用变步长积分法，即每一时刻的积分步长由当前构形的稳定性条件控制。

3. LS-DYNA 程序计算方法

LS-DYNA 程序主要提供以下几种计算方法：

1）Lagrange（拉格朗日）算法

在该算法中，坐标固定在物质上或者说随物质一起运动和变形，处理自由面和物质界面非常直观。由于网格始终对应物质，因此能够精确地跟踪材料边界和描述物质之间的界面。这是 Lagrange 算法的主要优点。但是，由于网格随材料流动而变形，一旦网格变形严重，就会引起数值计算的不稳定，甚至使得计算无法继续进行（如发生负体积或复杂声速等问题）。因此，Lagrangc 算法在处理大变形、大位移问题时，有其无法克服的弊端。

2）Euler（欧拉）算法

在该方法中，网格被固定在空间，是不变形的。物质通过网格边界流进流出，物质的大变形不直接影响时间步长的计算。因此，欧拉算法在处理大变形问题方面具有优势。通过输运项计算体积、质量、动量和能量的流动。可以直接通过在离散化格式中包括迁移导数项进行，或通过二步操作完成。二步法操作的第一步主要是拉格朗日计算，第二步输运阶段是重分计算网格相当于回到它的原来状态。LS-DYNA 程序采用后一种方法。欧拉算法的缺点是网格中物质边界不清晰，难以捕捉各物质界面。

3）ALE 方法

该方法吸取了欧拉法和拉格朗日法两种方法的优点。ALE 算法实现了网格的自动重分功能。它包括拉格朗日时间步，然后是一个输运步。输运步可以采用三种方法：①发生合理的网格变形时空间网格不再重分（拉格朗日）；②发生严重的网格变形时重分成原始形状（欧拉）；③发生严重的网格变形时重分为合理的形状，因此允许网格拓扑（拉格朗日和欧拉）。

4）光滑粒子流（smoothed particle hydrodynamics，SPH）方法

光滑质点流体动力算法是一种无网格 Lagrange 算法。用一组具有流速的运动质点来表示物质，每一个 SPH 质点代表一个物理性质的插值点，用规则的内插函数计算全部质

点，进而得到整个问题的解。SPH 方法适用于超高速碰撞、靶板贯穿等问题。

考虑各种算法自身的特点，可选择 Lagrange 算法和 ALE 方法分别完成切缝药包爆破机理的数值模拟研究。

3.3.2 数值计算模型

1. 算法选择

对于切缝药包的爆炸，切缝管材质和结构参数对切缝药包爆轰波传递起了关键性作用，运用数值模拟能够尽可能如实地反映切缝药包爆轰波动过程，切缝管的本构模型和失效准则对切缝药包爆轰波传播和衰减具有重要影响。

模拟流体流动和炸药的爆轰等流体动力学问题，运用 Euler 算法。欧拉程序将空间划分为材料可以通过的固定网格。材料强度以简单的增量刚塑性或理想弹塑性公式的形式添加到程序中。Euler 单元的每个时间步长，所有单元的更新都有三个阶段（第一阶段是压力的影响，第二阶段是应力偏量的影响，第三阶段是输运的影响）。图 3.19 为 Euler 程序计算流程图。

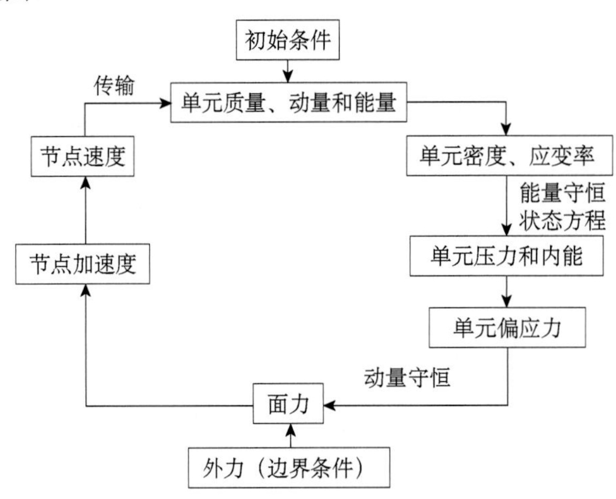

图 3.19　Euler 计算循环图

2. 材料参数

空气以理想气体建立模型，因此，该理想气体的状态方程定义如下：

$$P=(\gamma-1)\frac{\rho}{\rho_0}E \tag{3.40}$$

式中，P 为压力；γ 为绝热指数，γ=1.4；ρ 为空气密度；ρ_0 为空气初始密度；E 为气体内能；空气密度为 1.225g/m^3；参考温度为 288.2K；比热容为 717.599976J/（kg·K）。

模拟炸药的爆轰必须具备炸药的状态方程。炸药状态方程的获取是通过严格的圆筒实验得到的。大致过程为：在金属圆筒中填充炸药，圆筒一端起爆，爆轰波沿圆筒轴向行进，金属圆筒沿着 C-J 绝热线膨胀时，能够测量金属圆筒的膨胀参数，将这种低压爆轰行为参数与流体动力学计算比较，获得 JWL（jones-wilkins-lee）状态方程的参数，

JWL 状态方程表达式如下：

$$P = A\left(1-\frac{\omega}{R_1V}\right)\mathrm{e}^{-R_1V} + B\left(1-\frac{\omega}{R_2V}\right)\mathrm{e}^{-R_2V} + \frac{\omega E_0}{V} \tag{3.41}$$

式中，P 为压力；V 是相对体积；E_0 为初始比内能；A、B、R_1、R_2、ω 为材料常数。

方程等式右边第一项在高压力范围内起主要作用，第二项在中等压力范围内起主要作用，第三项在低压力范围内起主要作用。

切缝管根据研究目的的不同，采用不同材质，这里不做详细的介绍。在第 3 章中研究爆炸载荷下切缝管动力学响应的内容关于切缝管材质的本构模型时，再做详细的描述。本节主要研究切缝药包的爆轰波动场的演化机理。

3. 建立模型

由于切缝管为薄壁壳体结构，在爆炸强动载荷下，切缝管壁发生大变形甚至破坏，在进行数值计算时，切缝管壁运用任意拉格朗日-欧拉算法（ALE）。炸药和空气采用欧拉算法。切缝管和空气之间采用流固耦合方法。空气边界条件为无反射边界。

数值模拟切缝药包尺寸为：切缝管外径 32mm，内径 28mm，切缝宽度为 4mm。切缝管材质基于不同的分析目的，选择不同的材料，有高分子材料、钢材质、铜材质等。炸药选用太安（PETN），切缝药包剖视图如图 3.20 所示。

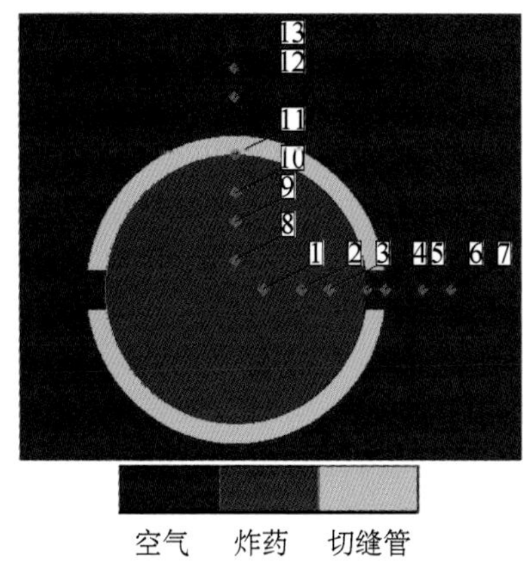

图 3.20　切缝药包剖视图

3.3.3　自由场爆炸波的传播

本节所介绍的自由场就是无限空气自由场，运用数值模拟切缝药包在无限空气流场中的爆炸波波动。模拟炮孔内径为 42mm，切缝药包与模拟炮孔不耦合系数为 1.5。炸药为太安（PETN），炸药密度为 0.88g/cm^3，其 JWL 状态方程参照上节中的参数。切缝管选用马口铁，对切缝药包和空气划分网格的尺寸完全相同。

图 3.21 所示为自由场中切缝药包爆炸波的传播。在初始波未到达切缝管内壁之前，已参加化学反应的炸药爆炸波和没有外加切缝管爆炸时的情况是一样的。爆炸波质点速度呈球形分布。此时爆炸波和爆生气体一起运动，但并未扰动切缝管。当爆炸初始波抵

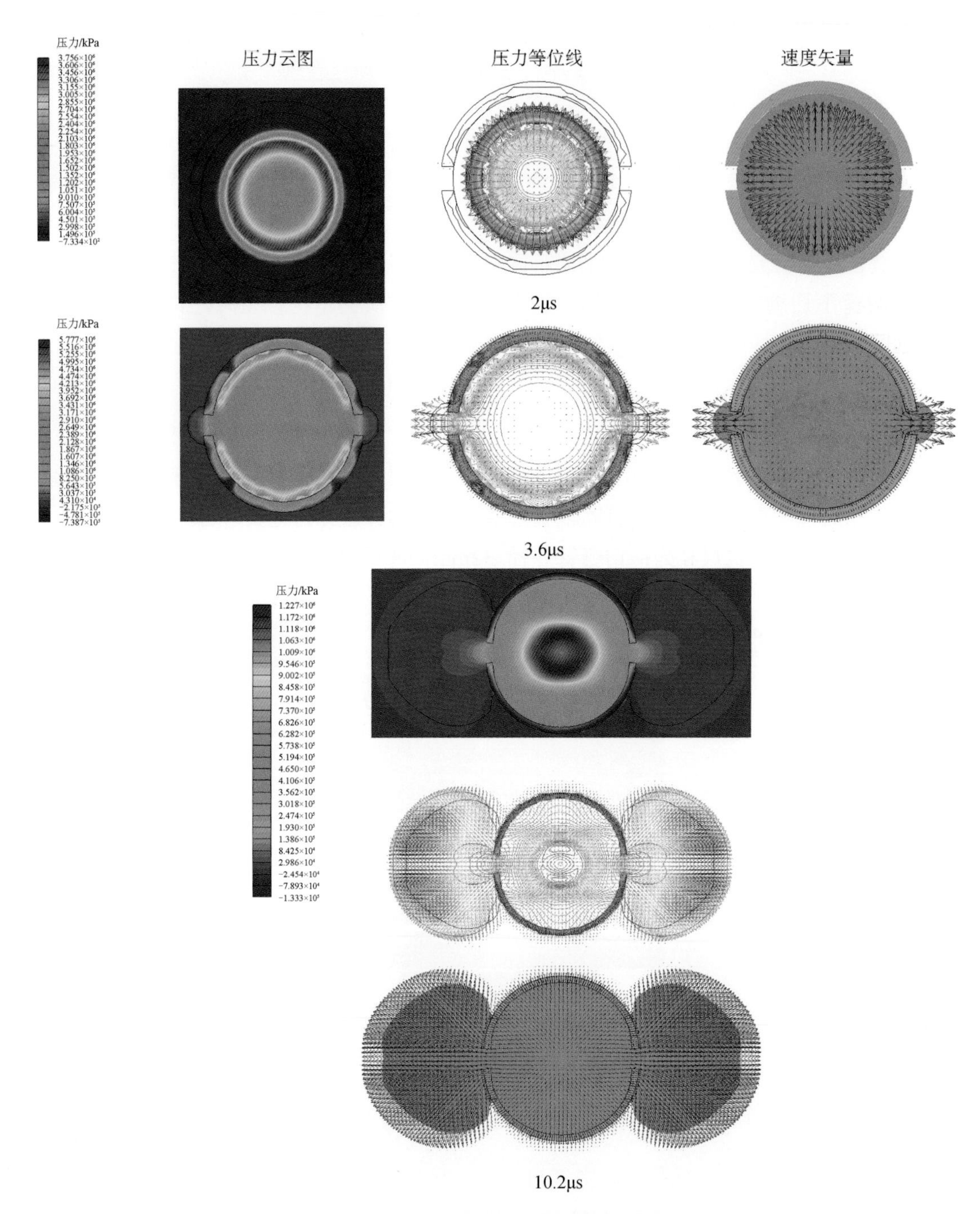

图 3.21　自由场中切缝药包爆炸波传播

达切缝管内壁时，切缝处爆炸波并未按照我们想象的那样瞬间从切缝口处传播和飞散。而是爆炸波与整个切缝管相互作用，瞬间加载管壁，使管壁产生高的应变率，造成切缝管高度膨胀。在这个膨胀过程中，只有少部分爆生气体和爆轰波从切缝处传播,从质点速度矢量图可以明显地看出这种行为。

随后的波动过程是爆炸波在对切缝管继续作用使其膨胀，同时沿切缝方向传播，一部分沿着切缝管外壁绕流，一部分朝切缝方向正前方冲击周围介质，整个传播过程与高速纹影实验结果是一致的。这种置于自由场中的切缝药包爆轰波动在近区是无约束的，能够完全体现切缝处爆轰波的传播。当前沿激波与爆生气体分离时，爆生气体波动阵面移动速度非常缓慢。

图 3.22（a）为切缝方向 7 个测点处的压力变化。1#、2#、3#为切缝方向切缝药包内部观测点，3 个测点在 25μs 时间内出现两次波峰，第一次为初始波造成，第二次为爆炸波动在切缝管内壁反射回爆源中心产生的压力波。二次压力波峰值距爆源近区的测点最大，远区依次减小。1#测点的二次波动强度比其初始波的强度要大。且 1#测点出现二次波动的时间要比 2#、3#都晚。4#位于切缝口外部，其波动过程中没有出现二次波动。5#、6#、7#为切缝方向远区测点，爆炸初始波的幅值逐渐减小。波动压力曲线斜率变化很小。垂直切缝方向11#测点（位于垂直切缝方向与切缝管壁接触的位置）的爆炸压力最大，这是爆炸初始波和反射压力波叠加的结果。8#、9#、10#的变化规律与对应相同距离处 1#、2#、3#（切缝方向）基本相同，仅仅是波动幅度的大小有差异而已。12#、13#为切缝方向远区的波动，可以看出非常小。

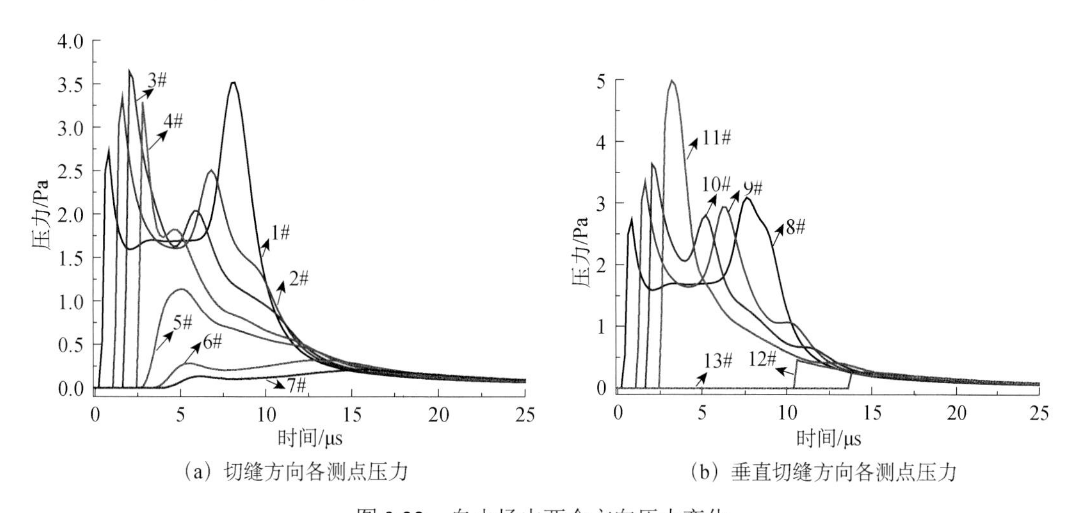

(a) 切缝方向各测点压力　　(b) 垂直切缝方向各测点压力

图 3.22　自由场中两个方向压力变化

切缝药包置于炮孔中爆炸，其波动如图 3.23 所示。爆炸波在未作用到炮孔壁之前，其传播过程与自由场中一致。炸药起爆后，切缝管首先膨胀，然后爆炸波从切缝处传播，与切缝方向正面的炮孔壁相互作用，由压力等位线可以看出，炮孔壁瞬间产生一个高压，爆轰产物沿着炮孔壁朝周围方向流动。从质点速度矢量图可以形象地看出爆轰产物的流向。

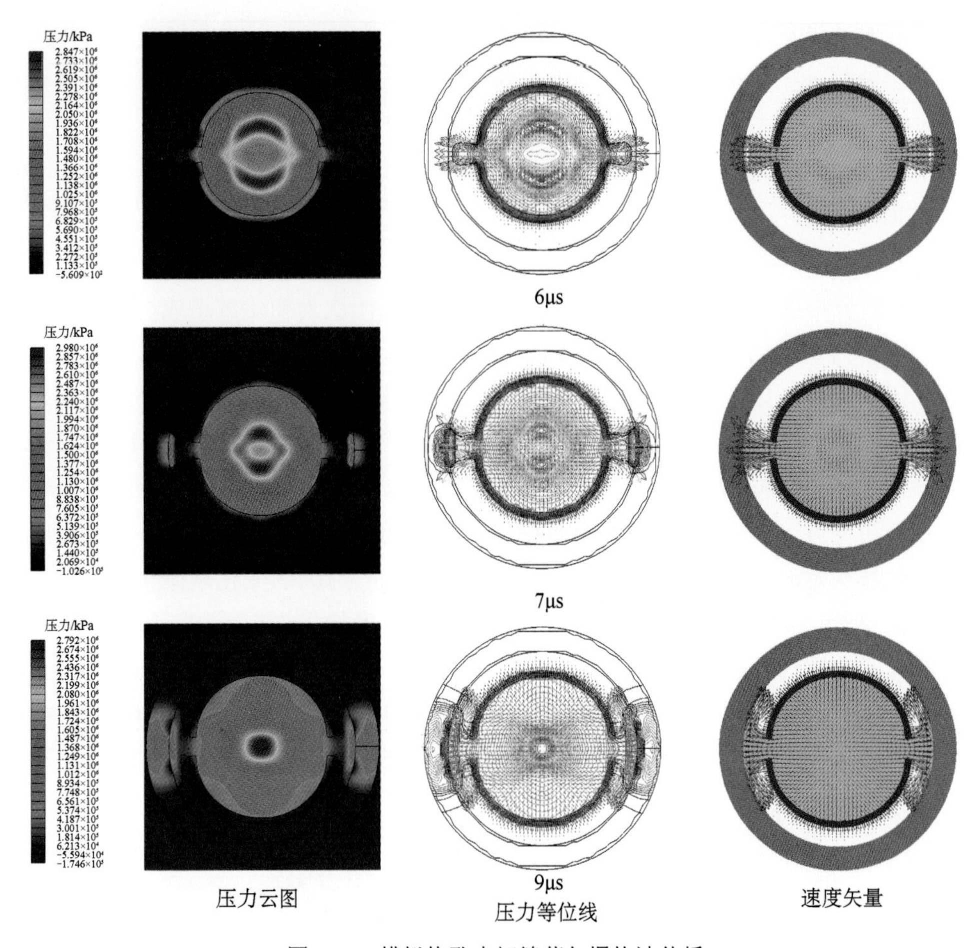

图 3.23　模拟炮孔中切缝药包爆炸波传播

由此模拟结果可以看出，不耦合系数的影响很显著，不耦合系数太大，犹如自由场中爆炸一样，没有优势能量作用于预定的炮孔壁，不耦合系数太小，炸药大部分能量用于切缝管壁的膨胀，继而造成切缝药包爆炸波能量无法优势分配。图 3.24 为炮孔中两个方向的压力分布图，爆炸波在未遇到炮孔壁之前，其压力曲线形状以及大小和自由场中

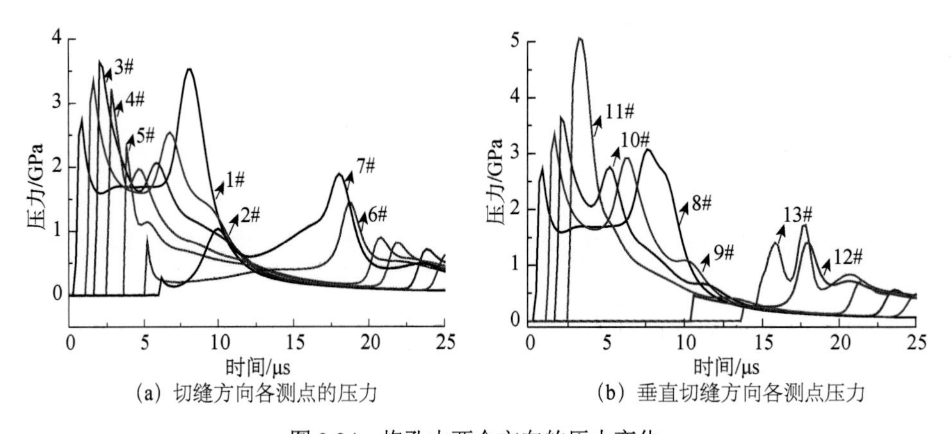

图 3.24　炮孔中两个方向的压力变化

完全一致。当遇到炮孔壁时，炮孔壁附近的压力急剧上升，瞬间产生反射压力波扰动不耦合介质，离炮孔壁最近的测点 7#返回一个明显的压力波。从 7#压力曲线图可以看出有三次波动，第一次是初始波的作用，初始波传播到该处时幅值已经很小，第二次波动是后继爆生气体的作用，第三次为炮孔壁反射压力。垂直切缝方向的压力变化，内部压力波动与自由场中的压力变化完全一致。12#、13#的压力波动有两部分作用，一是爆生气体沿炮孔壁与切缝管外壁绕流所致，一部分是切缝管受内部高压膨胀所致。

3.3.4　不耦合装药爆轰波动模拟

该装药结构在工程实践中较少采用，主要是其装药方式复杂，现场施工困难。就理论研究而言，为了进行对比分析，故而设置了这种装药方式，研究其爆轰波动机理也具有一定的意义。

炸药为太安，装药直径 3mm，切缝管内径 8mm，外径 14mm，炸药与切缝管不耦合，在切缝方向和垂直切缝方向不同距离处设置 17 个测点。距爆源中心测点依次为：切缝方向 1#（1.5mm）、2#（2mm）、3#（4mm）、4#（8mm）、5#（15mm）、6#（20mm）、7#（25mm）、8#（30mm）、9#（35mm）、10#（40mm）、11#（45mm）。垂直切缝方向 12#（1.5mm）、13#（2mm）、14#（4mm）、15#（8mm）、16#（15mm）、17#（20mm），见图 3.25。可以得到各测点处切缝药包爆轰波动内外流场的数值参量。

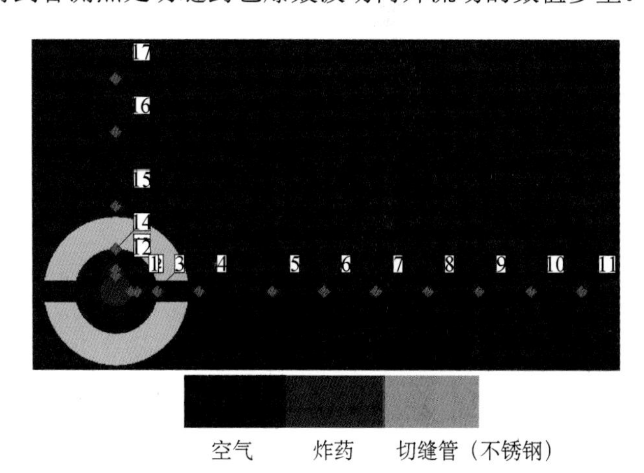

图 3.25　切缝管内不耦合装药模型及测点布置

从图 3. 26 可以看到，数值模拟得到的不耦合切缝药包的爆生气体分布与高速纹影实验结果在形态上非常一致。由于数值模拟所选用炸药与实际实验用的炸药种类、装药密度不同，爆速也不相同，所以模拟结果与实验结果仅仅在时间尺度上存在差异。切缝药包爆轰的初始阶段，爆生气体首先在切缝管内膨胀，当爆生气体以强大的压力波传播至切缝外缘处时，爆炸波在切缝外壁两端面处产生涡流，使得爆生气体运动界面形成“W”形。切缝管壳继续膨胀的过程中，同时有大量的爆生气体沿切缝处涌出，“W”形界面在切缝方向膨胀过程中逐渐弱化，爆生气体在切缝药包周围形成截面为“哑铃”形的分布状态，并且在爆轰波动过程的长时间段内保持这种状态，仅是大小不同而已。由于爆轰波动的非线性过程，两个切缝处的爆轰波动形态存在一定的差异。整个波动过程中，只有外缘处的少量爆生气体朝非切缝方向流动。很显然，这里的爆轰波动过程是在强约束条件下产生的。

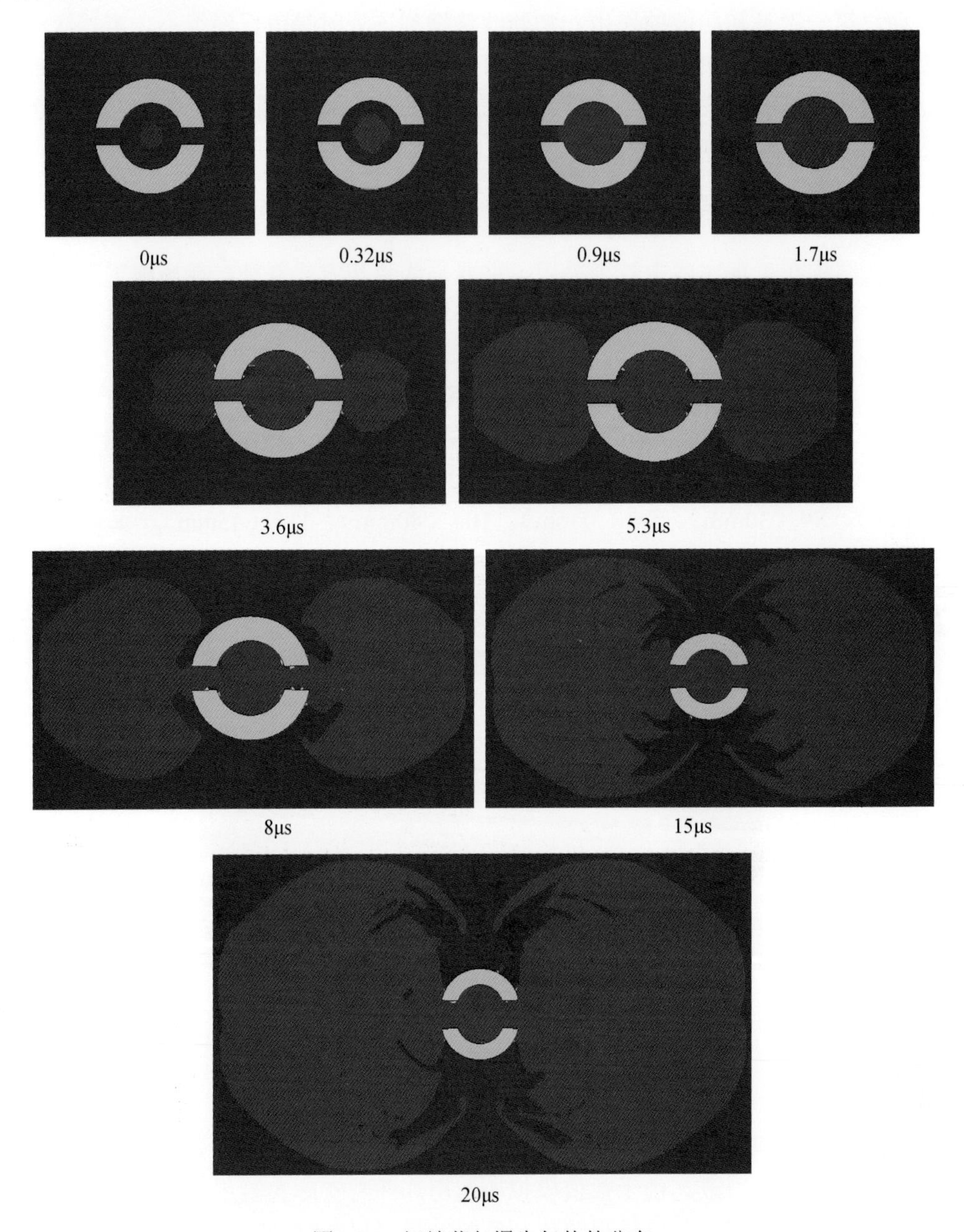

图 3.26　切缝药包爆生气体的分布

图 3.27 为切缝药包爆轰波动密度等位线图。这里只显示出 0.2～12.4μs 时间段的密度变化。初始阶段炸药爆炸，爆源中心密度最大，达到 1.736g/cm^3。爆生气体膨胀，与切缝管内空气相互作用，爆生气体的压力施加于周围的空气，使空气介质的密度发生急剧的变化，为 0.2～0.4μs。自爆源中心向外形成密度梯度场，密度值从内向外依次降低。当爆炸波传播至切缝管内壁时，切缝管内部爆生气体和空气的混合介质的密度发生重新

分布，靠近切缝管内壁的气体密度大于爆源中心处的密度。在 1.2μs 时切缝处气体介质密度增大，其实密度大小反映了此处的压力大小，也反映了波动作用强度。爆生气体在切缝管内部膨胀的同时，在切缝处泄压，但是爆生气体对管壁膨胀的压力贡献大于向切缝处的压力输运。切缝药包内部爆轰波动场的畸变，使各处的压力重新分布。爆炸初期（几微秒内），在切缝方向上，爆生气体与爆轰波阵面没有分离，切缝处释放的爆炸波压力随着爆生气体在切缝处积聚而增大。在 7μs 时可以看到爆生气体前面有密度等位线存在，一定有压力超前爆生气体作用于空气介质，造成空气介质密度的变化。随后前沿激波与紧跟其后的爆生气体分离，可以明显地看出前沿激波对空气强动载作用致使空气密度发生急剧变化。

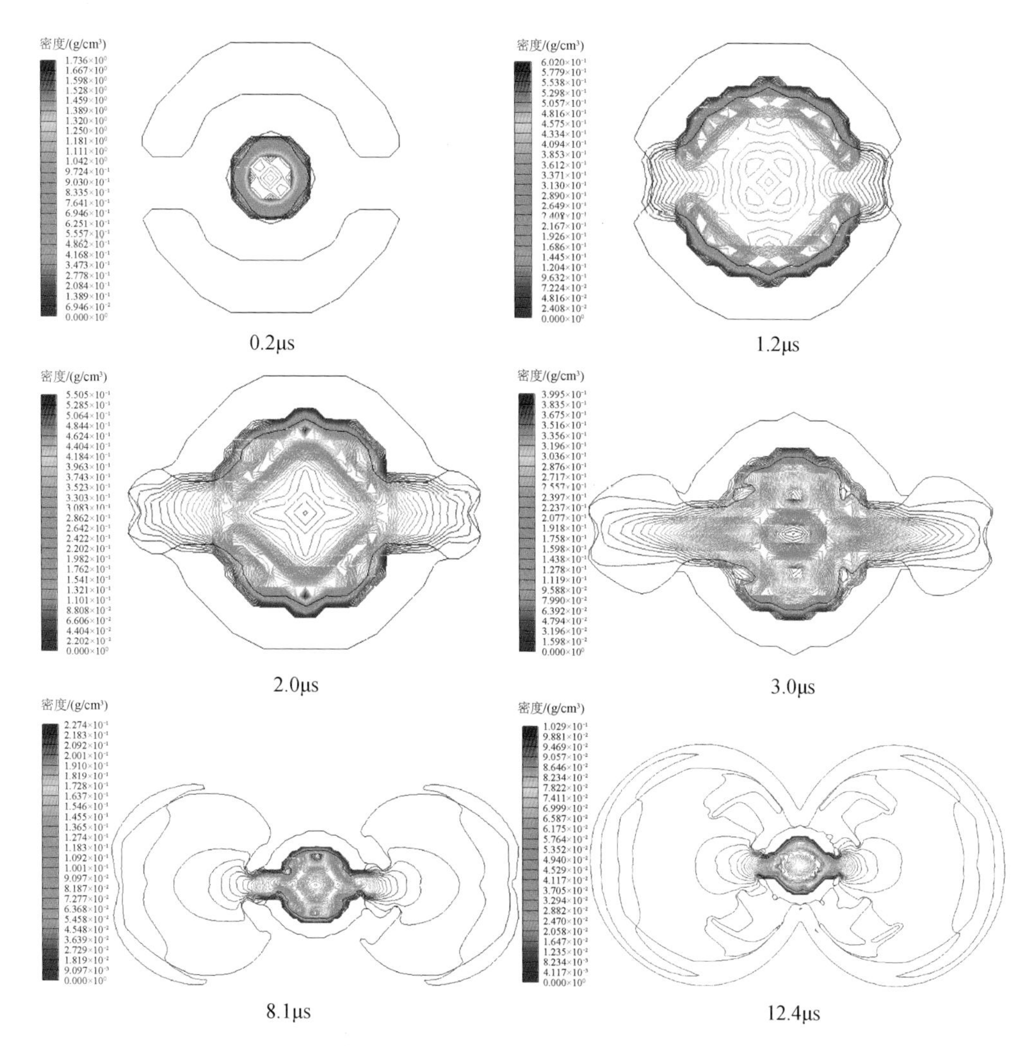

图 3.27　切缝药包爆轰波动密度的变化

由数值模拟结果可以得到切缝药包爆轰波动过程中各指定点处的压力变化。由图 3.28（a）可以看到，切缝管内炸药爆轰的瞬间在 1μs 之内切缝方向和垂直切缝方向的压力突跃同时发生，幅值大小相等，波形是重合的。切缝药包同一截面处在炸药发生完全化学反应之前，切缝对爆炸波动没有影响。在 4.2μs 时两个不同方向至爆源相同距离处产生一个压力波动，切缝方向的压力大于另一个方向同等距离处的压力。这主要是切缝的存在造成了爆轰波动场的畸变所致。

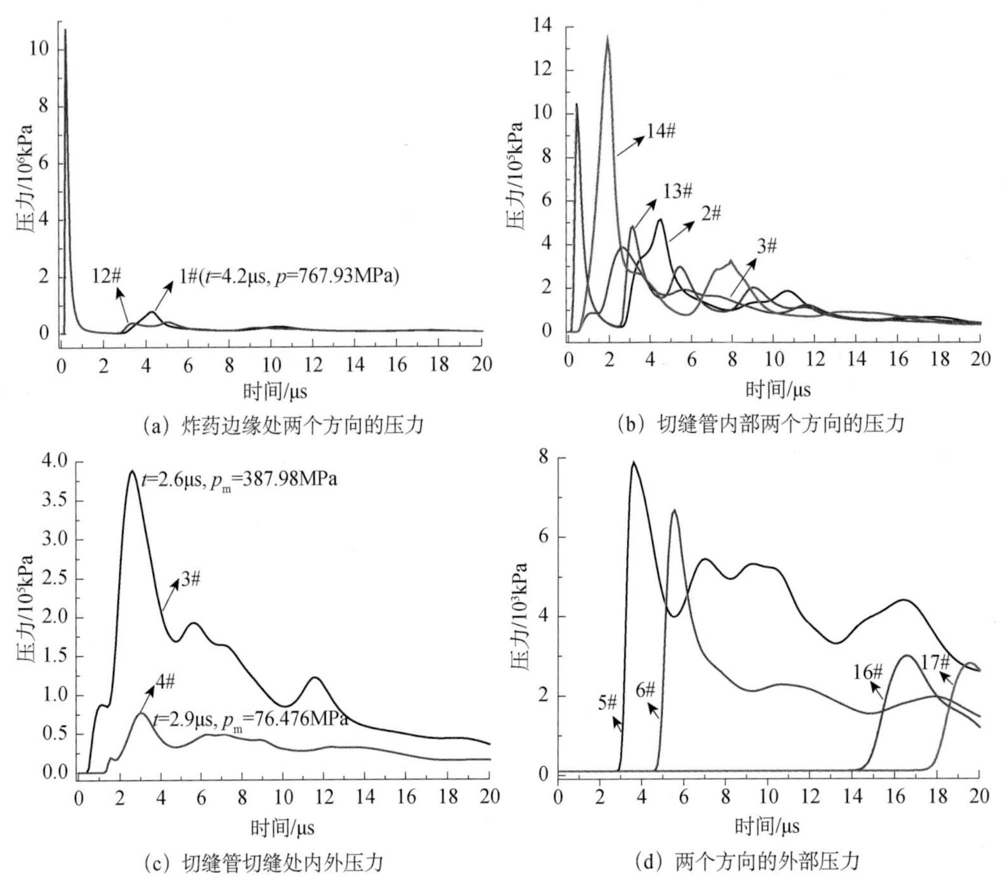

图 3.28　切缝药包爆炸波压力变化

图 3.28（b）为切缝管内部两个方向的压力-时间曲线。在切缝管内部两个方向上等距离处的压力总体表现为垂直切缝方向压力大于切缝方向的压力。垂直切缝方向贴近管壁的压力最大，这是由于初始波和反射波叠加的结果。离切缝处最近的 3#观测点幅值最小。2#和 13#的压力曲线在初始阶段（2μs 之前）是重合的，二次压力波动时，二者的波动发生时间和波动峰值都有差异。二次波动是由于初始爆轰波至切缝管内壁后反射压缩波所致。这种反射波在切缝处对介质作用压力比垂直切缝处压力小。初始波传播至切缝处返回的稀疏波在切缝方向的观测点处造成压力减小。观测点 13#位于垂直切缝方向上，它的波动受稀疏波的影响较小，从曲线图上可以看到 13#测点压力波动次数最多。图 3.28（c）所示为切缝药包切缝处内外压力的比较。从图中可以看出，整个观测时间段内的切缝管内切缝处的压力都比切缝管切缝处外压力大，内外压力抵达峰值的时间相差0.3μs，切缝处内压力峰值是外压力峰值的 5 倍。图 3.28（d）所示为两个方向距爆源相同距离处爆炸波压力的变化。从图中可以明显看出切缝方向的压力波形陡峭，而且压力峰值比垂直切缝方向相同距离处峰值大 2～3 倍。从压力波传播时间

上来看，与垂直切缝方向相比，同等距离处切缝方向空气介质优先产生剧烈扰动。初始扰动时间相差 11μs。垂直切缝方向的 16#、17#两个测点的压力峰值相差不大，在 3MPa 左右。

图 3.29 所示为切缝方向的观测点处速度的变化。图 3.29（a）所示为切缝方向切缝近区的速度，1#、2#、3#为切缝药包内部测点，4#、5#为切缝处外部测点，切缝近处测点的速度为 1500～3500m/s。总体上外部速度大于内部速度。由伯努利（Bernoulli. Daniel）原理可知，切缝管内炸药爆轰，在初始阶段内部爆轰流场压力极高（高达 GPa 量级），可以从压力图中明显看出，在极短的时间内（1μs 之内），切缝管内部流场波动可以看成等容变化，切缝管内的质点运动速度受限，这种切缝管内不耦合的爆炸波动，爆轰气体与内部空气相互作用，其波动具有趋向性，这种趋向性造成流场中靠近切缝处的空间流动速度变大。结合图 3.29（c）中压力时间曲线，3#和 4#测点的压力和速度说明压力越大，速度越小。图 3. 29（b）所示为切缝方向远区的观测点速度，其变化趋势一致。首先前沿激波到达之后，迅速扰动各测点处的空气介质，从图中可以看出，在该区域内，爆炸波动对介质质点的相互作用产生的初始加速度大致相同。各观测点处速度峰值随距离的增加而缓慢衰减。在切缝远区，切缝方向的速度近似呈线性衰减。其峰值速度范围为 1700～3000m/s。图 3.29（c）所示为各个测点处爆轰波动在不同时刻的速度。从图中可以明显看出，首先前驱冲击波与空气质点相互作用，但是后

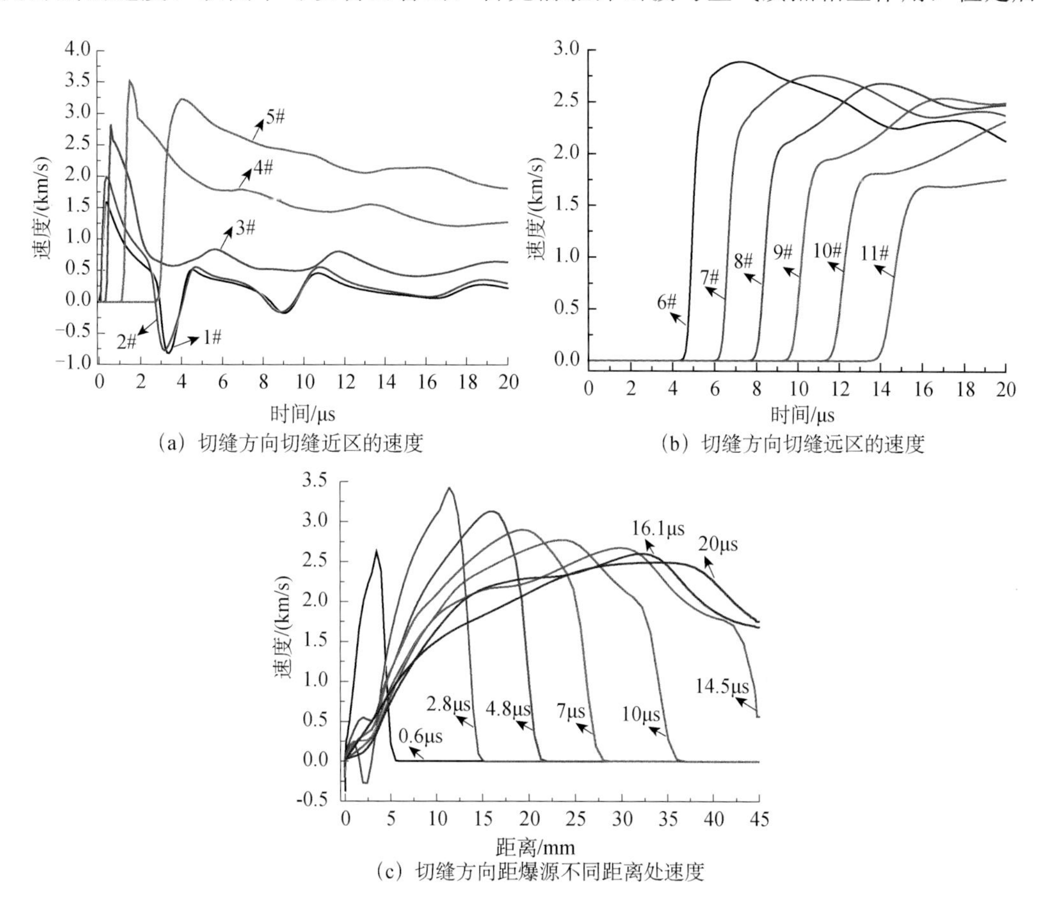

（a）切缝方向切缝近区的速度

（b）切缝方向切缝远区的速度

（c）切缝方向距爆源不同距离处速度

图 3.29　切缝方向的观测点处速度的变化

继爆生气体对质点的作用更强。在切缝的远区是这种特点，在切缝近区前驱冲击波生衰减，波阵面处的压力等参数减小。从图中可以看出，这种减小是缓慢的。在切缝管内部（0～5mm）爆轰波动速度较为集中，在 0～20μs 时间内波动速度处于 1000m/s 之内。只有在初始时刻（0.6μs）最大达到 2700m/s。切缝方向外部不同距离处爆轰波动速度随时间逐渐衰减。当爆炸波传过 45mm 时（14.5μs），切缝外部各测点的速度变化缓慢，速度峰值在 2000m/s。

3.3.5　切缝管材质对爆轰波动的影响

工程选用尼龙、铜、钢三种材质的切缝管，切缝管壁厚均为 2mm。炸药选用太安炸药，密度为 $0.88g/cm^3$。高分子材料尼龙采用冲击状态方程（即 Rankine-Hugoniot 方程），格林艾森（Gruneisen）系数为 0.87（表 3.3）。切缝管采用 Von-Mises 屈服准则，屈服应力为 5×10^4kPa,切缝管遭受大变形失效破坏，判据为流体动力学拉伸极限，其值为-9.999×10^5kPa。铜和钢都选用分段 J-C 模型。

表 3.3　切缝管的状态方程参数

材料	冲击状态方程参数			
	密度/（g/cm^3）	格林艾森（Gruneisen）系数	C_1/（m/s）	S_1
尼龙	1.14	0.87	2290	1.63
铜	8.9	2	3958	1.497
钢	7.86	1.67	4610	1.73

数值模拟结果得到如图 3. 30 所示三种材质的切缝药包的爆炸波压力变化。图中曲线带有数值角标的大写字母分别是三种材料的英文首字母：N 为尼龙，C 为铜，S 为钢。切缝药包内部 4 个观测点分别为切缝方向和垂直切缝方向等距离的两个测点，距离设置为 3mm（1#）和 7mm（2#）。从图 3.30（a）可以看出，铜管和钢管内部靠近爆源的地方产生反射压力波，这和前面的模拟结果是一致的。不同材料约束能力不同，内部波动压力也有变化，尼龙材料相对较弱，它的二次波动压力很小。图 3.30（b）所示为紧贴切缝口外部的观测点压力，从图可看出，爆炸波动的整个时间段内（0～20μs）铜管的峰值压力最大，为 2.5GPa 左右。且压力衰减速度比尼龙材质的切缝管要慢，也就是说三种材质的切缝管切缝口处铜材质的冲量最大。在峰值压力比较中，钢管的峰值压力最小。图 3.30（c）所示为切缝方向外部压力，在相同测点处，铜管的冲量最大，尼龙和钢管大体相当。图 3.30（d）所示为同一测点处垂直切缝方向的压力，铜管和钢管的压力大体相当，尼龙的压力相对较小，而且尼龙的峰值压力抵达测点的时间较铜和钢的要早。

一般地，空气爆炸的超压大于 3.5kPa 时，普通结构就可能被破坏，从三种材质的切缝管爆炸压力的比较可以看出，它们都能达到定向断裂的效果。无论是从工程实践还是从模拟结果来看，高分子材料用于切缝管材质都是可行的。

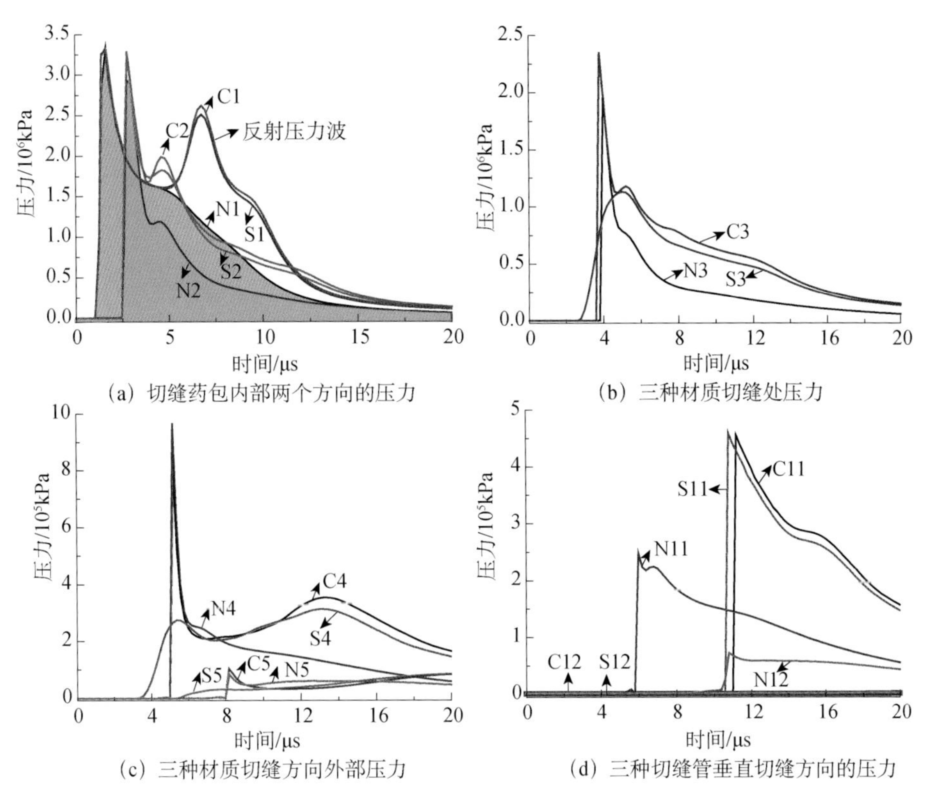

(a) 切缝药包内部两个方向的压力　　(b) 三种材质切缝处压力

(c) 三种材质切缝方向外部压力　　(d) 三种切缝管垂直切缝方向的压力

图 3.30　三种材质的切缝药包爆炸波压力的变化

3.3.6　装药密度对爆轰波动的影响

无论是工业炸药还是单质炸药，炸药的装药密度对爆轰传播的影响都很大。对猛炸药而言，装药密度增大，爆速随密度的增加呈线性增加，这已为大量的实验数据所证实。炸药爆速的变化，爆轰波与切缝管的相互作用理论预测是有很大差异的。太安的临界直径为 1.0～1.5mm。很显然，同等装药结构情况下，同一种炸药不同密度，其装药质量也不同。本节主要从不同密度对切缝管爆轰波传播压力衰减程度方面来考虑，所开展的研究具有实践意义。

模拟炸药全部采用太安炸药，设置装药密度分别为 0.88g/cm^3、1.26g/cm^3、1.50g/cm^3、1.77g/cm^3。四种密度的 PETN 的 JWL 状态方程参数如表 3.4 所示。切缝管为钢材质，且结构尺寸完全相同。

表 3.4　炸药的 JWL 参数

种类	ρ_0/（g/cm^3）	A/GPa	B/GPa	R_1	R_2	ω	D/（m/s）	$E_{\text{C-J}}$/（MJ/m^3）	$P_{\text{C-J}}$/GPa
I	0.88	348.62	11.288	7	2	0.24	5170	5025	6.2
II	1.26	573.09	20.16	6	1.8	0.28	6540	7190	14
III	1.5	625.3	23.29	5.25	1.6	0.28	7450	8560	22
IV	1.77	617.05	16.926	4.4	1.2	0.25	8300	10100	33.5

装药密度对切缝药包爆轰波动的影响显著。由炸药爆炸理论可知，对于猛炸药来讲，炸药密度越大，炸药的爆速越大。图 3.31（a）所示为 4 种密度炸药切缝方向切缝管内部距爆源中心距离为 7mm 的测点处爆轰压力的变化。密度越大，爆轰压力越大，很显然，初始波从切缝管内壁反射压力波也就越快。也就是说，入射波和反射波的波峰时间间隔极短，规律性很强。图 3.30（b）所示为切缝方向外部切缝口处的压力变化。总体来看，密度越大，压力峰值越大，但是太安炸药密度为 $1.77g/cm^3$ 时的爆轰波峰值压力反而小于密度为 1.5 的峰值压力。也就是说，炸药密度对切缝方向近区的爆轰波动压力影响很大，而且有一个拐点。图 3.31（c）也表现出这种情况，密度为 $1.5g/cm^3$ 的太安炸药在测点 4#（20mm 处）的爆轰压力是密度为 $1.77g/cm^3$ 的太安炸药的爆轰压力的 2 倍，差距特别明显。对于猛炸药而言，炸药密度越大，在切缝方向产生的爆轰压力未必有优势。图 3.31（d）所示为垂直切缝方向同一测点处压力的变化。从这里可以看出密度为 $1.77g/cm^3$ 的太安炸药的爆轰压力在垂直切缝方向最大，这不是我们想要的结果。

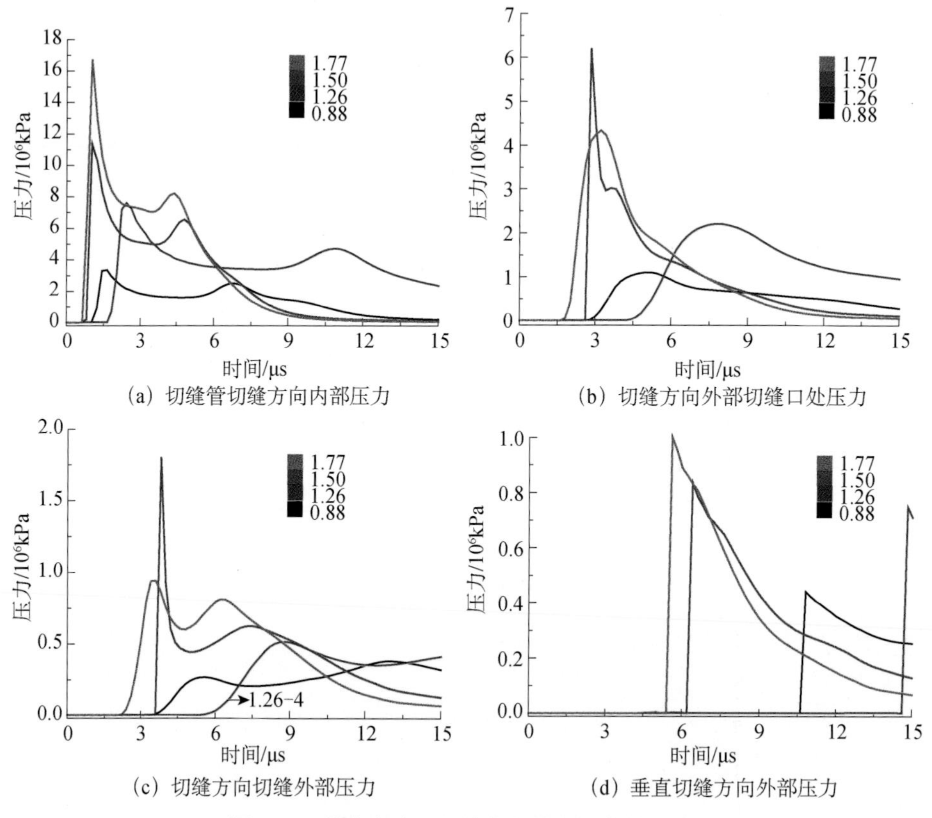

（a）切缝管切缝方向内部压力　（b）切缝方向外部切缝口处压力

（c）切缝方向切缝外部压力　（d）垂直切缝方向外部压力

图 3.31　装药密度对切缝药包爆轰压力的影响

3.3.7　SPH 法对爆生气体产物的追踪模拟

由于材料的扩散，在欧拉程序中，要得到欧拉单元的边界很困难。给定时间内任何给定单元的材料都将会移动，并且可能在下一个时间步中材料会被来自几个不同单元的材料代替，这可能需要复杂的逻辑判断。采用 SPH 无网格方法可以避免 Euler 方法的缺点。

SPH（smoothed particle hydrodynamics）称为光滑粒子流体动力学方法。该方法由 Lucy 和 Gingold 等提出，Johnson、Swegle、Dykah、Chen 和 Vignjevic 等分别对该算法进行了深入的研究并优化了该算法。SPH 方法能够处理具有自由表面、变形边界、运动交界面以及大变形的问题。该方法作为最早的无网格粒子方法，正以极快的速度趋于成熟，由于不断地改进和修正，SPH 方法的精度、稳定性以及自适应性都已达到了实际工程应用的允许范围。SPH 方法已被应用于冲击波模拟、流体动力学、水下爆炸仿真模拟、高速碰撞的数值模拟等领域。

本节采用光滑粒子流体动力学方法 SPH 和 ALE 结合模拟切缝药包爆轰波动的粒子运动行为，对切缝药包建立模型。炸药用光滑粒子，切缝管用 ALE 方法。采用这种方式能够避免 SPH 算法在边界处的不稳定性以及粒子空间分布的不均衡性。图 3.32 为 SPH 模型图。

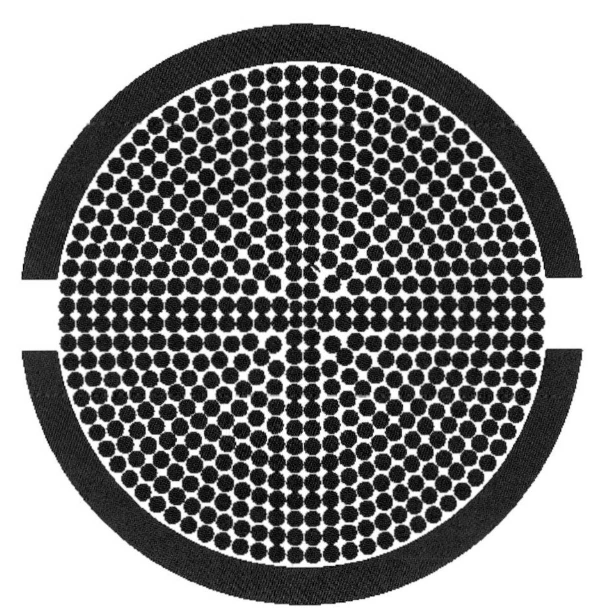

图 3.32　切缝药包 SPH 模型

在切缝方向和垂直切缝方向各设置 3 个测点，每个测点固定一个光滑粒子，从整个运动过程来看，垂直切缝方向上的三个粒子 4#、5#、6#在 0～5μs 的时间内仅仅沿着径向向切缝管运动，切缝方向上的三个测点沿着缝的方向运动。图中红色粒子表示爆生气体的压力很大。当 1#、2#、3#粒子从切缝处以极高的速度飞散出去（图 3.33）时，炸药最外层粒子（3#）达到 6000m/s（1.6μs）。可以看出，切缝管内的爆生气体的传播路径，切缝口内部两翼和切缝口处的爆生气体朝切缝方向传播，垂直切缝方向的爆生气体朝非切缝方向聚集冲击切缝管内壁。

运用 SPH 方法仅仅做了一个数值尝试，没有考虑空气的影响，如果空气用 Euler 建立网格，将不能与炸药 SPH 粒子相耦合，无法进行计算。但是 SPH 方法模拟炸药爆炸有其独特的优势。

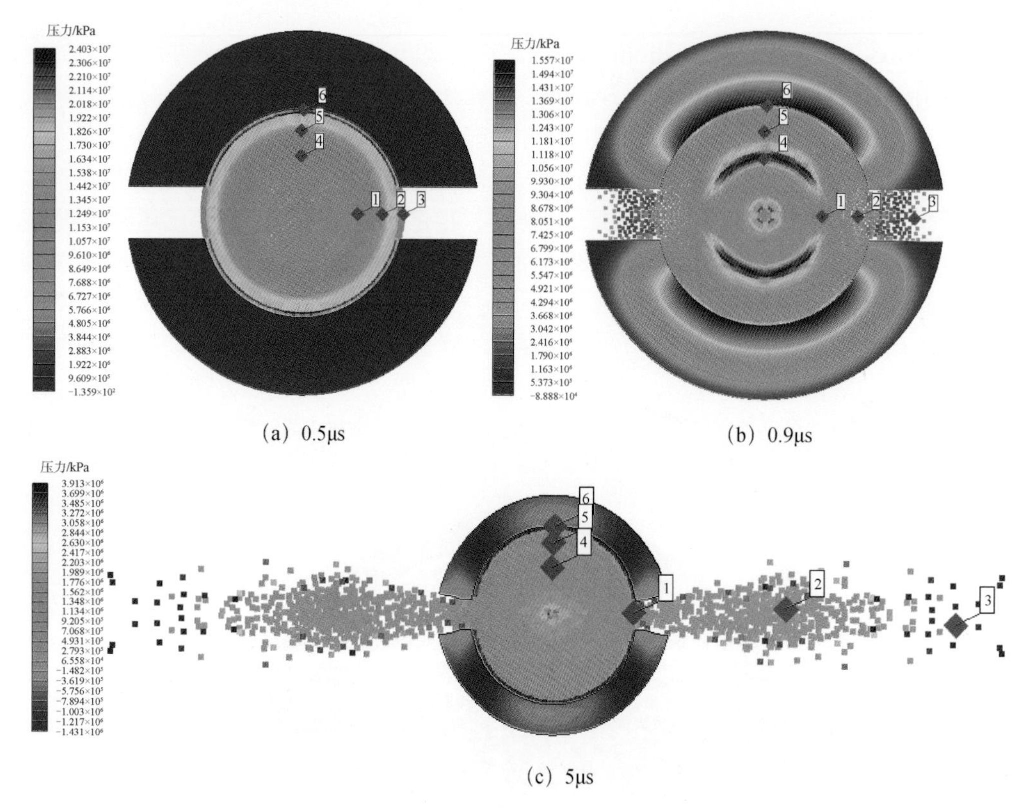

(a) 0.5μs　　(b) 0.9μs

(c) 5μs

图 3.33　切缝药包粒子飞散过程

第4章　爆炸加载下切缝管的动力学响应

本章运用非线性动力有限元程序，模拟了不同材质切缝管的动力响应。切缝管材质选用金属材质和高分子材质，对切缝管材质采用多种本构关系。采用的本构关系为 Johnson-Cook 热黏塑性本构方程、Steinberg-Guinan 本构模型、Cowper-Symonds 本构模型、Zerilli-Armstrong 本构模型等。定量描述了切缝管在炸药爆轰强动载作用下动力学响应。重点研究了同种材质、不同本构关系对切缝管动力学响应的影响、炸药的不同爆速对切缝管动力学响应的影响、切缝管壁厚对切缝管动力学响应的影响。结合试验唯象研究分析切缝管动态变形机理，最后分析了切缝管动力学响应对岩石中定向断裂爆破效果的影响[131]。

4.1　爆炸动力学数值计算基础

20 世纪 70 年代末期，美国马里兰大学 Fourney 教授提出了切缝药包的装药结构，随后系统地进行了固体介质中定向断裂爆破的实验研究。随着测试仪器的高精密化，计算机技术的高速发展以及相关理论的逐渐成熟，有必要对相关内容进行补充和深入的探索。本章主要对装有切缝药包的切缝管壳的动力学响应进行数值研究，并结合唯象的方法对切缝管的破坏机理进行探讨。

4.1.1　非线性动力有限元控制方程

连续介质的变形用物质坐标系（Lagrangian 坐标）或空间坐标系（Euler 坐标）来描述。拉氏描述中独立变量是物质坐标为 X_i 和时间 t 的函数。所表示的是物质运动时每一质点给定一组坐标系。各点的坐标系跟随质点一起运动，因而所研究的是在给定的物质点上各物理量随时间的变化，以及这些量由一质点转向其他质点时的变化。在欧拉坐标系中，独立变量是空间坐标 x_i 和时间 t 的函数。所表示的是物体在一个固定不变的坐标系中运动，所研究的是在一个固定坐标系所确定的空间某一点随时间的变化。

把拉格朗日和欧拉公式列入有限元方法中，由于拉格朗日公式更高的运算效率和更快的程序编码，一般将其应用于不会受大变形的固体物质的计算中。另外，欧拉公式最适合于对流体流动和爆轰问题的解答。拉格朗日在有限元中，一般有两种方法：①完全拉格朗日方法；②更新拉格朗日方法。

1. 完全 Lagrangian 控制方程

连续性方程（质量守恒）

$$\rho(\boldsymbol{X},t)J(\boldsymbol{X},t)=\rho_0(\boldsymbol{X},t)J_0(\boldsymbol{X},t)=\rho_0(\boldsymbol{X}) \tag{4.1}$$

线性动量守恒方程

$$\nabla_0\cdot\boldsymbol{P}(\boldsymbol{X},t)+\rho_0(\boldsymbol{X},t)\boldsymbol{b}(\boldsymbol{X},t)=\rho_0(\boldsymbol{X},t)\ddot{\boldsymbol{u}}(\boldsymbol{X},t) \tag{4.2a}$$

或者
$$\frac{\partial P_{ji}}{\partial X_j}+\rho_0 b_i=\rho_0\ddot{u}_i \tag{4.2b}$$

角动量守恒方程

$$\boldsymbol{F}\cdot\boldsymbol{P}=\boldsymbol{P}^{\mathrm{T}}\cdot\boldsymbol{F}^{\mathrm{T}} \tag{4.3a}$$

或者
$$F_{ij}P_{jk}=F_{kj}P_{ji} \tag{4.3b}$$

能量守恒
$$\rho_0\frac{\partial w^{\mathrm{int}}(\boldsymbol{X},t)}{\partial t}=\dot{\boldsymbol{F}}^{\mathrm{T}}:\boldsymbol{P}-\nabla_0\cdot\overline{\boldsymbol{q}}+\rho_0 s \tag{4.4a}$$

或者
$$\rho_0\frac{\partial w^{\mathrm{int}}}{\partial t}=\dot{F}_{ij}P_{ji}-\frac{\partial\overline{q}_i}{\partial X_i}+\rho_0 s \tag{4.4b}$$

本构方程
$$\boldsymbol{S}=\boldsymbol{S}(\boldsymbol{E},\cdots,\ \text{etc.}),\ \boldsymbol{P}=\boldsymbol{S}\cdot\boldsymbol{F}^{\mathrm{T}} \tag{4.5}$$

应变度量
$$\boldsymbol{E}=\frac{1}{2}(\boldsymbol{F}^{\mathrm{T}}\cdot\boldsymbol{F}-\boldsymbol{I}), \tag{4.6}$$

或者

$$E_{ij}=\frac{1}{2}(F_{ki}F_{kj}-\delta_{ij}) \tag{4.7}$$

控制方程中黑体部分为张量符号，$\boldsymbol{X}$ 表示粒子在初始构形中对某一参考点的位置矢量，$\boldsymbol{x}$ 表示粒子在瞬时构形中对某一参考点的位置矢量。$\boldsymbol{F}$ 为变形梯度张量，其意义是：把初始构形当中的每一个微线元矢量 $\mathrm{d}\boldsymbol{X}$ 都映射成为瞬时构形中的微线元矢量 $\mathrm{d}\boldsymbol{x}$。$J=\det(\boldsymbol{F})$ 为 Jacobian 行列式，$\boldsymbol{S}$ 和 $\boldsymbol{s}$ 分别为 L 氏坐标和 E 氏坐标的漂移张量，也称为两点张量，$\boldsymbol{S}=\boldsymbol{s}^{\mathrm{T}}$ 且 $\boldsymbol{S}$ 和 $\boldsymbol{s}$ 为互逆张量。$\boldsymbol{E}$ 为 Green 应变张量。P 为名义应力，

$$\dot{\boldsymbol{F}}^{\mathrm{T}}:\boldsymbol{P}=\dot{\boldsymbol{E}}:\boldsymbol{S} \tag{4.8}$$

$$\overline{\boldsymbol{q}}=J\boldsymbol{F}^{-1}\cdot\boldsymbol{q} \tag{4.9}$$

本构方程
$$\boldsymbol{\sigma}^{\nabla}=S_t^{\sigma D}(\boldsymbol{D},\boldsymbol{\sigma},\text{etc.}) \tag{4.10}$$

应变度量
$$\boldsymbol{D}=\operatorname{sym}(\nabla\boldsymbol{v}) \tag{4.11}$$

$$D_{ij}=\frac{1}{2}\left(\frac{\partial v_i}{\partial x_j}+\frac{\partial v_j}{\partial x_i}\right) \tag{4.12}$$

2. Euler 控制方程

连续性方程（质量守恒）

$$\frac{D\rho(\boldsymbol{x},t)}{Dt}+\rho(\boldsymbol{x},t)\nabla\cdot\boldsymbol{v}(\boldsymbol{x},t)=0 \tag{4.13a}$$

或者
$$\frac{D\rho}{Dt}+\rho\frac{\partial v_i}{\partial x_i}=\frac{\partial\rho}{\partial t}+\frac{\partial\rho}{\partial x_i}v_i+\rho\frac{\partial v_i}{\partial x_i}=0 \tag{4.13b}$$

线性动量守恒方程

$$\nabla\cdot\boldsymbol{\sigma}(\boldsymbol{x},t)+\rho(\boldsymbol{x},t)b(\boldsymbol{x},t)=\rho(\boldsymbol{x},t)\frac{D\boldsymbol{v}(\boldsymbol{x},t)}{Dt} \tag{4.14a}$$

或者
$$\frac{\partial\sigma_{ji}}{\partial x_j}+\rho b_i=\rho\frac{Dv_i}{Dt} \tag{4.14b}$$

能量守恒
$$\rho\frac{Dw^{\text{int}}(\boldsymbol{x},t)}{\partial t}\boldsymbol{D}:\boldsymbol{\sigma}-\nabla\cdot q+\rho s \tag{4.15a}$$

或者
$$\rho\frac{Dw^{\text{int}}}{Dt}=D_{ij}\sigma_{ij}-\frac{\partial q_i}{\partial x_i}+\rho s \tag{4.15b}$$

欧拉控制方程的角动量守恒方程、本构方程、应变度量的公式与更新拉格朗日公式相同。$\boldsymbol{\nabla}_0\boldsymbol{v}=\dfrac{\partial v_i}{\partial x_j}$ 为速度梯度张量，物质导数算子 $\dfrac{D}{Dt}=\dfrac{\partial}{\partial t}+\boldsymbol{v}\cdot\nabla=\dfrac{\partial}{\partial t}+v_i\dfrac{\partial}{\partial x_i}$。$\boldsymbol{D}$ 为变形速率或者速度应变张量。s 为第二类 Piola-Kirchhoff 应力。b 为单位质量体积力。q 为热流。ρs 为单位体积的热源项。ρ 为密度。

在完全拉格朗日公式中，关于拉格朗日坐标的导数和积分的计算表示初始构形。名义应力（第一类 Piola-Kirchhoff 应力的转置）和第二类 Piola-Kirchhoff 应力（PK2）作为应力度量和变形梯度，在这种方法中，Green 应变作为应变度量。在更新拉格朗日公式中，关于欧拉坐标导数和积分的计算表示现时构形。虚功方程的积分是在现时构形上进行的，物理量都是对空间坐标求导数的。变形速率作为应变速率度量，Cauchy 应力或物理应力作为应力度量应用于更新拉格朗日公式中。在完全拉格朗日格式中将当前构形取为参照构形就得到了更新拉格朗日格式。欧拉公式中的导数和积分与更新拉格朗日方程相同。但是，Cauchy 应力和变形速率是在空间坐标系下描述的。

图 4.1 中，物质点 X 在时间 t 时刻的位置是空间坐标位置 x，其关系式可表示为
$$x=\Phi(X,t) \tag{4.16}$$
式中，Φ（X,t）为一组映射函数，该映射函数将初始构形 X_i 映射到当前构形 x_i。

位移 u 的表达式如下：
$$u=x-X=\Phi(X,t)-\Phi(X,0) \tag{4.17}$$

图 4.1 中 Ω_0 表示物体的初始状态或者参考构形，Ω 表示该物体的当前构形或变形构形。Γ_0 和 Γ 分别表示 Ω_0 和 Ω 的边界条件。

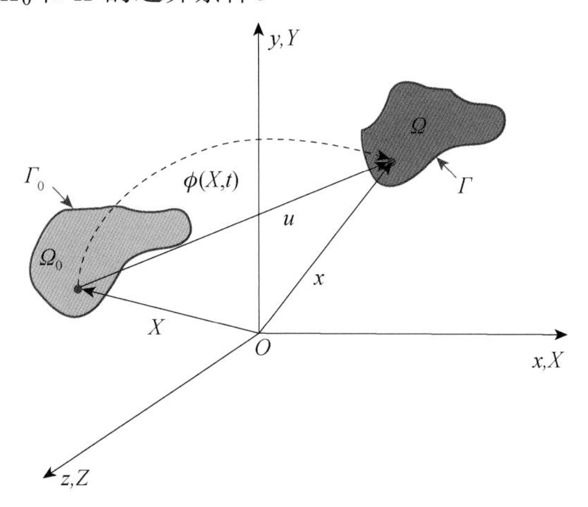

图 4.1　物体的运动构形

非线性有限元是基于非线性连续介质力学构造的。非线性连续介质力学中的复杂性主要起源于刚体的旋转。为了考虑刚性体的旋转，本构方程中 Cauchy 应力的时间导数可

表述为客观应力张量速率。为此，需要对时间导数修正。本构方程中的上角标∇意在强调应力张量速率是客观速率。Cauchy 应力 Jaumann 率表达式如下：

$$\boldsymbol{\sigma}^{\nabla J}=\frac{D\boldsymbol{\sigma}}{Dt}-\boldsymbol{W}\cdot\boldsymbol{\sigma}-\boldsymbol{\sigma}\cdot\boldsymbol{W}^{\mathrm{T}}\text{或者}\sigma_{ij}^{\nabla J}=\frac{D\sigma_{ij}}{Dt}-\boldsymbol{W}_{ik}\cdot\sigma_{kj}-\sigma_{kj}\cdot\boldsymbol{W}_{kj}^{\mathrm{T}} \tag{4.18}$$

式中，$\boldsymbol{W}$为旋转张量，旋转张量等于速度梯度的反对称部分。

将应力率和变形率之间假定为线性关系作为率本构方程的最简单形式，使用式（4.18），本构方程写成如下形式：

$$\frac{D\boldsymbol{\sigma}}{Dt}=\boldsymbol{\sigma}^{\nabla J}+\boldsymbol{W}\cdot\boldsymbol{\sigma}+\boldsymbol{\sigma}\cdot\boldsymbol{W}^{\mathrm{T}}=\underbrace{\boldsymbol{C}^{\sigma J}:\boldsymbol{D}}_{\text{材料响应}}+\underbrace{\boldsymbol{W}\cdot\boldsymbol{\sigma}+\boldsymbol{\sigma}\cdot\boldsymbol{W}^{\mathrm{T}}}_{\text{旋转}} \tag{4.19}$$

式中，$\boldsymbol{C}^{\sigma J}$为与 Cauchy 应力的 Jaumann 率有关的材料响应张量。在大部分的流体动力学程序软件中，Cauchy 应力张量解耦为两个部分：容变率和畸变率。

$$\boldsymbol{\sigma}=\boldsymbol{\sigma}^{\mathrm{hyd}}+\boldsymbol{\sigma}^{\mathrm{dev}}=-\boldsymbol{P}+\boldsymbol{S}\text{或者}\boldsymbol{\sigma}_{ij}=\boldsymbol{\sigma}^{\mathrm{hyd}}\boldsymbol{\delta}_{ij}+\boldsymbol{\sigma}_{ij}^{\mathrm{dev}}=-P\boldsymbol{\delta}_{ij}+\boldsymbol{S}_{ij} \tag{4.20}$$

$$\boldsymbol{P}=-\frac{1}{3}\boldsymbol{\sigma}_{ij} \tag{4.21}$$

式中，$\boldsymbol{S}$为偏应力张量（注意不要与前面的第二类 Piola-Kirchhoff 应力相混淆）；$\boldsymbol{P}$为静水压力。静水压力的负号遵从符号法则，压缩为正,拉伸为负。应力符号与静水压力符号相反。变形率张量解耦与应力张量解耦相似，变形速率解耦为体积分量和偏量分量。

$$\boldsymbol{D}=\boldsymbol{D}^{\mathrm{vol}}+\boldsymbol{D}^{\mathrm{dev}}\text{或者}D_{ij}=D_{ij}^{\mathrm{vol}}+D_{ij}^{\mathrm{dev}} \tag{4.22}$$

$$D_{ij}^{\mathrm{vol}}=\frac{1}{3}D_{kk}\delta_{ij} \tag{4.23}$$

式中，D_{kk}为体积改变率，$D_{kk}=\dot{V}/V$。

因此，有公式：

$$D_{ij}^{dev}=D_{ij}-\frac{1}{3}D_{kk}\delta_{ij}=D_{ij}-\frac{1}{3}\frac{\dot{V}}{V}\delta_{ij} \tag{4.24}$$

对于弹性材料，遵从胡克定律，偏应力率和变形率偏量之间的关系可以写成以下形式：

$$\dot{S}_{ij}=2G\left(D_{ij}-\frac{1}{3}\frac{\dot{V}}{V}\delta_{ij}\right) \tag{4.25}$$

所有的偏应力都要调整，以适应刚体的旋转。

在非线性有限元公式中，对于不能够通过代数方程求解得到的相关变量，需要近似。因此，上述控制方程必须离散化为一系列的有限元方程。

4.1.2 计算动力学程序

1. Lagrange 计算程序

流体动力学程序（或称波的传播程序）广泛用于超速撞击、爆炸驱动固体介质的断裂等很多工程问题中。这些非线性问题的控制方程需要空间离散化，这样上述方程就变成可以求解的常微分方程。中心差分方法是最广泛使用的显式时间积分方法。此方法中，节点加速度 $\boldsymbol{a}$ 以时间步 n 计算，

$$a^n = M^{-1} f^n \tag{4.26}$$

式中，$\boldsymbol{M}$ 和 $\boldsymbol{f}$ 分别为全局质量矩阵和全局节点力矩阵。

节点速度在时间步 $n+\frac{1}{2}$ 处计算。

$$a^n = \frac{v^{n+\frac{1}{2}} - v^{n-\frac{1}{2}}}{\Delta t} \tag{4.27}$$

式中，$v^{n-\frac{1}{2}}$ 为节点在时间步 $n-\frac{1}{2}$ 时的速度；Δt 为当前的时间步。在时间步 n+1 时的节点位移的表达式为

$$v^{n+\frac{1}{2}} = \frac{u^{n+1} - u^n}{\Delta t} \tag{4.28}$$

在中心差分方法中，时间间隔端点处的函数值用于时间间隔中点处的偏差的计算。

更新拉格朗日计算程序的流程见图 4.2。

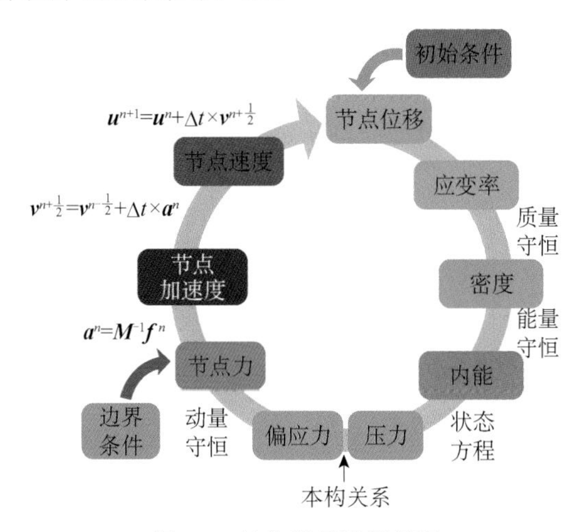

图 4.2　拉格朗日计算循环

计算循环的每一步解释如下：

（1）循环开始于对速度和应力初始条件的执行。

（2）时间步 n 处的节点位移和时间步 $n+\frac{1}{2}$ 处的速度汇总于整体矩阵。

（3）计算应变度量，在完全拉格朗日中为格林应变，在更新拉格朗日中为变形率。

（4）由质量守恒方程可得网格中的密度。

（5）由能量守恒方程可得网格中的内能。

（6）从当前得到的能量和密度值，使用状态方程，计算出每个网格的压力。

（7）采用本构方程求出偏应力。

（8）由动量守恒方程计算得到内部节点力。自动执行相关边界条件，得到外部节点力。

（9）速度与边界条件交互作用。

（10）单元节点力分散到整体矩阵。

（11）从图 4.2 中的方程可以得到时间步 n 处的加速度，时间步 n+1/2 处的速度以及

时间步 $n+1$ 处的位移。

2. ALE 求解器

许多问题可以用拉格朗日程序来求解。但随着大变形的增加会出现两个主要问题，一是严重大变形的网格会导致求解的不精确性，二是由于对于大变形的计算一般采用显示时间积分方法，所以严重变形的单元会使时间步长减少，导致计算终止。欧拉程序解决了所有这些问题，但欧拉程序比拉格朗日在每个时间步都需要更多的计算和较多的网格。由于 Lagrange 描述和 Euler 描述具有不同却互补的性质，把这两种方法结合起来，就可以得到更高性能的算法。任意拉格朗日-欧拉方法（ALE）都综合了拉格朗日法和欧拉法的优点。

与一阶精度的手动重分相比，ALE 算法是二阶精度，ALE 算法在精度上是优越的。ALE 方程包含欧拉方程，并将其作为一个子集。虽然欧拉程序不限于单一材料，但是许多 ALE 方程简化为每个单元只允许包含一种材料，这样做最基本的优点是减少了每个时间步长的成本。当一个单元允许包含多种材料时，不仅单元中材料数量和类型在每个计算循环中会变化，而且需要附加的数据来指明每个单元有哪种材料，而且数据必须在重新映射算法中更新。采用 ALE 算法可以求解问题的范围与平滑网格算法的复杂程度是直接相关的。对于不同爆炸和撞击所产生的弱冲击波情况，二阶输运精度非常重要。输运计算中的误差通常使解平滑，而且降低了压力波的峰值。图 4.3 为 ALE 计算循环图。

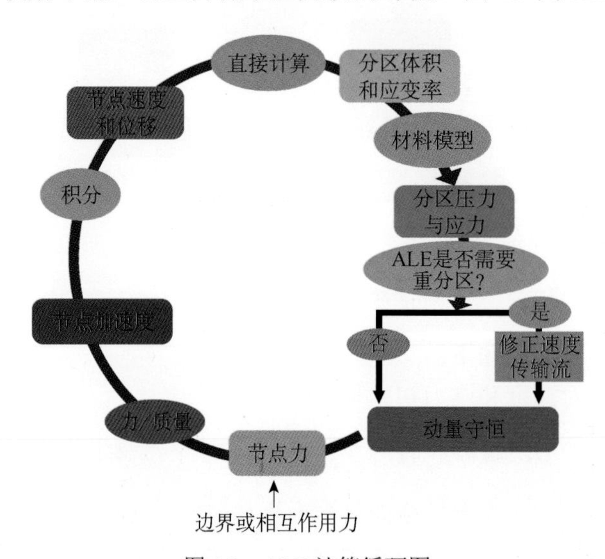

图 4.3　ALE 计算循环图

一个 ALE 时间步长包括以下内容：

（1）执行一个显式拉格朗日时间步，只考虑压力梯度分布对速度和能量改变的影响，在动量方程中压力取前一时刻的量。

（2）执行一个输运步。确定哪个节点移动-移动边界节点-移动内部节点-输运中心单元变量-输运和更新动量。

一个欧拉计算时间步包括以下内容：

（1）执行一个拉格朗日时间步。

（2）执行一个输运步。存储节点到原始坐标；输运中心单元变量；输运和更新动量。

4.1.3　材料的几种本构关系描述

依据流体弹塑性模型，现代强动载下的瞬变动力学程序把金属的材料响应解耦为容变部分和畸变部分，其中容变或流体动力学响应可通过状态方程得到。关于状态方程及其在流体动力学程序中的应用，Drumheller 的文章有详细的描述。材料强度描述屈服应力与应变、应变率和温度之间的关系。

1. Johnson-Cook 热黏塑性本构方程

Johnson-Cook 本构模型使用了两个假定：一是各种应力条件下，本构方程统一用有效应力、有效应变、有效应变率来描述。二是应变 ε、应变率 $\dot{\varepsilon}$ 和温度对强度的影响是独立的，可以解耦。

Johnson-Cook 本构方程 von-Misses 的形式屈服应力表达式为

$$\sigma=\left(A+B\varepsilon_p^n\right)\left(1+C\ln\dot{\varepsilon}_p^*\right)\left[1-(T^*)^m\right] \tag{4.29}$$

式中，ε_p 为等效塑性应变；$\dot{\varepsilon}_p^*$ 为归一化塑性应变率；$\dot{\varepsilon}_p^*=\dfrac{\dot{\varepsilon}_p}{\dot{\varepsilon}_0}$，$\dot{\varepsilon}_0=1.0\text{s}^{-1}$；$T^*$ 为相对温度，$T^*=(T-T_{室温})/(T_{熔化}-T_{室温})$；$T$ 为热力学温度，$0\leqslant T^*\leqslant 1.0$；$A$、$B$、$n$、$C$、$m$ 为材料常数。

公式等式右边第一个括号中给出了参考应变率 $\dot{\varepsilon}_0=1.0\text{s}^{-1},T^*=0$（室温下的实验室试验）时，应力关于应变的函数。表达式第二项和第三项括弧分别表示应变率效应和温度效应。当 $T^*=1$ 时，对于所有的应变和应变率，应力都为零。1983 年，Johnson 和 Cook 在拉伸和扭转的有限应变试验中确定了这些材料常数。虽然采用各种试验技术可以获得本模型的常数，但一般采用以下方法：首先，以相对低应变速率（$\dot{\varepsilon}_p^*\leqslant 1.0$）条件下拉伸和扭转试验的等温曲线获得屈服应力 A 和应变硬化常数（B，n）。其次，应变率常数 C 可以由各种应变率条件下扭转试验来确定，也可以从两种应变率条件（准静态试验和 Hopkinson 杆试验）下的拉伸试验获得。最后，热软化常数 m 由各种温度条件下的 Hopkinson 杆试验确定。

分段 Johnson-Cook 本构模型（Piecewise Johnson-Cook）是对 Johnson-Cook 模型的修正。主要是用屈服应力与有效塑性应变比值的分段线性函数取代 Johnson-Cook 模型中的有效塑性应变 $(A+B\varepsilon_p^n)$，分段 Johnson-Cook 本构模型中的应变率相关和热软化的描述与 Johnson-Cook 模型相同。

Johnson-Cook 本构模型的实质是将应变 ε、应变率 $\dot{\varepsilon}$ 和温度对强度的影响进行解耦。将材料的流体动力学应力描述为应变强化函数、应变率硬化函数和温度软化函数的乘积。

2. Steinberg-Guinan 本构模型

该模型假设应变率饱和，并且允许剪切模量和屈服强度随压力和温度变化。在初始屈服应力随应变率的增加而增加的假定条件下，冲击自由表面速度的试验数据记录表明在高应变率下（应变率大于 $10^5 s^{-1}$），应变率效应与其他影响因素相比最为重要。试验数据还表明，屈服应力达到最大值时，随后的过程是与应变率无关的。模型假设剪切模量随着压力的增加而增加，随着温度的增高而衰减。这样做的目的是建模时将包兴格（Bauschinger）效应纳入计算中。模型公式描述了剪切模量和屈服强度为有效塑性应变、压力和内能（温度）的函数。其表达式如下：

$$G = G_0\left[1+\left(\frac{G'_p}{G_0}\right)\frac{p}{\eta^{1/3}}+\left(\frac{G'_T}{G_0}\right)(T-300)\right] \tag{4.30}$$

$$Y = Y_0(1+\beta\varepsilon)^n\left[1+\left(\frac{Y'_p}{Y_0}\right)\frac{p}{\eta^{1/3}}+\left(\frac{G'_T}{G_0}\right)(T-300)\right] \tag{4.31}$$

式（4.30）和式（4.31）适用条件为 $Y_0[1+\beta\varepsilon]^n \leqslant Y_{\max}$。$\varepsilon$ 为有效塑性应变；T 为温度。n 为压缩比。下角标 P 和 T 分别为在 T=300K，P=0，ε=0 参考状态下参量 G 和 Y 对压力和温度的导数。

3. Cowper-Symonds 本构模型

材料的本构关系与应变率有关，称为材料的应变率敏感性，或称黏塑性。对于应变率敏感材料制成的结构，若应用与应变率无关的本构关系，可能会引起理论分析与实验结果之间较大的差异。因此建立黏塑性本构关系，从而在结构动力学响应中考虑应变率效应对于有关问题是必要的。在结构冲击问题中往往采用理想塑性模型，在结构塑性动力学领域内，Cowper-Symonds 率相关本构模型是很有名的方程，它虽被广泛引用却没有公开发表。在单向应力（拉伸或压缩）情况下，Cowper 和 Symonds 建议的本构方程为

$$\dot{\varepsilon} = D\left(\frac{\sigma'_0}{\sigma_0}-1\right)^q \text{或者} \frac{\sigma'_0}{\sigma_0}=1+\left(\frac{\dot{\varepsilon}}{D}\right)^{\frac{1}{q}}, \sigma'_0 \geqslant \sigma_0 \tag{4.32}$$

式中，在单轴塑性应变率 $\dot{\varepsilon}$ 下，σ'_0 为动态流动应力（也称为动态屈服应力）；σ_0 为与其有关的静态流动应力；D 和 q 为通过实验确定的材料常数。

应力差（$\sigma'_0-\sigma_0$）也称“过应力”（Overstress）,所以，Cowper-Symonds 本构关系是一种过应力型率相关的本构方程。对方程（4.32）两边取对数，可以写成以下形式：

$$\ln\dot{\varepsilon} = q\ln\left(\frac{\sigma'_0}{\sigma_0}-1\right)\ln D \tag{4.33}$$

这是一条直线，$\ln\dot{\varepsilon}$ 关于 $\ln\left(\frac{\sigma'_0}{\sigma_0}-1\right)$ 的一次函数，q 为该直线的斜率，$\ln D$ 为纵坐标的截距。

Cowper-Symonds 方程的基本思想是，利用给定的应变率估计动态流动应力 σ'_0，然后用 σ'_0 直接取代原来的静态流动应力 σ_0 进行分析计算。

4. Zerilli-Armstrong 本构模型

Zerilli 和 Armstrong 提出了两个基于微观结构的本构方程。这些方程与实验结果的匹配性极好；一种标定本构方程的简单方法就是将其预测值与 Taylor 试件中所观察到的变形值进行比较。Zerilli 和 Armstrong 把他们的模型建立在热激活位错运动的理论框架基础上，并分析了典型的面心立方结构（FCC）和体心立方结构（BBC）金属中温度和应变率的响应情况，并注意到这些材料间存在着非常明显的差异。体心立方结构的金属比面心立方结构金属具有更高的温度和应变率敏感性。他们还观察到，对于面心立方结构金属激活面积 A 与应变有关，而对于体心立方结构金属则与应变无关。该激活面积 A 可由激活体积 V 求得。

$$V = A\boldsymbol{b} = l^* \lambda \boldsymbol{b} \tag{4.34}$$

式中，l^* 为势垒间距；λ 为势垒宽度；$\boldsymbol{b}$ 为位错的 Burgers 矢量（由位错造成的偏移）。

此式代表位错在克服势垒时所扫过的面积。Zerilli 和 Armstrong 就此得出结论：对于体心立方结构金属而言，克服 Peierls-Nabarro 势垒主要是热激活机理起作用。这些势垒的间距与晶格间距相等，显然，这不受塑性应变的影响。然而，面心立方结构金属中，激活面积 Λ 随应变的增加而减小。因此对于面心立方晶格金属，l^* 会随着塑性应变的增加而减小。应用著名的位错密度与势垒间距的关系式可确定这个尺寸与塑性应变的相关性：

$$\rho \approx \frac{1}{l^{*2}} \tag{4.35}$$

但是，位错密度随塑性应变的增加而增加，由剪切应变关系式 $\gamma = \tan\theta = \dfrac{Nb}{l} = \dfrac{Nbl}{l^2} = \rho bl$，$N$ 为单位面积的位错数。假定 l 为常数，有 $\varepsilon = k\rho$，其中 $k = bl/M$，由此可得：

$$A = \lambda l^* = \lambda \left(\frac{\mathrm{b}l}{M}\right)^{\frac{1}{2}} \varepsilon^{-\frac{1}{2}} \tag{4.36}$$

Zerilli 和 Armstrong 利用上式确定了 0K 时的激活面积。并将其应用到应力的热分量的表达式中：

$$\sigma^* = \frac{M\Delta G_0}{A\mathrm{b}} \mathrm{e}^{-\beta T} \tag{4.37}$$

式中，M 为方位因子；ΔG_0 为在 0K 时的自由能势垒高度；β 为与应变和应变率相关的参数，$\beta = -C_3 + C_4 \ln\dot{\varepsilon}$。

对于体心立方结构金属，A 为常数；对于面心立方结构金属，A 与 $\varepsilon^{-1/2}$ 成正比。Zerilli 和 Armstrong 在表达式中加入了流动应力的非热分量项（σ_G）及描述流动应力与颗粒尺寸关系的项。已知屈服应力随颗粒尺寸的减小而增大，而且这种依赖关系可通过 Hall-Petch 方程来表示。

面心立方结构

$$\sigma = \sigma_G + C_2 \varepsilon^{1/2} \exp(-C_3 T + C_4 T \ln\dot{\varepsilon}) + kd^{-1/2} \tag{4.38}$$

体心立方结构

$$\sigma = \sigma_G + C_1 \exp(-C_3 T + C_4 T \ln\dot{\varepsilon}) + C_5 \varepsilon^n + kd^{-\frac{1}{2}} \tag{4.39}$$

以上两个方程之间的主要区别在于，体心立方结构金属中塑性应变与应变率和温度是互不相关的。

4.2　切缝管的动力学模拟

由于壳体结构在动载下动态力学理论研究的复杂性和难度，因此研究圆管壳体内部受爆炸强动载作用变形与破裂的文献数量不多。本章借鉴几篇柱壳内部爆炸载荷下的力学行为的研究思路，开展了切缝管在爆炸动载下动态力学行为的研究。对于切缝药包定向断裂爆破理论研究具有工程实践意义。

对于切缝管的壳体结构，在建立模型时，没有采取薄壳体模型，而是采用实体结构，因为壳体模型不能反映出切缝管壳体厚度方向形变的力学参量，而我们主要考虑得到爆炸动载下的切缝管管壳的厚度方向的应力分布，这对于深入研究切缝管结构动力学破坏机理具有重要意义。模型建立采用两种壁厚，分别为 2mm 和 4mm，切缝管内径都为 28mm，两种壁厚的切缝管内炸药量是相同的。观测点设置如图 4. 4 所示。

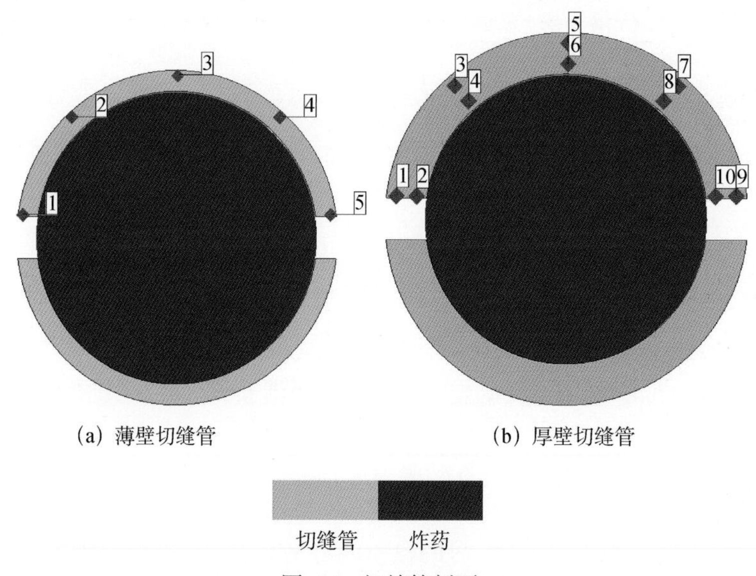

(a) 薄壁切缝管　　(b) 厚壁切缝管

图 4.4　切缝管剖面

4.2.1　爆炸后切缝管压力变化

切缝管材质为碳素钢，状态方程为冲击状态方程，采用 Cowper-Symonds 本构模型。炸药为太安（密度为 0.88g/cm^3），起爆方式采用轴向中心起爆。两种壁厚的切缝管在爆炸加载下，压力等位线图如图 4.5 所示。

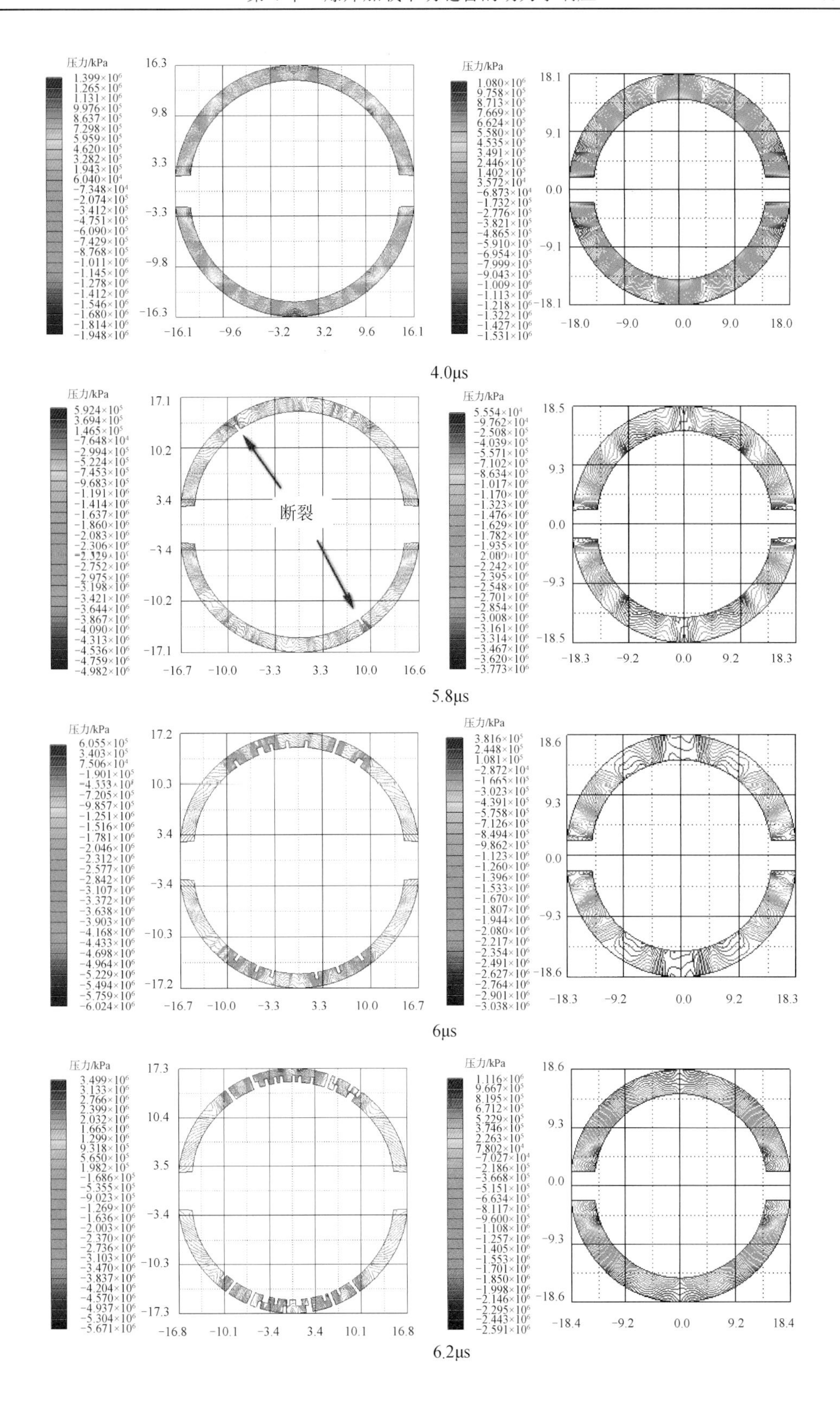

4.0μs

5.8μs

6μs

6.2μs

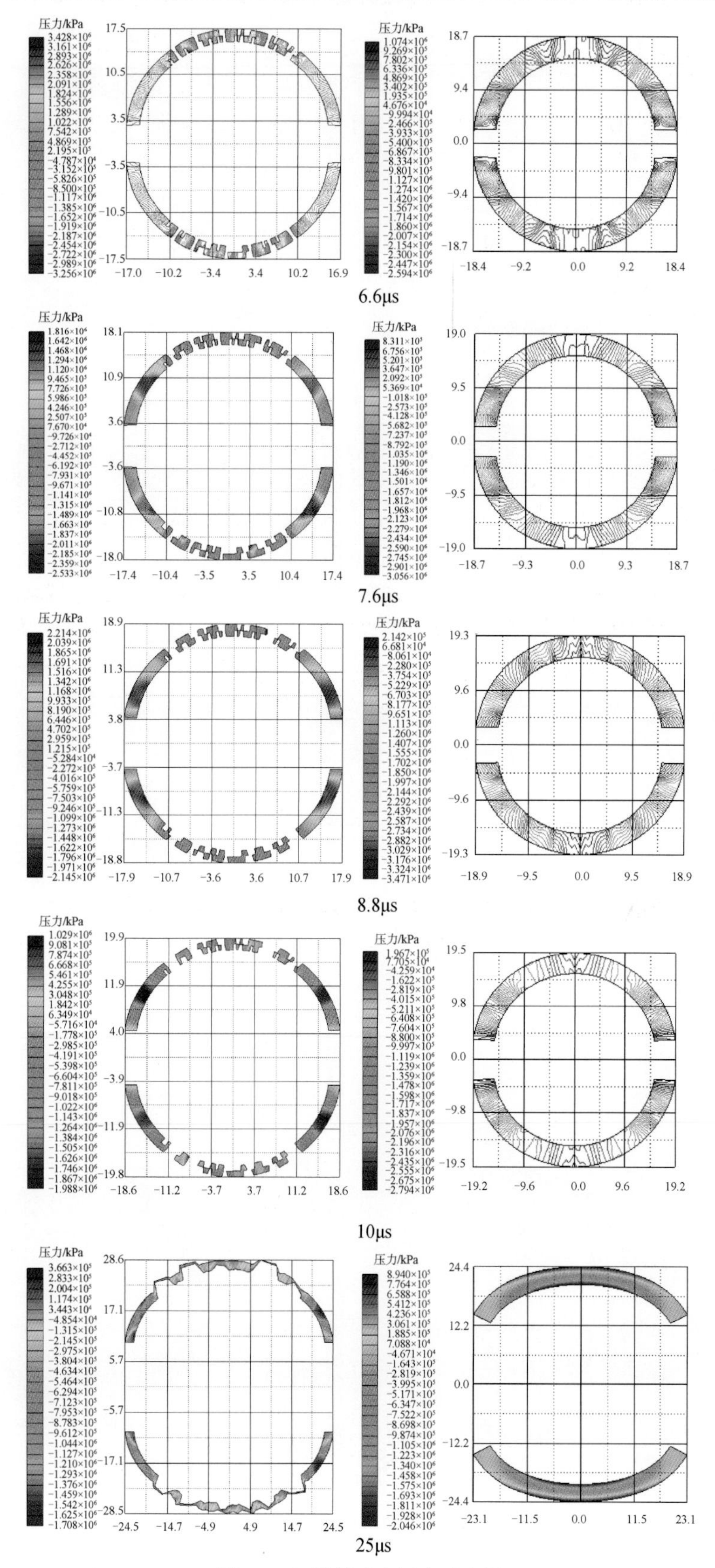

图 4.5　切缝管动态压力时序图

由压力等位线图结合测点处压力曲线图可以看出，切缝管在爆炸动载下塑性变形非常明显。炸药爆炸从中心传播到炸药的整个界面的起始阶段，切缝管内壁产生强大的压力，压力波传遍整个切缝管壁，切缝管壳在爆炸产物的压力作用下向外做膨胀运动。爆炸压力波作用到切缝管内壁上，压力波传入到切缝管内部，同时向爆生气体中反射一道稀疏波。当切缝管壳内的冲击压缩波传播到外壁自由面时，反射为拉伸卸载波，卸载波在切缝管壳中传播到管内爆生气体与切缝管内壁的界面处，此时又要发生波的入射与反射，向爆炸产物中入射稀疏波，向切缝管体中反射压缩冲击波。以上过程在整个爆炸阶段反复进行，直到切缝管断裂发生为止。从压力等位线图中可以看出，初始阶段（0～2.6μs），整个切缝管处于压力状态，只是在切缝口处小区域范围内有拉伸区。此时为切缝管截面的炸药未完全反应时的状态，所受的压力或拉力很小（40kPa 左右），切缝管处于弹性状态。随着爆轰反应在整个切缝药包的截面完全发生后，整个切缝管所受压力量级急剧增大，薄壁切缝管最大压力为 230MPa 左右，厚壁切缝管最大压力为 50MPa 左右。两者最大压力所在位置相同，为切缝管垂直切缝方向内壁。随着爆轰产物的推进，切缝管压力继续增加，此时切缝管内压力迅速升至 2GPa 左右。对于厚壁管在整个切缝管壳膨胀期间，其内壁一直处于持续的压缩状态，由外壁测点和压力等位线可以得知在第一次反射时为拉力。从切缝管的整个压力波动过程可以看出，拉伸断裂从接近切缝管外壁垂直切缝方向的区域表面开始，同时朝两个方向扩张。厚壁切缝管和薄壁切缝管最终的破坏模式不同。在同等时间内，薄壁管已经发生体积失效，而厚壁管仍然处于塑性变形状态。

由图 4.6 可以明显看出，切缝管中部压力最大，切缝处所受压力最小，45°方向介于它们之间。切缝管在强动载作用下，切缝管中部首先达到塑性状态，破坏从切缝管中部开始。我们通过实验也发现了这种现象。后壁切缝管内侧压力分布如图 4-6（c）所示。6#为切缝管最顶层的内壁的压力，其压力值非常大，与第 2 章中切缝药包爆轰波动的结果是一致的。

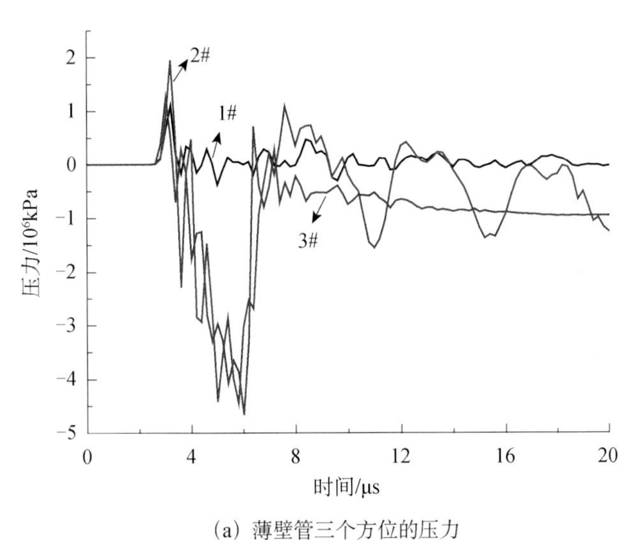

(a) 薄壁管三个方位的压力

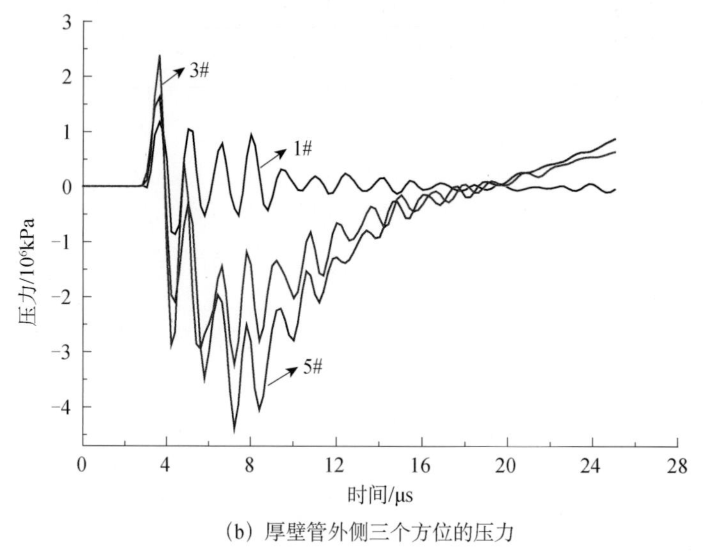

(b) 厚壁管外侧三个方位的压力

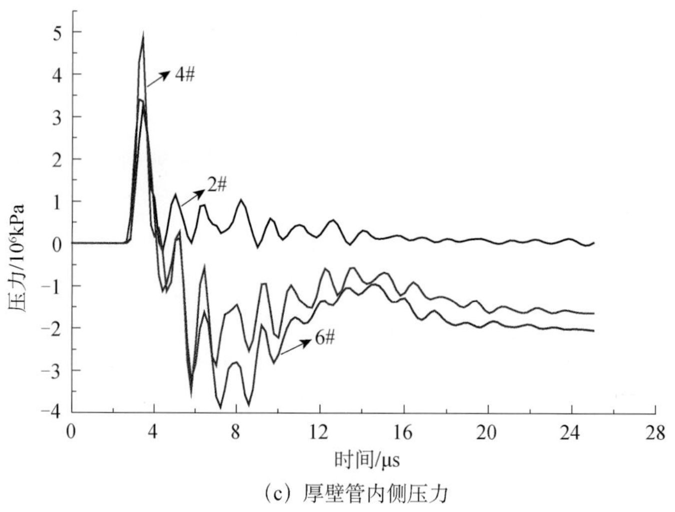

(c) 厚壁管内侧压力

图 4.6　切缝管动载下的压力

4.2.2　切缝管本构模型的影响

在材料的动力响应过程中，通常总是既有弹性变形又有塑性变形，这两种变形以及它们之间的分界面都随时间而变化。因此，求解结构动力响应时，不仅需要对不同区域采用不同的本构关系，而且要处理复杂的动边界问题。由于弹塑性动力响应在数学上的复杂性，迄今还没有人能给出弹塑性动力响应的解析解。

以钢、尼龙和铜材料为例，采用不同的本构模型来分析，同一种炸药，装药质量相等，起爆方式相同，也就是保持切缝管内炸药装药和爆轰条件相同。考察不同的本构模型对切缝管爆炸载荷下的动力学响应。

从图 4.7 可以看出，各种本构模型对切缝管变形形态有一定的影响。采用 Z-A 本构模型进行数值模拟，在强动载荷下，切缝管材料将发生高速变形。由材料变形的微观机制所决定，材料对高速变形的抵御能力通常不同于对缓慢变形的抵御能力。这种金属切缝管塑性变形的能力主要是位错的运动，而位错在金属晶格中高速通过时遇到的阻力比缓慢通过时的阻力要大，这就造成了大多数金属在高速变形时呈现较高的屈服应力和流动应力。

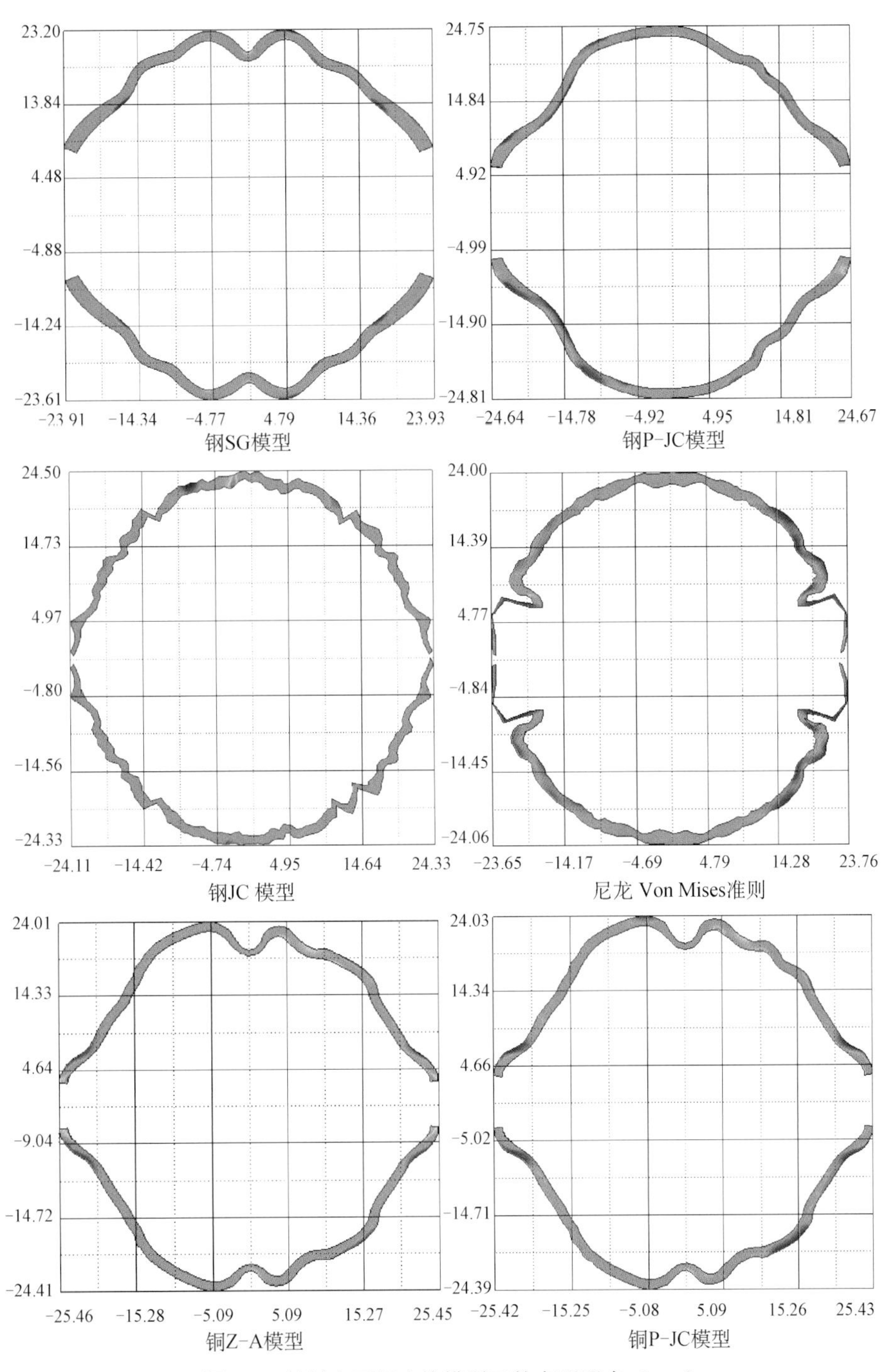

图 4.7　材料在不同本构模型下的变形形态（mm）

对于应变率敏感材料制成的结构，若应用与应变率无关的本构关系，可能会引起理论分析与实验结果之间较大的差异。因此建立黏塑性本构关系，从而在结构动力学响应中考虑应变率效应对于有关问题是重要的。在结构冲击问题中，往往采用理想塑性模型，在结构塑性动力学领域内，Z-A 和 S-G 率相关本构模型模拟结果非常符合实际。

在对高分子材料如尼龙切缝管材质的模拟时，运用米泽斯塑性流动理论基本上可解决问题。切缝管材料的加载和随后的卸载过程，如果所有的畸变能是可逆的，则称为弹性畸变。切缝管材料将恢复到初始构型。然而实际的切缝管材料如果畸变能太大时，不能承受任意大的剪切应力。畸变能太大，材料将达到弹性极限并开始塑性畸变。如果材料随后卸载，只有弹性畸变能恢复，材料将受到永久塑性变形。使用 VonMises 准则来描述弹性极限以及向塑性流的过渡，使用简单和方便。该准则定义了光滑连续的屈服面，可以较好地模拟高应力状态。该准则考虑了三个主应力和局部屈服条件的关系。所开展的尼龙材料的模拟就是基于这种准则的。图 4.8 所示为碳素钢 Cowper-Symonds 本构模型模拟结果。

从图 4.8 得出碳素钢切缝管的整个爆炸动力学状态结果。在 2.8μs 时发生初始塑性变形。这个塑性变形的位置是切缝管垂直切缝方向，然后塑性波从切缝管内壁向外壁传播。这时切缝管整个内壁全部变为塑性区。在 3.2μs 时塑性区在强动载作用下累积，塑性变形发生失效。切缝管切缝处一直处于弹性向塑性交替转变状态，管壁由内而外逐渐失效，最后发生破裂。

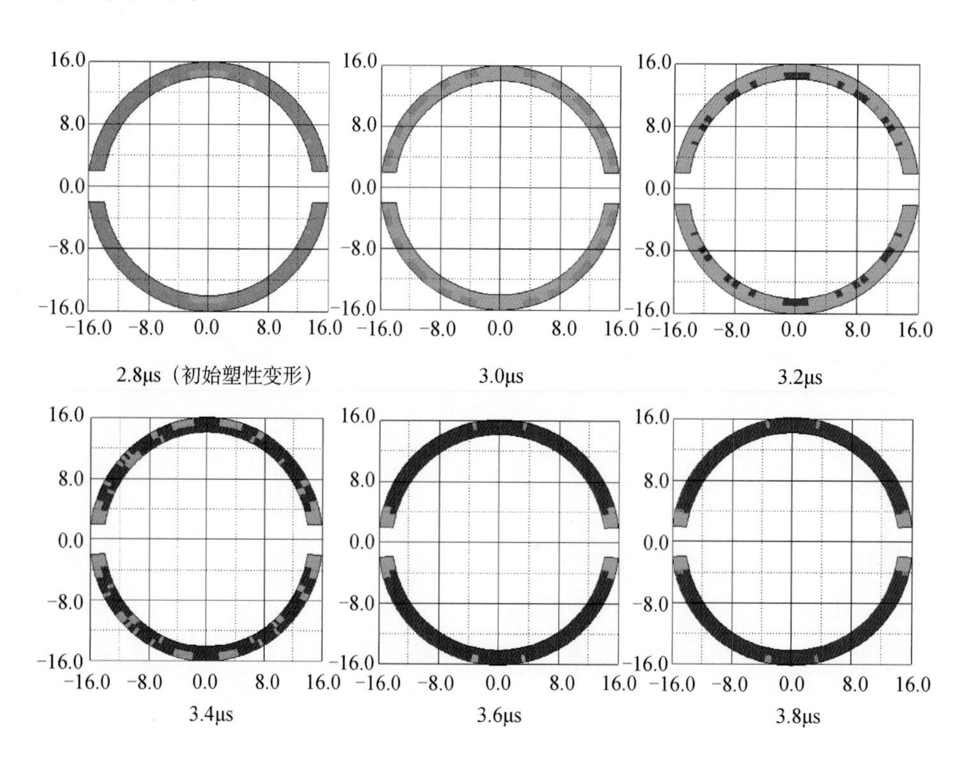

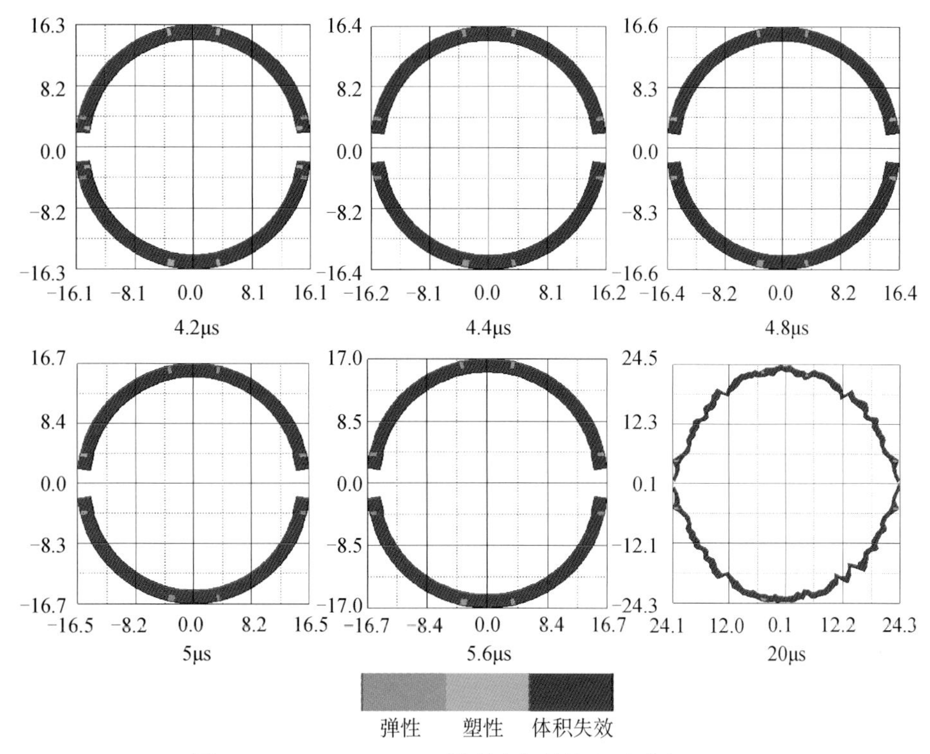

图 4.8　Cowper-Symonds 模型中切缝管变形时序（mm）

4.2.3　炸药的爆速对切缝管结构的影响

数值模拟采用不锈钢管材质，4 种切缝管的结构尺寸和数值建模情况完全相同。炸药选用 4 种不同爆速的太安炸药。切缝药包在炮孔中的不耦合系数为 1.5。图 4.9 为在 25μs 时，不同爆速作用下切缝管的米泽斯应力云图。从图中可以看出，爆速为 5170m/s 时，切缝管变形严重，在垂直切缝方向上发生大变形弯曲。而且米泽斯应力最大，这也就造成切缝管结构首先在垂直方向发生破坏，实际切缝管破裂模式和数值结果非常吻合。随着爆速的增加，切缝管结构形态变化显著，切缝管膨胀比逐渐增大，当爆速为 8300m/s 时，切缝管垂直切缝方向出现缩颈现象。图 4.10 所示为炸药爆速对切缝管膨

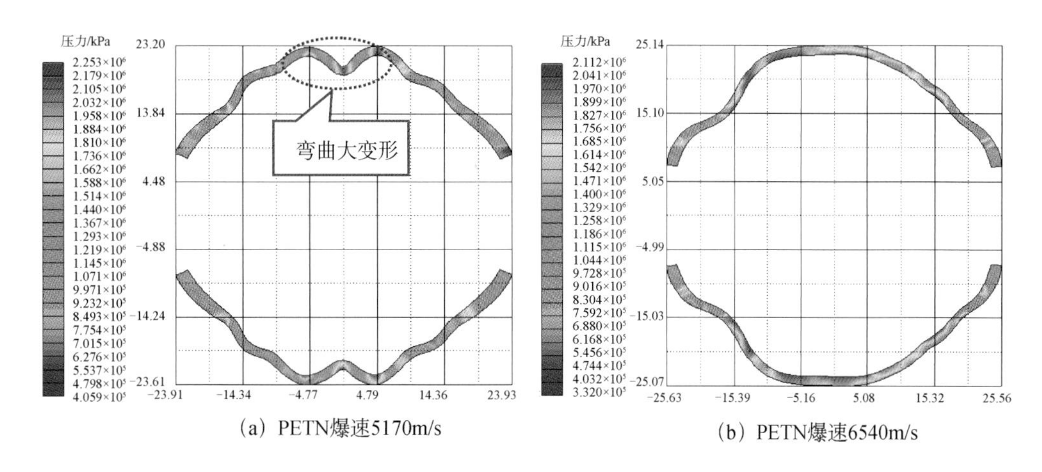

(a) PETN爆速5170m/s　(b) PETN爆速6540m/s

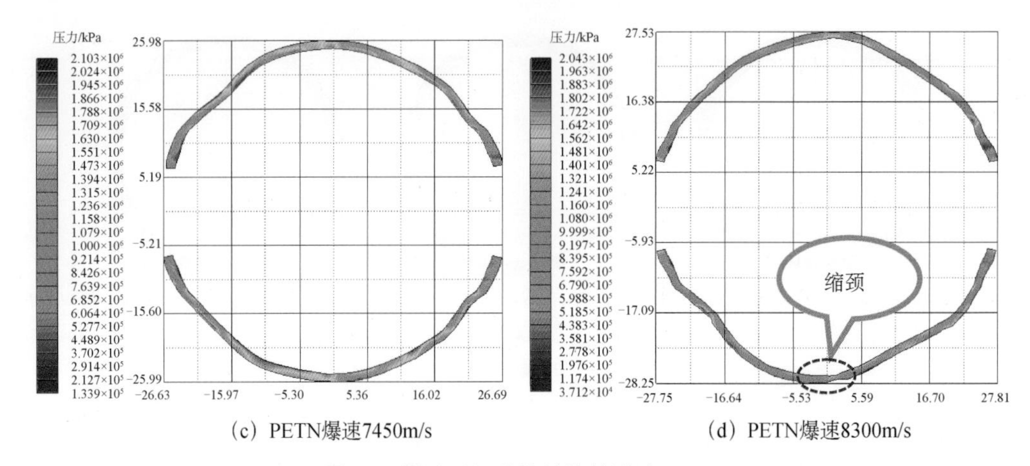

（c）PETN爆速7450m/s　　（d）PETN爆速8300m/s

图 4.9　爆速对切缝管结构的影响（mm）

横坐标：平行切缝方向长度，纵坐标：垂直平行切缝方向长度

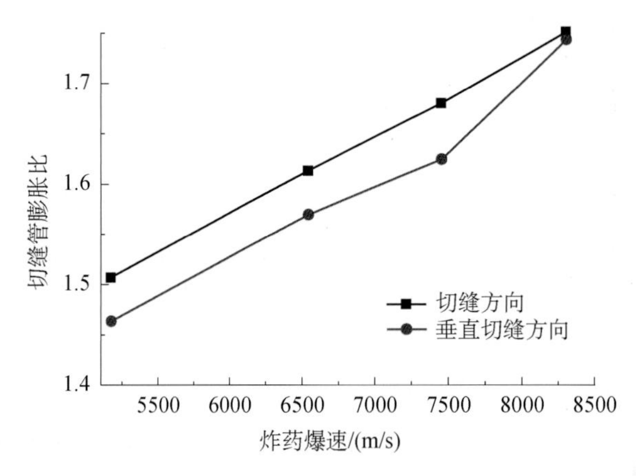

图 4.10　炸药爆速对切缝管膨胀比的影响

胀比的影响，切缝方向膨胀比大于垂直切缝方向膨胀比，各方向膨胀比随爆速线性增加。

4.2.4　切缝管动力学响应分析

切缝管强冲击阶段，切缝管受爆炸波强间断面作用后，切缝管材质初始状态进入高温、高压、高能量的新状态。新状态持续一段时间，切缝管材质再缓慢地等熵卸载到温度仍然较高、压力等于标准大气压力、动能值为零的状态。

初始弹性响应阶段，炸药在切缝管内爆轰，切缝管材料由初始状态跃升至 Hugoniot 弹性极限以下的某一个状态。该状态经过一段时间持续，便缓慢地卸载，卸载时间的长短与该应力状态下卸载波的速度有关。

切缝管弹塑性响应阶段，切缝管壳中应力峰值相关的应力波传播速度小于对应介质的弹性波的传播速度。波动的初始阶段存在一个弹性前驱波，它首先将切缝管压缩到屈服应力，然后切缝管屈服产生塑性变形。

4.3　切缝管强动载下唯象分析

切缝管在爆炸波作用下膨胀的过程中，切缝管内壁主要承受拉伸应力。根据不同本构模型的数值计算，当切缝管壁内局部所受拉伸作用力达到屈服极限时，切缝管壁就在此处发生失效，进而断裂。断裂面在切缝管中一旦出现，材料内部缺陷的能量势失稳，波动从断裂面产生一个卸载波，进入切缝管体，与失稳缺陷交互作用，此时会出现切缝管弹性到塑性的转变，塑性也会向弹性返回。

炸药爆轰一旦触发，切缝管壳在爆轰波作用下，首先沿着切缝管径向加速膨胀，然后进入切缝管材质的高应变率状态。这个时间进程非常短暂（约几十微秒），当切缝管壁在高应变率下产生不可逆塑性流动，切缝管壳产生大量断裂缝隙，此时爆生气体从切缝管内部非切缝方向逸出，并瞬间扩散。也就是说，切缝管结构若设计不合理就达不到良好的定向断裂效果。

切缝管材质的韧性在断裂过程中有独特的特征。原有缺陷在爆炸波驱动下形成随机裂纹，在切缝裂纹尖端的应力场中，缺陷处有大量微小空洞，这些空洞在应力场作用下成核、成长并且汇聚，最后形成宏观裂纹。在新形成的自由面内发展，裂纹尖端形成大的塑性变形区。脆性材料的切缝管在断裂时是在应力场内，微裂纹萌生、扩展并汇合成宏观裂纹，裂纹是穿过微观的晶体颗粒，呈多网络扩展，塑性波抵达自由面后发生反射并层裂。图 4. 11 和图 4. 12 为切缝管的破裂模式。从图中可以看出，切缝管端部连接带在爆炸载荷下的破裂过程，首先受到径向膨胀，然后沿着切缝轴向发生剪切断裂。

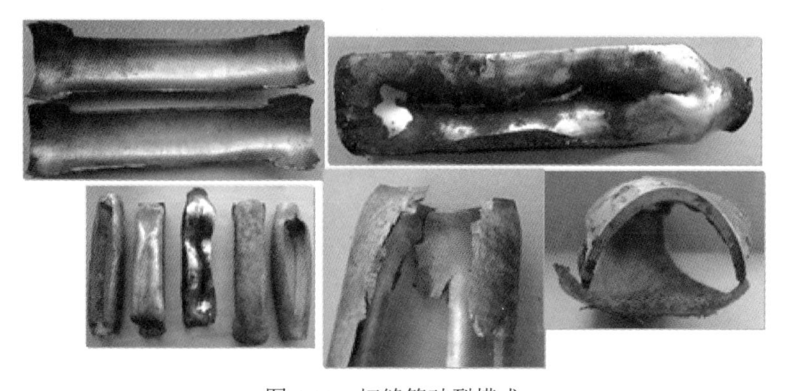

图 4.11　切缝管破裂模式

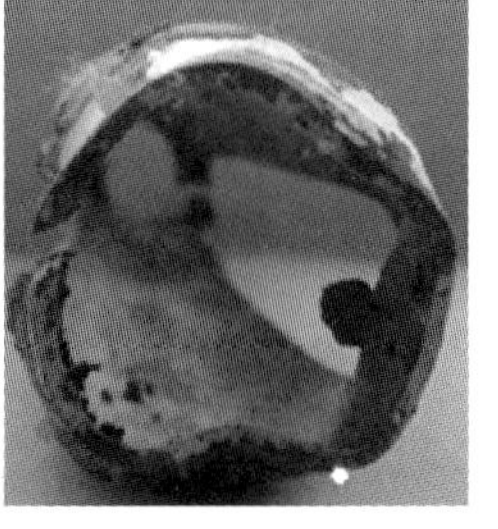

图 4.12　不同壁厚的切缝管的破裂模式

第 5 章　切缝药包爆炸参量的时空分布规律

切缝药包结构参数对爆炸波参量的分布至关重要，切缝药包爆炸参量有很多，例如切缝药包爆轰波速度、爆轰波阵面压力、爆生气体压力、正压作用时间、比冲量、能量流密度等参数。切缝药包两个重要的爆炸参量直接决定了定向断裂爆破效果——冲击波压力和爆生气体压力（二次波动压力）。用一般的测试方法很难得到这两个参数。本章采用小药量有限水域（小水池）爆炸的方法获取切缝药包的爆炸参量。

5.1　炸药水下爆炸理论基础

水下爆炸理论的广泛研究发端于第二次世界大战期间，参与这些研究的主要学者有 Kirkwood、Bethe、Brinkley、Penney、Dasgupta 和 Cole。当时采用流体动力学的一些基本方法得到了质量守恒方程、动量守恒方程和能量守恒方程的解，用矢量标记方便地表达了这些方程以及从有限幅波分离出小幅波。

Cole、Korobeinikov、Khristoforov、Zamyshlyaev 和 Yakovlev 等采用水下爆炸试验方法，估算了爆轰产物和冲击波能量，分析了爆轰产物爆炸空腔动力学的基本特征，建立了 Kirkwood-Bethe 模型，使得求解可压缩流体中柱状空腔振动方程的导数成为可能。对于有限长柱对称半径为 R_{ch} 装药，将其放置于无限理想液体中，由 Tait 状态方程描述等熵位势的液体流动。假定装药爆炸过程为定容绝热瞬时爆轰，爆轰产物的初始条件和来自于气体空腔的液体边界假定为瞬时爆轰时任意间断的衰减。爆轰的绝热过程中，爆轰产物的绝热指数为 γ（ρ）。在定义爆炸空腔边界行为时，忽略爆轰产物衰减后内部稀疏波的反射。

首先，仅在波阵面近区确定冲击波参数，其次，爆轰产物空腔界面的压力和焓的时间变量由指数律规定。

$$h\big|_{r=R_{\mathrm{ch}}} = h(0)\cdot \mathrm{e}^{-\frac{t}{\theta}} \tag{5.1}$$

衰减指数因子 θ 由界面处两边的压力(p, p_g)和速度（u,v）关于时间导数相等条件确定：

$$\frac{\mathrm{d}p}{\mathrm{d}t}=\frac{\mathrm{d}p_g}{\mathrm{d}t}\text{和}\frac{\mathrm{d}u}{\mathrm{d}t}=\frac{\mathrm{d}v}{\mathrm{d}t} \tag{5.2}$$

由柱状爆炸空腔广义振动方程来确定 θ（0），

$$R\left(1-\frac{\dot{R}}{c}\right)\ddot{R}+\frac{3}{4}v\left(1-\frac{\dot{R}}{3c}\right)\dot{R}^2=\frac{v}{2}\left(1+\frac{\dot{R}}{c}\right)H+\frac{R}{c}\left(1-\frac{\dot{R}}{c}\right)\frac{\mathrm{d}H}{\mathrm{d}t} \tag{5.3}$$

用 $dH=\rho^{-1}dp$ 和 $\dot{R}=u$ 代替焓的导数，式（5.3）化简为以下形式：

$$\frac{1}{pc}\frac{dp}{dt}=-\frac{du}{dt}-\frac{v\left[(c+u)\left(H+u^2/2\right)-2cu^2\right]}{2R(c-u)} \tag{5.4}$$

由相似性，将全导数取代方程中偏导数，对于爆轰产物，得到以下方程：

$$\frac{1}{\rho_g c_g}\frac{dp_g}{dt}=-\frac{dv}{dt}+\frac{v\left[(c_g-v)\left(H_g+v^2/2\right)-2c_g v^2\right]}{2R(c_g-v)} \tag{5.5}$$

由方程（5.4）和方程（5.5），结合方程（5.2），在接触边界处，

$$\left.\frac{dp}{dt}\right|_{t=0}=\frac{v\rho\rho_g cc_g}{2R_{ch}(\rho_g c_g+\rho c)}(\alpha_1-\alpha_2) \tag{5.6}$$

由 $u=v$，得

$$\alpha_1=\frac{1}{c_g+u}\left[(c_g-u)\left(H_g+\frac{u^2}{2}\right)-2c_g u^2\right];\alpha_2=\frac{1}{c-u}\left[(c+u)\left(H+\frac{u^2}{2}\right)-2cu^2\right]$$

基于峰值近似

$$\frac{dH}{dt}=\frac{1}{\rho}\frac{dp}{dt}=-\frac{1}{\theta}H(0)e^{-t/\theta}\text{或者}\frac{1}{\rho(0)}\left.\frac{dp}{dt}\right|_{t=0}=-\frac{1}{\theta(0)}H(0)$$

由式（5.6），指数衰减常数的初始值表述为

$$\theta(0)=\frac{2H(0)R_{ch}[\rho_g(0)c_g(0)+\rho(0)c(0)]}{v\rho_g(0)c(0)c_g(0)(\alpha_1-\alpha_2)} \tag{5.7}$$

爆炸空腔液体界面的初始条件为

$$\frac{\rho(0)}{\rho_0}=\left(\frac{p(0)+B}{p_0+B}\right)^{1/n},c(0)=c_0\left(\frac{\rho(0)}{\rho_0}\right)^{(n-1)/2}\text{和}H(0)=\frac{c_0^2}{n-1}\left[\left(\frac{\rho(0)}{\rho_0}\right)^{n-1}-1\right]$$

在爆轰产物中，$\rho_g(0)=\rho_*\left(\frac{p(0)}{p_*}\right)^{1/\gamma_*}, c(0)^2=c_*^2\left(\frac{p(0)}{p_*}\right)^{(\gamma_*-1)/\gamma_*}$ 和 $H_g(0)=\frac{1}{\gamma_*-1}\frac{p(0)}{p_g(0)}+\frac{p(0)}{p_g(0)}$，在这里瞬时爆轰参数由已知关系确定 $p_*=\rho_*(\gamma_*-1)Q$，$c_*^2=D^2\gamma_*/2\,(\gamma_*+1)$。星号代表爆轰产物。

根据可压缩流体柱状空腔动力学理论，柱状空腔的一维振动方程为

$$R\left(1-\frac{\dot{R}}{c}\right)\ddot{R}+\frac{3}{4}\left(1-\frac{\dot{R}}{3c}\right)\dot{R}^2=\frac{1}{2}\left(1+\frac{\dot{R}}{c}\right)H+\frac{R}{c}\left(1-\frac{\dot{R}}{c}\right)\frac{dH}{dt} \tag{5.8}$$

假定函数 $G=r^{\frac{1}{2}}\Omega$ 的不变量沿着特征线 $c+u$ 渐进逼近可以得到

$$\frac{\partial}{\partial t}\left[r^{\frac{1}{2}}\left(\omega+\frac{u^2}{2}\right)\right]+(c+u)\frac{\partial}{\partial r}\left[r^{\frac{1}{2}}\left(\omega+\frac{u^2}{2}\right)\right]=0 \tag{5.9}$$

使用连续性方程和动量守恒方程将偏导数替换为全导数。同时将 $r\to R$，$u\to\dot{R}$，这里 $\Omega=\omega+u^2/2$ 为热动力学焓，$\omega=\int\frac{dp}{\rho}$ 为焓，r 为坐标，u 为液体质点速度，c 为当地

声速。液体中空腔壁处的焓由 Tait 状态方程确定：

$$H=\frac{nB}{(n-1)\rho_0}\left[\left(1+\frac{p(R)-p_\infty}{B}\right)^{(n-1)/n}-1\right] \tag{5.10}$$

式中，B=305MPa，n=7.15，p（R）为爆轰产物中的压力。

当地声速由下式定义：

$$c=c_0\left(1+\frac{p(R)-p_\infty}{B}\right)^{(n-1)/2n} \tag{5.11}$$

式中，c_0为未扰动液体中的声速。

对流体运动，在一维球对称情况下，流体连续方程和运动方程为

$$\frac{\partial\rho}{\partial t}+\rho\frac{\partial u}{\partial r}+u\frac{\partial\rho}{\partial r}+\frac{2\rho u}{r}=0 \tag{5.12}$$

$$\rho\frac{\partial u}{\partial t}+\rho u\frac{\partial u}{\partial r}+\frac{\partial p}{\partial r}=0 \tag{5.13}$$

式中，r 为距爆炸中心的距离；t 为时间；p、ρ、u 分别为离 r 处介质的压力、密度和质点流动速度。

当水作为不可压缩流体时，式（5.12）简化为

$$\frac{\partial u}{\partial r}+\frac{2u}{r}=0 \tag{5.14}$$

式（5.14）分离变量即得 $\frac{\partial u}{u}=-2\frac{\partial r}{r},\ln u=\ln r^{-2}+\ln f(t)$。

所以

$$u=\frac{f(t)}{r^2} \tag{5.15}$$

$$ur^2=f(t)=u_n r_n^2 \tag{5.16}$$

式中，u_n、r_n分别为气体和液体界面处的粒子速度和气泡半径。

将式（5.16）代入式（5.17）可得

$$\frac{\rho}{r^2}\frac{df(t)}{dt}-\frac{2\rho u}{r^3}f(t)+\frac{\partial p}{\partial r}=0 \tag{5.17}$$

式（5.17）可变为 $\frac{\partial}{\partial r}\left(-\frac{\rho}{r}\frac{\mathrm{d}f(t)}{\mathrm{d}t}\right)+\frac{\partial}{\partial r}\left(\frac{\rho}{2r^4}f^2(t)\right)+\frac{\partial}{\partial r}(p)=0$

所以

$$\frac{\partial}{\partial r}\left[-\frac{\rho}{r}\cdot\frac{\mathrm{d}f(t)}{\mathrm{d}t}+\frac{\rho}{2r^4}f^2(t)+p\right]=0$$

$$-\frac{\rho}{r}\cdot\frac{\mathrm{d}f(t)}{\mathrm{d}t}+\frac{\rho}{2r^4}f^2(t)+p=\varphi(t)$$

$$P=\varphi(t)-\frac{\rho}{2r^4}f^2(t)+\frac{\rho}{r}\cdot\frac{\mathrm{d}f(t)}{\mathrm{d}t} \tag{5.18}$$

由式（5.17）、式（5.18）可以看出，它们取决于两个任意函数。在一定的边界条件下确定了任意函数 $f(t)$ 和 $\varphi(t)$ 之后，它们就反映这种情况下确定的物理定律。

$$E_s = \frac{4\pi R^2}{\rho_0 C_0 W}\int_0^{6.7\theta}\left(P_m \cdot \mathrm{e}^{-\frac{t}{\theta}}\right)^2 \mathrm{d}t$$

$$= \frac{4\pi R^2}{\rho_0 C_0 W}\cdot P_m^2 \cdot \left(-\frac{\theta}{2}\right)\int_0^{6.7\theta}\mathrm{e}^{-\frac{2t}{\theta}}\mathrm{d}\left(-\frac{2t}{\theta}\right)$$

$$= \frac{4\pi R^2}{\rho_0 C_0 W}\cdot P_m^2 \cdot \left(-\frac{\theta}{2}\right)\left[\mathrm{e}^{-\frac{2t}{\theta}}\right]_0^{6.7\theta}$$

$$\approx \frac{2\pi R^2\theta}{\rho_0 C_0 W}\cdot P_m^2$$

比冲击波能的计算公式：

$$E_S = \frac{S}{\rho_0 C_0 W}\int_0^{6.7\theta} P^2 \mathrm{d}t \tag{5.19}$$

式中，

$$S = \begin{cases} 2\pi R\left(L - \dfrac{1.24R}{\rho_0^{\frac{1}{6}}}\right) + 4\pi R^2 & R < \dfrac{L\cdot \rho^{\frac{1}{6}}}{1.24} \\ 4\pi R^2 & R \geqslant \dfrac{L\cdot\rho^{\frac{1}{6}}}{1.24} \end{cases}$$

式中，L 为装药长度，m。其他参数意义同前。

比气泡能的计算公式：

$$E_S = \left[\frac{4\pi R_{vd}^3}{3} + \frac{\pi(W - W_{球})LR_{vd}^2}{W}\right]P_0 \tag{5.20}$$

$$R_{vd} = \left(\frac{\overline{P}_w}{P_k}\right)^{\frac{1}{9}}\left(\frac{5P_k}{2P_0}\right)^{\frac{1}{3}} R_w \tag{5.21}$$

$$P_k = \overline{P}_w\left\{\frac{\hat{k}-1}{k-\hat{k}}\left[\frac{(k-1)Q_w}{\overline{P}_w V_w} - 1\right]\right\}^{\frac{k}{k-1}} \tag{5.22}$$

式中，R_{vd} 为端部半球形气泡最终半径，m；$W_{球}$为条形药包端部当量药量，kg，$W_{球} = \frac{4}{3}\pi R_w^3\cdot\rho_0$；$W$ 为装药量，kg；$\overline{P}_w$ 为平均爆轰压力，$\overline{P}_w = \frac{\rho_0 D^2}{2(K+1)}$。

5.2　水下爆炸测试系统

5.2.1　爆炸水池

图 5.1 所示为实验室水下爆炸用水池。此实验设备设置于安徽理工大学弹药工程与爆炸技术系院内。水池尺寸为：直径 5.5m，深度 3.62m。底部采用合理的减振措施，实

验过程对周围环境影响很小。水池正上方直径方向设置一横梁，横梁上配置一电动行车，实验时使用电动行车将实验药包入水至指定的深度，水下爆炸实验时，为了抵消水池壁面和底部的反射波，一般将实验药包放置在水池中心轴线至水面 2/3 距离处。这样测得的爆炸波信号较为理想。

图 5.1 实验用水池

5.2.2 传感器固定装置的设计

考虑到切缝药包独特的结构，切缝药包切缝的存在，与圆柱形装药相比有很大差别。切缝药包爆炸波动产生奇异物理场，同时获得药包结构各个方位的爆炸波参数，也就是爆炸波时空分布参数，这给现有实验系统带来困难。为了获得准确可靠的切缝药包爆炸波数据，作者自行设计了压电压力传感器固定装置。固定装置设计之前必须考虑传感器与装置的匹配。同时要考虑有限水域小水池内爆炸波反射对传感器接收信号的不利影响。在设计框架结构时，必须保证两个方向（切缝方向和垂直切缝方向）上的固定框架严格垂直，达到合理的控制精度。传感器固定框架要严格保证框架的平面程度。框架的内侧要加工成楔形尖劈状结构。这是为了防止炸药爆炸冲击波与框架相互作用，如果框架内侧厚度存在，则必有反射发生，从而反射波与传感器相互作用，这就使得测试信号紊乱，而无法识别真正有效的切缝药包爆炸冲击波信号，也就是要保证框架内壁呈流线形状态。固定传感器的外套筒要严格保持在框架平面内，而且相对的外套筒要保证其轴心在同一直线上。因为小药量有限水域中爆炸，稍有偏差，所得爆炸波信号将失去真正的意义。所以套筒也要加工成流线形结构，尽量减少冲击波的冲击反射效应，保证测试结果的准确性。在套筒外壁加内旋螺丝以固定传感器。本框架结构环壁上设置了 5 个传感器套筒，其作用是固定传感器并可以同时多点同步测试爆炸波信号，多个套筒的存在也是为了平衡框架的稳定性。考虑到多点可移动多距离测试水下爆炸参数，还要为传感器设计一内套筒，将内套筒直接固定传感器，然后再将带有内套筒的传感器放置于外套筒。这样可以实现药包水下爆炸多点同步多距离缩放式测试。水下爆炸专用框架结构如图 5.2 所示。

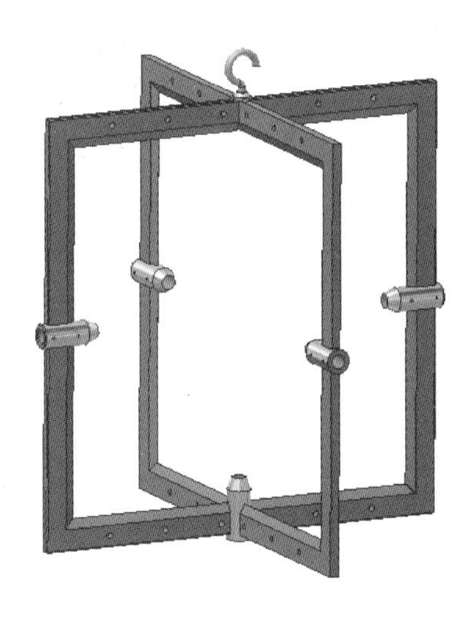

(a) 设计图

(b) 实物图

图 5.2　传感器固定装置

5.2.3　传感器标定

1. 自由场压电压力传感器简介

“自由场”是指不受外界环境扰动的流动区域场。在空气和水中爆破试验，自由场压力的测量是一个重要方面。在自由场压力测量中，要求传感器对冲击波波阵面后的流场不产生严重的扰动，不使原有的流场产生畸变。因此，对传感器的外形以及它和支撑物的尺寸都有特殊的要求。

一种优质的自由场传感器必须满足以下几个主要要求：

(1) 横截面接近流线形，保证对流场干扰小；

(2) 灵敏度合适，以满足测压量程；

(3) 上升时间快，线性好，以满足精度要求；

(4) 信噪比高，过冲小；

(5) 温度系数小，或可以进行温度修正。

传感器的压电元件安装在一个细长的流线形壳体的顶端，压电晶片面向两侧以保持一个流线形的整体，在测量时，应将流线形传感器的轴线平行于冲击波的传播方向，压电元件工作在“掠入射”状态。以确保不干扰原流场，正确地获得自由场冲击波测量结果。

切缝药包水下爆炸波压力测试采用北京理工大学黄正平教授研制的 FPG 型笔杆形自由场压电压力传感器（图 5.3）。

FPG 型笔杆形自由场压电压力传感器适合于空中爆炸压力场的测量或水中爆炸压力场的测量，特别适合于测量对比距离 $0.5\text{mkg}^{-\frac{1}{3}}$～$50\text{mkg}^{-\frac{1}{3}}$之间的冲击波及其波后扰动压力的测量。

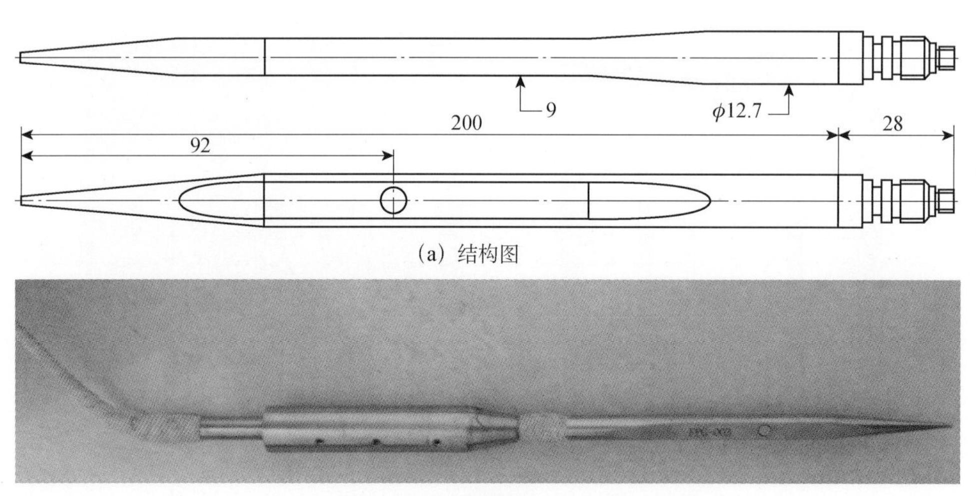

（a）结构图

（b）实物图

图 5.3　FPG 型笔杆形自由场压电压力传感器

FPG 型笔杆形自由场压电压力传感器的主要性能：

（1）压电敏感元件：ϕ3 mm 石英；

（2）压力量程：< 60MPa；

（3）电荷灵敏度：35～45pC/MPa；

（4）非线性：≤5%（动态）；

（5）上升时间：≤2μs；

（6）过冲：≤10%。

FPG 型笔杆形自由场压电压力传感器用于水中爆炸超压测试时，其输出端有一根长达 10～20m 的同轴电缆，此电缆两端都有 L5 接头，一端与压电压力传感器相连，另一端与高输入阻抗放大器输入端连接，再用电缆把放大器的输出端连接到数字化记录仪的输入端，构成一个冲击波超压测量系统，如图 5.4 所示。FPG 型自由场压电压力传感器电荷灵敏度标定结果见表 5.1。

压电压力传感器 → 高输入阻抗放大器 → 数字存储记录仪

图 5.4　冲击波超压测量系统框图

表 5.1　FPG 笔杆式自由场压力传感器灵敏度标定结果

序号	传感器编号	传感器灵敏度/（pC/MPa）			灵敏度平均值/（pC/MPa）
		第 1 次	第 2 次	第 3 次	
1	FPG-035	40.694	40.603	41.158	40.82
2	FPG-002	40.823	40.880	41.140	40.95
3	FPG-007	39.547	39.095	38.250	38.96

2. 冲击压力标定系统简介

标定是指被测非电量与转换电量的对应（转换）关系，是非电量的电测法必不可少的环节，直接影响测量结果的真实性与精确度。标定分为静态标定和动态标定。动态标定的目的是确定传感器的动态性能，如频率响应、时间常数、固有频率和阻尼比等。有时还需要对横向灵敏度、温度响应、环境影响等进行标定，远比静态标定复杂。

为了标定测量水中爆炸自由场压力的传感器灵敏度，采用北京理工大学爆炸科学与技术国家重点实验室自行研制的冲击压力标定装置，其基本原理与方法和美国 PCB 公司的量程为 500MPa 的冲击压力标定装置相同，但结构较为复杂。上限量程为 200～500MPa，其中标准压力传感器采用 KISTLER 公司的产品，如图 5. 5 所示。

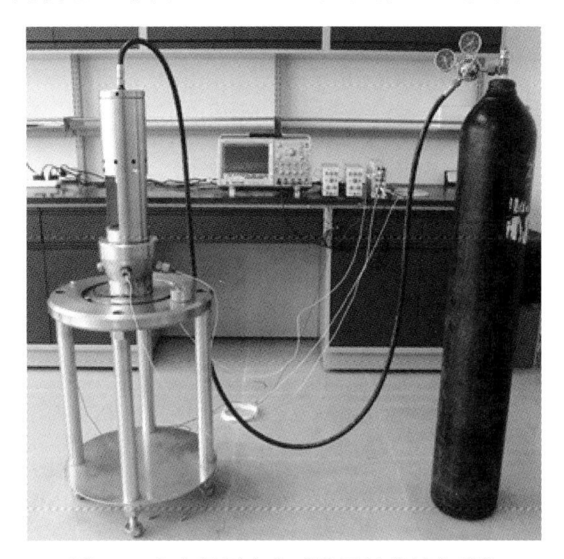

图 5.5　自由场压力传感器灵敏度标定系统

标定实验结果的处理，通常有两种：

1）平均峰值法

表 5. 2 中给出了某次动态标定结果（平均峰值法仅利用了部分有效记录信息）。

表 5.2　冲击压力动态标定结果之一

记录通道号	CH1	CH2	CH3	备注
传感器灵敏度/（mV/MPa）	2.8426	1.0066	1.0156	平均峰值法标定结果
传感器灵敏度/（mV/MPa）	3.03	1.008	1.02	PCB 公司给出值
相对偏差（低量程）	−0.0901	−0.00303	−0.00593	K_{CH_4}=1.183pC/MPa

注：表中 K_{CH_4}为标准传感器电荷灵敏度。

2）全压力记录信号的线性回归

该方法不采用比较个别特征点的方法（如峰值），而是采用全压力记录信号的线性回归。不仅充分利用了全部有效记录，可获得置信度较高的全信号压力域的灵敏度平均值，还可获得全信号压力域的灵敏度值的非线性参数。我们给出的传感器灵敏度都是采用此法取得的。

5.2.4　爆炸波信号传输采集系统

爆炸波信号传输系统包括与传感器连接传输信号的低噪声电缆线、电荷放大器（图 5.6）、信号存储示波器（图 5.7）。低噪声电缆能够保证信号的有效传输。实验使用的低噪声电缆型号为 STYV-2 型低噪声电缆。该电缆绝缘电阻为 5000MΩ/km。电缆在受到冲击、振动和压力变化时本身的噪声值很小。

电荷放大器的两个作用：一是将压电传感器接收的信号通过低噪声电缆传输后进行放大；二是增加电流输出，便于信号的采集记录分析。

压电传感器输出量是电荷，这是一种静电现象。它的输出功率极其微小，在没有泄漏时，当作用于压电元件的压力保持常数时，则压电元件产生的电荷量也为常数；如果发生泄漏，电荷量将逐渐减少。就是电荷量将不能与压力值保持一个确定的比例关系，使测量过程出现误差。为了减小这样的误差，与压电元件并联的电缆及放大器都必须有极高的阻抗。压电传感器产生的电荷量是相当大的，对于放大器的输入端有时还需并联上适当数值的电容器，使输入电压降低到确定的数值。放大器有电压放大器和电荷放大器两种。电荷放大器比电压放大器优越的地方是电荷放大器的输出电压与连接的测试电缆的电容无关，这给长距离测试带来极大的方便，另一个优点是电压放大器的测试精度要比电荷放大器低 1%～2%。根据实验的实际情况选择电荷放大器对爆炸波信号进行放大。所用电荷放大器型号为江苏联能电子技术有限公司生产的 YE5853 型电荷放大器。它是一种多通道组合式电荷放大器，具有三位十进制的传感器灵敏度调节器。

采用的数字存储示波器为美国 Aglient 公司生产的 54845A 型 Infiniium 示波器。该示波器最高采样频率为 10^{-9}s 量级，完全能满足水下爆炸测试的 10^{-6}s 量级的要求，并具有操作简便、用户界面友好、稳定性好的优点，它们之间通过 YE5853 电荷放大器相连接，其主要性能参数分别见表 5.3～表 5.5。

图 5.6　电荷放大器

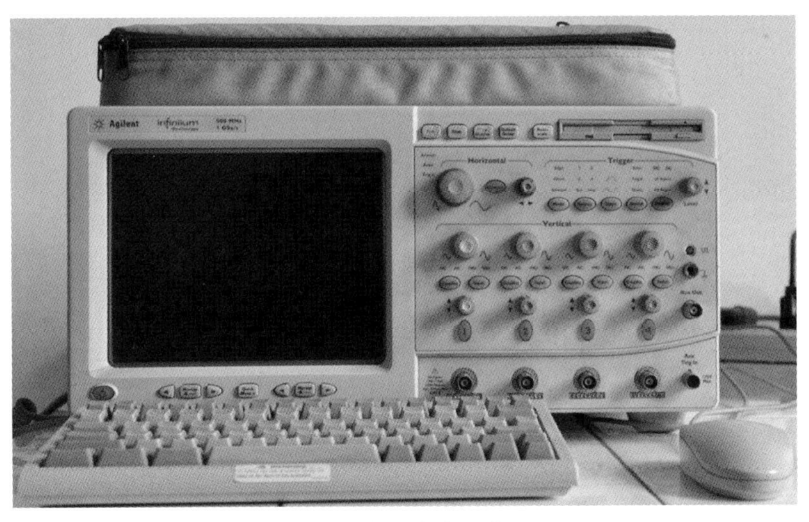

图 5.7 信号存储示波器

表 5.3 CY-YD-202 型压力传感器主要性能参数

敏感元件	压力范围	非线性	过载	自振频率	绝缘电阻
电气石	0～10MPa	＜1.5%FS	120%	＞200kHz	$>10^{12}\Omega$

表 5.4 YE5853 电荷放大器主要性能参数

最大输入电荷量	电荷灵敏度	频率范围	精度误差
10^5pC	0.1～1000mV/pC	1～100kHz	＜1.5%

表 5.5 存储示波器主要性能参数

带宽	最高采样率	内存	垂直灵敏度	时基范围
500MHz	1Gsa/s	32kB/通道	1～5000mV/div	500ps/div～20s/div

5.2.5 药包结构设计与制作

图 5.8 所示为水下爆炸实验用的切缝药包。采用不同的不耦合系数，制作 50 发药包，切缝管全部用黄铜管，两种不同的外直径（6mm 和 8mm），内直径相同。药包加工过程如下：选择黄铜管，在轴向对称的方向切割两条平整尺寸的缝隙，作为装药用的切缝管。由于缝隙的存在，不能直接向管内加入炸药。实验采用一定尺寸的热缩管，刚好放置于切缝管内，截取预先设定好长度的热缩管，将其一端用 AB 胶封口，封口前用桥丝与漆包线连接接头用橡胶塞裹住防止短路，置于热缩管中再用 AB 胶封口，另一端置于敞口状态，待 AB 胶凝固后，从敞口端装入事先称量好的炸药。装药过程要十分小心，一是炸药感度很高，二是切缝管内桥丝容易脱落，使得装约失败。采用漆包线焊接桥丝的方法是为了炸药的瞬时起爆。使切缝药包爆炸初期的波阵面为柱面波。加工制作好的切缝药包，每种药包采用 5 种不耦合系数（2、3、3.5、4、6）。实验过程中不同不耦合系数的切缝药包做好标记以示区别，用罗马数字与不耦合系数相对应，记为 I（6），II（4），III（3.5），IV（3），V（2）。用大写英文字母 B 表示直径大的铜管，用 S 表示直径小的铜管。

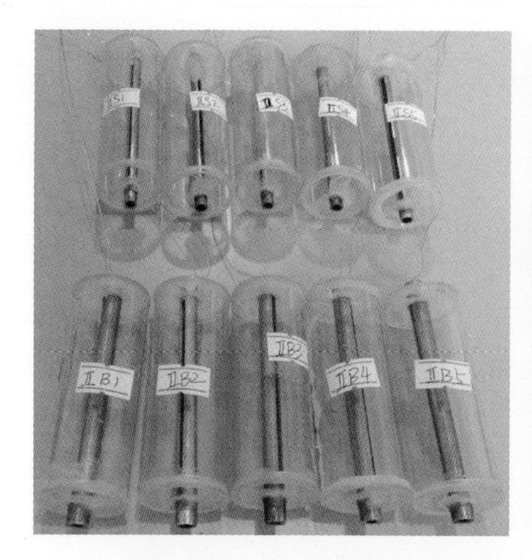

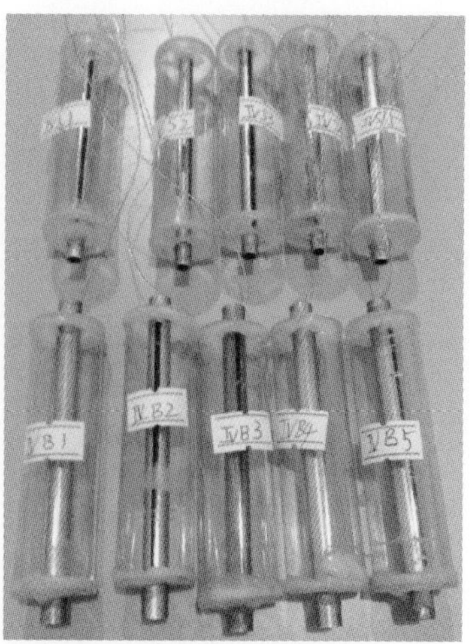

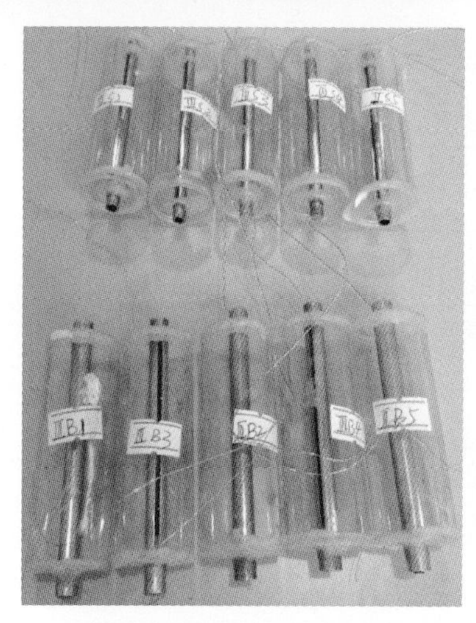

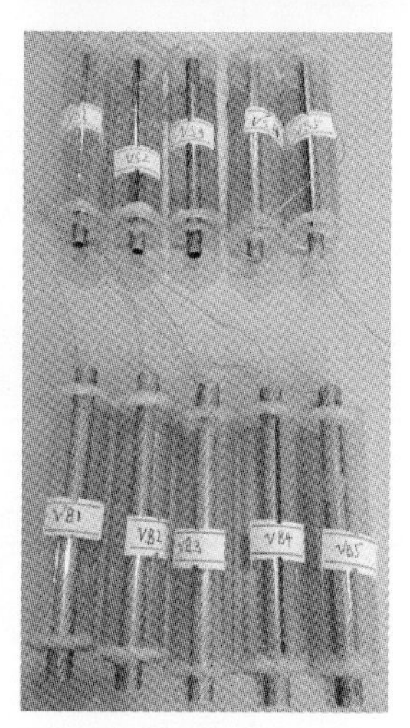

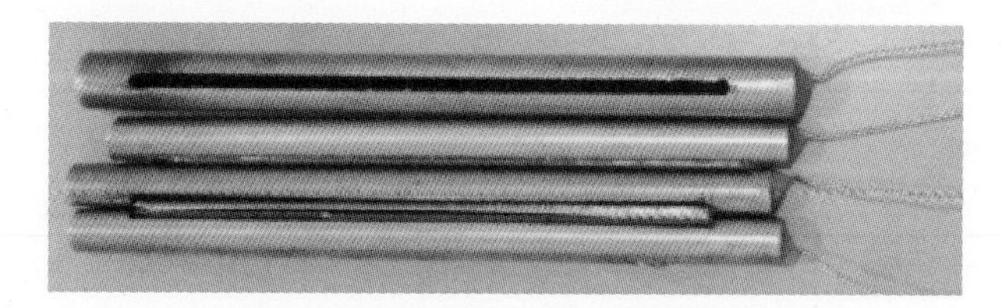

图 5.8　水下爆炸用部分切缝药包

5.3　切缝药包水下爆炸实验

5.3.1　两点同步测试切缝药包爆炸波形

图 5.9 所示为距离传感器 15cm 的 IB 切缝药包两个方向的水下爆炸波典型波形。每个波形由两部分组成：冲击波压力相和经过一定时间的脉动周期的气泡脉动相。从图中可以看出，冲击波压力大于气泡脉动压力，冲击波波形为一个压力强间断，上升沿陡

峭，下降沿缓慢，存在一个冲击波衰减常数，第一次气泡脉动波形幅值小，两个峰值之间的时间差为气泡脉动周期。切缝药包水下爆炸，其切缝方向冲击波压力波持续时间和垂直切缝方向冲击波压力持续时间大致在 30μs 之内。气泡脉动周期为 12～15ms。切缝药包独特的结构使得水下爆炸波形也表现为独特的结构，由前面几章的论述可知，水下爆炸所得到结果进一步证实了切缝药包切缝方向的优势爆炸波要早于垂直切缝方向。

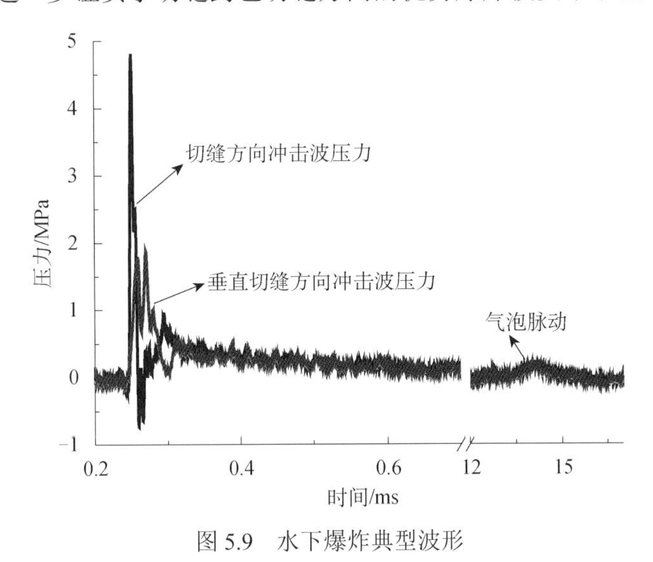

图 5.9　水下爆炸典型波形

5.3.2　切缝药包水下爆炸波动参数分析

图 5.10 所示为各种装药结构的切缝药包水下爆炸波形，从图中可以明显看出两个方向爆炸波的形态和参数。

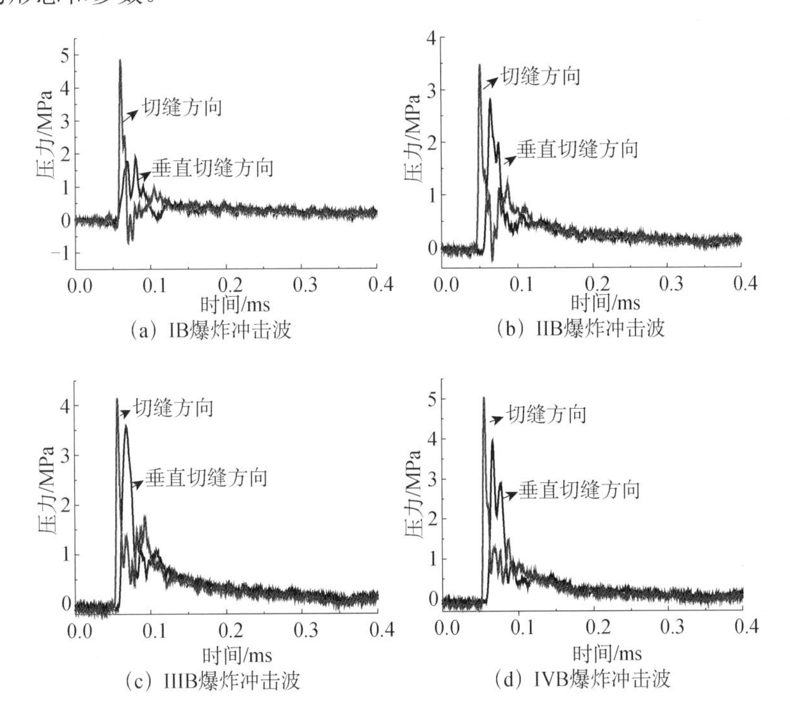

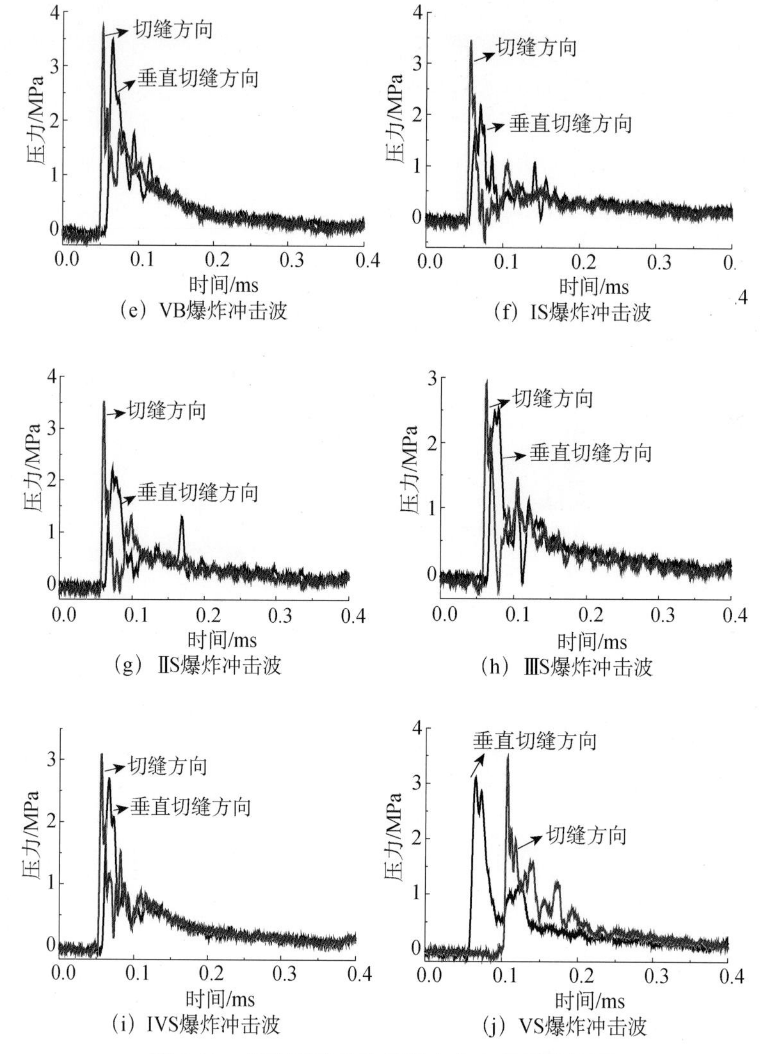

图 5.10　各种装药结构的两个方向的爆炸波形

切缝药包爆炸波在两个方向都以两种不同形式的波动传播。在水下爆炸时，切缝药包切缝处高温高压的爆轰产物高速向外膨胀，压迫周围水体产生冲击波消耗一部分能量，爆轰的另一部分能量以气泡脉动的形式向外传播。在垂直切缝方向得到的是由切缝处绕流的爆炸波，也是以这两种形式的能量波动。

从图中可以明显看出，切缝方向的冲击波压力大于垂直切缝方向的冲击波压力，随着不耦合系数的增大，爆生气体的脉动周期基本稳定，但脉动周期压力逐渐减少。

不耦合系数起了非常重要的作用，IB 的爆炸波不耦合系数最大，其垂直于切缝方向的冲击波很小，而且出现了双峰值。所有的切缝药包的切缝方向的冲击波抵达时间都要早于垂直切缝方向的冲击波抵达时间，不耦合系数越大，两者的时间差越大（表 5.6）。薄壁切缝管在不耦合系数最小时，反而出现了垂直切缝方向的初始冲击波早于切缝方向的初始冲击波。

无论何种结构的切缝药包，从所测得的两个方向的冲击波波形可知，在冲击波下降沿中存在“二次冲击波”现象，因爆轰产物中传播的稀疏波特征线相互相交，产生了二次冲击波，在向对称中心的传播中，该波的强度快速增长，而后其在切缝管壁处的反射波向气泡边界运动，到达该边界后分裂为水中和爆轰产物中的两个冲击波，这样的过程重复多次，波的幅度逐渐衰减。切缝方向的二次冲击波的产生要早于垂直切缝方向的二次冲击波的产生。

表 5.6　切缝药包爆炸波动参数

药包型号	冲击波峰值压力 P_m/MPa		冲击波衰减时间 θ/μs		气泡脉动周期 T_b/ms		气泡脉动压力/kPa		两个方向冲击波时间差 Δt/μs
	切缝方向	垂直切缝方向	切缝方向	垂直切缝方向	切缝方向	垂直切缝方向	切缝方向	垂直切缝方向	
IB5	4.81	1.77	6.6	26	13.670	13.869	191.17	183.04	14.8
IIB5	3.47	2.81	6.7	13.9	12.544	12.390	215.57	183.04	10
IIIB5	4.13	3.57	4.3	9.4	14.075	14.101	260.32	341.67	5.7
IVB5	5.03	3.92	5.7	15.4	12.888	12.914	235.91	309.13	6.3
VB5	3.70	3.47	7.6	18.4	13.666	13.63	467.76	488.09	16
IS5	3.46	2.17	6.8	7.4	13.485	13.664	122.02	186.43	3.1
IIS5	3.53	2.21	6.7	15.4	13.322	13.438	195.24	260.32	6.1
IIIS5	2.9038	2.53	11.2	8	13.379	13.411	260.32	313.19	6.5
IVS5	3.09	2.70	8.8	11	12.079	12.015	402.68	317.26	9.4
VS5	3.45	3.10	14.8	19.1	13.288	13.24	488.09	467.76	9.5

B形药包为大直径切缝药包，其冲击波的衰减时间，切缝方向比垂直切缝方向要小，不耦合系数越大，差距越大；S形药包为小直径药包，空气隔离层厚度小时，其切缝方向的冲击波衰减时间与垂直切缝方向的冲击波衰减时间大体相当。

从气泡脉动周期来看，所有切缝药包，无论不耦合系数为多少，其脉动周期均为12～14ms。脉动周期反映了切缝药包爆生气体的运动过程。

从气泡脉动压力上来看，B形药包的切缝方向的气泡脉动压力都大于垂直切缝方向的气泡脉动压力，不耦合系数越小，切缝方向的气泡脉动压力越大。S形药包在不耦合系数大时，其切缝方向气泡脉动压力小于垂直切缝方向的气泡脉动压力，当不耦合系数变小时，切缝方向上的气泡脉动压力大于垂直切缝方向的气泡脉动压力。

从两个方向的冲击波传播间隔时间来看，两种药包的规律性不强。B形药包不耦合系数大时，切缝方向和垂直切缝方向的冲击波传播时间间隔达 14.8μs。而最小不耦合系数时，时间差为 16μs。S形药包随着不耦合系数的减小，两个方向的冲击波传播时间间隔相差不大。但是不耦合系数越小，切缝方向和垂直切缝方向的冲击波时间差相差越大。

总之，不耦合系数直接影响了切缝药包的爆炸波的传播，合理的不耦合系数能够使得切缝方向的爆炸波充分体现出能量利用最优化。

5.4 切缝药包爆炸波信号谱特征

5.4.1 爆炸波信号处理方法简介

长期以来，由于受理论进展的限制，传统的数据信号分析方法都是基于线性和平稳的假定，如 Fourier 分析。随着科学技术的发展，近几年分析数据信号出现了许多新的方法。例如，短时快速傅里叶变换、Cohen 类、小波分析以及 Wagner-Ville 分布能够用于分析线性非平稳数据。这些方法本质上没有根本摆脱傅里叶分析的局限，并存在基函数选择和频谱扩散的问题。此外，各种非线性的时序分析方法都被设计成非线性平稳确定性系统，然而实际上所得到的大部分信号都具有非线性非平稳的特征，处理这样系统的数据分析是一个难度非常大的问题。

切缝药包爆炸波信号是一种瞬变的非周期非平稳随机超动态信号。运用 HHT 方法对切缝药包爆炸波信号开展时频分析研究，与 STFT 方法进行对比，证明了 HHT 方法的有效性，为研究介质中爆炸波传播机理、工程结构的安全防护提供了可靠依据。

HHT 信号分析法是一种全新的分析技术。它由 EMD 方法和 Hilbert 变换两部分组成，其核心是 EMD。它依据信号本身的时间尺度特性，将信号分解为含有不同时间尺度且满足以下两个定义条件的一组固有模态函数（intrinsic mode function，IMF）：①整个数据序列中，极值点的数量与过零点的数量相等或至多相差 1；②信号上任意一点，由局部极大值点确定的包络线和由局部极小值点确定的包络线的均值均为 0，即信号关于时间轴局布对称。每个 IMF 都可以被认为是信号中固有的一个模态函数。

EMD 算法如下：

（1）首先找出信号 $x(t)$ 上所有的极值点，用三次样条插值函数对所有的极大值点进行插值，从而拟合出原始信号 $x(t)$ 的上包络线 $x_{\max}(t)$。同理，得到下包络线 $x_{\min}(t)$。上、下两条包络线包含了所有的信号数据。按顺序连接上、下包络线的均值即得一条均值线 $m_1(t)$，将原数据序列减去 $m_1(t)$ 可得到一个去掉低频的新数据序列 $h_1(t)$，对于不同的信号 $h_1(t)$ 可能是一个 IMF 分量，也可能不是。一般 $h_1(t)$ 不是一个平稳数据序列，此时将 $h_1(t)$ 当作原信号，重复上述步骤，即得 $h_{11}(t)=h_1(t)-m_{11}(t)$，$m_{11}(t)$ 是 $h_1(t)$ 的上、下包络线均值；若 $h_{11}(t)$ 不是 IMF 分量，则继续筛选，重复上述方法 k 次，得第 k 次筛选的数据 $h_{1k}(t)=h_{1(k-1)}(t)-m_{1(k-1)}(t)$。$h_{1k}(t)$ 是不是一个 IMF 分量，必须要有一个筛选过程终止的准则，它可利用两个连续的处理结果之间的标准 SD 的值作为判据：

$$\mathrm{SD}=\sum_{t=0}^{T}\left|\frac{h_{1(k-1)}(t)-h_{1k}(t)^2}{h_{1(k-1)}(t)}\right| \tag{5.23}$$

可以通过对信号反复用筛选过程而取不同的 SD 值来最终确定。经验表明，SD 取值 0.2～0.3 为宜，既可保证 IMF 的线性和稳定性，又可使 IMF 具有相应的物理意义。

（2）符合 SD 条件的 $h_{1k}(t)$ 0 就是第一个 IMF$c_1(t)$，它表示信号数据中的最高频成分，然后用 $x(t)$ 减去 $c_1(t)$ 得到一个新的数据序列 $r_1(t)$，重复步骤（1），得到一系列 $c_n(t)$ 和最后一个不可分解的序列 $r_n(t)$，$r_n(t)$ 代表 $x(t)$ 的均值或趋势项，此时就终止模态分解过程，这样原始信号 $x(t)$ 可由 n 阶 IMF 分量及残差 $r_n(t)$ 构成：

$$x(t)=\sum_{i=1}^{n}c_i(t)+r_n(t) \tag{5.24}$$

将 EMD 分解的每一个 IMF 分量进行 Hilbert 变换，即可得到每个 IMF 分量的瞬时频谱，综合所有 IMF 分量的瞬时频谱，就可以得到 Hilbert 谱，对 IMF$c(t)$ 作 Hilbert 变换为

$$H\left[c(t)\right]=\frac{1}{\pi}PV\int_{-\infty}^{+\infty}\frac{c(t')}{t-t'}\mathrm{d}t' \tag{5.25}$$

由此得解析信号：

$$z(t)=c(t)+jH\left[c(t)\right]=a(t)\mathrm{e}^{j\Phi(t)} \tag{5.26}$$

式中，$a(t)$ 为幅值函数：

$$a(t)=\sqrt{c(t)+H^2\left[c(t)\right]} \tag{5.27}$$

$\varPhi(t)$ 为相位函数：

$$\varPhi(t)=\arctan\frac{H\left[c(t)\right]}{c(t)} \tag{5.28}$$

由式（5.28）定义瞬时频率

$$f(t)=\frac{\mathrm{d}\varPhi(t)}{\mathrm{d}t} \tag{5.29}$$

每一个 IMF 分量进行 Hilbert 变换之后，则可把 $x(t)$ 表示成 Hilbert 谱形式

$$H(\omega,t)=\mathrm{Re}\sum_{i=1}^{n}a_i(t)\mathrm{e}^{j\Phi(t)} \tag{5.30}$$

式（5.30）把三维空间中的信号幅度表达为时间与瞬时频率的函数，即 Hilbert 谱。如果振幅的平方对时间积分，可以得到 Hilbert 能量谱

$$\mathrm{ES}(\omega)=\int_0^t H^2(\omega,t)\mathrm{d}t \tag{5.31}$$

Hilbert 能量谱提供了每个频率的能量计算式，表达了每个频率在整个时间长度内所累积的能量。根据上述公式，对实验测试到的切缝药包爆炸波信号进行 Matlab 程序语言设计，得到 HHT 分析结果。

5.4.2　切缝药包爆炸冲击波信号分析结果

1. 切缝药包爆炸冲击波 EMD 分解

图 5.11 所示为 IB5 切缝药包切缝方向和垂直切缝方向的冲击波压力波形的 EMD 分解，各得 10 个 IMF 分量。两个方向的波形的前两个 IMF 分量为噪声干扰信号，不是冲击波本身的信号特征，这两个噪声干扰的幅值很小，而且噪声信号稳定。噪声信号的混叠使得切缝药包的冲击波信号产生误差。运用 EMD 方法十分有效地将噪声信号分离出来，对于切缝药包爆炸波的分析十分重要。由此可见，EMD 方法能够非常有效地对实测

爆炸波信号进行滤波，可过滤掉外来干扰信号。

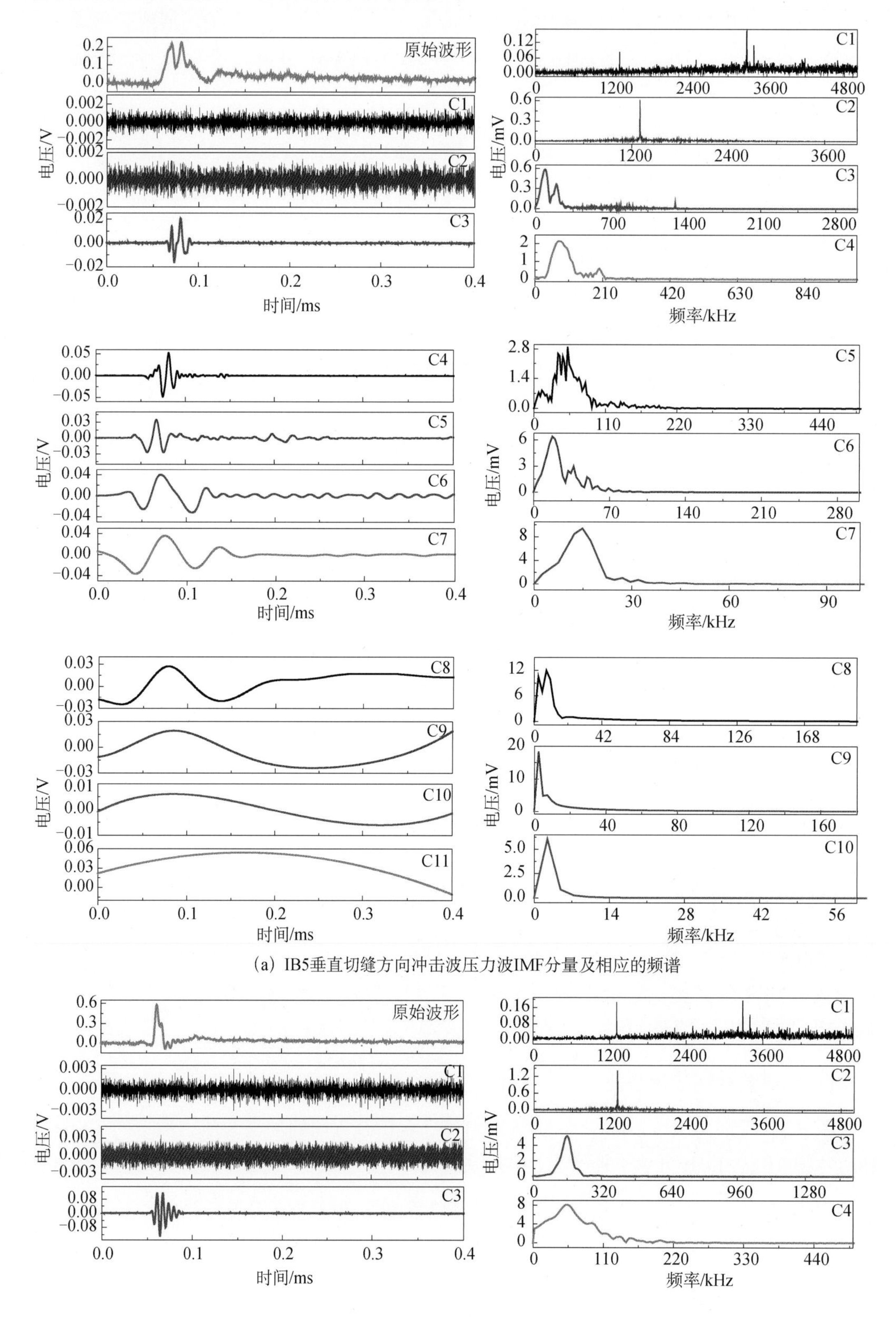

(a) IB5垂直切缝方向冲击波压力波IMF分量及相应的频谱

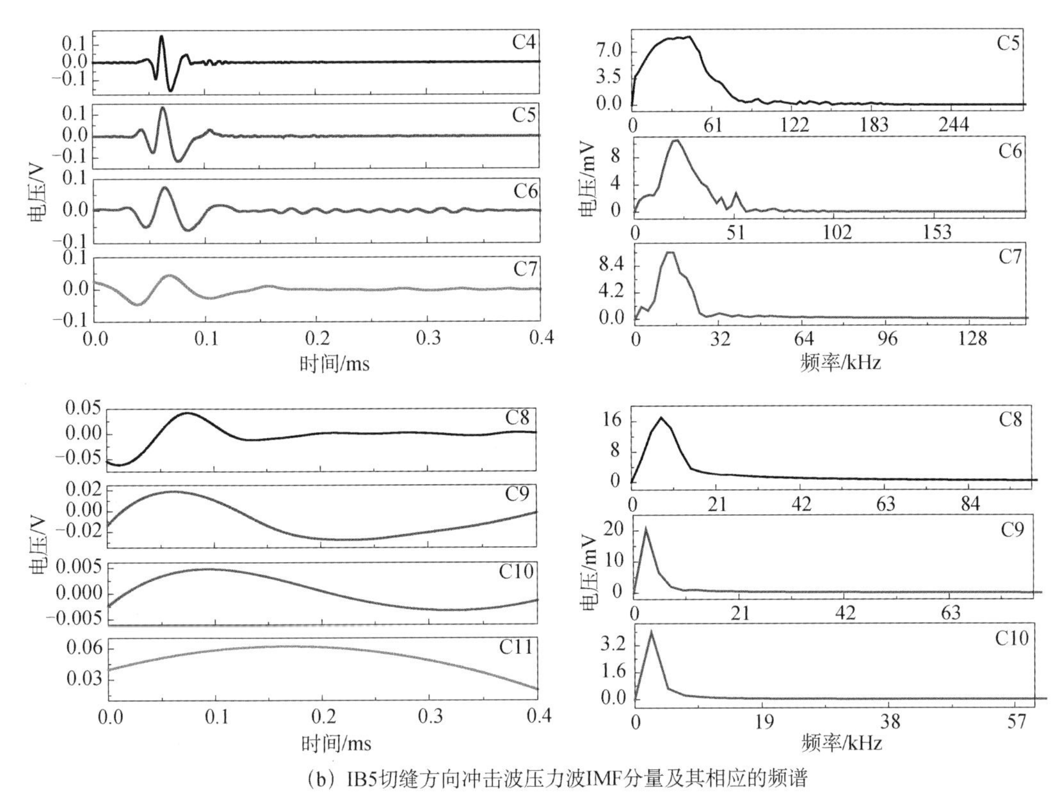

(b) IB5切缝方向冲击波压力波IMF分量及其相应的频谱

图 5.11　IB5 切缝药包冲击波压力信号的 EMD 分解

从 IMF 分量的 C3 开始，反映了切缝药包两个方向的不同频率的波动强度的相互作用。切缝药包两个方向的爆炸冲击波由 8 个不同频带的波动叠加而成。非切缝方向产生的两个冲击波峰值，通过 IMF 分量体现出来，是切缝方向两个爆炸波绕流到垂直切缝方向产生的。切缝方向爆炸波的 IMF 分量没有此特征。

EMD 方法按不同时间尺度将原始爆炸波信号从高频到低频的顺序分解为 11 个 IMF 分量 C1-C11（C11 为趋势相作为最后一个 IMF 分量），C1、C2 频率最高，为噪声干扰信号，其频率在 MHz 量级，波长最短。其他 IMF 分量在千赫量级，频率逐渐降低，波长越来越长。切缝药包的爆炸波的高频部分（从 C3 开始，几百千赫）对介质的作用强度很小。EMD 分解的每个 IMF 分量都具有实际的物理意义。对各种不耦合系数的切缝药包水下爆炸波信号进行 HHT 变换，其 IMF 分量相应的频带分布如图 5.11 所示。

EMD 的分解顺序是按频率从高到低进行的。由图 5.11（a）、（b）可见，切缝药包切缝方向和垂直切缝方向爆炸冲击波信号经 EMD 分解成 10 个 IMF 分量 C1～C10（从高频到低频）和一个残余分量 C11（采集信号的整体变化趋势）。由图 5.11（a）可见，切缝药包垂直切缝方向爆炸冲击波信号 EMD 分解出 10 个 IMF 分量 C1～C10 的频率范围，分别主要集中在 1.2～4.8MHz、1.2～2.4MHz、0～1.4MHz、0～0.4MHz、0～0.2MHz、0～0.1MHz、0～0.06MHz、0～0.05MHz、0～0.04MHz、0～0.01MHz；各 IMF 分量 C1～C10 的平均频率分别为 3.2MHz、1.3MHz、0.76MHz、0.29MHz、

0.09MHz、0.042MHz、0.019MHz、0.005MHz、0.005MHz、0.0037MHz。由图 5.11（b）可见，切缝药包切缝方向爆炸冲击波信号 EMD 分解出的 10 个 IMF 分量中，C1～C10 的频率范围分别主要集中在 1.2～4.8MHz、1.2～2.4MHz、0～0.3MHz、0～0.2MHz、0～0.1MHz、0～0.07MHz、0～0.04MHz、0～0.03MHz、0～0.02MHz、0～0.01MHz；各 IMF 分量 C1～C10 平均频率分别为 3.06MHz、1.31MHz、0.79MHz、0.27MHz、0.12MHz、0.043MHz、0.017MHz、0.0074MHz、0.0037MHz、0.0037MHz。两个方向的爆炸冲击波每个 IMF 分量对应的频带分布具有可比性，它们的噪声信号的频带分布基本一致，这说明噪声信号进入测试信号的同步性。其他 IMF 分量的频带都处于低频段，垂直切缝方向的爆炸冲击波信号的 IMF 分量频带比切缝方向相应的 IMF 分量频带要宽，切缝方向的爆炸冲击波信号的频带相对较窄，但是切缝方向的爆炸冲击波信号的峰值要远远大于垂直切缝方向的冲击波信号峰值。

所有结构的切缝药包的爆炸冲击波信号的 EMD 分析结果和相应的频带分布都具有很强的规律性，各爆炸冲击波信号 IMF 分量的频带及其相应的能量分布列于表 5.7 中。

对各种结构的切缝药包水下爆炸冲击波信号进行 EMD 分解，得到各信号的 IMF 分量，由 IMF 分量得到各个信号的能量百分比。由表 5.8 可以看出，各种切缝药包的前两个 IMF 分量为噪声干扰信号，在所有的 IMF 分量中能量百分比最小。说明实验系统采集的信号外来干扰信号很少，实验系统屏蔽效果好，信号幅值精确度高。

对于大直径切缝药包，当爆炸波信号处于次高频带时（1～0.1MHz），切缝方向的爆炸冲击波信号的能量都要比相应的垂直切缝方向的爆炸冲击波信号的能量大，当爆炸波信号处于低频带时（千赫量级），切缝方向的爆炸冲击波信号的能量都要比相应的垂直切缝方向的爆炸冲击波信号的能量小。也就是说，切缝药包切缝方向的冲击波信号的主频在高频段。

对于小直径切缝药包，所采集到的噪声信号与大直径药包的信号一致。与大直径药包相比，虽然切缝药包的药量相同，但是所表现的冲击波特性却相差很大。在次高频带却没有表现出大直径药包爆炸冲击波信号的特点，小直径切缝药包爆炸波信号特性受空气不耦合系数的影响很大。当不耦合系数小于 3.5 时，小直径切缝药包在次高频带爆炸冲击波信号的能量与大直径药包的一致，在低频带垂直切缝方向的信号能量占优。不耦合系数大于 3.5 时，次高频带的信号能量垂直切缝方向大于切缝方向。也就是说，小直径切缝药包由于切缝管壁厚较小，切缝管的固有频率无法抵抗垂直切缝方向爆炸波的优势频率。

综上所述，对切缝药包爆炸冲击波信号运用 HHT 方法能够分辨出切缝方向和垂直切缝方向的优势频率，尤其对于不同结构的切缝药包，从爆炸波频率的角度分析切缝药包爆炸破坏的定向特性。

表 5.7　切缝药包爆炸冲击波信号各 IMF 分量所占原始信号能量百分比及相应频率分布

序号	IMF_C1		IMF_C2		IMF_C3		IMF_C4		IMF_C5		IMF_C6		IMF_C7		IMF_C8		IMF_C9		IMF_C10	
	E_1	f_1	E_2	f_2	E_3	f_3	E_4	f_4	E_5	f_5	E_6	f_6	E_7	f_7	E_8	f_8	E_9	f_9	E_{10}	f_{10}
IB52	0.0401	3220	0.0431	1320	0.609	766	5.53	292	4.18	99	13	42	17.6	19	28.1	4.94	28.6	4.94	2.22	3.71
IB53	0.0214	3060	0.0595	1310	8.04	792	22.3	271	24.3	116	11.4	43.2	7.53	17.3	14.8	7.41	11.2	3.71	0.293	3.71
IIB52	0.0106	3170	0.0094	1330	0.014	784	0.607	300	1.08	132	7.25	48.2	11.4	22.2	9.63	12.4	69	4.94	1.02	3.71
IIB53	0.0231	3090	0.084	1310	2.65	760	4.2	295	10.8	97.6	18.1	45.7	8.75	23.5	43.7	4.94	10.8	3.71	0.967	3.71
IIIB52	0.0136	3170	0.0101	1350	0.002	786	0.208	335	5.06	121	7.87	49.4	12.1	23.5	14.2	4.94	59.9	4.94	0.641	3.71
IIIB53	0.0801	3310	0.0165	1570	1.37	720	7.02	324	10.7	121	11.5	49.4	9.32	25.9	38.2	4.94	20.1	4.94	1.64	3.71
IVB52	0.0215	3200	0.0174	1330	0.126	760	7.04	315	5.94	135	9.59	46.9	20.8	22.2	23.9	7.41	29.5	4.94	3.07	3.71
IVB53	0.0765	3260	0.0166	1560	2.32	731	4.41	309	8.13	132	13.6	55.6	23	30.9	23.2	8.65	21.7	4.94	3.65	3.71
VB52	0.0105	3130	0.0105	1300	0.002	834	1.19	311	3.61	140	5.37	46.9	14.8	27.2	13.7	4.94	60.5	4.94	0.828	3.71
VB53	0.0683	3340	0.0136	1520	3.39	729	1.98	326	2.35	136	5.73	63	3.94	28.4	50.3	4.94	26.7	4.94	0.554	3.71
IS52	0.0342	3190	0.0546	1270	1.91	753	6.21	272	6.25	109	16.3	44.5	28.2	22.2	10.4	9.88	28.4	4.94	2.28	3.71
IS53	0.12	3320	0.0258	1550	4.64	710	5.73	294	13.4	132	28.4	43.2	11.4	22.2	9.42	13.6	25.3	4.94	1.64	3.71
IIS52	0.0175	3200	0.0183	1330	0.034	731	1.18	300	1.65	87.7	11.3	39.5	17.9	24.7	8.62	12.4	58.8	4.94	0.473	3.71
IIS53	0.0183	3260	0.0184	1330	0.008	770	2.88	324	6.22	122	9.98	48.2	11.2	22.2	11.9	8.65	55.5	4.94	2.28	3.71
IIIS52	0.0182	3190	0.0188	1320	0.008	755	3.09	309	6.78	105	12.6	44.5	13.3	16.1	18.8	4.94	45	4.94	0.341	3.71
IIIS53	0.0351	3350	0.0075	1540	0.461	724	0.414	317	5.81	85.2	4.97	39.5	1.56	16.1	80.3	4.94	6.4	3.71	0.064	3.71
IVS52	0.0132	3220	0.0144	1290	0.004	797	0.439	316	4.85	127	5.95	49.4	17.6	25.9	6.49	14.8	63.4	4.94	1.25	3.71
IVS53	0.0161	3110	0.0679	1250	3.46	771	4.34	268	12	126	10.3	46.9	12.6	28.4	6,97	4.94	50	4.94	0.228	3.71
VS52	0.0219	3180	0.0163	1350	0.005	777	1.89	338	2.59	122	13.8	46.9	19.5	23.5	28	4.94	30.8	3.71	3.35	3.71
VS53	0.0237	3130	0.0547	1300	2.84	809	4.03	282	3.62	125	11.2	44.5	16.1	8.65	49	6.18	12.6	4.94	0.464	3.71

注：序号中末位数字 2 为垂直切缝方向，3 为切缝方向。E 为能量分数（%）。

表 5.8　切缝药包气泡波信号各 IMF 分量所占原始信号能量百分比

序号	C1	C2	C3	C4	C5	C6	C7	C8	C9	C10	C11	C12	C13	C14
	E_1	E_2	E_3	E_4	E_5	E_6	E_7	E_8	E_9	E_{10}	E_{11}	E_{12}	E_{13}	E_{14}
IB52	0.388	0.776	0.0413	0.334	0.93	0.927	1.36	1.72	1.55	1.81	51.7	25	13	0.514
IB53	2.91	2.41	0.117	0.833	4.89	1.87	1.6	3.28	2.3	3.28	46.8	28.5	1.17	0.0419
IIB52	0.749	1.57	0.0704	1.06	1.98	1.85	2.9	4.04	2.31	5.01	17.7	48	10.4	2.36
IIB53	1.25	2.14	0.0484	0.648	2.21	1.46	2.39	2.69	4.21	2.31	9.21	68.9	1.79	0.724
IIIB52	0.158	0.402	0.016	0.111	0.566	0.449	0.551	1.24	0.912	1.8	12.6	80	1.19	0.0251
IIIB53	2.9	0.676	0.245	0.376	0.953	1.93	1.26	1.88	2.68	4.17	6.87	57.9	18	0.203
IVB52	0.499	1.35	0.0499	0.392	1.55	1.24	2.52	3.19	5.46	5.85	33.9	34.4	7.33	2.24
IVB53	2.68	0.629	0.224	0.206	0.755	1.35	0.771	1.4	2.7	1.87	10.7	51.2	24.1	1.14
VB52	0.118	0.289	0.0118	0.0321	0.239	0.328	0.522	0.994	1.57	5.39	20.7	53.5	15.7	0.621
VB53	1.71	0.386	0.141	0.113	0.339	0.758	0.447	1.08	1.86	3.91	6.71	32.9	48.5	1.18
IS52	0.509	1.21	0.0626	1.2	2.69	1.49	2.12	3.49	7.14	5.07	8.82	62.9	3.16	0.165
IS53	6.37	1.53	0.557	0.51	1.4	3.37	1.53	2.34	2.74	1.95	5.46	35.7	35.2	1.36
IIS52	0.398	0.838	0.0348	0.0989	0.655	0.68	0.701	0.728	0.863	3.25	25.8	61	4.96	0.00147
IIS53	5.1	1.17	0.415	0.275	0.951	1.62	1.21	1.43	2.1	1.94	27.1	15.3	40.6	0.738
IIIS52	0.316	0.692	0.0275	0.288	1.27	0.97	0.813	1.27	2.24	5.54	19.9	64.3	2.07	0.265
IIIS53	0.228	0.449	0.0237	0.207	0.593	0.53	0.922	1.62	2.93	3.57	27.5	50.1	6.91	4.45
IVS52	0.298	0.593	0.0309	0.271	0.76	0.659	1.11	2.12	6.02	4.12	19.9	55.3	8.82	0.00085
IVS53	0.322	0.79	0.0151	0.294	1.38	0.675	0.965	1.55	2.42	2.51	9.37	71.6	8.04	0.0561
VS52	0.299	0.686	0.0298	0.16	0.91	0.942	0.975	2.37	4.29	13.4	15.2	51.6	8.47	0.743
VS53	0.351	1.21	0.0286	0.594	1.08	0.656	0.931	2.01	6.17	7.67	27	38.4	13	0.886

注：序号中末位数字 2 为垂直切缝方向，3 为切缝方向。E 为能量分数（%）。

2. 切缝药包爆炸波信号 HHT 法和 STFT 对比分析

为了研究爆炸波传播的细节特征，将 EMD 分解出每一个 IMF 分量进行 Hilbert 变换，即可得到每个 IMF 分量的瞬时频谱，综合所有瞬时频谱，可得到 Hilbert 谱。同时为了考察 HHT 法针对爆炸波时频分析的优越性，将其与 STFT 方法分析结果进行对比，如图 5.12 所示。

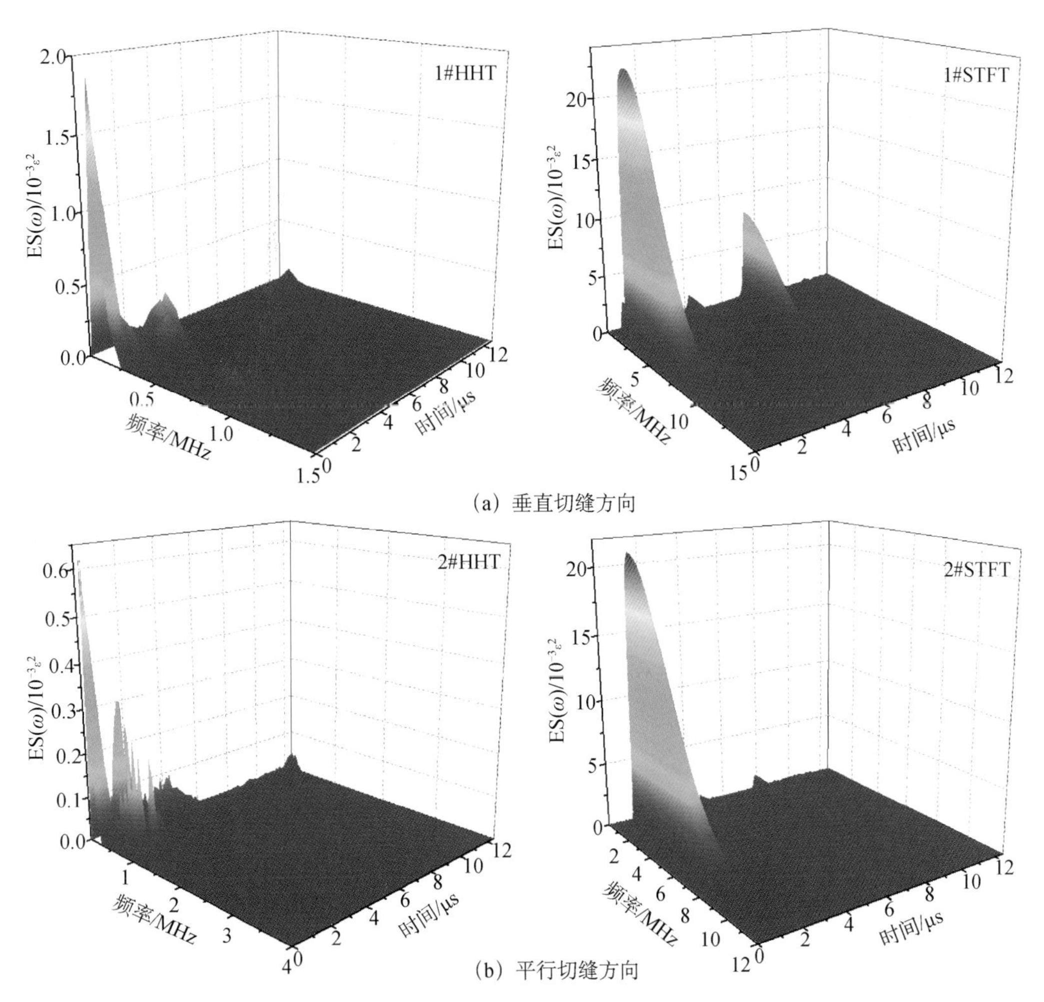

图 5.12　IB5 切缝药包冲击波压力信号 HHT 变换与 STFT 变换的比较

由爆炸波传播的多频率作用特性，短时傅里叶变换（STFT）建立起来的频谱图是最简单、最直观的一种时频分布。但是在分析非平稳信号时，受 Heisenberg 不确定性原理的限制，时频分辨率不能自适应改变，时间分辨率和频率分辨率需要折中，且 STFT 使用固定的短时窗函数，这样自然就会降低频率分辨率，不能显示爆炸冲击信号的能量细节。从图 5.12 可以看出，对于爆炸波这类非线性非平稳信号，短时傅里叶变换得到的时频能谱只具有相对分布意义。从对比结果上来看，短时傅里叶变换的频率分辨率很低，无法描述爆炸波信号频域分布的细节特征。

Hilbert 变换和 STFT 变换得到的结果不同。Hilbert 变换得到的结果为单一频率值，时频谱仅为一根线条。Hilbert 变换的特点是适合于分析单分量信号的频率变换，此时，Hilbert 变换的分析结果，时间分辨率和空间分辨率都比 STFT 变换更高。

很明显，爆炸波信号的 Hilbert 能量谱可以清晰地反映随时间频率变化的具体分布。HHT 变换能够很好地应用于具有非线性、非平稳特性的爆炸波信号分析中，并且能够提取时程曲线的主要特征信息。

EMD 直接从原始信号中按不同的时间尺度分解出反映原始信号本身固有特性的 IMF，IMF 分量通常具有实际的物理含义。Hilbert 能量谱很好地描述爆炸波信号的能量在时频谱上的分布，得到爆炸波信号的频谱和功率谱随时间变化的细节情况，以期在深层次上认识爆炸波作用特征和作用过程。从时频能量分布图中可以看出，耦合装药的爆炸波高频段占的能量要多于不耦合装药的能量，而且这种趋势随着不耦合系数的变化更加明显。不耦合系数越大，切缝药包爆炸的能量大部分被空气吸收，其冲击波高频能已被吸收，但爆生气体能量此时显现出更大的优势。

5.4.3 切缝药包气泡波信号分析结果

炸药水下爆炸产生气泡脉动波，其波动压力明显小于冲击波压力，以第一次气泡脉动压力信号为主，由于切缝管结构的特异性，切缝方向和垂直切缝方向的气泡脉动压力存在很大差异。对各种空气不耦合切缝药包的气泡脉动波信号进行 HHT 分析。各种结构切缝药包水下爆炸切缝方向和垂直切缝方向的气泡脉动压力信号能量百分比经过程序语言计算，其结果列于表 5.8 中。从表中可以明显看出，气泡脉动压力波信号经 EMD 分解后，得到 C1～C14 和残余 IMF 分量，总计 15 个 IMF 分量。每一个 IMF 分量都有不同的幅值和频率，分解顺序是按频率从高到低进行的。通过 EMD 获得的 IMF 分量大都具有物理意义。C1～C2 为信号包含的白噪声，C3～C10 为信号的高频（几十千赫），C11～C14 为低频分量。

从频率分布看，C1 和 C2 为高频信号（几兆赫），切缝方向的气泡脉动波高频分量要多于垂直切缝方向。

从气泡脉动波信号能量百分比分析，信号的高频和次高频分量所占信号能量百分比很小，气泡脉动波信号的能量百分比主要在低频分量中（C11～C13）。

当空气不耦合系数为 6 时，切缝方向低频能量信号与垂直切缝方向大体相当，切缝方向略大于垂直切缝方向，达不到定向断裂的效果。当空气不耦合系数减小时，切缝方向的低频能量信号是垂直切缝方向低频能量信号的 2 倍。准静态的爆炸气泡脉动压力的主频在几千赫范围内，对定向断裂爆破效果起了主导作用。

第6章　切缝药包爆破裂纹形成影响因素

采用切缝药包定向断裂爆破时，初始裂纹的形成效果直接决定着裂纹的扩展方向，并最终决定着定向断裂爆破效果的好坏。大量试验研究表明，对初始裂纹的形成影响显著的因素主要包括以下几个方面：径向不耦合系数 α、切缝宽度、切缝管材料性质及强度。本章采用数值计算的方法对影响切缝药包爆破初始裂纹效果的主要因素（即径向不耦合系数α、切缝宽度 W 和切缝管材料 f）进行系统研究，以期揭示其内在规律。

在上述研究的基础上，对轴向不耦合装药系数对炮孔内部的压力场分布影响规律进行研究。空气间隔爆破技术在国外的矿山开采中应用较为广泛，早在 20 世纪 40 年代，苏联 Melniokov 等就已开始该项技术的研究。研究表明，空气层的存在导致爆炸作用过程中激发产生二次和后续系列加载波的作用，并导致先前压力波造成的裂隙岩体的进一步破坏。虽然空气间隔装药结构条件下作用在炮孔上的平均压力低于耦合装药方式，但它可以通过产生的后续系列加载波的作用来达到破碎岩石的目的。因而采用切缝药包间隔装药，合理的空气间隔比例不但可以减小炸药量的使用，而且会取得更好的定向断裂爆破效果。

6.1　径向不耦合装药系数影响

6.1.1　有限元模型

炸药采用黑索今，模型中采用 MAT_HIGH_EXPLOSIVE_BURN，结合 JWL 状态方程，来模拟炸药爆炸过程中的压力与体积的关系：

$$P = A\left(1-\frac{\omega\eta}{R_1}\right)e^{\frac{R_1}{\eta}} + B\left(1-\frac{\omega\eta}{R_2}\right)e^{\frac{R_1}{\eta}} + \omega\rho e \qquad (6.1)$$

式中，A、B、R_1、R_2、ω 为试验拟合参数；e 为比内能；$\eta=\rho/\rho_0$，ρ_0 为初始密度。

聚能管为热相关材料，真实表达此材料的力学行为较为复杂，大量的试验研究结果表明，聚能管在炸药爆炸初期具有一定的强度，随着聚能管被挤压至炮孔壁，在爆生气体的冲击及爆热共同作用下，聚能管发生破坏。因此在爆炸初期选用理想弹塑性材料来模拟聚能管。

这里，模型采用混凝土材料，材料模型采用 JHC 模型，JHC 模型适合于在大应变、高应变和高压力条件下使用，其等效强度与压力、应变率和损伤有关，其本构关系可描述为

$$\sigma^* = [A(1-D)+B(p^{*N})](1-c\ln\dot{\varepsilon}^*) \qquad (6.2)$$

式中，$\sigma^*=\sigma/f_c$，为实际等效应力与静态屈服强度之比；D 为损伤参数；$p^*=p/f_c$，为无量纲压力；$\dot{\varepsilon}^*=\dot{\varepsilon}/\dot{\varepsilon}_0$ 为无量纲应变率；A 为法向黏性系数；B 为法向压力硬化系

数；c 为应变率系数。

模型累积损伤通过等效塑性应变和塑性体积应变描述为

$$D=\sum\frac{\Delta\varepsilon_p+\Delta\mu_p}{D_1(p^*+T^*)^{D_2}} \tag{6.3}$$

数值计算中各种材料的物理力学参数见表 6.1。模拟中主要考虑了三种不耦合系数：2、1.67 和 1.43，模型尺寸见表 6.2。

表 6.1　材料物理力学参数

项目	密度/（kg/m^3）	爆速/（m/s）	CJ 压力/GPa	弹性模量/GPa	泊松比	抗压强度/MPa
炸药	1630	6700	18.5			
PVC 管	1280			3.1	0.38	
岩石	2390			25.2	0.23	56.5

表 6.2　模型几何尺寸

项目	岩体截面	炮孔直径/mm	炸药直径/mm	管壁厚度/mm	切缝宽度/mm	不耦合系数 α
模型 1	200 mm×200 mm	10	7	1	1	1.43
模型 2	200 mm×200 mm	10	6	1	1	1.67
模型 3	200 mm×200 mm	10	5	1	1	2

取模型剖面，将计算模型简化为平面应力状态，厚度方向取 1mm。模型中均采用 SOLID164 单元，由于在炸药膨胀过程中，爆生气体推动聚能管向外运动，两者之间接触较为紧密，因此模拟中炸药与聚能管之间采用公共节点。为了保证计算的收敛性及精度上的要求，模型中均采用六面体划分单元，单元总体尺寸控制在 1mm。模拟中采用了 Lagrange 算法，计算中采用接触算法实现能量间的传递，计算中接触采用的接触类型为面-面接触。

6.1.2　初始裂纹形成过程模拟

如图 6.1 所示，采用不同的径向不耦合系数，对岩石的初始裂纹形成过程进行了比较。

当 α 取 1.43，t=9.914×10^{-7}s 时，切缝管内炸药爆炸完全，在切缝处爆生产物开始向外挤压。当 t=1.631×10^{-6}s 时，爆轰产物已经冲出切缝，形成一股较强的气体射流。当 t=1.791×10^{-6}s 时，气体射流与炮孔壁发生接触，炮孔壁受到高温高压的气体作用，切缝处炮孔壁在强烈的剪应力作用下，立即发生破坏，形成两条初始裂纹，随后裂纹继续发展。当 t=2.192×10^{-6}s 时，切缝管在爆炸力的推动下，向外扩展，并与炮孔壁发生接触。此后，在切缝管对炮孔壁的环向拉应力和切缝处爆生气体压力的共同作用下，炮孔壁发生进一步破坏，在紧贴近初始形成的两条裂纹外侧，又形成了两条初始裂纹。

当 α 取 1.67，t=9.537×10^{-7}s 时，切缝管内的炸药已爆炸完全。当 t=1.916×10^{-6}s 时，爆生气体与孔壁发生作用，形成初始裂纹。当 t=2.236×10^{-6}s 时，切缝管壁与炮孔壁发生接触，由于切缝管不断向外膨胀过程中，切缝宽度因膨胀作用而使切口的张角张开较大，故气体射流强度不断增强，最终在初始裂纹所包夹的区域混凝土被压碎。同时，由于气体射流作用的时间较长，因此，对比不耦合系数采用 1.43 时，初始裂纹形成的长度较长。

当 α 取 2，t=7.553×10^{-7}s 时，炸药已爆炸完全。当 t=1.996×10^{-6}s 时，混凝土侧壁形成初始裂纹，与 α 取 1.43 和 1.67 时不同，在形成两条剪切裂纹的同时，发生了压缩破坏。随着爆生气体强度的进一步增加，炮孔壁的破碎范围增大，当 t=2.832×10^{-6}s 时，管壁与混凝土侧壁发生接触，此时炮孔壁已经形成了严重的破碎区，但初始裂纹并未得到有效扩展。

对模拟结果进行分析发现：当切缝管内炸药爆轰结束时，在切缝处的爆轰产物开始向外挤压，并形成一股较强的气体射流。聚能管在爆炸力的推动作用下，管壁向外膨胀，切缝处的切口宽度随之增大。冲击波作用炮孔形成的初始裂纹受到高温高压的气体射流作用时持续发展。

不同的不耦合系数会对裂纹发展产生不同的结果。当 α 过小时，由于切缝管与炮孔壁距离较近，在爆生气体冲出切缝冲击岩壁后，切缝管与岩壁立即发生接触，爆生气体与炮孔壁持续作用的时间较短，使切缝处无法形成较长的初始裂纹。而后爆炸能量通过挤压切缝管，被炮孔周围的岩壁消耗。此外，聚能管向外膨胀时间过短，切缝处的切口宽度变化很小，气体射流强度变化不大；当 α 过大时，在爆轰产物冲出切缝的过程中，切缝处的切口宽度张角过大，使大量的爆生气体与岩壁发生大面积接触。在切缝处，岩壁发生大面积压缩破坏。同时，由于切缝处的切口面积的加大，使后续冲出的爆生气体能

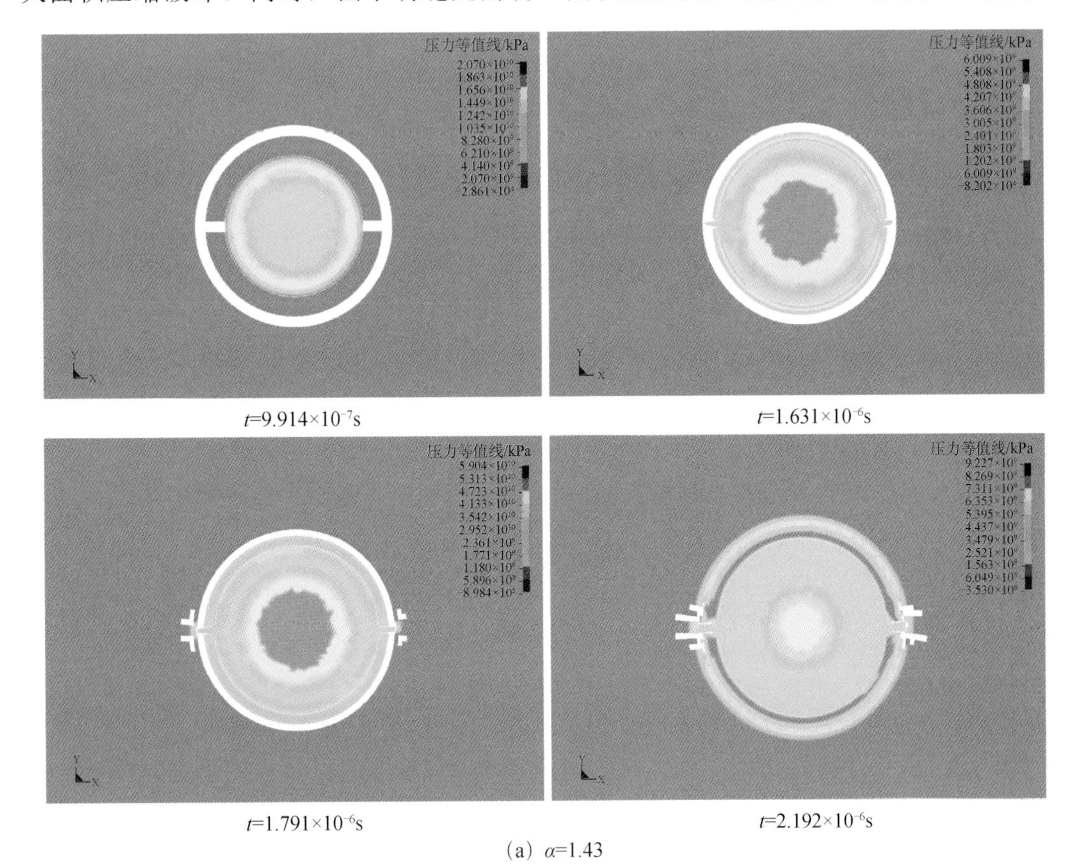

t=9.914×10^{-7}s　　t=1.631×10^{-6}s

t=1.791×10^{-6}s　　t=2.192×10^{-6}s

(a) α=1.43

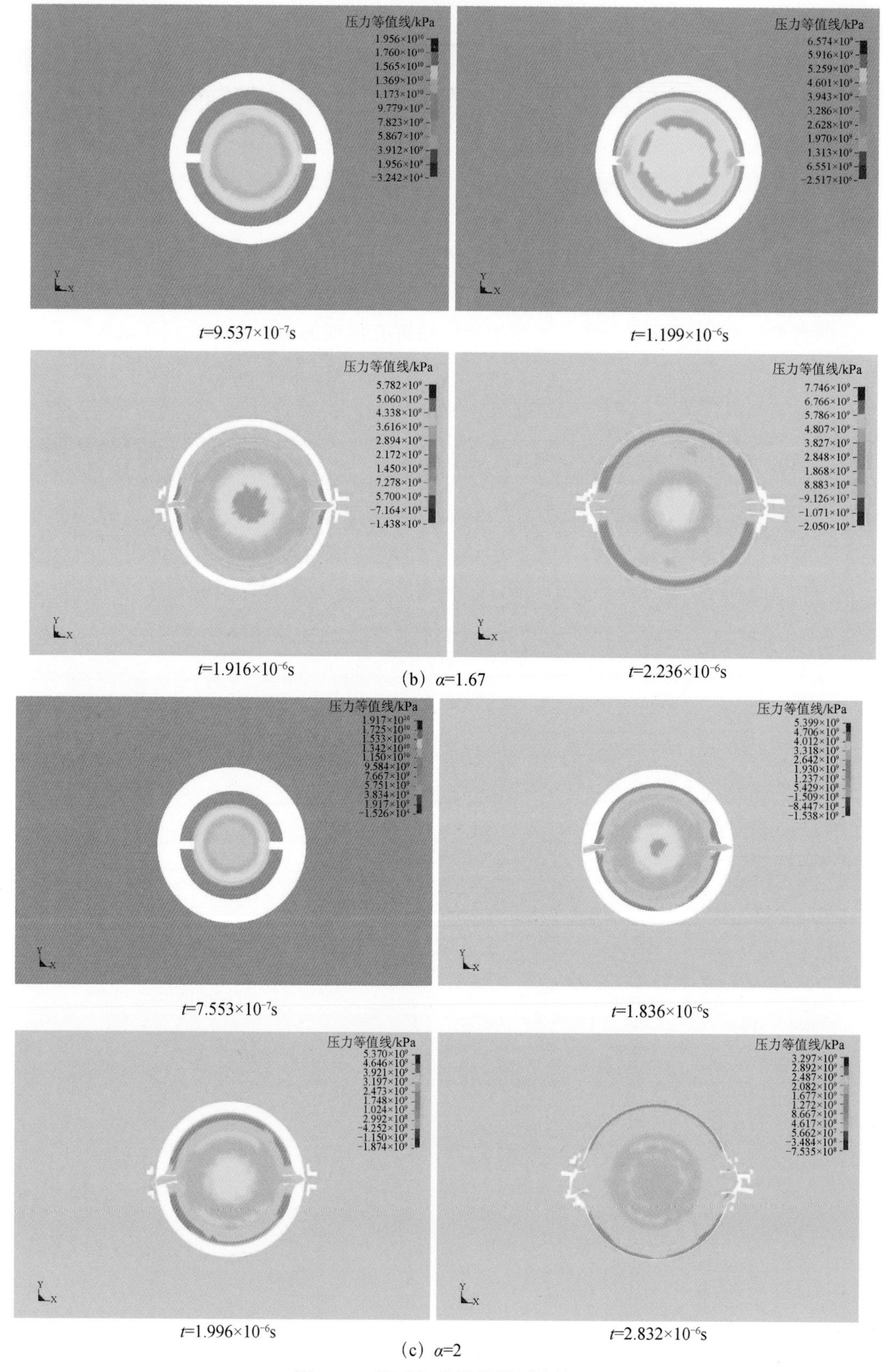

(b) α=1.67

(c) α=2

图 6.1　α 影响初始裂纹扩展比较

量显著降低，裂纹尖端无法获得足够的能量继续发展，炮孔壁形成严重的破碎区；当不耦合系数适度，即 α 为 1.67 时，在切缝管管壁被挤压至岩壁前，爆生气体冲出管壁后提供了一定的持续作用时间。另外，从爆生产物的压力分布来看，当 α 为 1.67 时，在切缝尖端处，形成了较强的压力集中现象，故形成了较长的裂纹。数值模拟从细观角度再现了切缝管爆破径向不耦合装药系数对初始裂纹形成和发展过程的影响效果。

研究结果表明，爆炸冲击波在孔壁形成初始裂纹，而后爆生气体驱动裂纹扩展，裂纹的扩展是由爆生气体的作用强度和作用时间共同决定的。过小的不耦合装药系数，减少了气体射流的作用时间；过大的不耦合系数，会导致切缝宽度过大，增大了气体射流与炮孔壁作用面积，降低了后续气体射流的能量。不耦合系数过小或过大，均不利于初始裂纹的扩展。

6.1.3　爆生气体尖端压力峰值

取切缝处爆生气体尖端单元，见图 6.2（a）。分别提取当 α 为 1.43、1.67 和 2 时的单元压力峰值，绘制在同一坐标系中，如图 6.2（b）所示。研究发现，随着不耦合系数的增大，气体尖端压力峰值逐渐减小，当 α 为 1.43、1.67 和 2 时，气体尖端射流的压力峰值分别为 17.9 GPa、15.5 GPa 和 14.0 GPa。

压力峰值减小的原因主要有两个：首先是装药量的减少，随着不耦合系数的增加，装药量逐渐减小是造成气体压力峰值降低的主要原因；其次是随着不耦合系数的增加，切缝管在被向外挤压膨胀的过程中，切缝宽度不断增大，使切缝对能量的汇聚作用降低。同时，对照图 6.1 中炮孔壁的初始破坏形成过程发现，岩壁初始破坏由爆生气体射流的尖端峰值压力及其作用时间共同决定：过大的初始压力，过短的作用时间难以形成有效的初始裂纹；同时较小的初始压力，过长的作用时间容易对孔壁形成较大面积的破坏。

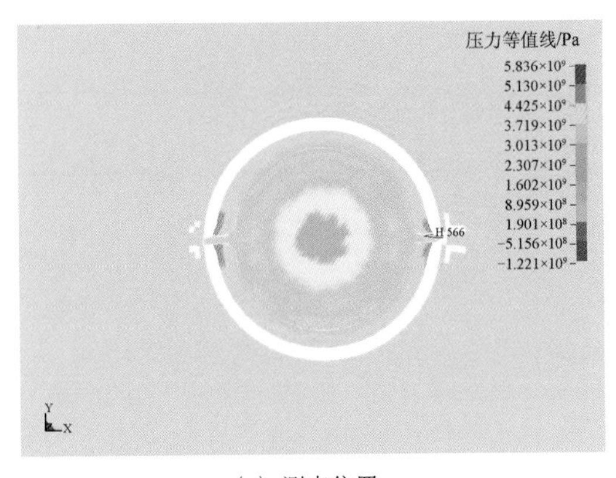

（a）测点位置

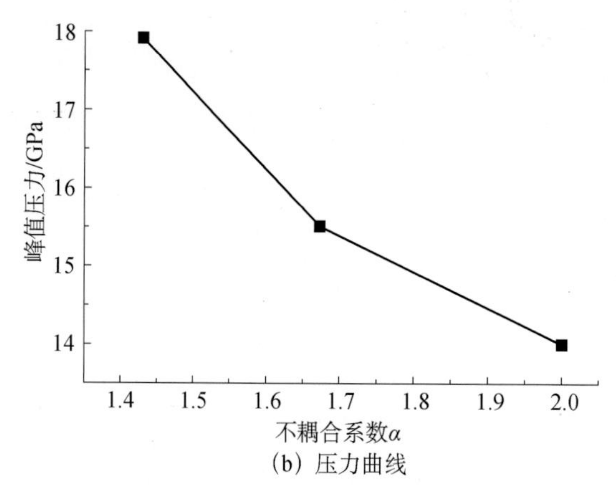

(b) 压力曲线

图 6.2　气体射流尖端压力峰值比较

6.2　切缝宽度影响因素

6.2.1　数值计算模型

由于在实际爆破工程中所采用炮孔较大，且炸药与模拟及模型试验中有差距，因此，本节采用了实际工程中所采用的炮孔尺寸和炸药类型，对不同切缝宽度进行研究，揭示切缝宽度对切缝药包爆破的影响规律。

这里，在固定不耦合装药系数 α=1.62 不变的前提下，通过更改切缝宽度来对初始裂纹的形成进行模拟研究，以期找到初始裂纹形态与切缝宽度之间的内在联系。这里，炸药采用 3 号岩石乳化炸药，被爆炸物为岩石。物理力学参数见表 6.3，数值计算中考虑四种切缝宽度，模型尺寸见表 6.4。

表 6.3　材料物理力学参数

项目	密度/（kg/m^3）	爆速/（m/s）	CJ 压力/GPa	弹性模量/GPa	剪切模量/GPa	泊松比
炸药	1100	3800	10.5			
岩石	3210			45	18.5	0.15

表 6.4　模型几何尺寸

项目	模型断面	孔径 D/mm	内径 D_1/mm	壁厚/mm	缝宽 W/mm	不耦合系数 α
模型 1	200mm×200mm	42	26	2	4	1.62
模型 2	200mm×200mm	42	26	2	6	1.62
模型 3	200mm×200mm	42	26	2	8	1.62
模型 4	200mm×200mm	42	26	2	10	1.62

6.2.2　初始裂纹形成模拟

对四种切缝宽度下，初始裂纹形成过程进行了比较（图 6.3）。采用 4mm 宽切缝，在 t=4.158μs 时，炮孔内炸药反应完全，爆生气体开始沿切缝向外冲出，此后直至 t=5.916μs，爆生气体冲击至孔壁，t=6.036μs 时炮孔壁形成了初始剪切破坏。在 t=6.832μs 时，炮孔壁破坏加剧，同时爆生气体与炮孔壁发生作用后，发生反射，气体射流中间部气体由于反射作用形成了类似骨头状的射流形状。此后，在 t=7.273μs 时，在爆炸能量的二次驱动作用下，气体射流中部的凹陷区重新形成射流凸起，形成对初始裂纹的二次冲击压缩。此时，初始裂纹的破坏形式主要是强压缩破坏。此后，管壁与炮孔壁发生挤压，初始裂纹在环向拉应力和气体的气楔作用下得到扩展，最终形成贯穿。采用 6mm 和 8mm 切缝宽度时，初始裂纹的形成过程基本与切缝宽度为 4mm 时相同，由于爆生气体对初始裂纹处岩体的二次压缩作用，初始裂纹区被压缩成较严重破碎区。当采用 10mm 切缝宽度时，在切缝附近炮孔壁并未见明显的剪切破坏，而是形成了面积较大的压缩破坏区，这与采用 4mm、6mm 和 8mm 切缝宽度时，初始裂纹的形成存在本质上的区别。

从炮孔内部压力云图分布来看，在采用切缝宽度 4mm、6mm 和 8mm 时，在管壁的侧向环箍作用下，炮孔内气体压力在切缝处都有不同程度的汇聚现象。如图 6.3（a）中 t=7. 955μs，图 6.3（b）中 t=6.513μs 和 t=6.832μs，图 6.3（c）中 t=6.513μs 时，特别是图切缝宽度为 6mm 时，在 t=6.513μs 和 t=6.832μs 时，可以见到明显的气流汇聚作用。同时数值模拟结果表明，随着切缝宽度的增加，形成的初始破碎区的面积也随之增加。初始破碎区面积的加大，必然消耗大部分能量，难以提供后续裂纹扩展所需要的能量，这对于定向断裂爆破来说是不利的。

数值模拟结果说明，切缝宽度对切缝管装药爆破的初始裂纹形成影响显著。当采用较小的切缝宽度时，形成的气体射流面积较小，射流尖端能量弱，作用于孔壁的能量较低，难以形成有效的初始裂纹。当采用 6mm 和 8mm 切缝时，一方面保证了气体射流的有效作用面积，也保证了气体射流的作用强度；另一方面保证了管壁内爆生气体在切缝处形成强汇聚，对射流尖端进行能量供给。当切缝尺寸增加到 10mm 时，由于管壁对气体的包裹作用降低，切缝处气体尖端并未形成明显的能量汇聚，大量气体直接涌出

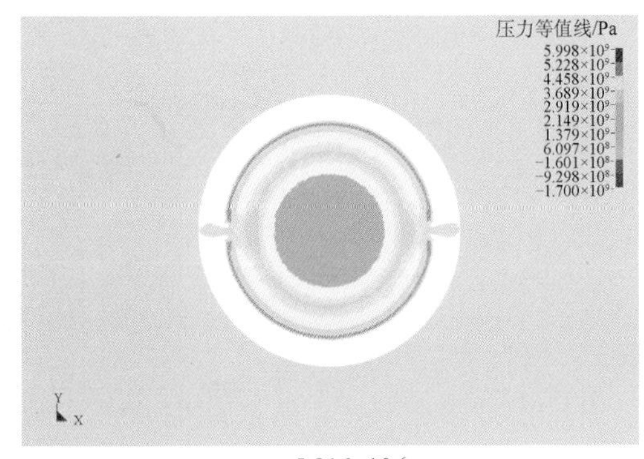

t=5.916×10^{-6}s

t=6.832×10^{-6}s

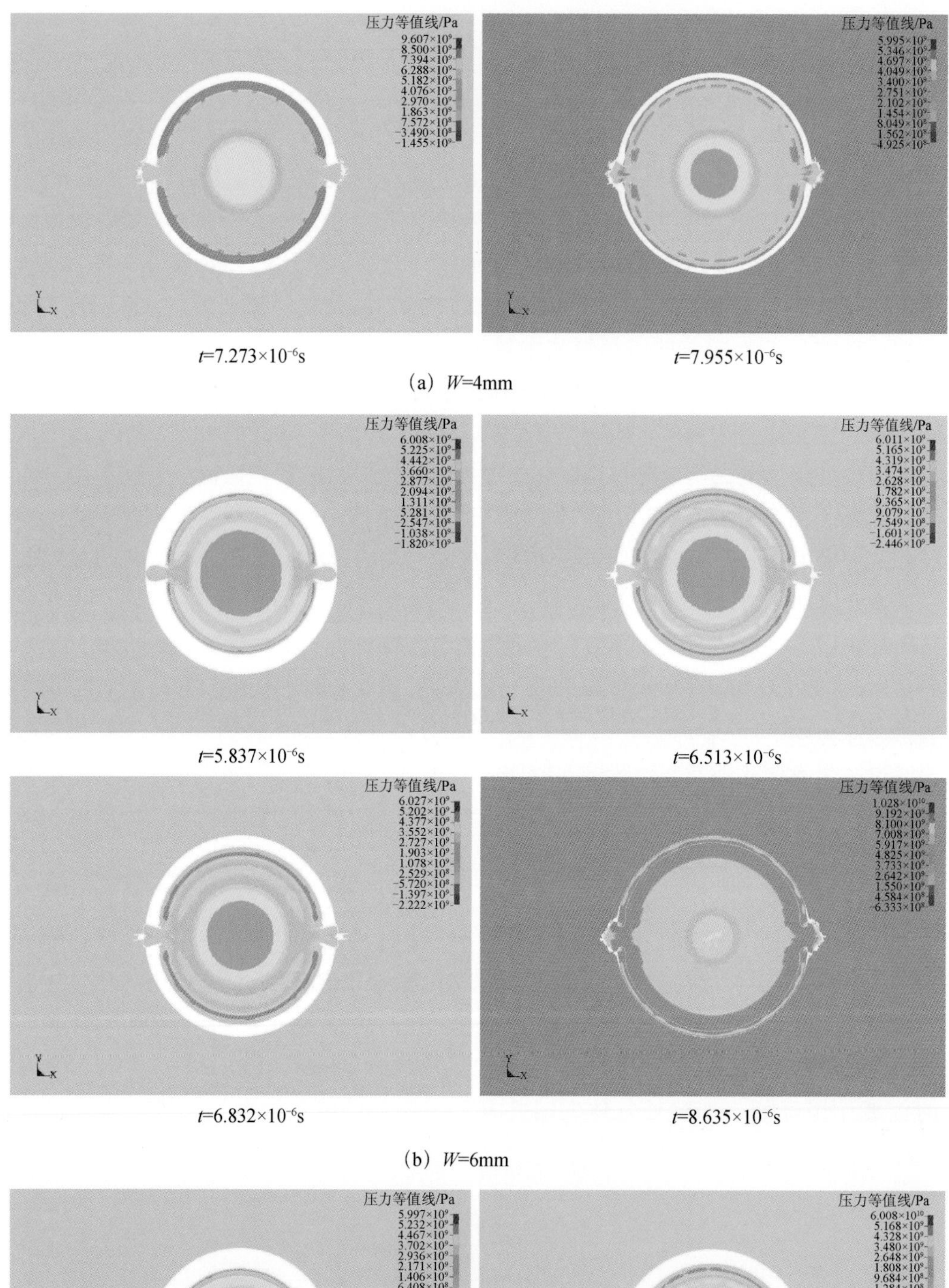

t=7.273×10⁻⁶s　　t=7.955×10⁻⁶s

（a）W=4mm

t=5.837×10⁻⁶s　　t=6.513×10⁻⁶s

t=6.832×10⁻⁶s　　t=8.635×10⁻⁶s

（b）W=6mm

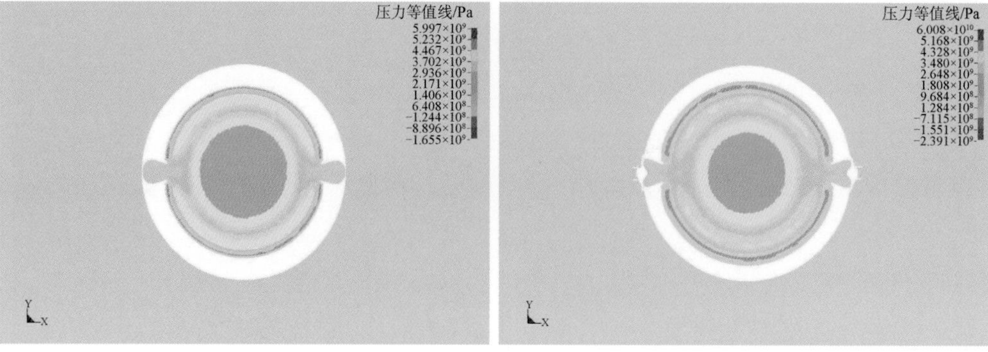

t=5.799×10⁻⁶s　　t=6.513×10⁻⁶s

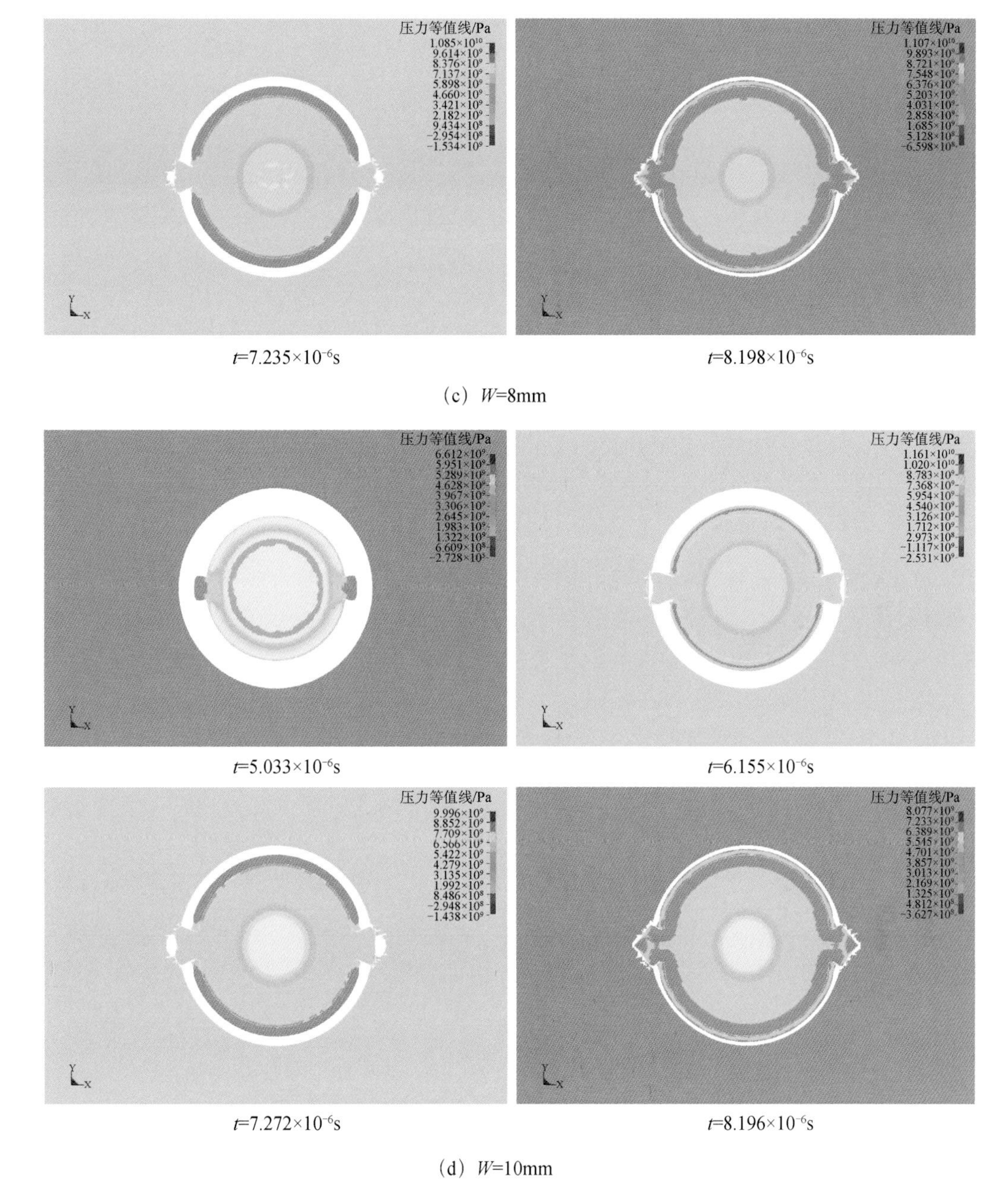

t=7.235×10^{-6}s　　t=8.198×10^{-6}s

（c）W=8mm

t=5.033×10^{-6}s　　t=6.155×10^{-6}s

t=7.272×10^{-6}s　　t=8.196×10^{-6}s

（d）W=10mm

图 6.3　初始裂纹形成过程比较

切缝作用岩壁，形成大面积的压缩破坏。可见，随着切缝管尺寸的增加，气体射流作用岩壁的机理发生了变化，切缝管已不再起到汇聚能量的作用。

6.2.3　切缝处压力峰值

图 6.4 给出了在 4 种切缝宽度下，切缝处爆生气体尖端的压力-时间曲线。可以发

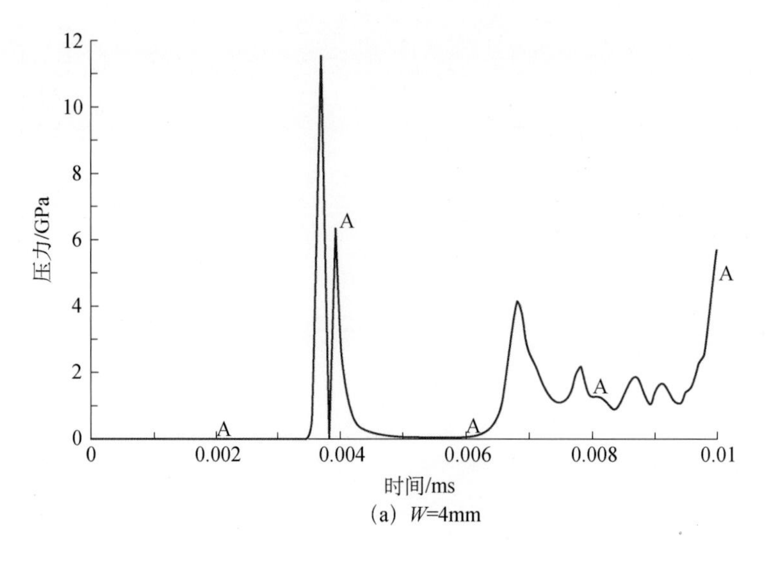

(a) W=4mm

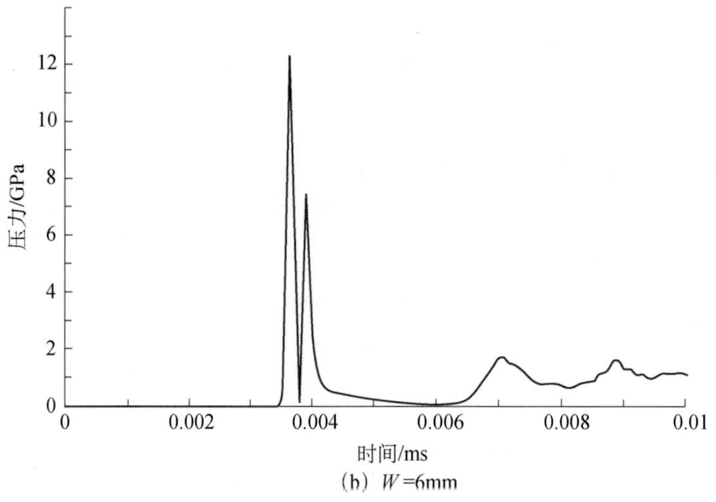

(b) W=6mm

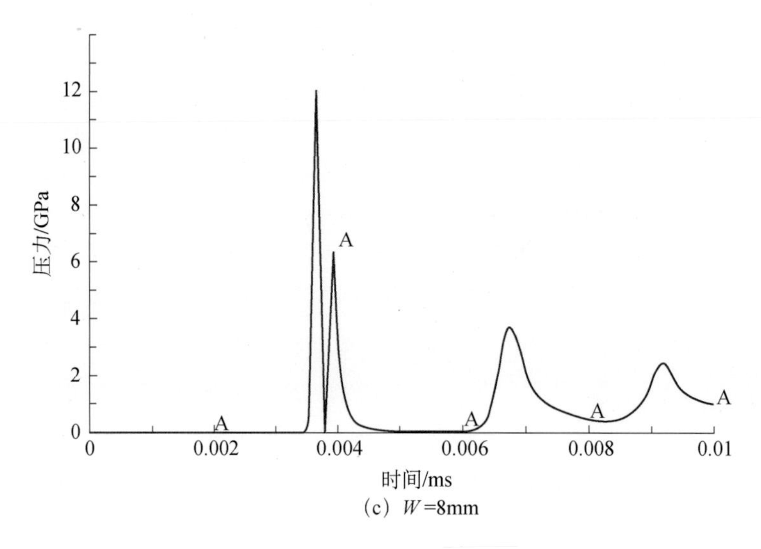

(c) W=8mm

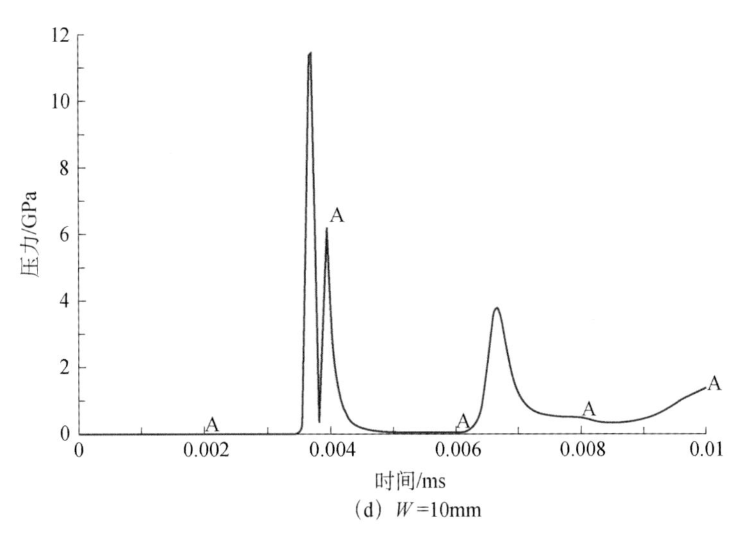

(d) W=10mm

图 6.4　切缝处爆生气体尖端压力-时间曲线

现，采用不同的切缝宽度进行定向断裂爆破模拟时，均出现二次冲击过程，即曲线中出现了第二个波峰。可见，在切缝处，气体射流尖端在与岩壁发生冲击后，能量均有较大程度的消耗，消耗的能量主要用来形成初始裂纹破坏。能量消耗后，在切缝附近，形成一个压力降低的稀疏区。这时由于管壁对气体的包裹作用，爆炸反应完成后生成的爆生气体在遇到管壁后发生反射，只有较少部分能量衰减，反射后的爆生气体再一次形成强压缩，并迅速补充到稀疏区，因此，造成了切缝处爆生气体尖端的二次冲击压缩。数值模拟过程真实地再现了爆生气体射流对炮孔壁的冲击压缩作用过程。

图 6.5 所示分别提取了第一次和第二次冲击压缩时，气体尖端的压力峰值，并以切缝宽度为横坐标绘制在同一坐标系中。结果发现，气体尖端压力峰值随着切缝宽度的增加而先增加后降低，二次冲击压力峰值与第一次冲击压力峰值的变化过程基本一致。在切缝宽度为 6mm 时，第一次冲击压力峰值达到 12.2 GPa，第二次冲击压力峰值为 7.5GPa；在切缝宽度为 10mm 时，第一次和第二次冲击的压力峰值分别 11.2Gpa 和 6.3GPa。

数值模拟结果说明：在炮孔直径为 42mm 时，径向不耦合系数为 1.62，切缝管材料为 PVC 管材时，切缝宽度为 6mm 和 8mm 时，切缝管对爆生气体可以形成较好的包裹作用，可以取得较好的定向断裂爆破效果；此外，由气体压力峰值与切缝宽度的关系曲线的走势可以推断，在炮孔直径、不耦合装药系数以及切缝管材料特定的前提下，理论上应当存在最佳的切缝宽度值，在此切缝宽度下定向断裂爆破效果可以达到最优。

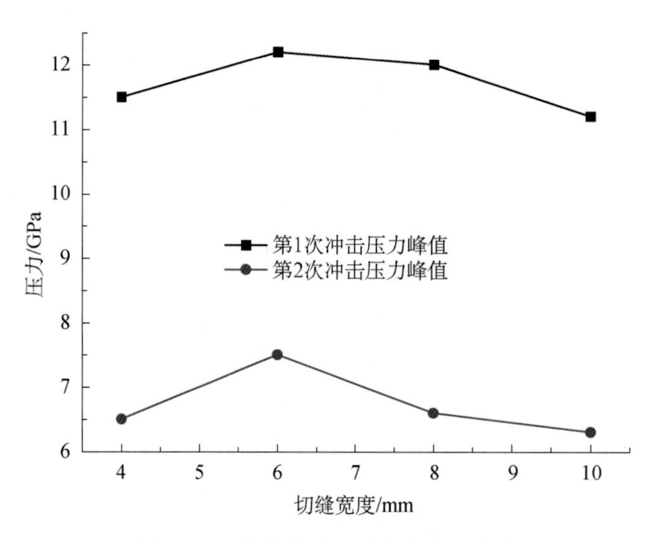

图 6.5　压力峰值随切缝宽度变化曲线

6.3　轴向不耦合装药系数影响

6.3.1　数值计算模型

数值计算中采用三维模型，模型尺寸为 600mm×300mm×30mm，切缝管采用第 3 章中确定的尺寸：外直径 8mm，管壁厚度 1mm，内径 6mm，切缝宽度 1mm。径向不耦合装药系数 α 取 1.67。模型中装药总长度均为 50mm，共考虑了四种间隔距离，分别为 0mm、12.5mm、25mm 和 50mm，轴向不耦合系数分别为 0、20%、33.3%和 50%。上、下两段药包均采用底部起爆，模型尺寸参见表 6.5。为了将模拟结果与模型试验进行对比，在数值计算中被爆破介质采用了水泥砂浆材料，炸药采用黑索金，聚能管采用硬质 PVC 材料，材料参数见表 6.6。

表 6.5　模型几何尺寸

项目	炮孔深度/mm	炮孔直径/mm	药包直径/mm	径向不耦合系数 α	间隔距离/mm	药室长度/mm	轴向不耦合系数 β
模型 1	200	10	6	1.67	0	50	0
模型 2	200	10	6	1.67	12.5	62.5	20%
模型 3	200	10	6	1.67	25	75	33.3%
模型 4	200	10	6	1.67	50	100	50%

表 6.6　材料力学参数

项目	密度/（kg/m^3）	爆速/（m/s）	CJ 压力/GPa	弹性模量/GPa	泊松比	抗压强度/MPa
炸药	1630	6700	18.5			
PVC 管	1280			3.1	0.38	
岩石	2390			25.2	0.23	56.5

数值计算中采用多物质流固耦合算法，炸药和空气设置为多物质材料组，单元采用

ALE 算法，切缝管和被爆破物采用 Lagrange 算法，同时在切缝管与被爆破物之间设置自动单面接触方式，来模拟两者之间的接触碰撞过程，有限元模型如图 6.6 所示。

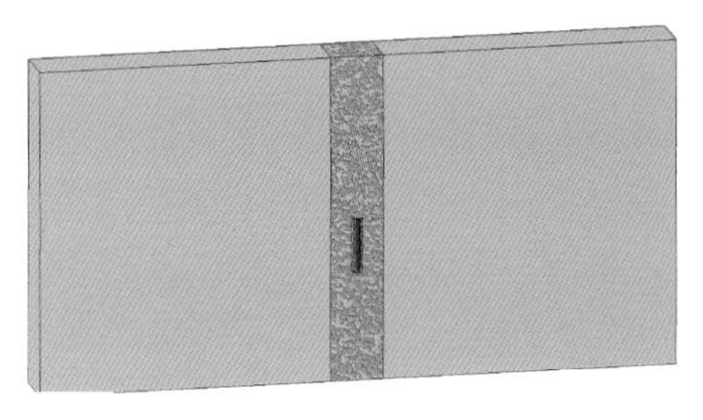

（a）模型1（空气间隔长度0mm）

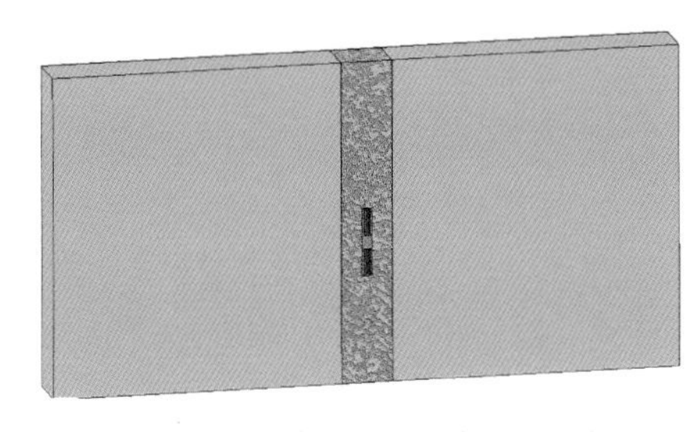

（b）模型2（空气间隔长度12.5mm）

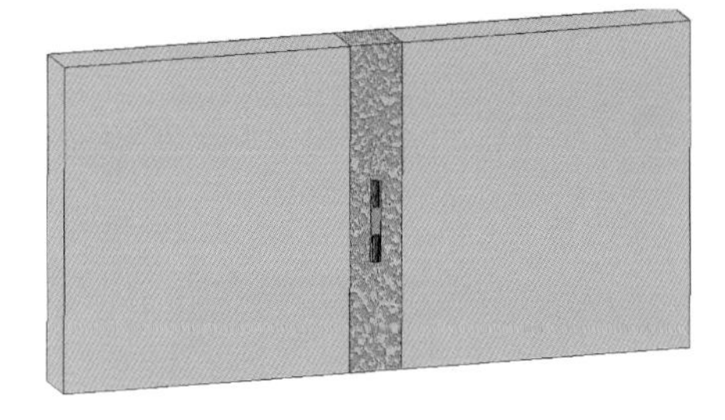

（c）模型3（空气间隔长度25mm）

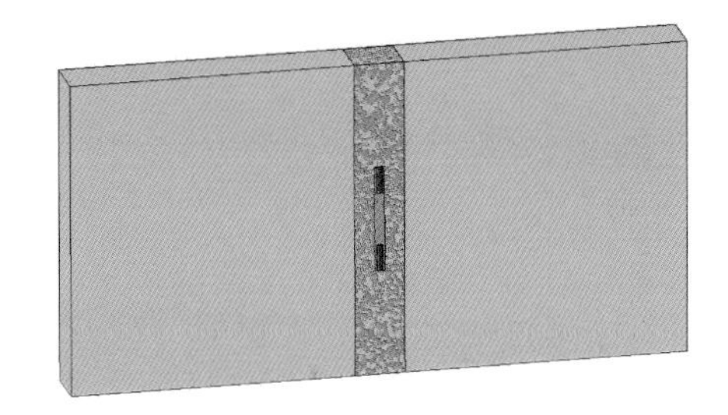

（d）模型4（空气间隔长度50mm）

图 6.6　有限元模型

6.3.2　有效应力场分布模拟

图 6.7 所示为采用不同空气间隔长度时，各个时刻有效应力场在水泥砂浆模型内传播的数值计算结果。由数值模拟结果发现：当采用连续装药时，炸药爆炸后应力波呈圆锥体向顶部传播，炮孔底部起爆点位置受到强烈的冲击，图 6.7（a）中，$Time_1$=1μs 时刻。随着爆炸反应的完成，应力波头部形状逐渐转变为椭球形，$Time_2$=16μs 时刻。随后应力波的强度进一步衰减，头部形成了近似球形的压缩波，头部下方伴随有稀疏波间隔，同时炮孔底部的应力场衰减更为显著，$Time_3$=24μs 时刻。随着应力波的进一步传播，最终出现了压缩波和稀疏波间隔分布的结果，$Time_4$=28μs 时刻。

采用间隔装药距离 12.5mm 的应力波传播过程如图 6.7（b）所示。在 $Time_1$=8μs 时刻，上、下两段间隔装药爆炸产生的应力波发生叠加，在叠加区形成了较强的应力集中。随着上、下两段药包爆炸形成的压缩波的继续传播，整个炮孔附近的应力场显著增强，致使应力波阵面形状发生了变化，形成了近似圆柱体的波阵面形状，$Time_2$=12μs 时刻。之后两列压缩波传播至炮孔顶部和底部，发生反射形成拉伸波，经过一系列的反射叠加，最终形成了压缩波-拉伸波-压缩波-拉伸波这样间隔的应力波结构。

间隔距离 25mm 时的应力波传播过程如图 6.7（c）所示。上、下两段间隔装药爆炸产生的应力波各自向顶部传播，炮孔的应力波阵面形状类似于葫芦形。直至 $Time_2$=12μs 时刻，下段应力波的头部与上段应力波尾部发生叠加，此后上、下两列应力波各自以环形面向外传播，在 $Time_3$=16μs 时刻，两列压缩波在炮孔中部相遇，形成强压缩波，之后两列压缩波各自传播。

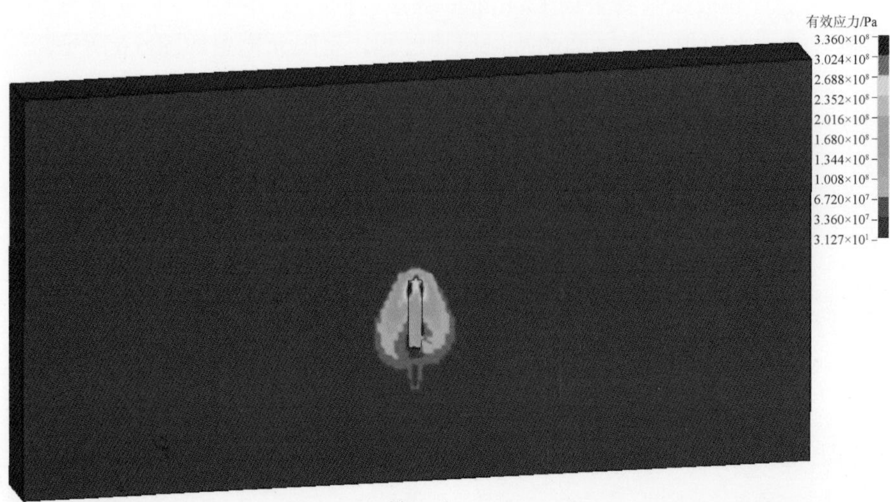

$Time_1$=1μs

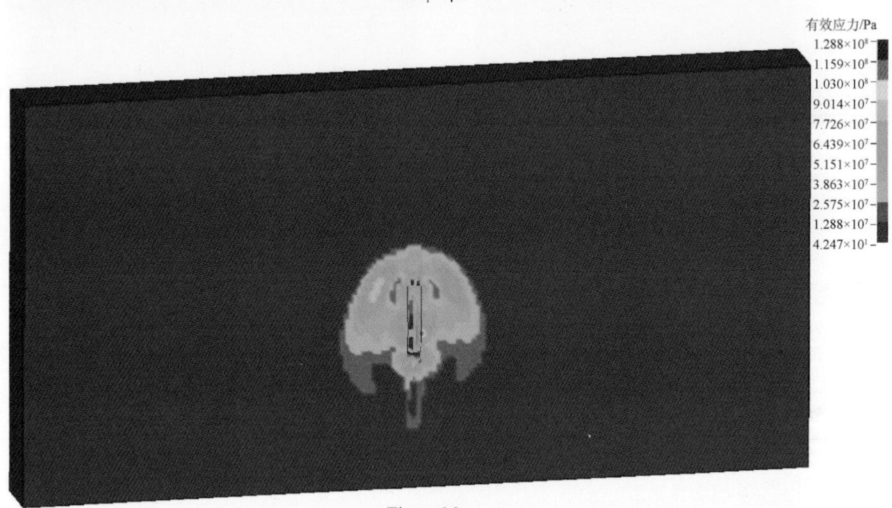

$Time_2$=16μs

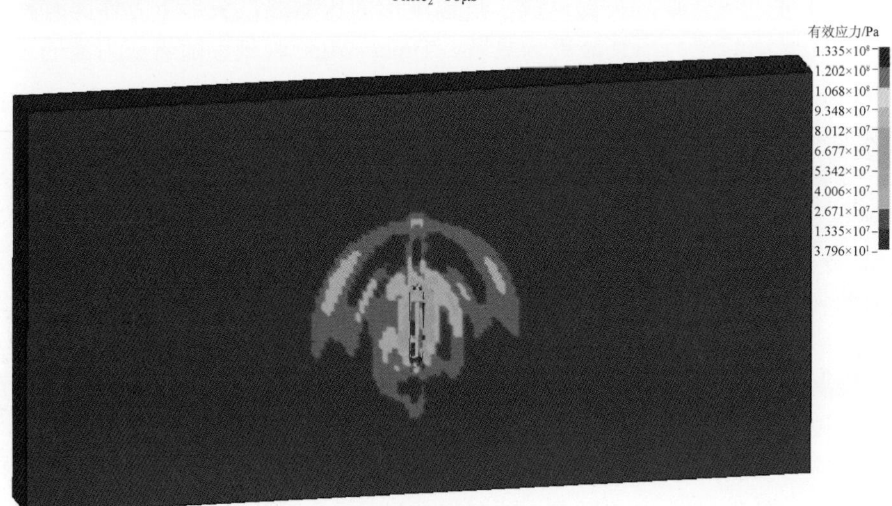

$Time_3$=24μs

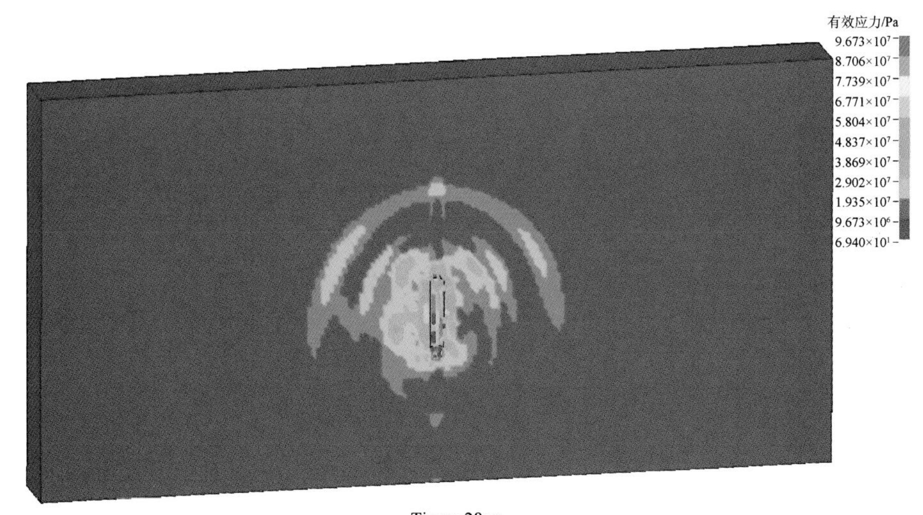

$Time_4$=28μs

（a）模型 1

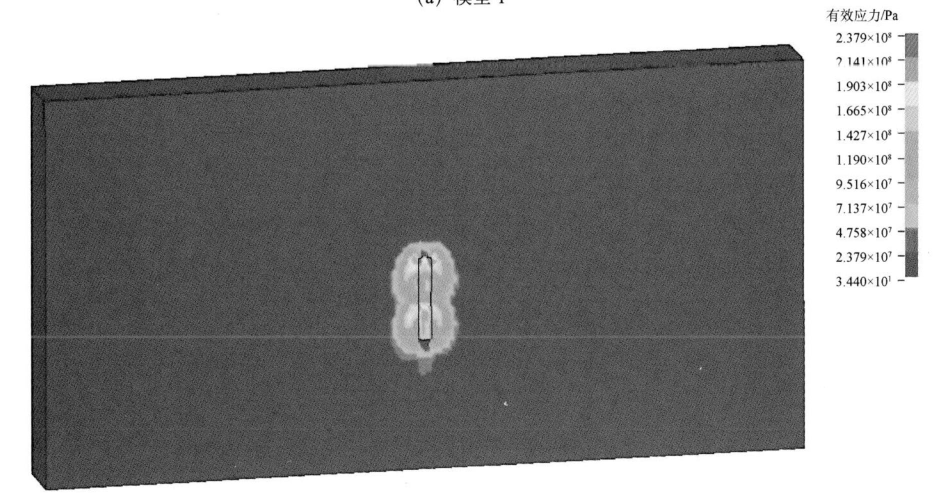

$Time_1$=8μs

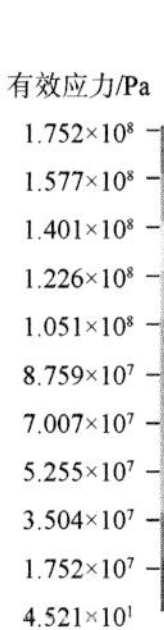

$Time_2$=12μs

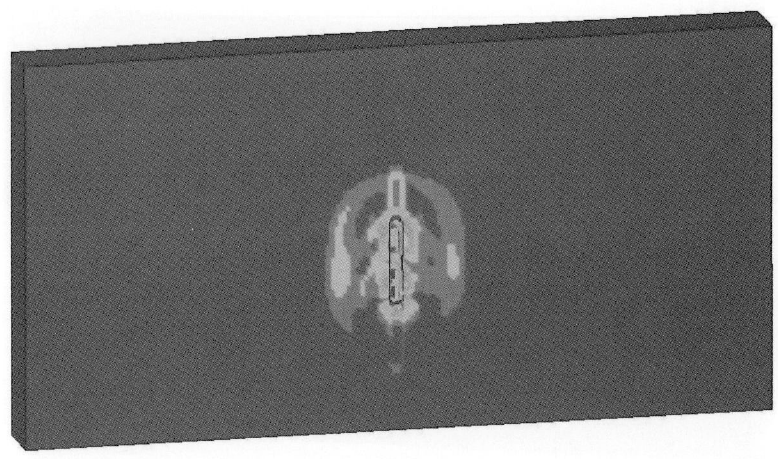
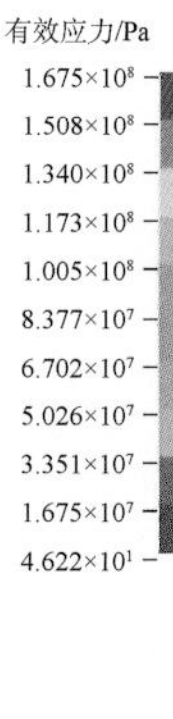

$Time_3=16\mu s$

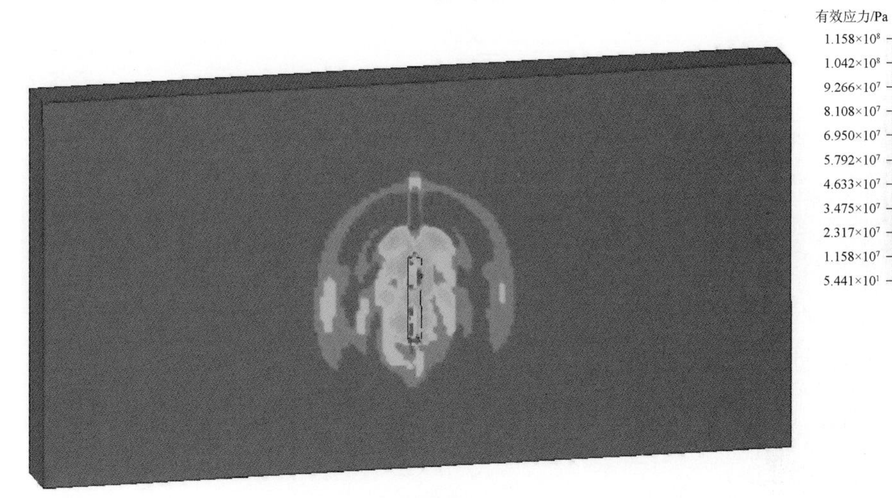

$Time_4=22\mu s$

（b）模型 2

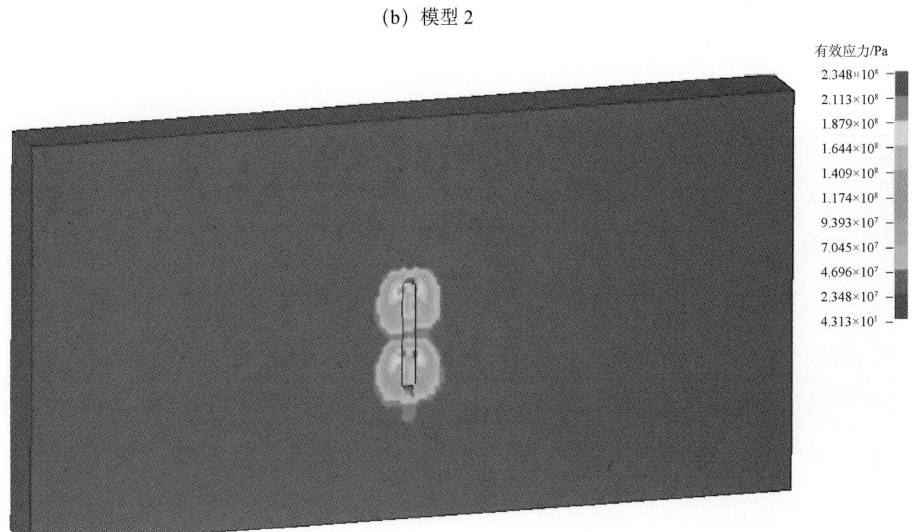

$Time_1=8\mu s$

$Time_2$=12μs

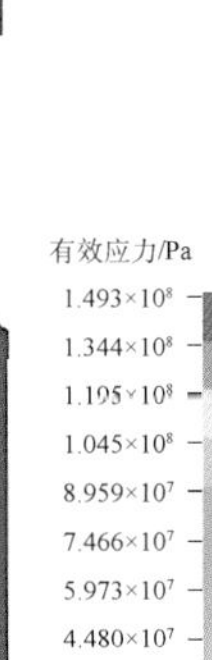

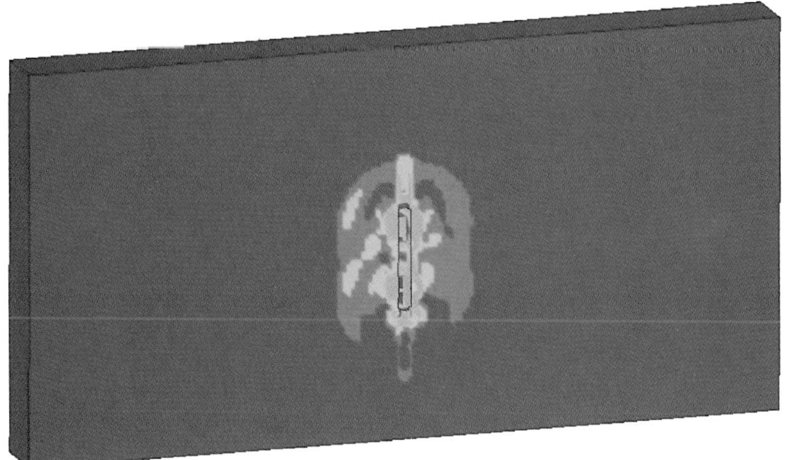

$Time_3$=16μs

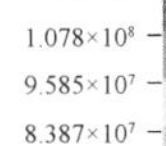
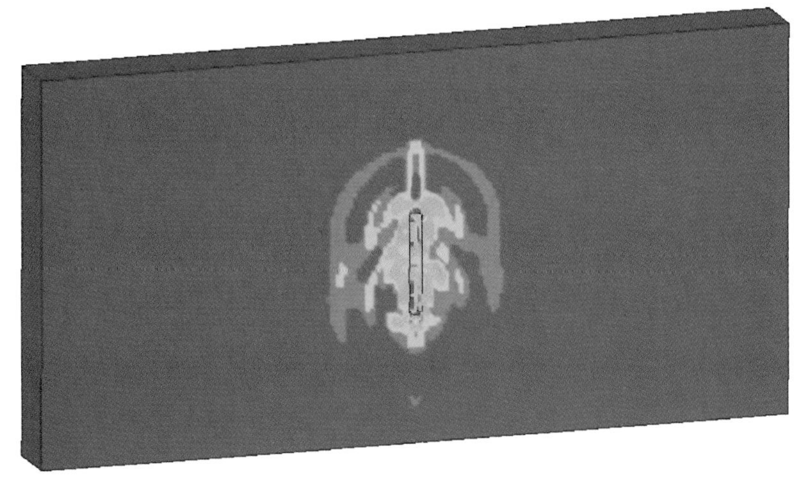

$Time_4$=20μs

（c）模型 3

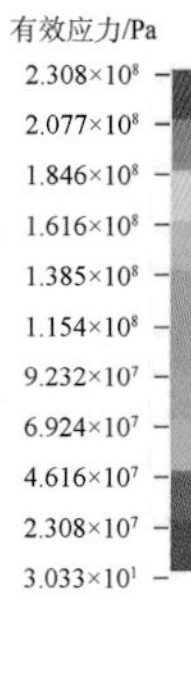

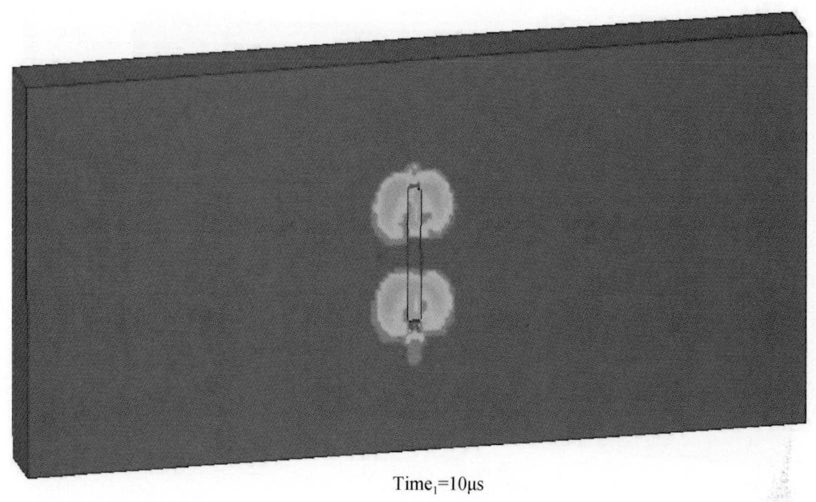

$Time_1=10\mu s$

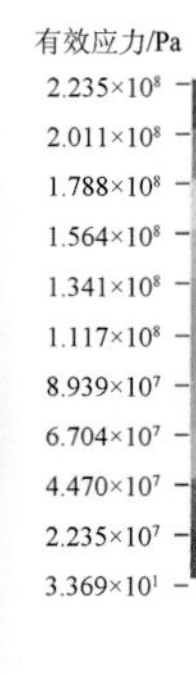

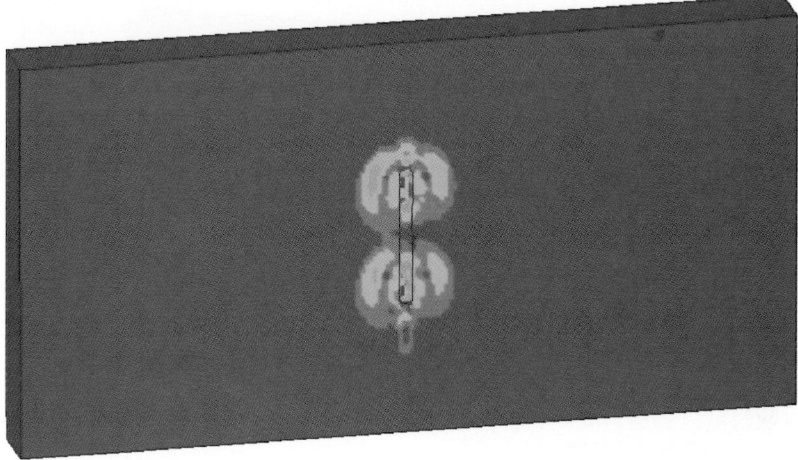

$Time_2=12\mu s$

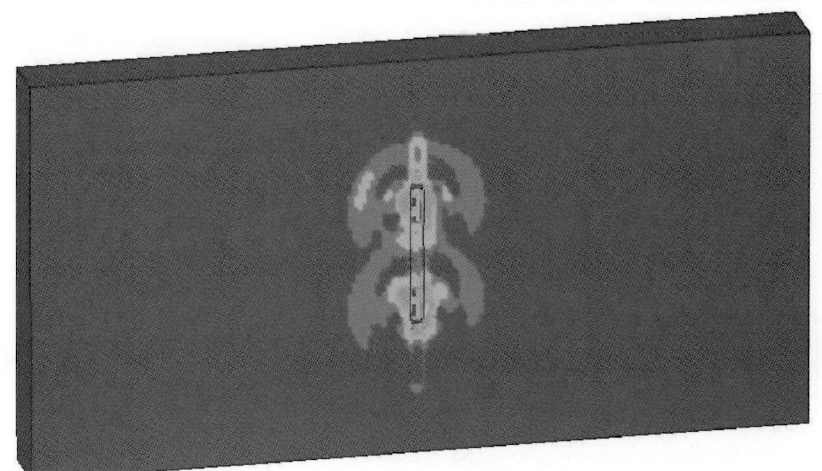

$Time_3=16\mu s$

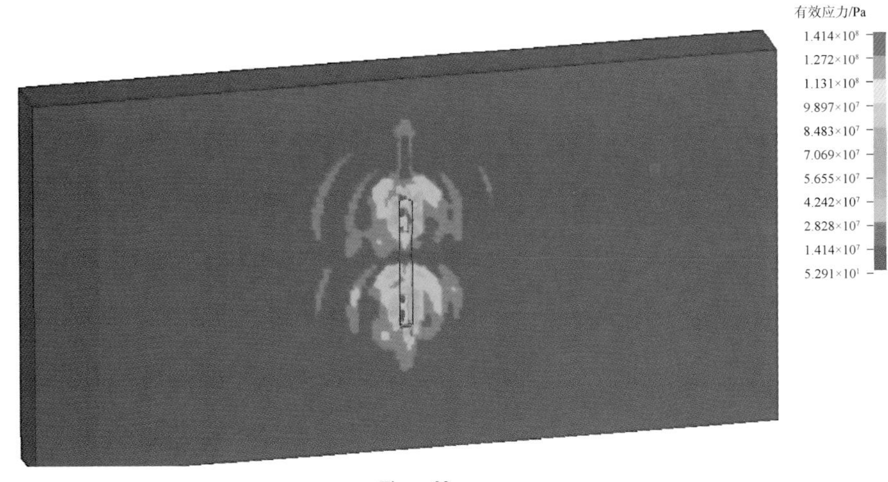

$Time_4$=22μs

（d）模型 4

图 6.7　应力波传播过程模拟结果

采用间隔距离 50mm 时的应力波传播过程与间隔 25mm 时相似。其主要区别在丁，由于上、下两段药包的距离较远，两列压缩波发生叠加作用的位置向炮孔顶部移动。同时由图 6.7（d）模型 4 中 $Time_4$=22μs 时刻的应力场分布结果发现，上段炮孔底部与下段炮孔底部所包夹的一段位置，形成了应力场间断面，这表明了上、下两段药包爆炸后，应力波传播至该位置时强度降低，叠加作用十分微弱。

数值模拟结果表明：采用分段装药后，形成的两列压缩波在爆炸初始阶段各自独立传播，此后发生叠加汇聚，导致沿轴向炮孔周围应力场的分布较集中装药时更加均匀；叠加后的应力场分布受间隔距离影响显著，随着间隔距离的增加，应力波发生叠加的位置逐渐向炮孔顶部移动。

6.3.3　炮孔周围有效应力的衰减

1. *炮孔底部水平向有效应力衰减分析*

如图 6.8 所示，在炮孔底部沿水平方向布置了 5 个测点，测点间距为 3cm，4 类模型中测点的布置位置相同。分别对 4 种装药条件下，炮孔底部沿径向的应力波传播规律进行研究，各个测点的有效应力-时间曲线如图 6.9 所示。以各个测点的有效应力峰值为纵坐标，测点距离起爆点的距离为横坐标作图，如图 6.10 所示。

结果发现，当间隔距离为 0，即连续装药时，测点 A 的有效应力为 44MPa。在相同位置，间隔距离为 12.5mm、25mm 和 50mm 时，有效应力分别为 47MPa、67MPa 和 42MPa。距离炮孔 15cm 处的 E 点，在 4 种不同装药条件下的有效应力分别为 7MPa、12MPa、13MPa 和 8MPa。同时，由图 6.10 可看出，采用连续装药与采用间隔距离 50mm 时，测点 A～E 的应力曲线基本重合，且各个测点的有效应力峰值均小于间隔距离为 12.5mm 和 25mm 的情况；间隔距离为 25mm 时，各测点的应力峰值均为最大，间隔距离为 12.5mm 时的各测点应力峰值次之。

图 6.8　炮孔底部测点布置图

分析模拟结果，当采用集中装药时，随着炸药反应向顶部进行，炸药爆炸完全后形成了锥形体结构的应力波沿炮孔向上传播，而炮孔底部沿水平方向能量迅速衰减，在距离炮孔 6cm 以内，有效应力衰减显著，在此之后应力衰减变缓。采用轴向分段装药后，在下段炸药爆炸向上传播的同时，上段炸药爆炸产生了一个下传冲击波，可对炮孔底部起到能量补充的作用，因此除间隔距离为 50mm 的情况外，炮孔底部沿径向各测点的压力峰值均大于轴向连续装药。当采用间隔距离 50mm 时，炮孔底部各测点的有效应力峰值与连续装药基本相同，主要是由于间隔距离过大，上段药柱爆炸产生的冲击波在经过 50mm 长度的空气柱后，衰减已经非常严重，当传播至炮孔底部各测点时，已经相当微弱，因而各测点的应力峰值基本没有发生变化。炮孔底部应力波传播的模拟结果表明，采用合理的轴向间隔装药距离可以形成应力波的叠加，提高炮孔底部沿径向的有效应力。

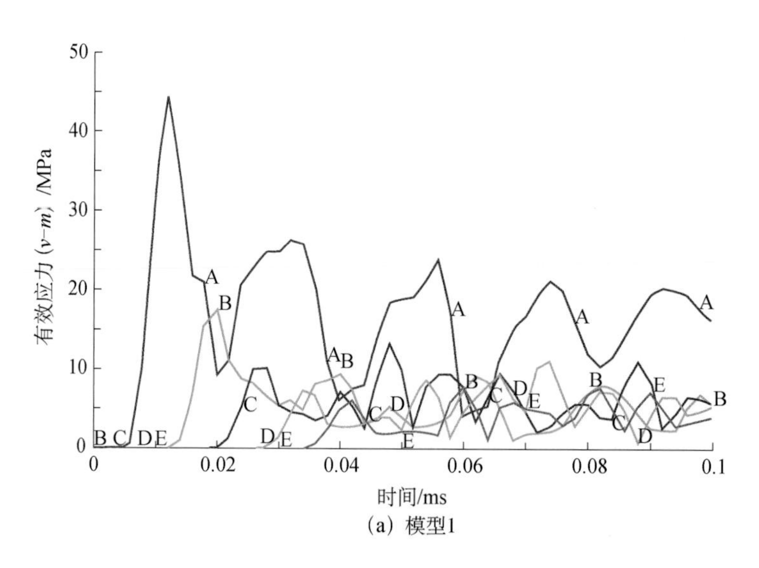

(a) 模型1

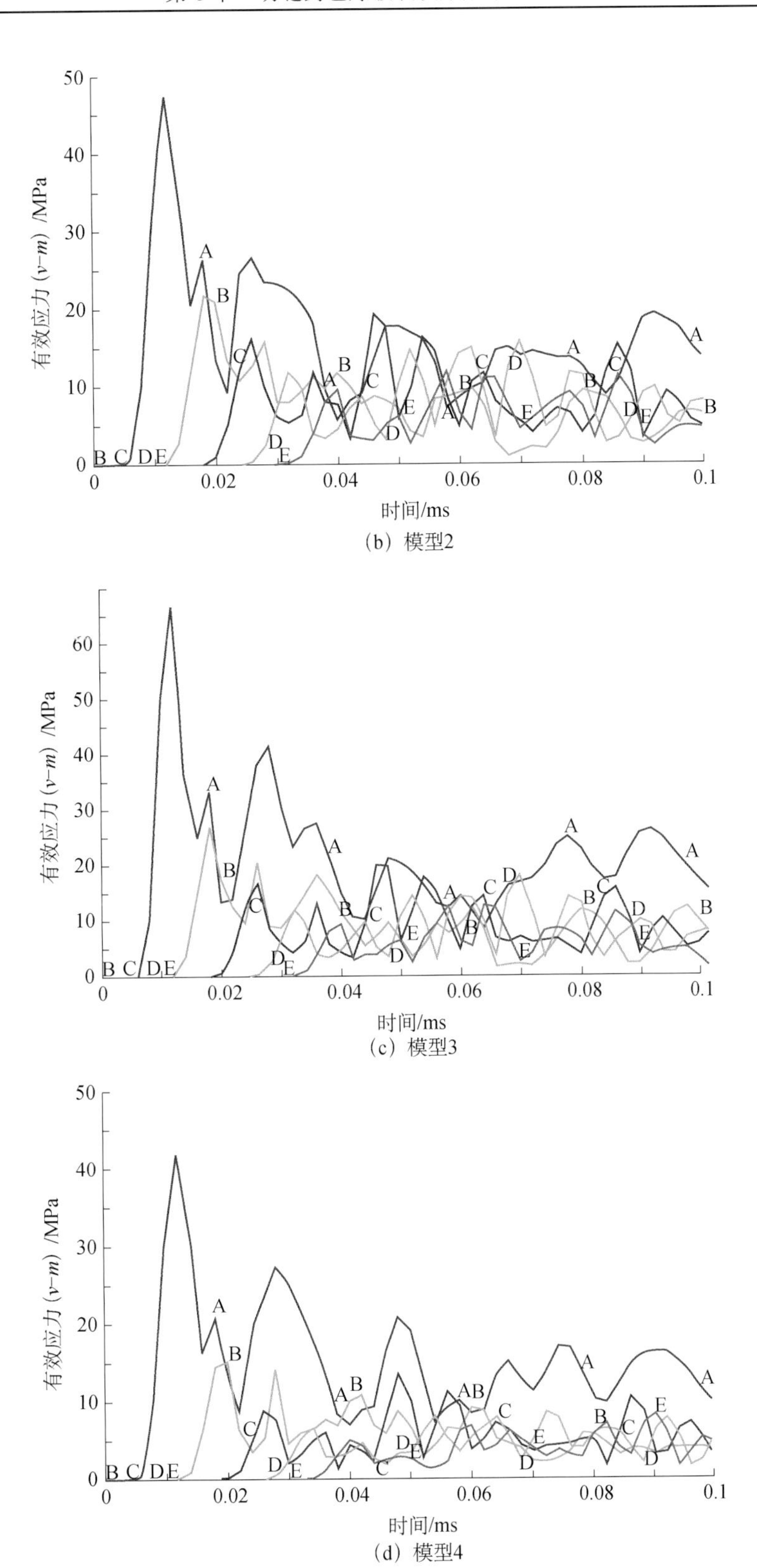

（b）模型2

（c）模型3

（d）模型4

图 6.9　炮孔底部水平方向有效应力模拟结果

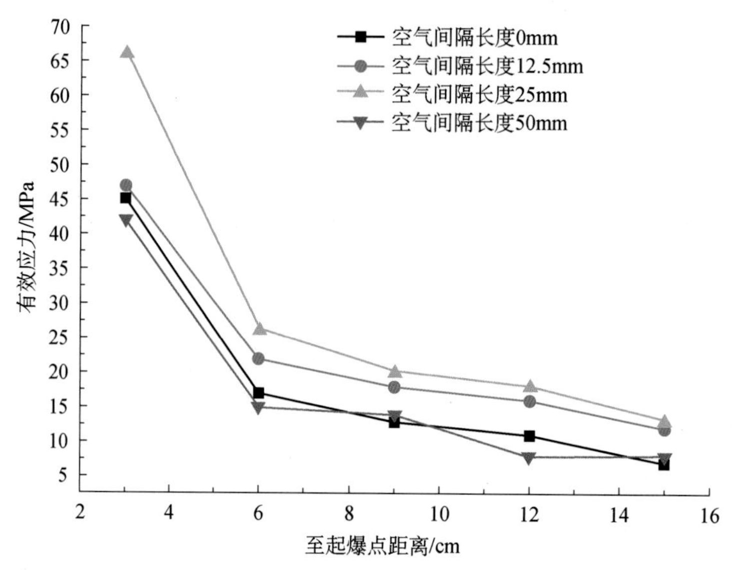

图 6.10　炮孔底部测点有效应力峰值

2. 炮孔中部水平向有效应力衰减分析

在炮孔中部沿水平方向布置 5 个测点（图 6.11），4 类模型中测点均布置在药室的中央。各测点的有效应力随时间的变化规律如图 6.12 所示。提取各测点的有效应力峰值，如图 6.13 所示。

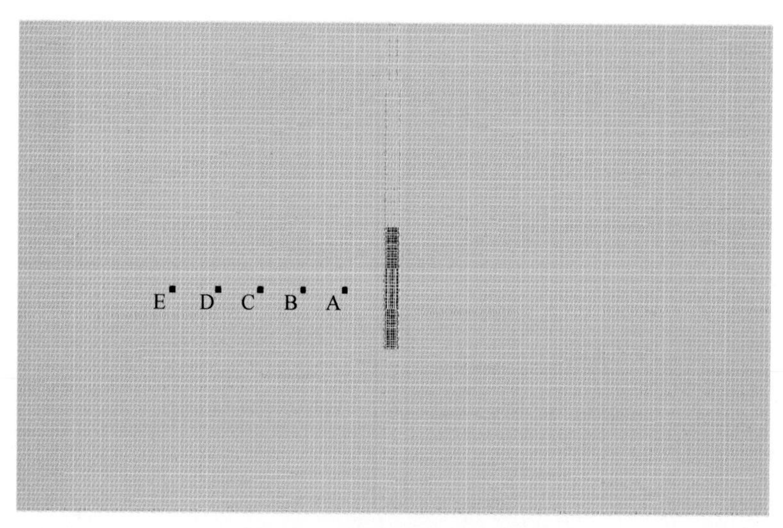

图 6.11　炮孔中部测点布置图

模拟发现，采用连续装药和分段装药间隔距离为 12.5mm、25mm、和 50mm 时，测点 A 的有效应力峰值分别为 97MPa、72MPa、42MPa 和 26MPa。测点 E 的有效应力分别为 10MPa、15MPa、15MPa 和 14MPa。同时，从图 6.12（b）、（c）和（d）可看出，采用轴向分段装药后，在 0.02 ms 时刻附近有效应力均出现两个峰值，特别是间隔距离为 50mm 时，出现的两个有效应力峰值非常接近。从有效应力衰减趋势上看，在距离炮孔中心 9cm 范围内，采用连续装药和间隔距离 12.5mm 时，有效应力急剧降低，

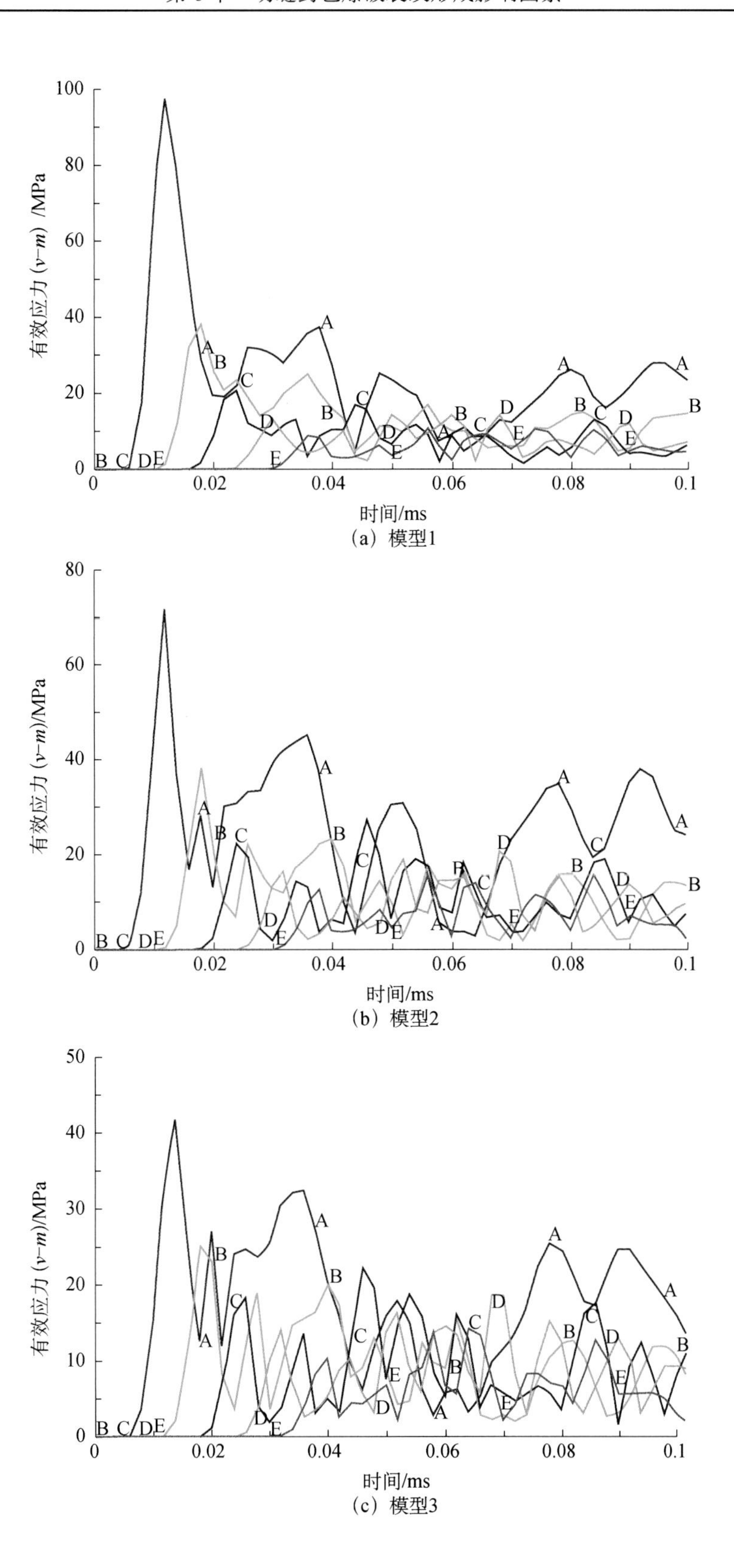

(a) 模型1

(b) 模型2

(c) 模型3

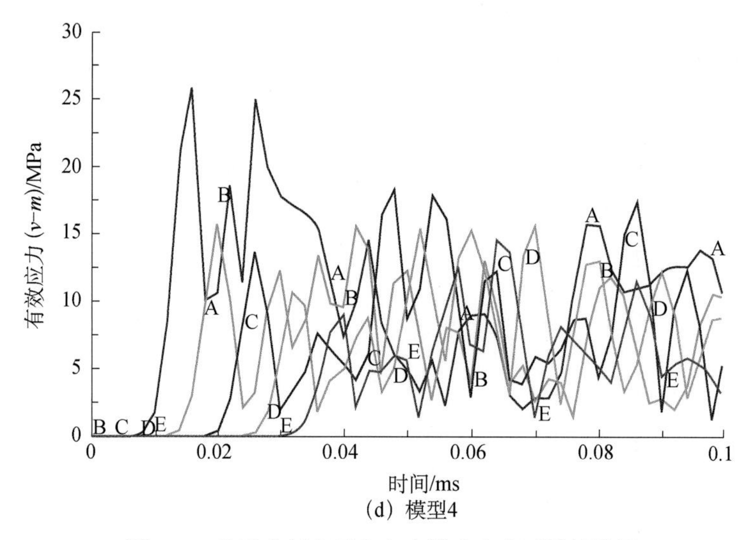

(d) 模型4

图 6.12　炮孔中部水平方向有效应力衰减模拟结果

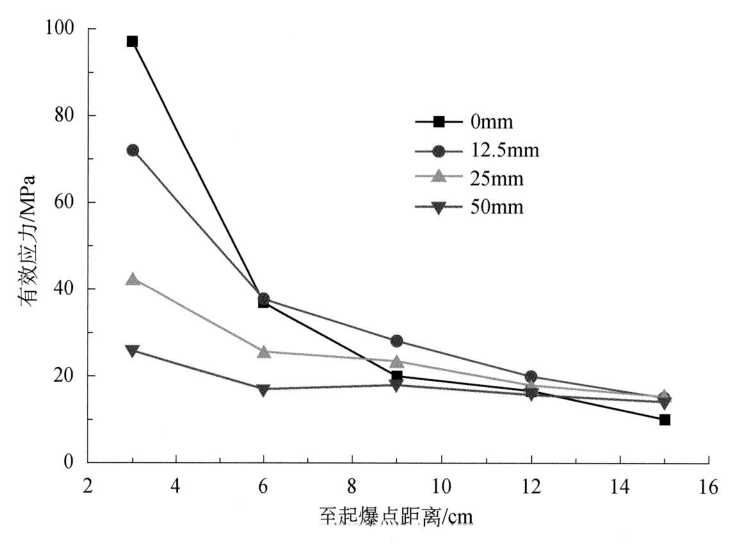

图 6.13　炮孔中部水平方向有效应力峰值

而后趋于平缓；而采用间隔距离 25mm 和 50mm 时，炮孔中部有效应力沿径向衰减幅度较小，在距离炮孔中心 6cm 以后，应力曲线趋于直线。

分析模拟结果，采用轴向连续装药时，冲击波由下而上直接冲击炮孔侧壁，因而在炮孔近区形成了强压缩区。由于冲击作用时间极短，随着距炮孔中心距离的增加，应力峰值发生急速衰减。采用轴向分段装药后，上、下两段炸药爆炸产生了两列压缩波，它们在炮孔中部空气间隔段发生叠加，冲击波的反复反射、叠加增加了对炮孔壁的持续作用时间，同时提高了炮孔远端的应力峰值。由图 6.13 可看出，距离炮孔中心 9cm 之外，间隔装药的有效应力峰值均高于连续装药。同时，由图 6.12（d）可看出，炮孔近端的有效应力出现了两个接近峰值点，说明在此位置两列应力波到达时的强度基本相等，只是到达时间上略有差距。炮孔中部的应力模拟结果表明，采用轴向分段装药对炮孔中部的应力场分布影响显著，特别是距离炮孔较远时，分段装药可以提高炮孔远端的应力，爆炸能量相对均匀地作用于介质。

3. 炮孔顶部水平向有效应力衰减分析

在炮孔顶部沿径向设置 5 个测点，4 类模型中测点均布置在药室的顶部，如图 6.14 所示，各测点的有效应力曲线如图 6.15 所示，提取各测点有效应力的峰值，绘制曲线（图 6.16）。模拟结果发现，采用连续装药，轴向间隔装药 12.5mm、25mm 和 50mm 时，测点 A 的有效应力峰值分别为 85MPa、61MPa、57MPa 和 57MPa，测点 E 的有效应力峰值分别为 10MPa、13MPa、11MPa 和 7MPa。同时发现，采用连续装药时炮孔近端的有效应力峰值较大，且衰减很快。采用间隔装药时，三条曲线的变化的趋势一致，各个测点的有效应力随着空气间隔距离的增加而减小。

图 6.14　炮孔顶部测点布置图

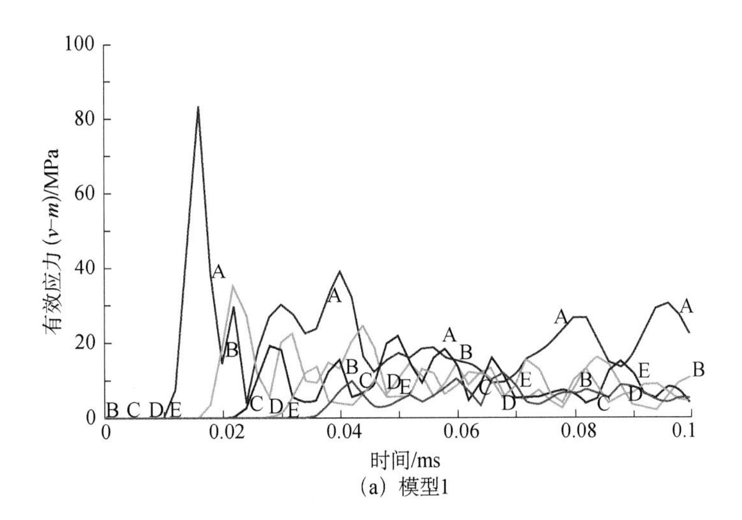

(a) 模型1

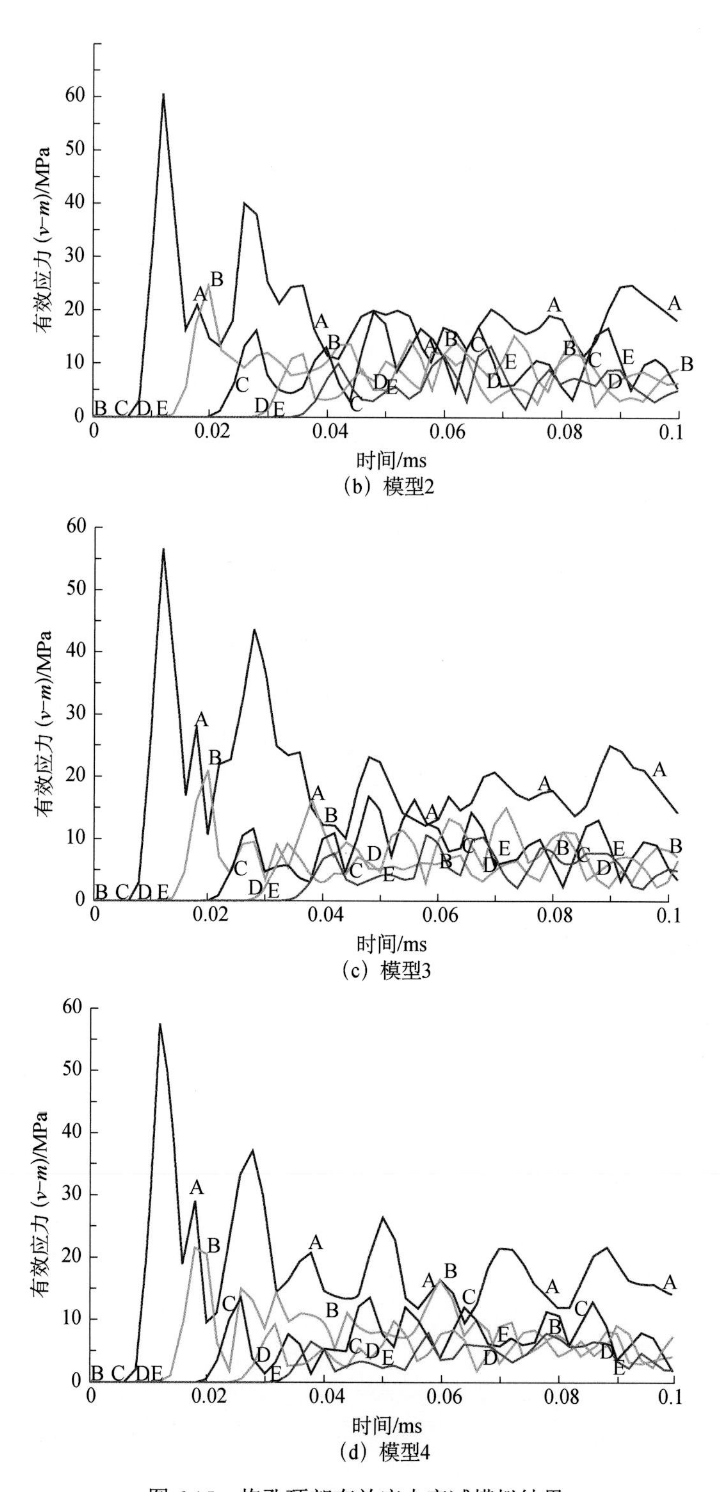

图 6.15　炮孔顶部有效应力衰减模拟结果

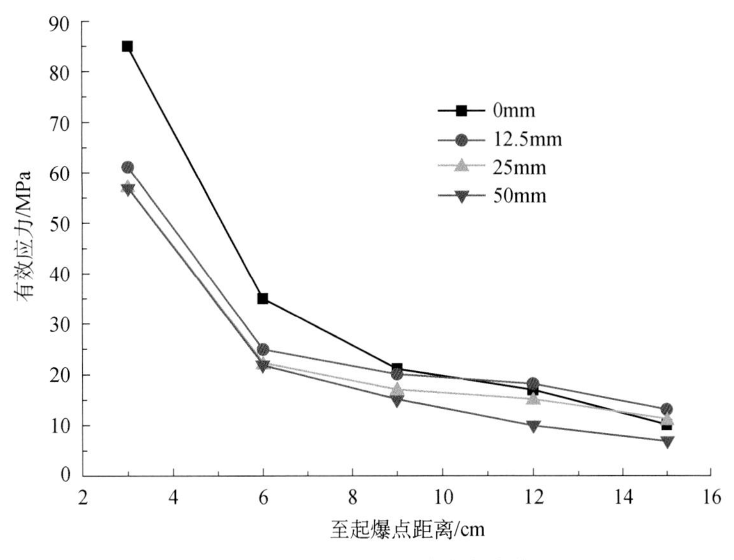

图 6.16　炮孔顶部有效应力峰值

对数值模拟进行分析，当采用连续装药时，爆炸能量集中作用在炮孔顶部，在炮孔顶部形成了较强的应力场，有效应力峰值达到 85MPa；采用轴向分段装药时，由于上段药包药量的减小，与集中装药相比，对炮孔顶部的冲击作用大大降低。从有效应力分布来看（图 6.16），炮孔间隔距离对炮孔顶部的应力分布影响较小，应力的大小主要取决于炮孔顶部装药量的大小。数值模拟结果表明，采用连续装药时，炸药爆炸能量主要集中在炮孔顶部，在炮孔顶部附近形成了较强的应力场；采用分段装药时，空气间隔距离的长短对炮孔顶部应力场分布影响极其微弱，其应力大小主要由上段药包的药量决定。

4. 竖直方向有效应力衰减分析

如图 6.17 所示，在距炮孔轴心 2.5cm 处，由炮孔底部沿竖直方向布置 5 个测点，测点距离均为 2.5cm，4 类模型中测点位置相同。测点的有效应力曲线如图 6.18 所示，提取各测点应力峰值，绘制成曲线，如图 6.19 所示。

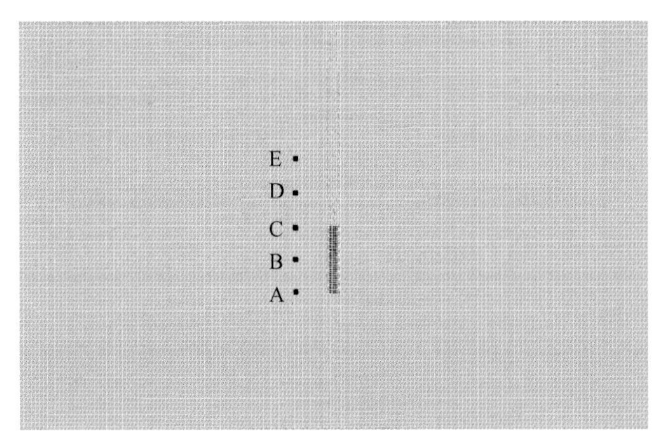

图 6.17　竖直方向测点布置图

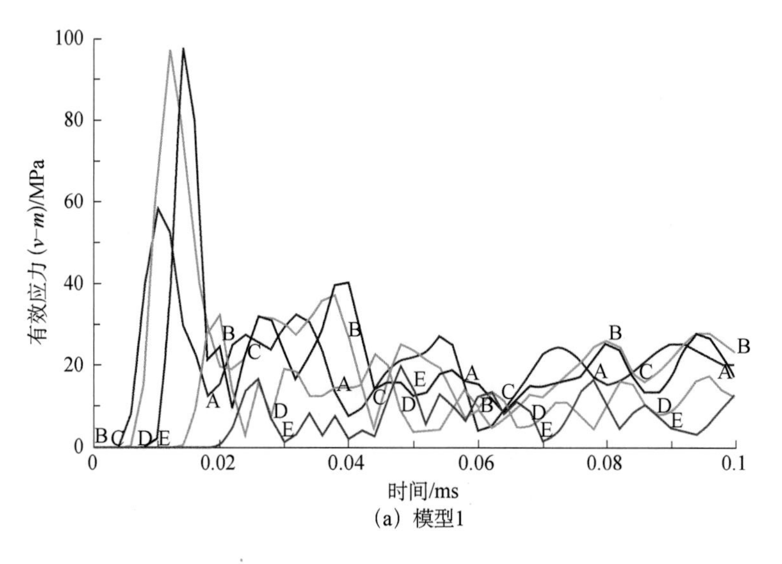

(a) 模型1

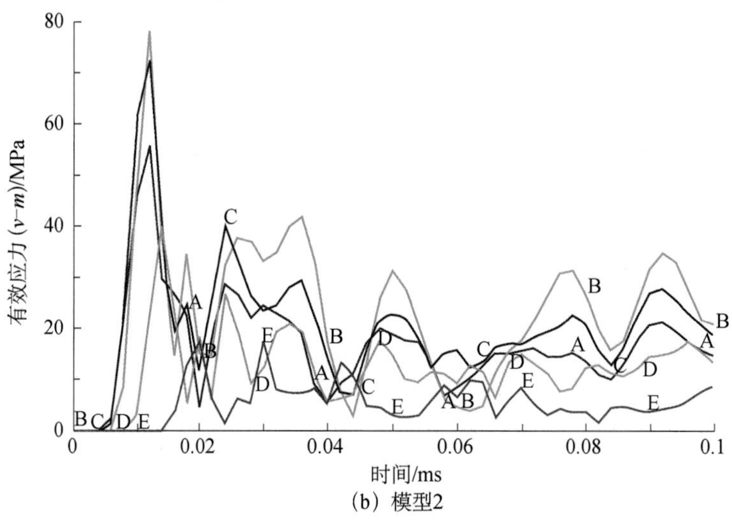

(b) 模型2

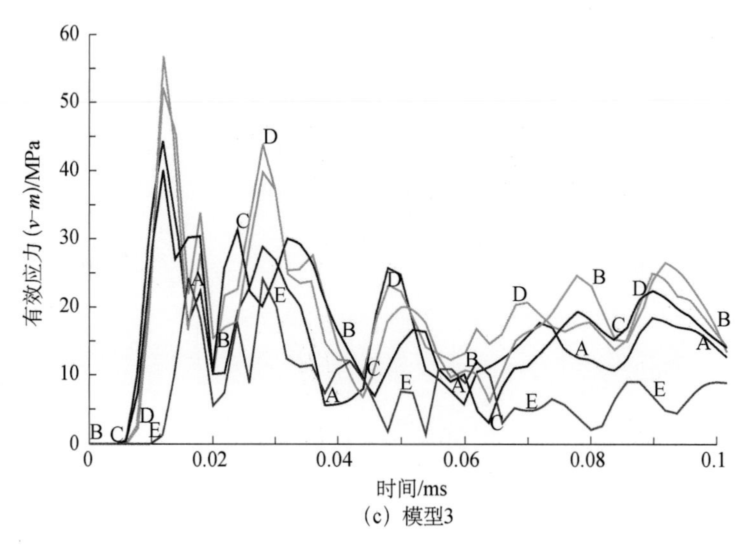

(c) 模型3

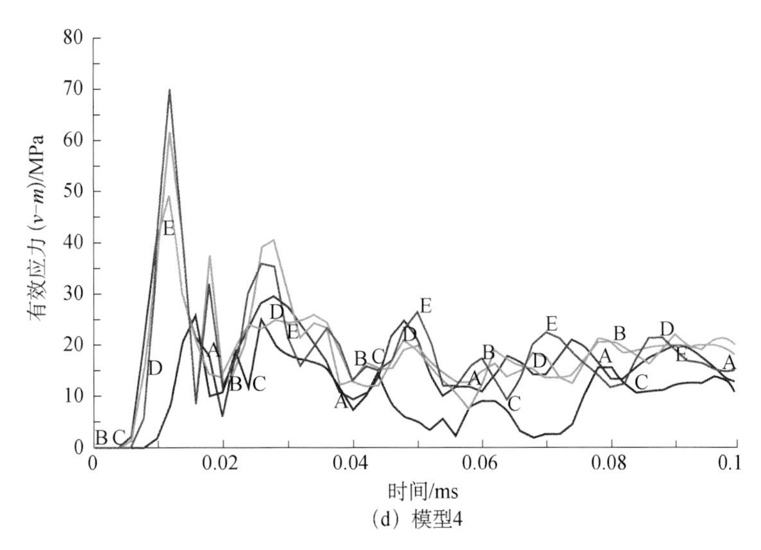

（d）模型4

图 6.18　竖直方向有效应力衰减模拟结果

模拟结果发现，采用不同的装药结构时，应力变化显著。采用连续装药时，在距离炮孔底部 2.5～5cm 范围内，有效应力达到 100MPa 左右，之后应力值急剧下降，在距离孔底 7.5cm 时，有效应力下降至 32MPa。采用间隔装药距离 12.5mm 时，在 2.5～5cm 范围内，有效应力峰值为 80MPa，且各测点的变化趋势与连续装药时相似。采用间隔装药 25mm 和 50mm 时，曲线呈波浪形变化：采用间隔距离 50mm 时，有效应力最大值出现在距离孔底 10cm 处，最小应力出现在距离孔底 5cm 处，应力峰值分别为 70MPa 和 25MPa；采用间隔距离 25mm 时，各测点的应力变化较小，测点 A～E 的应力峰值分别为 42MPa、52MPa、40MPa、57MPa 和 25MPa。

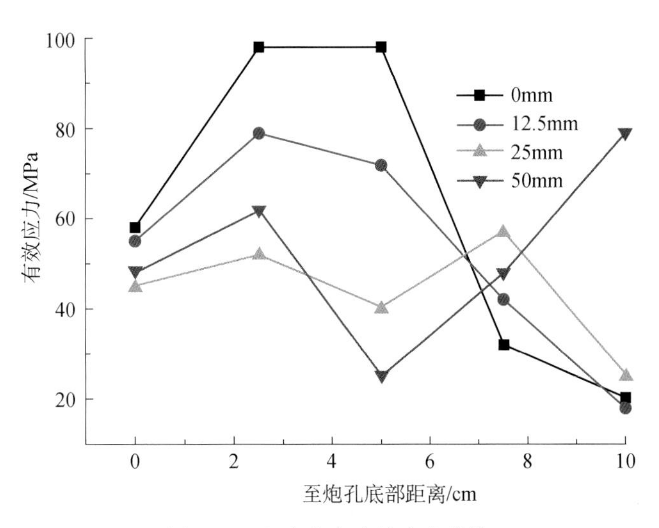

图 6.19　竖直方向有效应力峰值

数值模拟结果表明，采用分段装药后，形成的两列冲击波在炮孔内发生多次的反射、叠加，致使炮孔内的压力场分布更加均匀，最终导致炮孔沿轴向的应力得到了改善，各个测点应力值出现波浪形变化。采用轴向分段装药可以显著改善炮孔沿轴向的应力场分布，对间隔距离为 12.5mm、25mm 和 50mm 的应力分布进行比较，采用间隔距离 25mm 时，轴向应力分布更加均匀。

5. 斜向 45° 有效应力衰减分析

如图 6.20 所示，在距离炮孔轴心 3cm、孔底 2.5cm 处开始，沿 45° 方向，取 5 个测点，间隔距离为 3cm，对斜线方向的应力场分布进行研究。模拟结果如图 6.21 所示，取各测点的有效应力峰值，绘制曲线，如图 6.22 所示。

采用连续装药时，在距离炮孔中心 9cm 范围内，有效应力峰值均大于间隔装药，有效应力最大值达到 98MPa，在 9cm 之后采用连续装药与间隔装药的有效应力峰值差距不大。对比采用空气间隔距离不同时，有效应力峰值分布的三条曲线，发现在距离炮孔中心 6cm 后，应力值衰减缓慢，基本趋于直线，且三条曲线波动距离非常接近。

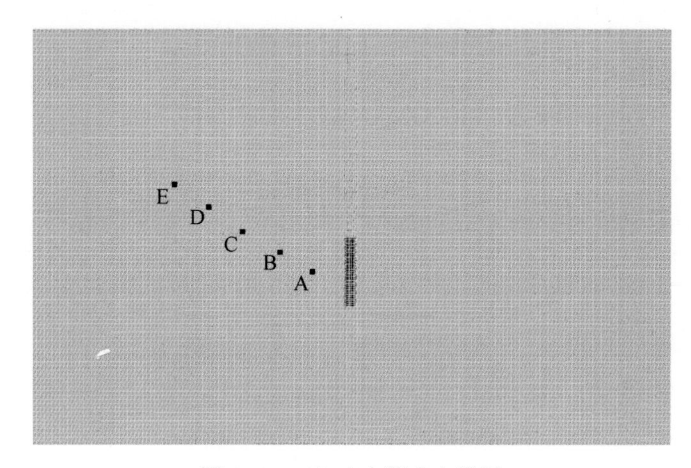

图 6.20　45° 方向测点布置图

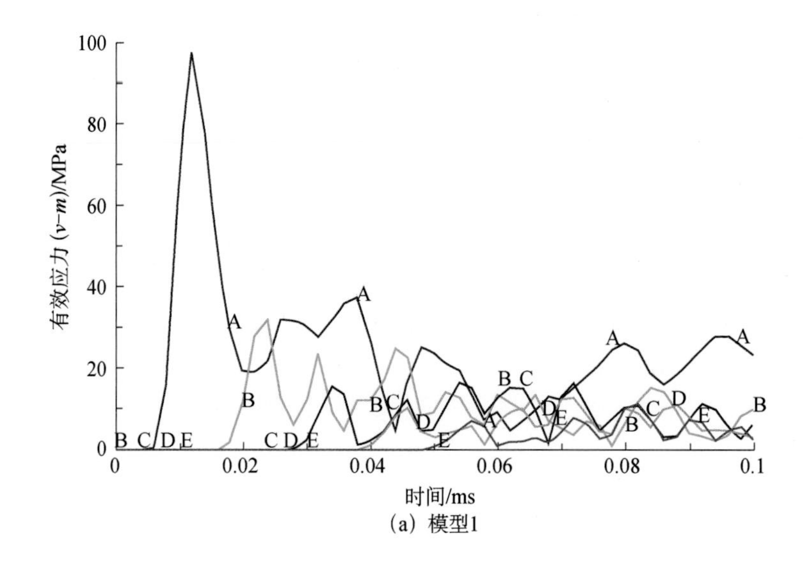

(a) 模型1

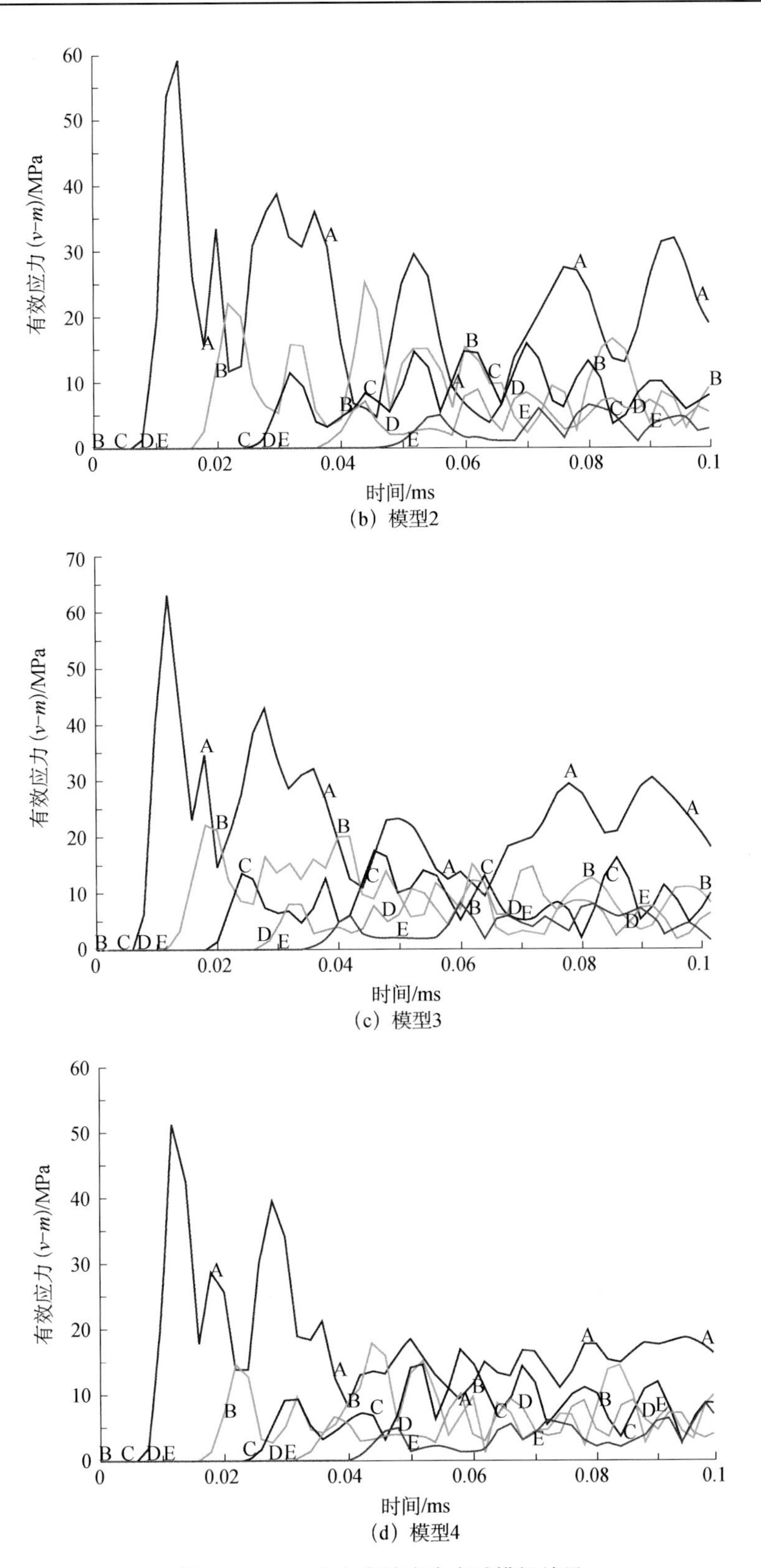

(b) 模型2

(c) 模型3

(d) 模型4

图 6.21　45°方向有效应力衰减模拟结果

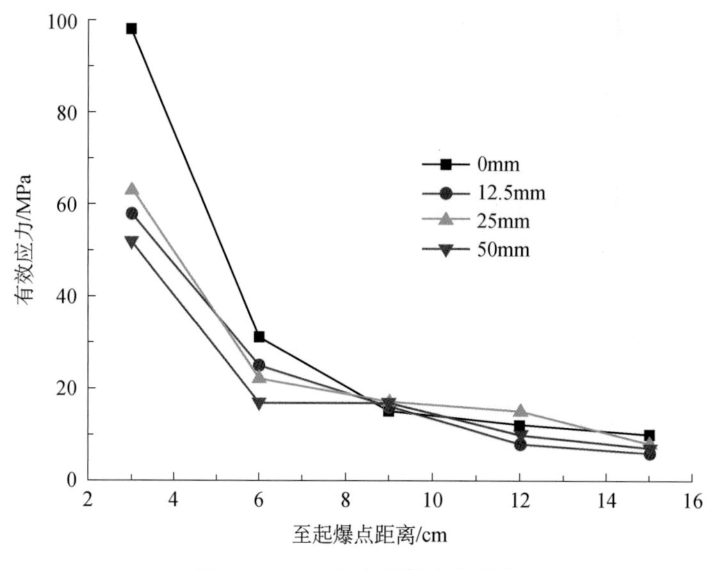

图 6.22　45° 方向有效应力峰值

数值模拟研究结果表明：采用连续装药，在 45° 斜向近区有效应力衰减很快；采用轴向分段装药，对 45° 斜向方向的应力值影响很小。

6.4　大孔径切缝药包爆破模拟

在实际爆破工程中，由于普遍采用较大直径的炮孔，因而由比例模型推导出的研究结果往往与实际情况存在一定的差异。基于此，本章对实际爆破工程中所普遍采用的两种大直径（90mm 和 250mm）炮孔进行了切缝药包轴向间隔装药爆破的数值求解，以期通过对爆破后应力波的传播、叠加规律分析，对切缝药包爆破的细观机理进行研究，指导实际爆破工程。

6.4.1　孔径 90mm 切缝药包爆破模拟

1. 数值计算模型

实际爆破中，预裂炮孔深为 9～13m，炮孔直径为 90mm，炮孔间距为 1m。在数值计算中，进行了简化，取相邻两个炮孔进行计算，计算模型长 3m、宽 2m、高 1.5m。炮孔间距 1m，孔深取 0.5m，直径为 90mm，采用聚能管装药，聚能管高度为 0.5m，管内直径为 34mm，管壁厚度为 2mm。聚能管内部采用轴向间隔装药结构，单个条形药包长度为 16cm，药包间采用空气间隔，距离为 18cm，如图 6.23（b）所示。采用顶部同时起爆方式，共 4 个起爆点。由于模型具有线对称性，沿宽度取 1/2 模型计算，施加对称约束。岩石模型除上顶面为自由边界外，其余各面均设置为无反射边界，采用流固耦合方法进行数值求解。

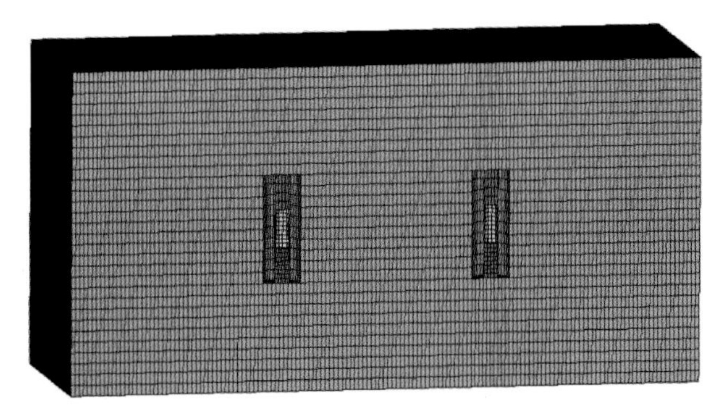

(a) 双炮孔模型

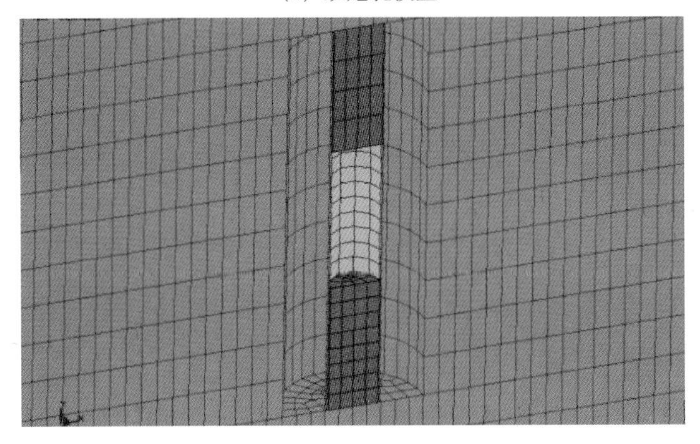

(b) 炮孔局部放大图

图 6.23　计算模型

数值计算中采用三维模型，炸药采用 2 号岩石乳化炸药，炸药材料模型采用 MAT_HIGH_EXPLOSIVE_BURN，JWL 状态方程。炸药密度 1.3g/cm³，爆速 3800m/s。聚能管为热相关材料，真实表达此材料的力学行为较为复杂，这里选用理想弹塑性材料来模拟聚能管，密度、弹性模量和泊松比分别为 1.3g/cm³、3.1MPa 和 0.38。岩石采用 JHC 材料来描述，JHC 模型适合在大应变、高应变和高压力条件下使用。岩石及炸药的物理力学参数分别见表 6.7 和表 6.8。

表 6.7　岩石材料物理力学参数

密度/(kg/m³)	剪切模量/GPa	泊松比	A	B	C	N
2900	15	0.23	0.79	1.6	0.007	0.61

表 6.8　炸药材料物理力学参数

密度/(kg/m³)	爆速/(m/s)	P_{CJ} /GPa	A /GPa	B /GPa	R_1	R_2	ω
1300	3800	10.5	220	0.2	4.5	1.1	0.35

2. *岩体有效应力模拟结果*

图 6.24 给出了双孔同时起爆下，岩体内有效应力的传播过程。可以发现，炸药爆炸后在炮孔顶部首先受到冲击，如图中 7μs 时刻。随着爆轰的进行，上段炮孔顶角处发生应力集中，此时下段炮孔侧壁刚受到冲击，之后上、下段岩体内部应力波均以柱状

面向外传播，且波阵面呈上大下小状态，如图中 70μs 时刻。根据图中 7μs、40μs、70μs 时刻的模拟图形进行分析。当采用顶部起爆方式时，上段炸药爆炸后，直接冲击

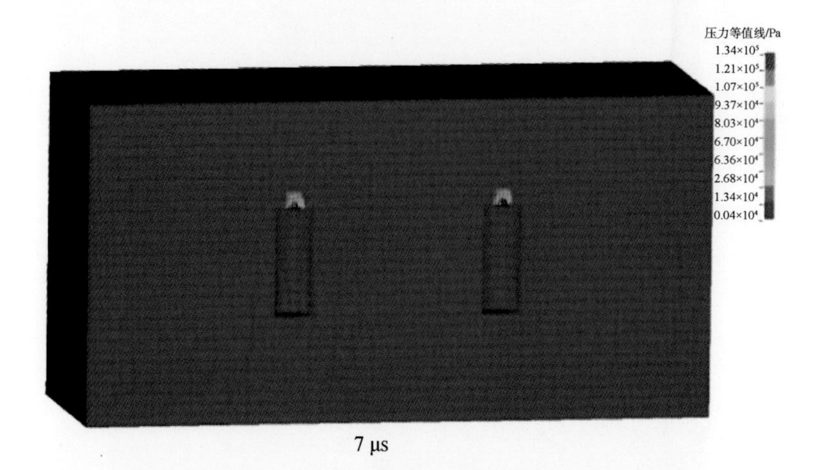

7 μs

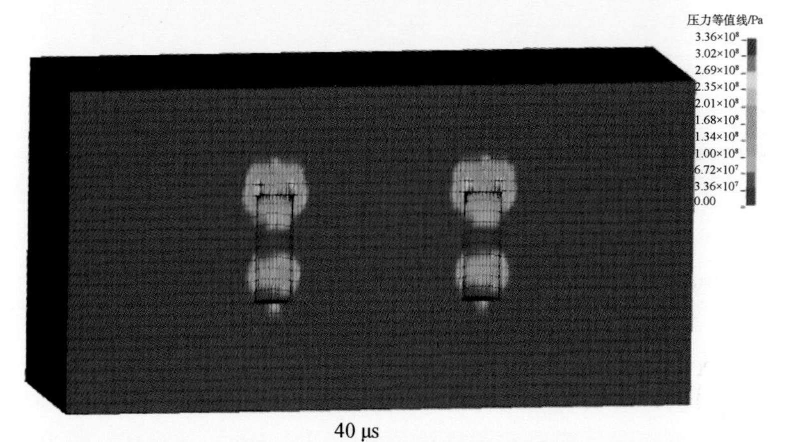

40 μs

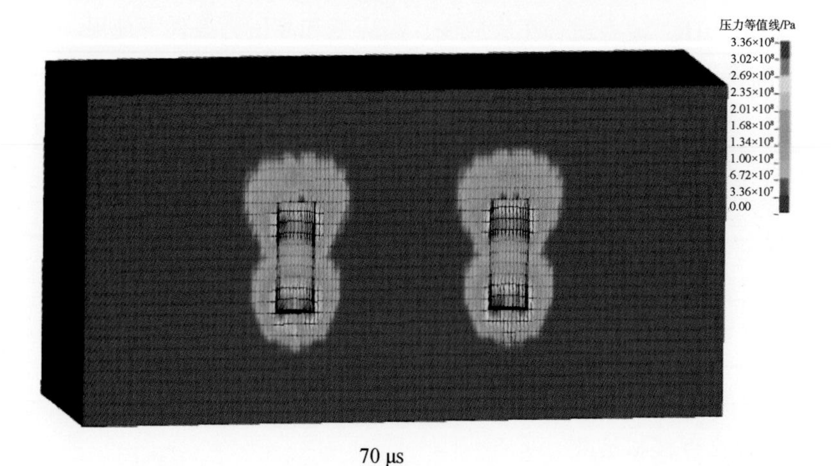

70 μs

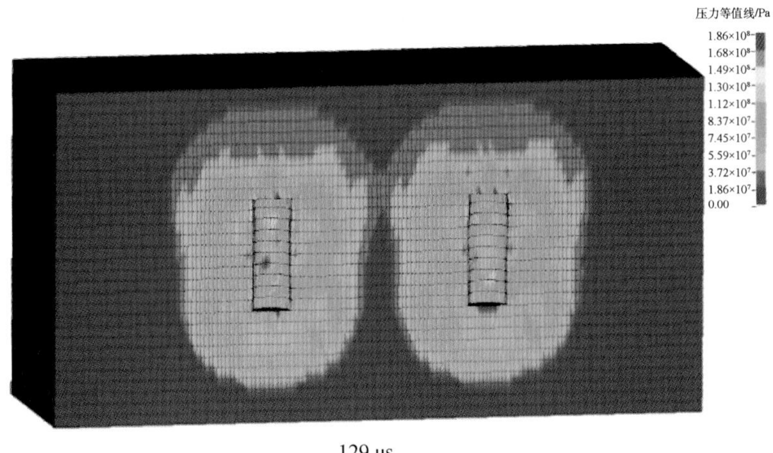

129 μs

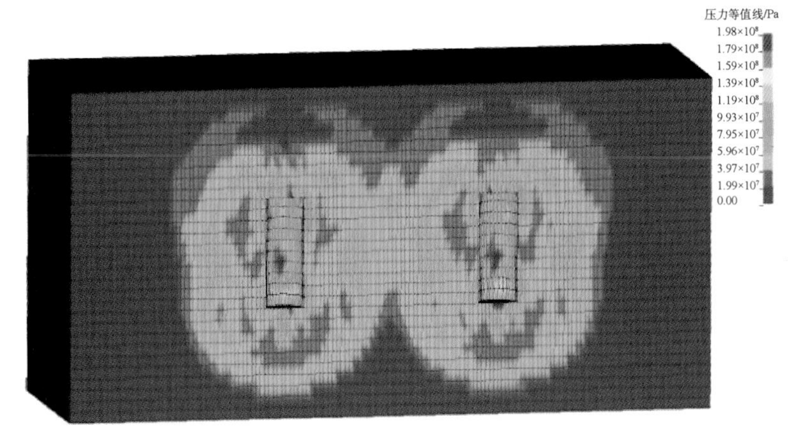

146 μs

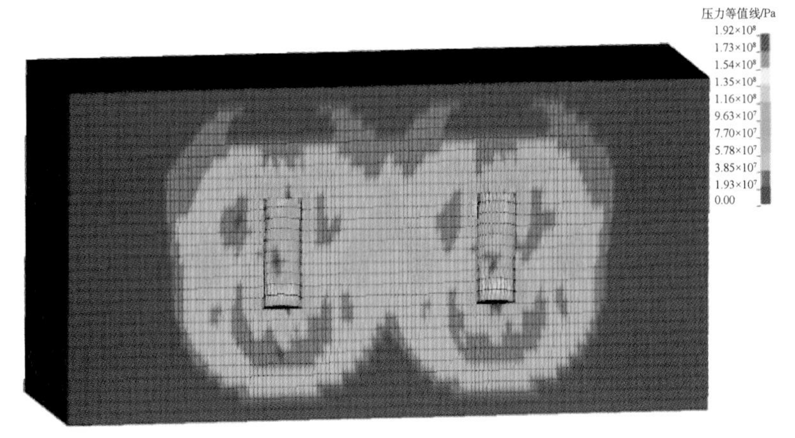

152 μs

图 6.24　爆轰过程模拟结果

炮孔顶部，因而炮孔顶部首先出现应力集中现象。与上段装药相比，下段装药起爆点与空气相接触，并非直接接触岩体，炸药起爆后，冲击波首先冲击压缩上部空气柱，随着爆轰的进行，炮孔内压力急剧增大，冲击波才开始作用岩体侧壁及底部且波阵面呈上大下小状态。

由图 6.24 可以看出，在起爆后 129μs，上、下两段炸药爆炸产生的应力波发生叠加，此时应力波传播至岩体顶部，之后在自由面的反射下，压缩波反向传播，形成拉伸波，压缩波与拉伸波发生叠加，如图 6.24 中 146μs 时刻。随着下段炸药爆轰的完成，垂直于炮孔中心连线地带形成了应力波强叠加区。

数值模拟发现岩石破坏首先发生在炮孔顶部，随着应力波向自由面的传播，岩石表面发生拉伸破坏。炮孔连线中心应力波叠加，岩石破坏程度要相对严重。

3. 炮孔中心连线不同高度有效应力分布

图 6.25 给出了两炮孔中心连线不同高度处有效应力分布，由上至下取测点 A、B、C。对照应力曲线可以看出，三个测点有效应力到达时间以及峰值均存在较大差异。A 点有效应力峰值最小，为 35MPa；B 点有效应力峰值最大，为 92MPa；C 点应力峰值介于 A 和 B 之间，为 60MPa。在时间上，A 点应力峰值出现最早，在 0.15ms，B 点和 C 点则较晚。

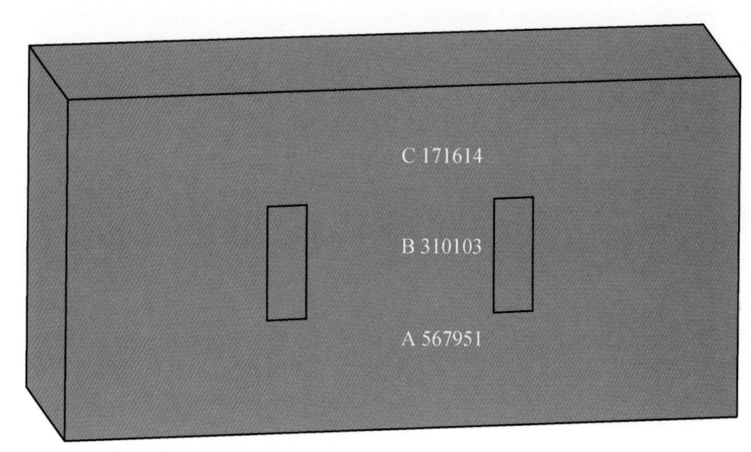

(a) 测点分布

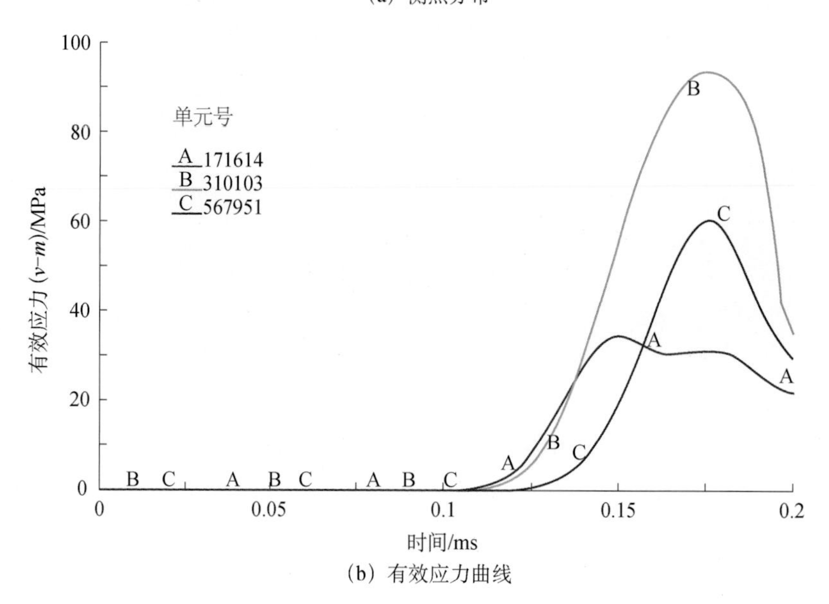

(b) 有效应力曲线

图 6.25　测点有效应力分布

测点 A 位于炮孔顶部，在上段炸药起爆后，应力波首先传播到 A 点。在下段炸药爆炸产生的应力波传播至 A 点时，A 点应力波已经发生严重衰减，同时与顶部岩体反射形成的拉伸波相互作用，因此 A 点有效应力峰值较小。测点 B 处于炮孔连线的中心点处，随着爆轰反应的进行，上段与下段炸药爆轰产生的压缩波在此处发生强叠加，因此 B 点有效应力最大。

4. 炮孔侧壁有效应变比较分析

选取炮孔中部垂直及平行聚能管切缝方向的两个测点，测点 A 和 B，见图 6.26（a）。提取测点的有效塑性应变曲线，见图 6.26（b）。结果发现，两个方向的有效应变

（a）测点分布

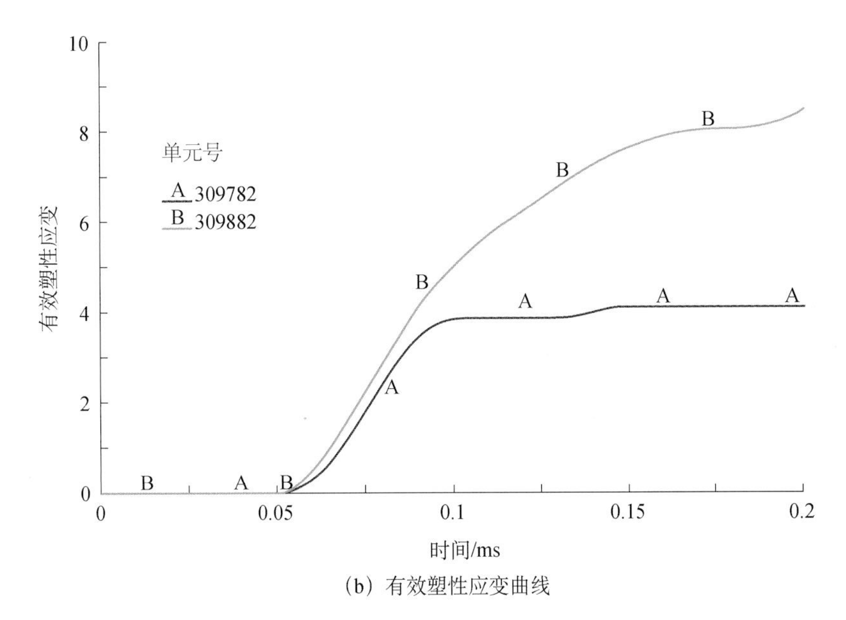

（b）有效塑性应变曲线

图 6.26 有效塑性应变比较

分别为 4%和 8%，垂直切缝方向的应变显著低于平行切缝方向，两测点的应变比值为 0.5。有效应变模拟结果表明，采用切缝药包装药后，爆炸对炮孔侧壁的冲击作用显著不同。切缝管的作用主要有两个方面：一是对炸药爆炸能量的导向作用，使得炸药能量充分作用于切缝处，导致裂纹沿切缝处优先发展；二是对侧壁的保护作用，可以削弱强冲击波对孔壁的直接作用，同时可以包裹住爆生气体，避免高温高压的气体直接作用于受保护一侧的岩壁。

6.4.2 孔径 250mm 切缝药包爆破模拟

1. 数值计算模型

在金属矿山中，通常采用露天开采，高陡边坡，大炮孔直径。因此边坡的稳定性对金属矿山尤为重要。在露天矿山的开采中，边坡爆破通常采用预裂爆破的方式。由于切缝药包爆破具有很好的成型及降震作用，因此这里提出了将切缝药包定向断裂爆破技术引入到高陡边坡预裂爆破中。

在数值计算（图 6.27）中，进行了双炮孔切缝药包定向断裂爆破模拟研究。数值计算采用的模型尺寸见表 6.9。模型长 9m、宽 1m、高 5m，炮孔间距 3m，孔深 4m，炮孔直径 250mm。炮孔中采用空气间隔切缝管装药，每个炮孔中装药分为两段，每段药包长度为 1m，外面包裹切缝管。径向不耦合系数 α 取 1.67，经计算得装药直径为 150mm，所以这里取切缝管内直径 150mm，壁厚为 0.5mm，切缝宽度按照几何相似原则，取切缝宽度为 2cm。采用顶部同时起爆方式，共 4 个起爆点。由于模型具有线对称性，沿宽度取 1/2 模型计算，施加对称约束。模型除上顶面为自由边界外，其余各面均设置为无反射边界，采用流固耦合方法进行数值求解。

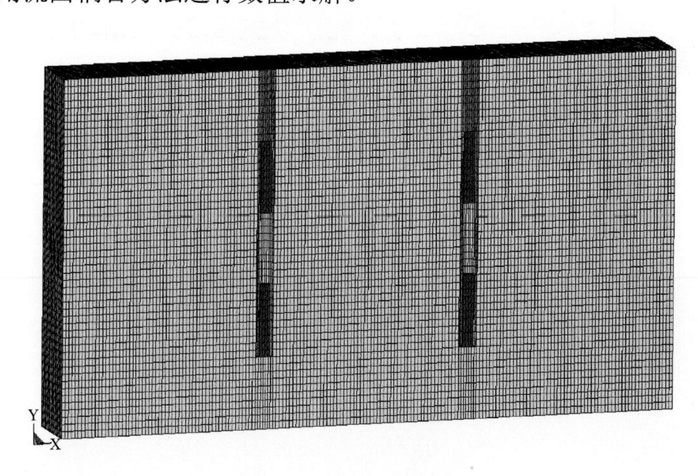

图 6.27　数值计算模型

表 6.9　模型几何尺寸

长×宽×高	炮孔深度/m	炮孔直径/mm	管内径/mm	切缝宽度/mm	径向不耦合系数	轴向不耦合系数/%
9m×1m×5m	4	250	150	20	1.67	33.3

计算中采用三维模型，炸药采用 2 号岩石乳化炸药，炸药材料模型采用 MAT_HIGH_EXPLOSIVE_BURN，JWL 状态方程。炸药密度 1.3g/cm^3，爆速 3800m/s。聚能管为热相关材料，真实表达此材料的力学行为较为复杂。这里选用理想弹塑性材料来模拟聚能管，密度、弹性模量和泊松比分别为 1.3g/cm^3、3.1MPa 和 0.38。岩石采用 JHC 材料来描述，JHC 模型适合在大应变、高应变和高压力条件下使用。炸药的物理力学参数见表 6.9。

2. 爆破过程模拟结果

图 6.28 所示为双炮孔同时起爆后炮孔间的有效应力传播过程模拟结果。由数值模拟结果可看出，炸药爆炸后，在上段炮孔顶部堵塞段和下段炮孔侧壁首先受到冲击，如图中 59.3μs 时刻。随着爆轰的进行，爆炸反应沿炮孔向下传播，上、下两段应力波波

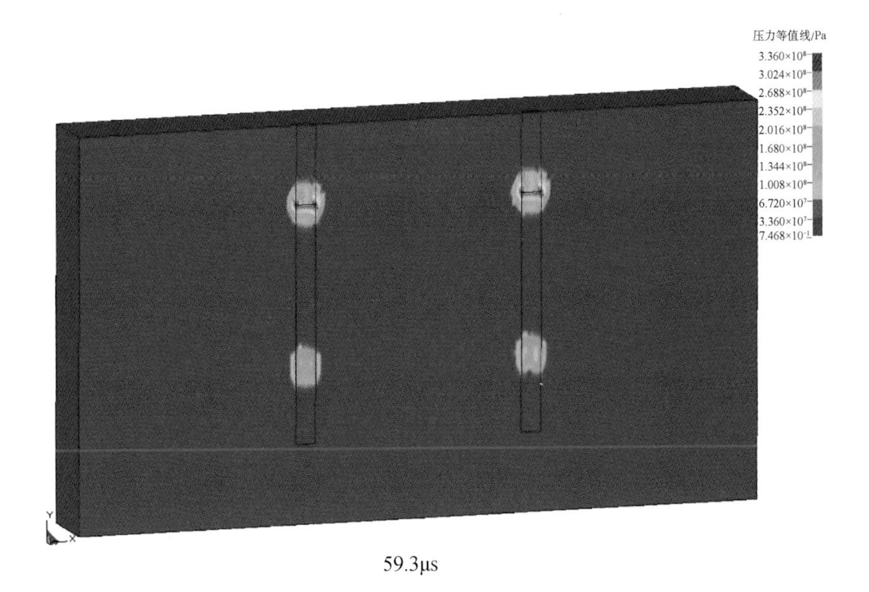

59.3μs

149.7μs

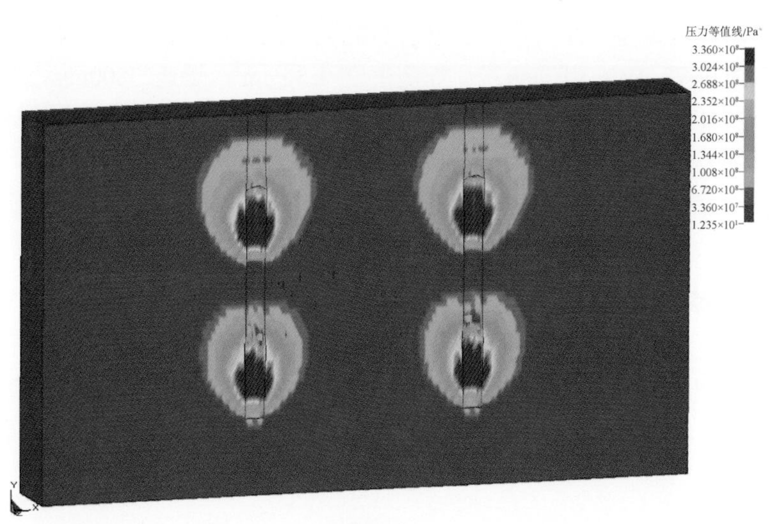

229.9μs

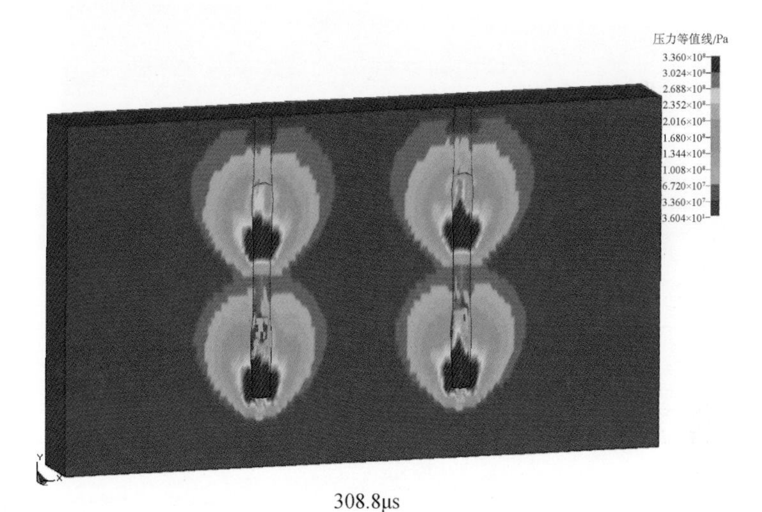

308.8μs

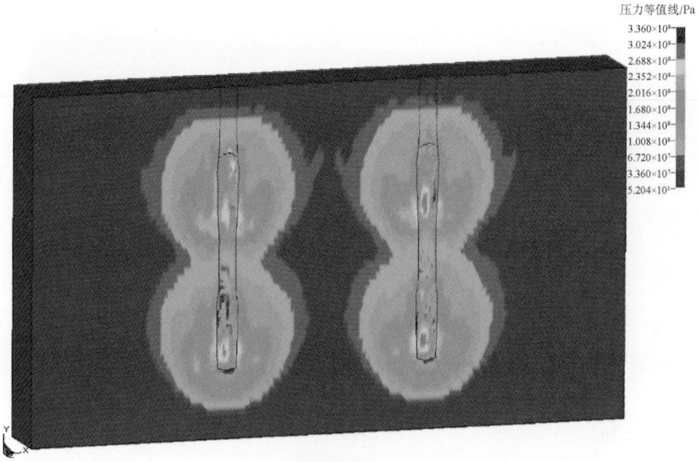

399.5μs

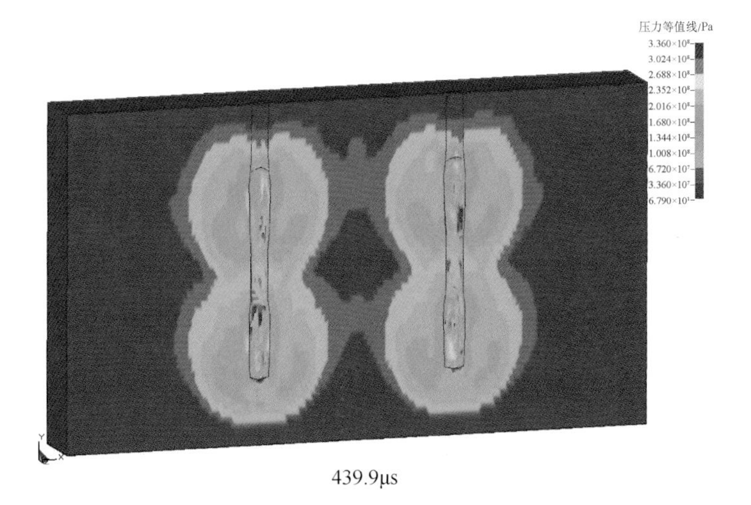

439.9μs

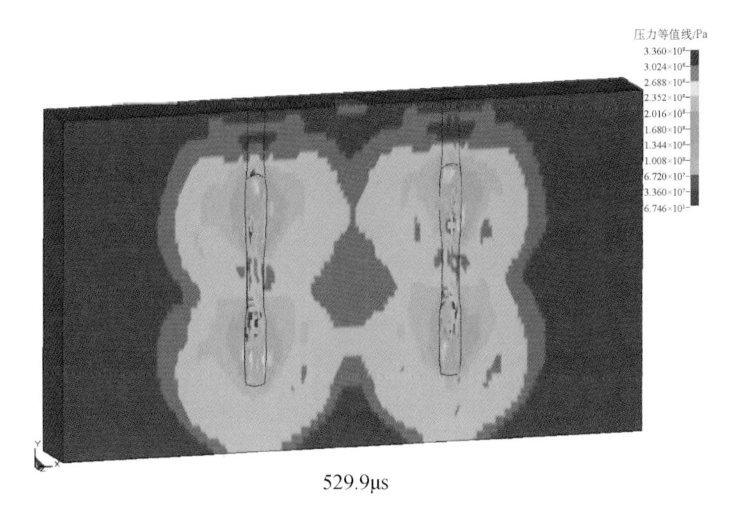

529.9μs

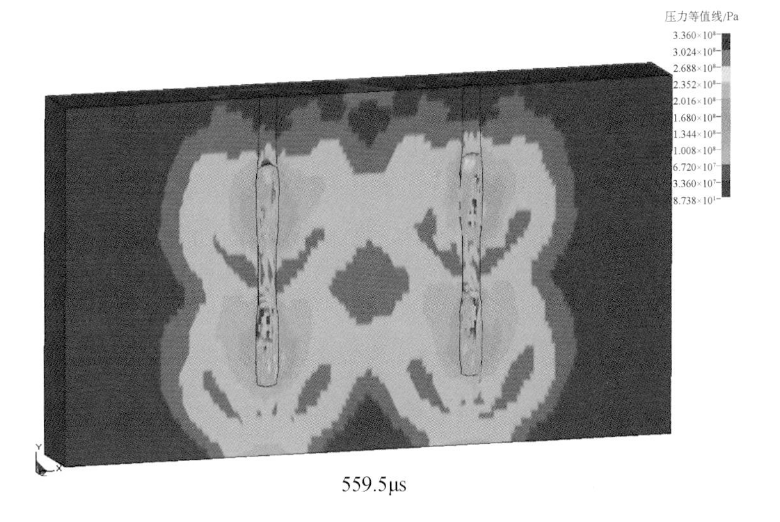

559.5μs

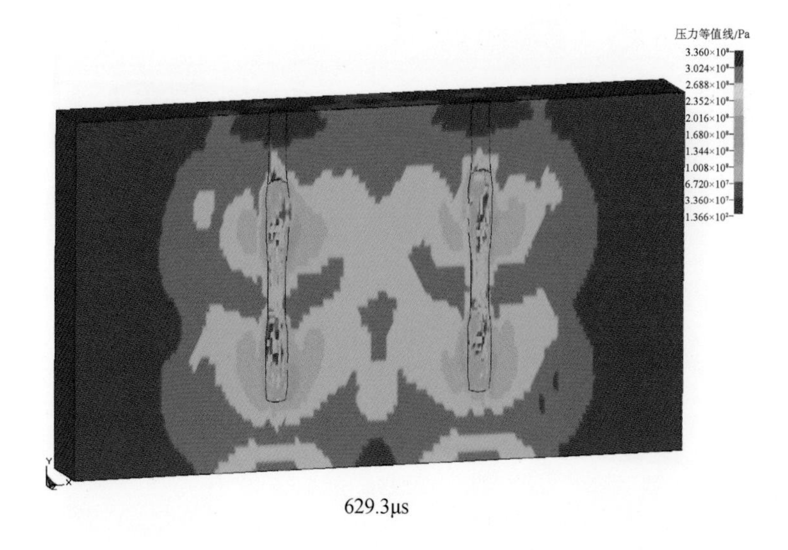

629.3μs

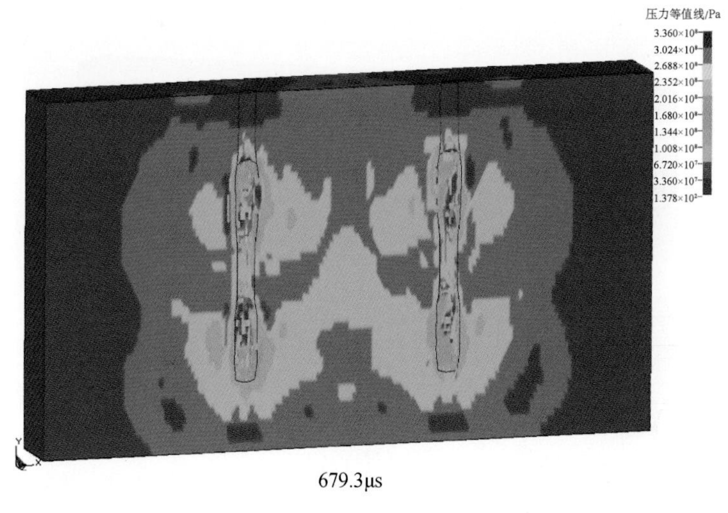

679.3μs

图 6.28　应力波传播过程模拟结果

阵面均以圆形面向外扩展。在 229.9μs 时刻，上段药包爆炸产生的应力波传播至顶部自由面，而下段药包爆炸产生的应力波恰好传播至炮孔底部。在 308.8μs 时刻，两段炸药爆炸产生的波阵面在空气柱的顶部相遇，此时上段应力波传播至自由面发生反射，形成了反向传播的拉伸波。随着应力波的进一步传播，在 439.9μs 时刻，两个炮孔爆炸产生的应力波发生叠加，但是由于炸药爆炸反应的完成，应力波的强度衰减很快。在 529.9μs 时刻，应力波传播至炮孔底部，由于炮孔底部采用无反射边界，因此入射的压缩波直接被炮孔底部吸收。

数值模拟结果再现了双炮孔切缝药包爆破后的应力波传播、叠加和反射过程。同时，由应力场分布模拟结果可以看出，随着爆炸反应的向下进行，炮孔顶部自由面首先出现拉应力区，这意味着炮孔顶部的拉伸破坏出现较早。而炮孔中部出现一个形状为菱形的低应力区，在该菱形区域，岩石破坏后易形成大块。

3. 炮孔中心测点有效应力模拟结果

在两个炮孔中部沿中心线布置 4 个测点（图 6.29），提取测点的有效应力曲线（图 6.30）。测点 A、B、C 和 D 的有效应力峰值分别为 63MPa、100MPa、89MPa 和 92MPa。数值模拟结果表明，采用双炮孔切缝药包空气间隔装药爆破，在炮孔间可以实现贯穿。炮孔顶部发生拉伸破坏，同时爆破后易形成爆破大块。

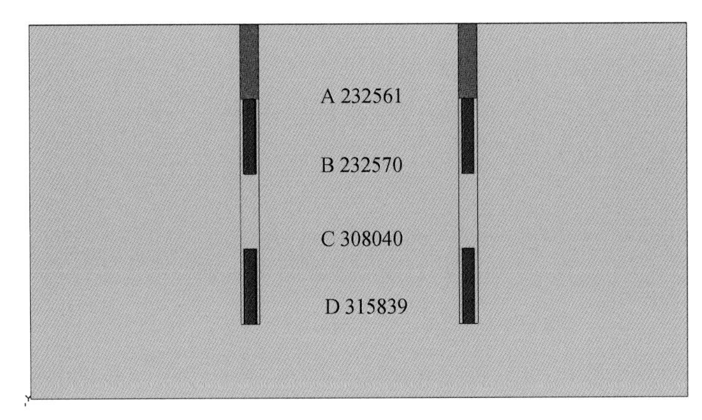

图 6.29 测点布置图

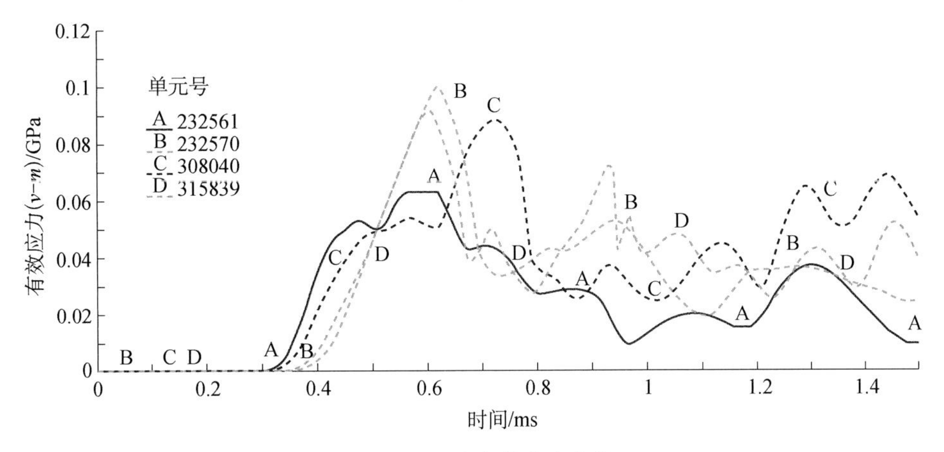

图 6.30 测点有效应力曲线

第 7 章　切缝药包爆破的应变及损伤规律

在数值模拟研究的基础上，开展砂浆模型实验室试验研究。主要采用动态应变监测和高速摄影等研究手段，对砂浆模型进行爆破试验。通过上述研究手段对切缝药包爆破后的应力波传播规律，裂纹的扩展规律进行深入研究，揭示切缝药包爆破的内在机理。借此优化切缝药包设计，提高切缝药包爆破效果，最终为实际爆破工程设计提供理论依据。

7.1　模型试验测试系统

砂浆模型试验中采用了 SDY2107A 型超动态电阻应变仪，对切缝药包爆破后水泥砂浆内部的应力场分布规律进行研究，以揭示切缝药包定向断裂爆破的机理。此外，还采用了 MS55K B2 高速摄影仪，通过对爆破过程中裂纹扩展轨迹、扩展速度进行监测，分析定向断裂控制爆破作用规律。

7.1.1　超动态应变测试系统

爆炸冲击载荷作用下材料应力应变信息获取的动态试验方法主要有电测和光测两种。虽然光测法能够获取更多的信息量，但由于电测法具有结构简单，使用方便，性能稳定、可靠，易于实现测试过程自动化和多点同步测量、远距离测量和遥测，灵敏度高，测量速度快等优点，因此本试验选用电测法。试验中采用小型水泥砂浆模型进行爆破试验。

1. 应变测试系统

试验测试系统包括：①内置应变砖试块；②屏蔽电缆线；③电桥盒；④SDY2107A 型动态电阻应变仪；⑤TST3406C 动态数据采集卡。其技术指标和性能指标分别见表 7.1 和表 7.2。

表 7.1　SDY2107A 型超动态电阻应变仪技术指标

电桥电阻	供桥电压	应变系数	频响	微调范围	供电
60Ω～5kΩ	2V，4V，8V	2.00	DC～2500kHz（−3dB±1dB）	±100με	交流 220V
输入阻抗	**灵敏度**	**输出电压**	**应变校准值**	**信噪比**	**平衡范围**
大于 100MΩ	0.2V/100με（桥压 4V）	±5V	10～9990με	大于 40dB	使用电桥电阻的±1%

表 7.2　TST3406C 动态数据采集卡主要性能指标

采样率	存储深度	AD	输入阻抗	量 程	带宽（−3dB）
40Ms/s	4M 样点/CH	12bit	大于 1MΩ	±20V～±100mV	0～8MHz

动态应变测试（图 7.1）过程中电桥电压的输出信号非常小，在高温、超高压、高应变率等复杂环境中，很容易受到内部和外界信号的干扰。干扰的来源包括机械的、热的、电磁的，也有测试仪器内部引起的干扰。频率在所测动应变信号的频率范围内的电磁干扰，混入应变信号中会严重影响测量结果，或使试验无法进行。

图 7.1　超动态应变测试系统

2. 应变砖的制作

水泥砂浆是一种混合材料，存在非匀质、不密实、导电不良、导热性能差等缺点，会给应变测量带来问题。应变片贴于表面，测量动态应变时受边界反射影响严重，测出的应力波值有较大的误差，因此采用在试块内部预埋应变砖的方法。

1）应变片的选择

应变片的品种选择，首先应根据测试要求和环境条件进行，具体选用应考虑温度、湿度、结构应力状态、荷载特性、应变范围、应变片加强效应等因素。爆破测试中，由于应变片处于高频应力状态，为防止因疲劳引起应变栅断裂、引出头脱焊和胶层滑移等情况，因此要求应变片抗冲击能力较强，疲劳寿命长，焊头经过特殊处理。

（1）应变片的阻值。国产应变片的标称电阻一般为 60～400Ω，应变仪的测量桥大多按阻值 120Ω 的等臂电桥设计，要求配用 120Ω 应变片。

（2）应变片的栅长。应变片测得的应变是其栅长内被测结构的宏观平均应变，测量精度和应变片栅长直接相关，栅长太大则不能代表点应变。动态测试时高频应力波从试件传播到应变片的过程中，应变片的栅长对测试结果的误差影响很大，栅长越长则其测试结果误差越大，如栅长与应变波的波长相等，则正负两个半波应变相互抵消，应变片无应变输出。

正弦应变波与栅长的关系如图 7.2 所示。

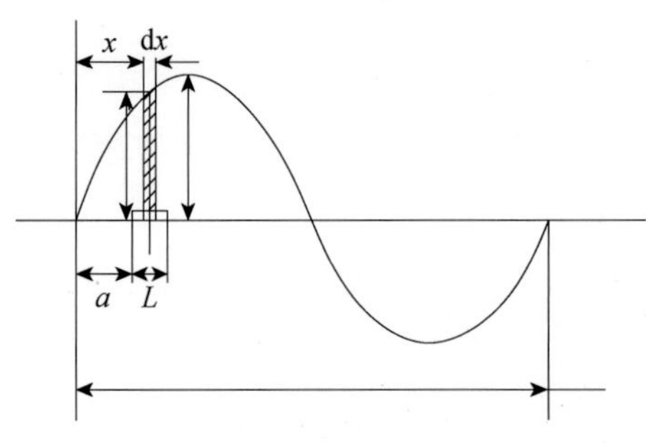

图 7.2　正弦应变波

应变波

$$\varepsilon_x = \varepsilon_m \sin\left(\frac{2\pi}{\lambda}x\right) \tag{7.1}$$

应变片所在点实际应变

$$\varepsilon = \varepsilon_m \sin\frac{2\pi}{\lambda}\left(a + \frac{L}{2}\right) \tag{7.2}$$

应变片总变形

$$\Delta l = \int_a^{a+L} \varepsilon_m \sin\left(\frac{2\pi}{\lambda}x\right)\mathrm{d}x \tag{7.3}$$

应变片实测应变

$$\varepsilon' = \frac{\Delta l}{L} = \frac{\varepsilon_m \lambda}{\pi L}\sin\frac{\pi L}{\lambda}\sin\left(\frac{\pi L}{\lambda}\right)\sin\left(\frac{\pi L}{\lambda} + \frac{2\pi a}{\lambda}\right) \tag{7.4}$$

测量误差

$$\eta_d = \frac{\varepsilon - \varepsilon'}{\varepsilon} = 1 - \frac{\lambda}{\pi L}\sin\frac{\pi L}{\lambda} \tag{7.5}$$

由此可见，对特定频率的应力波，应变片栅长越大则误差越大，栅长与误差的关系见表 7.3。

表 7.3　应变片栅长形成的动态误差

应变片栅长与波长之比$\left(\frac{L}{\lambda}\right)$	0	0.05	0.1	0.25	0.5	1	1.2	1.3
测量误差η_d	0	1.0	1.7	10.4	36.5	100	115.7	119.0

已知所测信号的频率时，栅长可由波的传播速度V和频率误差为 1%时的应变片栅长$L(\text{mm}) = \frac{V(\text{m/s})}{20f(\text{kHz})}$计算。按此计算应变片的栅长应小于 1mm，但由于水泥砂浆是非均质材料，受骨料尺寸影响，局部间存在应变差异，因此测试中，应变片栅长不宜过小，应大于 2～4 倍的颗粒直径。

冲击荷载作用时会因栅长引起时间滞后，若以上升时间的 10%～90%作为应力波的建立时间t_k，则$t_k = 0.8\frac{L}{V}$。

综上所述，试验中选用浙江黄岩仪器厂生产的 BX120-3AA 型箔式金属应变片，栅格尺寸 3mm×2mm，主要性能指标如表 7.4 所示。

表 7.4　BX120-3AA 应变片的性能指标

电阻/Ω	灵敏系数	机械滞后/Mε	蠕变/με	灵敏系数随温度的变化	横向效应系数	绝缘电阻/MΩ
120±0.1%	2.08%	2	3	2%，100℃	0.5%	50000

2）应变砖的制作

为保证应变砖测量到的应变与被测介质相同，应变砖的弹性模量、泊松比、波阻抗等物理力学性质应与被测介质相匹配，因此试验中应变砖采用和试块相同的材料和配比。应变砖的尺寸在栅长方向要比应变片大 40～50mm，宽度大 30～35mm。

试验制作 20mm 的正方体小块，养护 7 天后将贴片的面打磨平滑，用脱脂棉球蘸甲苯和丙酮清洁表面，保证无油脂、粉尘等。用环氧树脂涂抹作为防水底层，涂层厚度约为 0.2mm。自然固化时间约需 2～4h，加热到 80～120℃可使环氧树脂充分固化。

贴片使用 502 黏合剂，对准粘贴后，将多余的胶液和气泡压出，加压 3min 以保证粘贴密实。为使粘贴胶层充分干固，对粘贴后的应变片进行加温处理。

固化前应将应变片引出线下的结构面涂上一层环氧树脂，防止引出线和试块结构短路，用小功率电烙铁将引出线和导线焊接固定，剪掉多余的引出线。最后在上表面用环氧树脂做防潮和保护，厚度约 0.3mm，将导线和应变片密封严实。

应变砖制作完成后用电阻表测量应变片，检测是否有短路或断路现象，并在水中浸泡，检测应变片与构件间的绝缘电阻，绝缘性好的情况下绝缘电阻应在 1000MΩ以上。

7.1.2　高速摄影测试系统

采取高速摄影技术对岩石爆破裂缝的产生和发展过程进行观测，对研究爆破过程是一种有效的试验手段，试验使用加拿大超速相机公司（Mega Speed Corp）生产的高速摄影仪，对切缝药包爆破作用的试块破坏过程进行记录。

测试系统（图 7.3）包括：①MS55K B2 高速摄影；②装有 Mega Speed 软件的笔记

图 7.3　高速摄影测试系统

本电脑；③功率为 2500W 的 LED 灯。拍摄过程中可根据拍摄内容调整摄影机的位置和拍摄角度，高速摄影仪的拍摄速度和分辨率（表 7.5）由电脑软件控制，设置拍摄速度后调整光圈和照明灯亮度即可进行试验。

表 7.5　MS55K B2 主要性能指标

传感器类型	最大分辨率	像素尺寸	A-D 转换	闪光同步
CMOS	1280×1024	12μm×12μm	8bits	TTL 电平 3～5VDC 高电平
PCI 卡	触发模式	快门速度	拍摄速度	
标准 PCI	TTL 开始、停止、快照模式等	2μs～30ms，2μs 连续可调	可任意设置（最大 10K）	

7.2　模型试块的制作与静力学性能测试

7.2.1　试块模型的制作

试验是根据地质力学模型的制作理论，在实际岩体的弹性模量、泊松比等参数的基础上，合理地缩放制作试件，然后在其上应用切缝药包爆破方法，观察试块的破坏规律，用以指导实践，使实际工作规范化、科学化。

试验室相似材料模拟爆破试验能否反映模拟对象的真实过程，关键在于相似性准则的确定。根据爆破相似理论，模型试验需满足一定条件下的几何和边界条件相似、动力相似以及材料相似。爆炸相似律是借助于量纲分析理论建立起来的。

（1）满足几何相似原则，即模型设计各参数对应原型参数按同比例缩小或放大。由于模型体是有限的，实际爆破环境边界却是无限的，因此边界条件无法真正满足几何相似的原则，只能采取措施，使由此产生的模拟失真尽可能减小，所造成的误差能在允许的范围内。有两种方法：①增大模型尺寸，使炮孔尺寸、抵抗线等几何尺寸相对于模型尺寸尽量小；②增加边界约束，设置无间隔的强力约束，如用钢模板紧固模型周边，以增强边界抵抗破坏的能力等。

（2）式 $\frac{\sigma'_R}{\sigma_R}=\frac{\rho' v'}{\rho v}$，$\frac{\rho_o c}{\rho v}=\frac{\rho'_o c'}{\rho' v'}$ 反映了炸药与岩石的匹配关系。试验室一般使用爆速高的单质炸药，要满足强度和炸药爆速的匹配要求，应选用比岩石强度更高的脆性材料来制作模型，这个条件往往无法满足。所用的水泥砂浆材料，其波阻抗比原岩低，而采用的炸药爆速大，因此这一条件也难以满足。解决办法是以“炸药爆炸能量相似”为原则，即试验所用炸药单耗与实际爆破所设计用炸药单耗相似，采用不耦合装药首先满足动力相似条件，这样会在一定程度上影响几何相似条件。

（3）岩体材料是一种十分复杂的地质体，含有丰富的节理、层理、裂隙、断层等不连续面，难以做到完全精确地模拟岩体介质。因而试验中主要考虑物理力学参数的相似，如拉、压强度，变形模量，泊松比，黏聚力和内摩擦角相似。以试验材料的单轴岩

石的强度为相似指标，材料相似条件为

$$C_E=\left(\frac{\sigma_P}{\sigma'_m}\right)_{压}=\left(\frac{\sigma_P}{\sigma'_m}\right)_{拉}=\left(\frac{\sigma_P}{\sigma'_m}\right)_{剪} \tag{7.6}$$

7.2.2　标准混凝土模型静力学性能

1. 标准试件制作

模型试块制作时取同批搅拌的水泥砂浆，用尺寸为 70.7mm×70.7mm ×70.7mm 的带底试模制作立方体试件，每 3 个为一组。将砂浆一次装满试模，放置到振动台上，振动时试模不得跳动，振动 5～10s 或持续到表面出浆，待表面水分稍干后，将高出试模部分的砂浆沿试模顶面刮去并抹平。

试件制作后应在室温下养护 28 天。养护期间，砂浆试件上面覆盖以防有水滴在试件上。在浇筑水泥砂浆试块时，在同一批次中制作标准模型（尺寸为 70mm×70mm×70mm），制作应变砖时也要制作同样的标准模型，以对比其力学性质的差异。标准模型如图 7.4 所示。

2. 抗压强度、弹性模量和泊松比

承压试验使用长春材料试验机厂生产的 YE-200A 型液压式压力试验机（图 7.5）。试件安放在试验机的下压板上，试件中心应与试验机下压板中心对准，开动试验机连续而均匀地加荷，加荷速度应为 0.5kN/s。当试件接近破坏而开始迅速变形时，停止调整试验机油门，直至试件破坏，然后记录破坏荷载，3 个荷载值的最大值或最小值与中间值的差值不超过中间值的 15%。

图 7.4　水泥砂浆标准模型

图 7.5　YE-200A 型液压式压力试验机

立方体抗压强度应按下式计算：

$$f_{m,cu}=\frac{N_u}{A} \tag{7.7}$$

式中，$f_{m,cu}$ 为砂浆立方体试件抗压强度，MPa；N_u 为试件破坏荷载，N；A 为试件承压面积，mm^2。

砂浆立方体试件抗压强度计算应精确至 0.1MPa。以 3 个试件测值的算术平均值的

1.3 倍作为该组试件的砂浆立方体试件抗压强度平均值（精确至 0.1MPa）。

泊松比的测试采用电测法。其基本原理为：把电阻应变片固定在试件的测试表面，当试件变形时，应变片的电阻值发生相应的变化，通过电阻应变仪将电阻变化测定出来，并直接转化为应变值，从而求得材料的泊松比，其灵敏度可达一个微应变。

试验仪器使用 YE-200A 型液压式压力试验机和 YE2538 程控静态应变仪，在试块轴线方向布置 BX120-50AA 型电阻应变片（浙江黄岩测试仪器厂生产）栅格尺寸 50mm×4mm。加载过程参考混凝土试件弹性模量测试的方法，利用试验获得的抗压强度数据，求出其平均值，算出加荷标准 P_a=0.4R_a，以 0.5kN/s 的速度加载至 P_a，然后以同样的速度卸荷至零，如此反复预压 3 次。观察压力机及千分表的运转是否正常，否则应做调整。预压 3 次后，以同样的速度进行第 4 次加荷。先加荷至 0.5 MPa 的成荷载 P_0，保持 30s，分别读取两侧应变数，然后加荷至 P_a，保持 30s，记下两侧应变数，算出两侧变形增量的平均值 $\varDelta_a$。再以同样的速度卸载至 P_0，保持 30s，读取两侧变形 $\varDelta_0$。E_c=（P_a-P_0）$L/F\times\varDelta_n$，式中 $\varDelta_n=\varDelta_a-\varDelta_0$。两测读得的变形值之差不得大于变形平均值的 20%。泊松比为水平和竖直方向变形的比值，测试方法与弹性模量测试类似。

3. 纵波声速

实验中制作应变砖所做标准模型和制作水泥砂浆圆柱试块所做标准模型各取 3 组进行纵波速度 C_p 测试。试验仪器采用 CTS-25 型标准模型纵波速度测试仪。在标准模型两侧涂少许凡士林，将凡士林涂抹均匀，将纵波探头紧靠涂抹凡士林的地方且与对称面探头保持在同一水平线上，如图 7.6 所示。上述纵波速度、抗压强度以及弹性模量测试所用的标准模型的测试面为人工打磨面，否则将会产生很大误差。

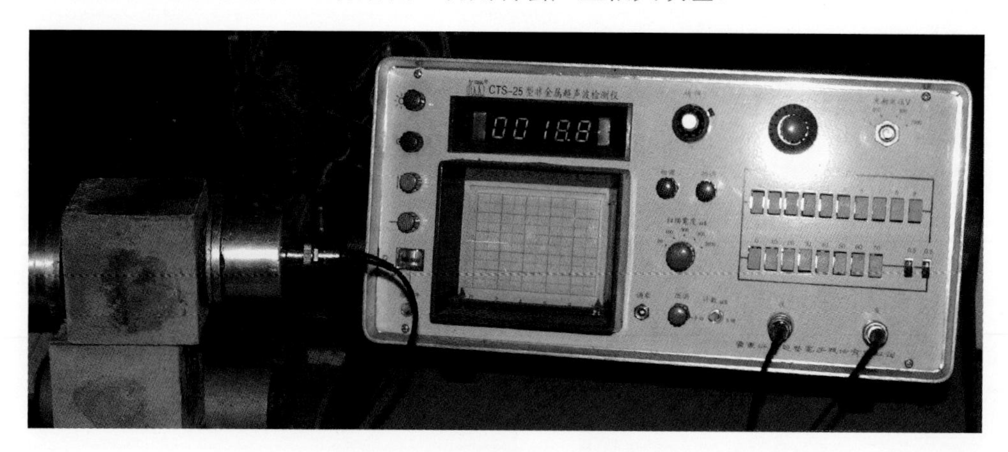

图 7.6　标准模型纵波速度测试

由于实验条件所限，没有横波探头，横波速度无法测量。横波速度 C_s 采用下式计算：

$$C_s=\sqrt{\frac{E}{2\rho(1+\mu)}}\qquad(7.8)$$

所测数据取平均值，数据见表 7.6。

表 7.6　水泥砂浆试块物理力学参数

配比	容重 /（g/cm^3）	抗压强度 σ_c /MPa	弹性模量 E /GPa	泊松比	纵波速度/（m/s）	横波速度/(m/s)
水泥：黄砂：水（1：2：0.5）	2.2	50.63	26.25	0.29	3971	2161

7.3　径向不耦合装药模型试验

采用空气径向不耦合装药时，由于空气层的作用，压碎区半径减小，炮孔周围岩石的随机裂纹数量减少，爆炸能量促进径向裂纹的长度进一步增大，提高了能量的有效利用率。而从裂纹扩展过程看，裂纹最终的扩展长度与炮孔内爆生气体的压力有关，过大的不耦合系数，使得压力很小的空气和爆生气体混合，炮孔中气体的平均压力大幅降低，这将不利于裂纹的扩展，因此必然存在最佳的不耦合系数，使环向拉应力与爆生气体压力共同决定的破碎区的裂纹总长度尽量延长。

切缝药包爆破时径向不耦合系数影响孔壁压力峰值和切缝方向的应力集中程度，由定向断裂控制原理可知，必须采用合理的不耦合系数。径向不耦合系数过大时，切缝处峰值压力不足以在岩石中形成初始裂缝；不耦合系数过小时，孔壁裂纹增多，影响定向效果。

试验证明，切缝药包用以控制岩石中裂缝的定向产生和形成，必须在不耦合条件下才是可行的。当不耦合系数为 1（即耦合装药）时，不管切缝宽度大小如何变化，所产生的裂缝多是随机的，不耦合系数过大也难以取得控制裂缝的良好效果。不耦合系数的合理范围为 $1.30<k<1.80$。

孔壁冲击压力可以根据安德烈耶夫提出的计算公式：

$$p_2 = \frac{1}{8}\rho_o D_c^2 \left(\frac{1}{k}\right)^6 n \tag{7.9}$$

式中，ρ_o 为炸药的密度；D_c 为炸药爆速；k 为径向不耦合系数；n 为压力增大系数。

由式（7.9）可以看出，孔壁压力随不耦合系数的增加呈几何级数降低。图 7.7 所示为根据试验数据回归得到的孔壁受到的拉应力峰值与径向不耦合系数的关系，变化规律与理论计算相符合，采用径向不耦合装药产生的孔壁压力变化必然影响裂纹的生成和扩展。

试验数据回归得到的不耦合系数与裂纹数的关系如图 7.8 所示。不耦合系数与裂纹长度的关系如图 7.9 所示。从图中可以看出，虽然裂纹数随不耦合系数增加而减少，岩石破碎程度降低，但不耦合系数过大时，裂纹长度降低，因此合理的取值为 1.4～1.8。

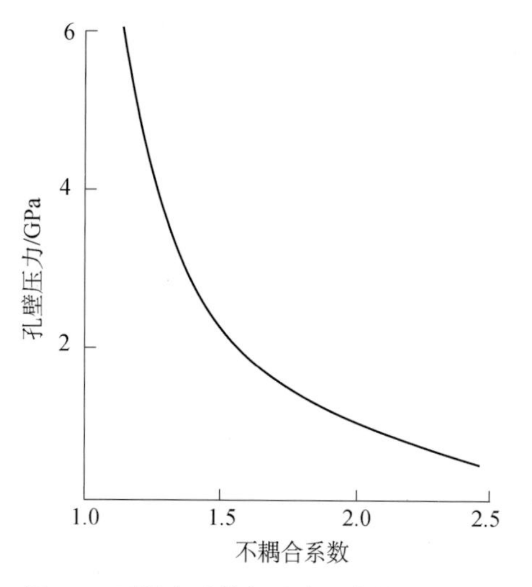

图 7.7　不耦合系数与孔壁压力的关系曲线

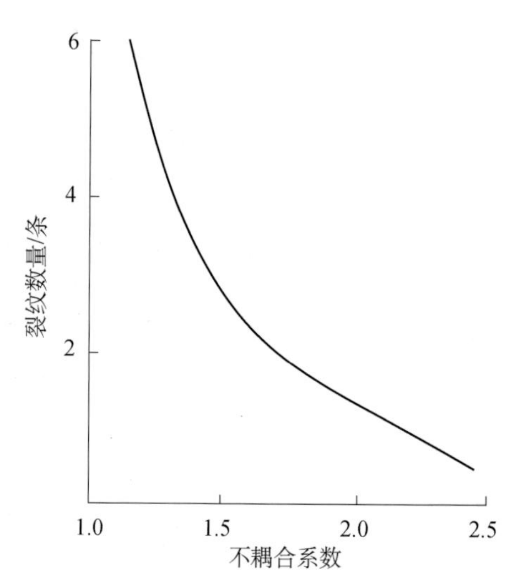

图 7.8　不耦合系数与裂纹数量的关系曲线

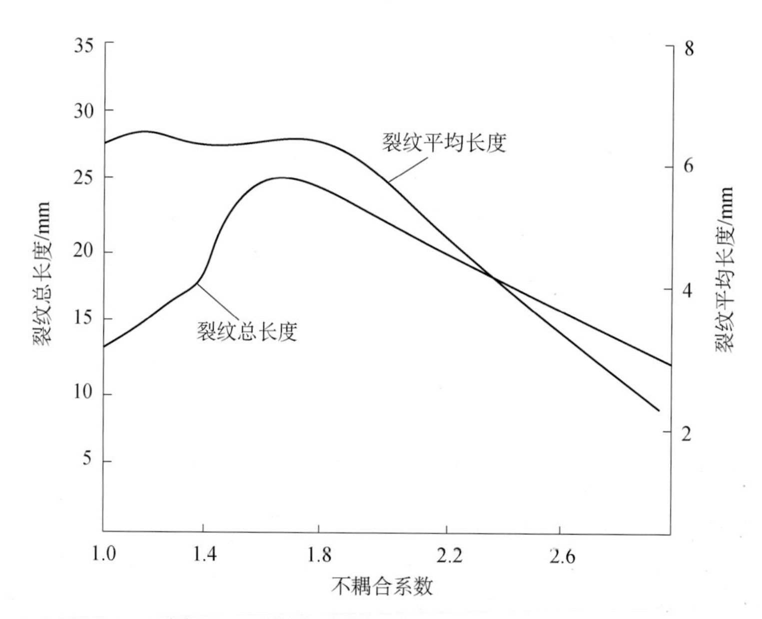

图 7.9　不耦合系数与裂纹长度的关系曲线

7.3.1　试验模型

在数值模拟的基础上，进行了砂浆模型试验，对数值模拟结果进行验证。本次试验共制作水泥砂浆试块 11 块，采用 $C_{32.5}$ 水泥（标号 32.5 的八公山牌普通硅酸盐水泥）：砂：水=1∶2∶0.5 的配比，模型尺寸为 600mm×400mm×400mm，预留孔直径 10mm，深度 180mm。

聚能管采用硬塑性管，外径 8.1mm，厚度 1.1mm，内径 5.9mm，切缝宽度 1mm。总装药量 1200 mg。其中：起爆药 DDNP 200 mg，主装药 RDX 1000 mg，试验中所采用的切缝管如图 7.10 所示[132]。

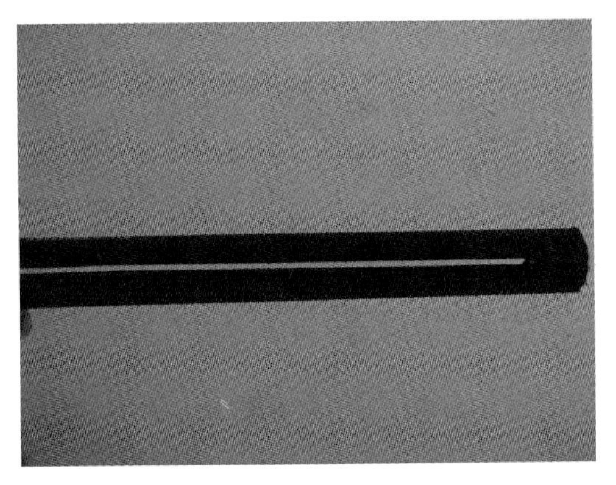

图 7.10　切缝管

7.3.2　试验结果分析

典型的爆破效果见图 7.11。从图中可以看出，(a) 和 (b) 形成了较好的定向断裂爆破效果，其中 (a) 形成的裂纹较平直，沿长边方向形成完全贯穿的裂纹，砂浆模型被劈裂成两半，且炮孔周围未见有次生裂纹产生。(b) 中砂浆模型沿对角线方向被切为两半，形成裂缝十分平直，且裂缝沿最大抵抗线方向，这与最小抵抗线原理相悖。对爆破现象进行分析，并取出炮孔内残留切缝管，发现在将切缝管放入炮孔的过程中，切缝方向发生了扭转，最终导致了切缝沿最大抵抗线方向形成。同时试验结果也从另一个角度说明，切缝管对爆炸能量具有较强的导向作用，采用合理的不耦合装药系数可以取得较好的定向断裂爆破效果。(c) 和 (d) 均形成了 3 条裂纹，其中 (c) 除了沿切缝方向形成贯穿的一条长裂纹外，还沿短边方向形成了一条次生裂纹，这主要是由小模型试验的尺寸效应决定的，当模型尺寸过小时，短边方向由于抵抗线较小，容易在短边方向上形成次生裂纹，(c) ～ (h) 中沿最小抵抗线方向均有次生裂纹的产生。(e) 中形成了 4 条裂纹，在斜向上 45° 方向形成了一条主裂纹，并且在主裂纹上形成了一条次生分支裂纹。产生这种破坏现象的主要原因有两点：一是由于预留炮孔的位置略向左侧偏移；二是由于炮孔内起爆点位置发生了较大偏移。上述两点共同决定了定向断裂爆破效果，数值研究结果很好地解释了这一点。(g) 和 (h) 均形成了多条裂纹，主要是由以下几个原因共同作用的结果：砂浆模型材料强度、模型的尺寸效应、起爆点位置以及浇注过程中模型内部形成的软弱面等。对 (g) 和 (h) 的断裂面进行观察，发现模型中有大量气泡和空洞存在。这是由于模型 (g) 和 (h) 与 (a) ～ (f) 的浇注时间和养护时间不一样，模型 (a) ～ (f) 和模型 (g)、(h) 的浇注时间分别在 3 月和 7 月，气温高导致模型浇注过程中大量的气泡无法被振捣出去，最终导致模型 (g) 和 (h) 的块体强度显著低于试块 (a) ～ (f)，在采用相同药量的前提下，模型破碎现象十分严重。

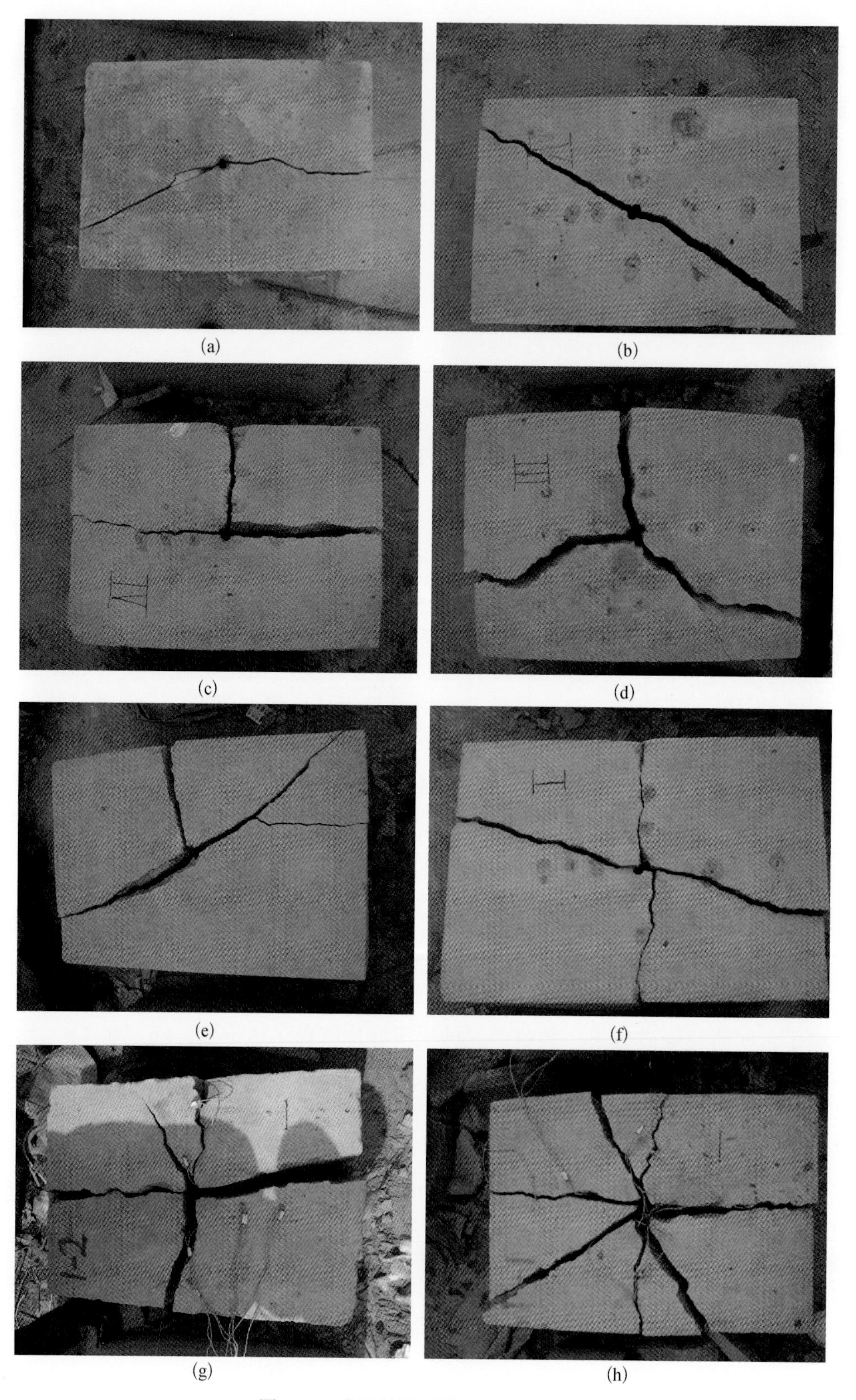

图 7.11　典型的爆破效果（α=1.67）

同时，进行了不耦合系数 α=2 的模型试验，试验发现，同一模型爆破多次，只是炮孔壁周围发生破坏，模型整体均未有裂纹产生。模型试验对数值模拟结果进行了较好的验证：过大或过小的不耦合装药系数均不能形成有效的初始裂纹，并导致最终不能形成宏观裂纹产生；起爆点位置是导致初始裂纹形成的一个主要因素，特别是对于小模型试验来说，起爆点位置决定着初始裂纹的形成，并最终影响模型整体的定向断裂爆破效果。

7.4　轴向不耦合装药模型试验

7.4.1　轴向间隔装药爆破

轴向不耦合的设计主要包括空气柱在药包中的位置、起爆顺序和装药不耦合系数。根据空气柱的位置，可分为底部间隔、中间间隔和顶部间隔；根据起爆方向分为正向起爆和反向起爆。空气层位于底部时，由于空气层的存在降低了爆轰冲击压力对底部的冲击损伤，因此空气层置于底部可用于保护底板；空气层置于中部，两端同时起爆，爆轰冲击波向中间传播，在炮孔中部叠加，形成和装药段相同的粉碎区或裂隙区，沿炮孔高度上爆破块度均匀；空气层位于顶部反向起爆能延长爆轰气体作用时间，有效地消除根底，冲击波在堵头自由面反射产生的拉伸应力波，可以减少堵塞段大块的产生。因此一般认为，预裂和光面爆破中，空气层置于中部的爆破效果最好，对于要求保护底板的情况，采用底部空气装药比较合理。合理的轴向不耦合系数与炸药和被爆介质性质、爆破目的有关，梯段爆破空气间隔长度较小，预裂或光面爆破时，粉碎区小，因此空气层可以较长。

采用合理间隔装药不仅可以有效地减小炮孔压力，而且可延长爆炸作用时间，降低对岩石的加载速度。由动态作用下岩石的力学特征可知，加载速度的降低相当于降低了岩石的破碎难度，因此压碎区的半径大大减小，压碎区对炸药能量消耗的降低相对提高了破碎区可以利用的有效能量。从冲量原理的观点看，当爆破脉冲压力一定时，作用时间越长，爆破脉冲冲量越大，对岩石破碎越有利。应力峰值、正压作用时间与不耦合系数的关系分别如图 7.12 和图 7.13 所示。

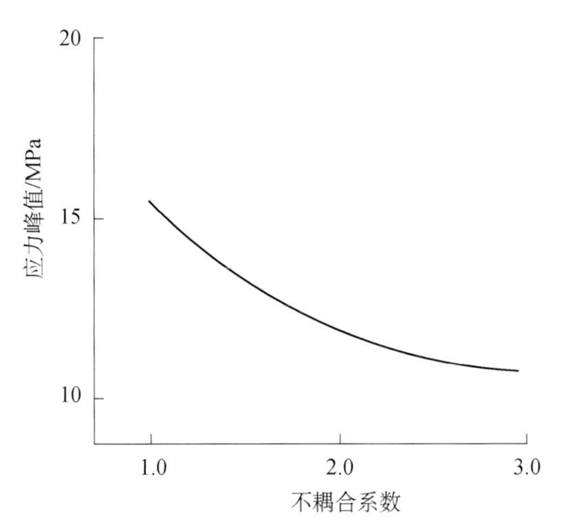

图 7.12　应力峰值与不耦合系数的关系

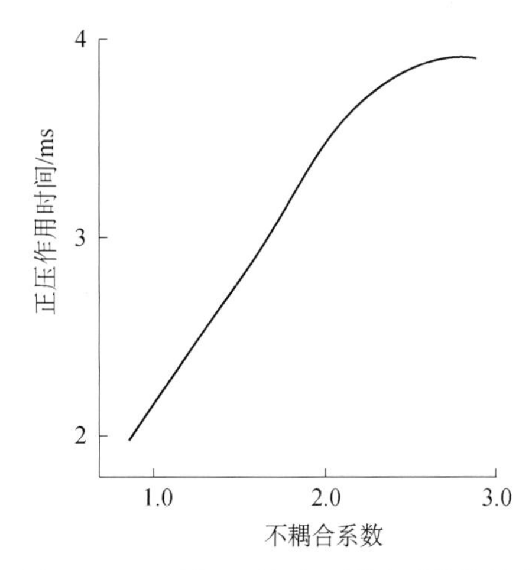

图 7.13　正压作用时间与不耦合系数的关系

炮孔压力是影响岩石破碎效果的重要因素，根据爆破目的的差别对炮孔压力有着不同的要求，研究不同装药结构下炮孔壁初始压力是理论研究中的重点，目前已有多种不同的计算方法。

1. 耦合装药时孔壁初始压力

柱状药包耦合装药条件下，炸药与岩石紧密接触，爆轰波岩石界面上发生反射、透射。假定炸药柱爆轰波是平面波，由于在装药表面附近，球面爆轰波的曲率半径已减小到很小，爆轰波入射波头与炮孔壁间岩石面的夹角不大，可近似认为爆轰波对炮孔壁岩石的冲击是正冲击，再假定孔壁介质为刚性，就可得到：

$$P_b = \frac{\rho_m D_r(\rho_e D_1 + \rho_m D_2')}{\rho_e D_1(\rho_1 D_2' + \rho_m D_r)} P_1 \tag{7.10}$$

$$D_2' = D_2 + u_2 \tag{7.11}$$

式中，D_r 为透射波速；$D_1 = \frac{1}{k+1} D_v$ 为入射波波速；D_2 为反射波波速；$\rho_1 = \frac{k+1}{k}\rho_e$ 为入射波密度；D_v 为爆速；ρ_e 为炸药密度，$P_1 = \frac{1}{k+1}\rho_e D_v^2$；$k$ 为绝热指数，一般可取 3；ρ_m 为岩石密度；u_2 为反射波质点流速。

如果不考虑冲击波的作用，认为炮孔周围岩石只产生应力波，即爆轰波与孔壁的碰撞是弹性的，则有

$$P_b = \frac{\rho_m C_p}{2(\rho_m C_p + \rho_e D_v)} \rho_e D_v^2 \tag{7.12}$$

由于冲击波衰减很快，因此可用该声学近似公式，用弹性理论的方法计算初始冲击压力。在柱状装药中应用比较多。

不考虑裂隙的体积，炮孔内爆生气体的准静态压力可按下式计算：

$$P_s = \frac{1}{2} P_b \tag{7.13}$$

式中，P_s 为爆生气体的准静态压力。

2. 轴向不耦合装药时孔壁压力的计算方法

（1）按照爆生气体等熵膨胀的方法，假定炸药在炮孔中爆轰瞬时完成，不考虑间隙内的空气介质，爆轰产物按 $P_i V_i^3 = C$ 的规律膨胀。式中，P_i、V_i 分别为爆轰产物膨胀过程中某一时刻具有的瞬时压力和体积；C 为常数。

则炮孔壁压力为

$$P_b = nP_1 \tag{7.14}$$

$$P_b = nP_1 = \frac{n\rho_e D_v^2}{2(k+1)}\left(\frac{V_c}{V_b}\right)^{2k} \tag{7.15}$$

式中，ρ_e 为炸药密度；D_v 为爆速；n 为气体与炮孔壁碰撞时压力增大的系数，一般取 8～11；V_c 为装药总体积；V_b 为炮孔除炮泥填塞段外的总体积。

$$V_c = \frac{1}{4}\pi d_c^{\ 2} l_c \tag{7.16}$$

$$V_b = \frac{1}{4}\pi d_b^{\ 2}(l_c + l_a) \tag{7.17}$$

式中，l_a 为空气柱长度；l_c 为装药长度；d_c 为装药直径；d_b 为炮孔直径。

轴向不耦合装药爆破的炮孔壁压力为

$$P_1 = \frac{\rho_0 D_1^2}{8} K_d^{-6} \left(\frac{1}{1+K_L}\right)^3 n \tag{7.18}$$

式中，$K_d = \dfrac{d_b}{d_c}$ 为径向不耦合系数；$K_L = \dfrac{L_a}{L_c}$ 为空气柱长度与装药总长度的比值。

（2）考虑间隙中空气冲击波作用产生的孔壁压力，其值为

$$P_r = \frac{2n}{\bar{k}+1} p_a D_a^{\ 2} \tag{7.19}$$

式中，p_a 为空气密度；D_a 为空气冲击波的传播速度；$\bar{k}$ 为间隙内空气的平均绝热指数。

（3）按两阶段等熵绝热膨胀考虑爆轰产物的膨胀过程中的气体状态，对于中等威力工业炸药，两阶段的分界点的临界压力 $P_k = 2.0\times10^8\,\mathrm{Pa}$ 。当空气冲击波的入射压力 $P_1 \geqslant P_k$ 时，按 $k=3$ 等熵膨胀计算，当 $P_1 < P_k$ 时，按 $\gamma = 1.3$ 绝热膨胀计算，由此给出：

$$P_1 \geqslant P_k \qquad P_r = \frac{n p_e D_e^{\ 2}}{2(k+1)} \times \left(\frac{r_c}{r_b + x}\right)^{2k} \tag{7.20}$$

$$P_1 < P_w \qquad P_r = \left(\frac{P_w}{P_k}\right)^{\gamma/k} \times n P_k \times \left(\frac{r_c}{r_b + x}\right)^{2\gamma/k} \tag{7.21}$$

式中，ρ_e 为炸药密度；D_e 为炸药爆速；x 为某一时刻孔壁位移；$P_w = \dfrac{p_e D_e^2}{2(k+1)}$ 。

不考虑孔壁位移即炮孔壁为刚性，即令 $x=0$ ，可以大大简化计算。工程中对于光面爆破等成型爆破的参数计算，孔壁位移可忽略不计。

从以上理论分析得到的孔壁初始应力可以看出，在爆破中使用空气不耦合装药降低了孔壁初始冲击压力峰值，控制对孔壁的冲击破坏，减小压碎区半径，甚至消除压碎区的存在，有效改变爆炸能量的分配。在同种岩石介质中随着装药不耦合系数的增大，孔壁冲击压力的峰值呈指数规律降低；由气体与炮孔壁碰撞时压力增大的系数取值可知，不耦合装药时孔壁初始应力也与孔壁岩石的波阻抗有关，同样的装药结构，坚硬的岩石产生的冲击压力大，松软破碎的岩石初始冲击压力小。

3. 切缝药包爆破中对轴向不耦合系数的要求

当不考虑径向不耦合系数时，切缝处爆孔压力为

$$P_1 = \frac{k\rho_0 D_1^{\ 2}}{8} \left(\frac{1}{1+K_L}\right)^3 n \tag{7.22}$$

式中，k 为切缝方向应力提高系数，单孔情况时，k 的取值与切缝管参数有关，可通过试验测定。

按孔壁拉应力破坏的条件，有

$$\frac{k\rho_0 D_1^2}{8}\left(\frac{1}{1+K_L}\right)^3 n \geqslant \frac{1-\mu}{\mu} S_{td} \tag{7.23}$$

$$\frac{k\rho_0 D_1^2}{8}\left(\frac{1}{1+K_L}\right)^3 n \geqslant \frac{1-\mu}{\mu \tan\phi}(c-\tau) \tag{7.24}$$

即

$$K_L \leqslant \frac{1}{2}\left[\frac{nk\mu\rho_0 D_1^2}{S_{td}(1-\mu)}\right]^{\frac{1}{3}} - 1 \tag{7.25}$$

$$K_L \leqslant \frac{1}{2}\left[\frac{k\mu\tan\phi\rho_0 D_1^2 n}{(1-\mu)(c-\tau)}\right]^{\frac{1}{3}} - 1 \tag{7.26}$$

7.4.2 试验模型

在数值模拟的基础上进行了砂浆模型试验，对数值模拟结果进行验证。试块按照水泥（标号 32.5 的八公山牌普通硅酸盐水泥）∶砂∶水=1∶2∶0.4 的配比，模型尺寸（表 7.7）为 600mm×400mm×300mm。试验中制作水泥砂浆试块 12 块，预留炮孔直径 10mm，深度 180mm。聚能管采用硬塑性笔管，外径 8.1mm，厚度 1.1mm，内径 5.9mm，切缝宽度 1mm，切缝方向平行于试块长边方向。共考虑了 4 种装药结构，即空气间隔距离分别为 0mm、12.5mm、25mm 和 50mm。总装药长度为 50mm，采用分段装药时，上、下两段药包的质量相等，均为 300 mg，其中起爆药 DDNP （二硝基重氮氛）100 mg，RDX（黑索金）200 mg，上、下两段药包同时引爆，起爆装置采用火花头引爆。

表 7.7 砂浆模型几何尺寸

方案	炮孔深度/mm	装药长度（各段同）/mm	装药量（各段同）/mg	间隔长度/mm	药室长度/mm	堵塞长度/mm	空气间隔比例/%
1	180	50	600	0	50	130	0
2	180	25	300	12.5	62.5	117.5	20
3	180	25	300	25	75	105	33.3
4	180	25	300	50	100	80	50

7.4.3 试验爆破结果

图 7.14 所示为采用空气间隔装药爆破后的一部分典型爆破效果。由试验结果发现：采用方案 1 时，并不能沿切缝方向形成贯穿；而采用方案 2 时，除了沿长边形成贯穿的裂纹外，在短边方向也有贯穿裂纹形成；采用方案 3 和方案 4 可以取得较好的定向断裂爆破效果，仅沿切缝方向形成贯穿裂纹。

(a) 方案1

(b) 方案2

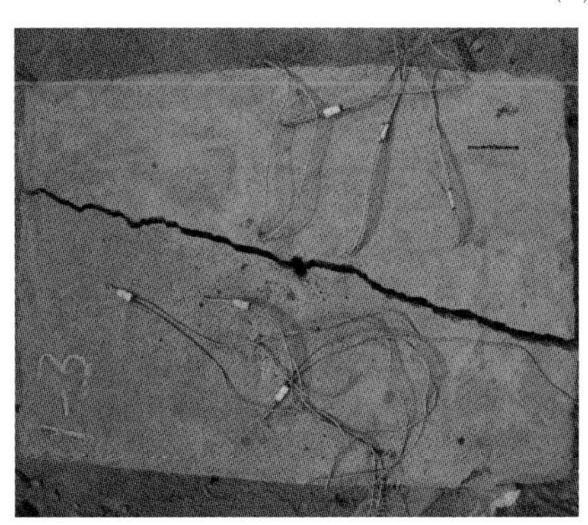

(c) 方案3和方案4

图 7.14　空气间隔装药典型爆破效果

试验结果表明，采用空气间隔距离较小时，轴向不耦合装药系数取 20%时，炮孔底部和顶部附近试块内部压力较大，在巨大的冲击作用下，在炮孔的顶部和底部首先形成了破坏，而沿切缝方向没有形成有效的初始裂纹。在爆生气体的推动作用下，先前生成的径向初始裂纹扩展，最后试块形成了不规则破坏。采用方案 3 和方案 4 时，沿炮孔压力分布更加均匀，炮孔中部的应力场衰减显著，以至于在短边方向不能形成破坏。因而在切缝处爆生气体的推动作用下，只是沿长边方向上形成了贯穿裂纹。

图 7.15 所示为试块沿切缝方向劈裂后，砂浆模型的一侧壁，可以清晰地看到呈现葫

芦形的爆轰产物过后的灼烧痕迹，模型试验与模拟结果一致。

图 7.15　劈裂面爆轰产物运动轨迹

7.4.4　应变测试结果分析

选取试验中不同空气间隔长度的 4 个试块，试块表面布置 6 个应变片，应变片贴于应变砖上，预先埋置于模型中，采用电火花自药卷上端起爆，用细沙和 502 胶水堵塞。应变片的平面布置如图 7.16 所示。用 origin 数据处理软件对实测波形进行处理。

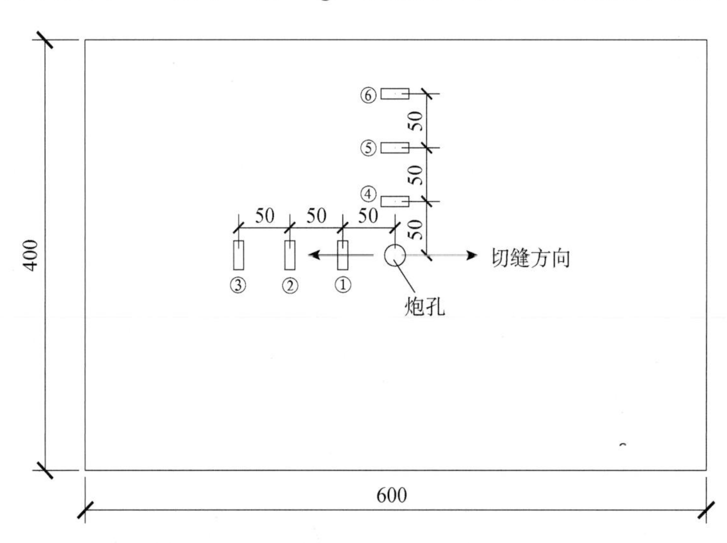

图 7.16　应变片的平面布置（单位：mm）

1. 试块 1 应变测试结果分析（轴向连续装药，装药长度 50mm）

试块 1 的应变测试结果如图 7.17 所示。

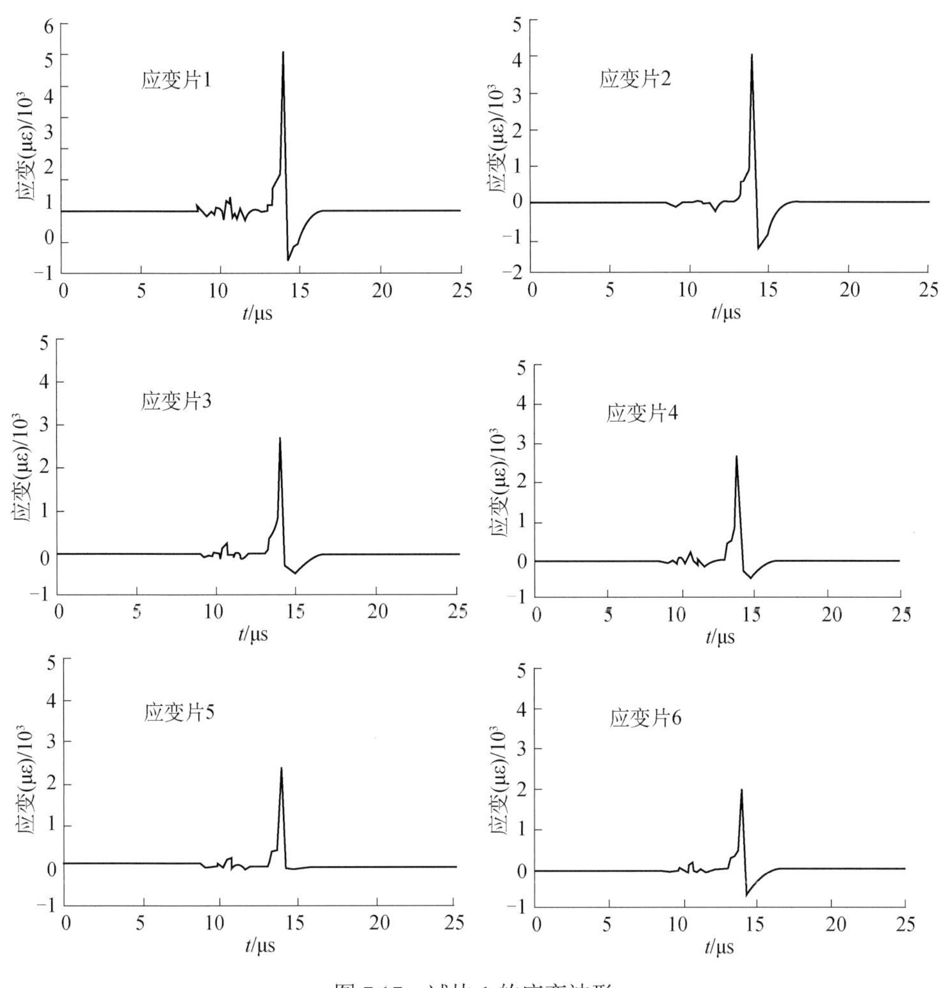

图 7.17　试块 1 的应变波形

试块 1 的应变测试曲线特征值见表 7.8。

表 7.8　连续装药爆破的测试数据

项目	应变编号					
	1.1	1.2	1.3	1.4	1.5	1.6
拉应变峰值 με	5054	4054	2688	2662	2380	2021
平均作用时间/μs	2.7					
切缝方向与短轴方向平均应变比	1.64					

2. 试块 2 应变测试结果分析（空气间隔长度为 12.5mm，上、下两段药柱长度均为 25mm）

试块 2 的应变测试结果如图 7.18 所示。

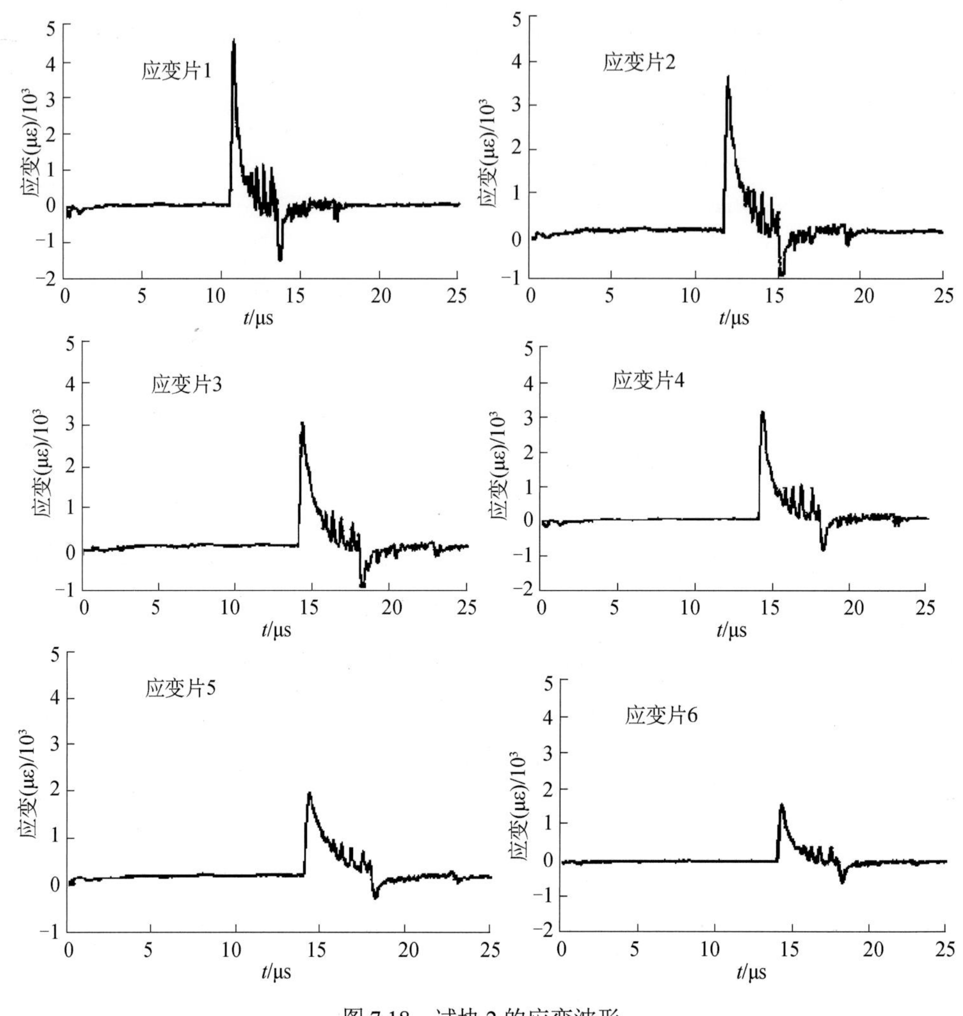

图 7.18　试块 2 的应变波形

试块 2 的应变测试曲线特征值见表 7.9。

表 7.9　连续装药爆破的测试数据

项目	应变编号					
	2.1	2.2	2.3	2.4	2.5	2.6
拉应变峰值 με	4653	3664	2253	2312	1879	1541
平均作用时间/μs	3.8					
切缝方向与短轴方向平均应变比	1.78					

3. 试块 3 应变测试结果分析（空气间隔长度为 25mm，上、下两段药柱长度均为 25mm）

试块 3 的应变测试结果如图 7.19 所示。

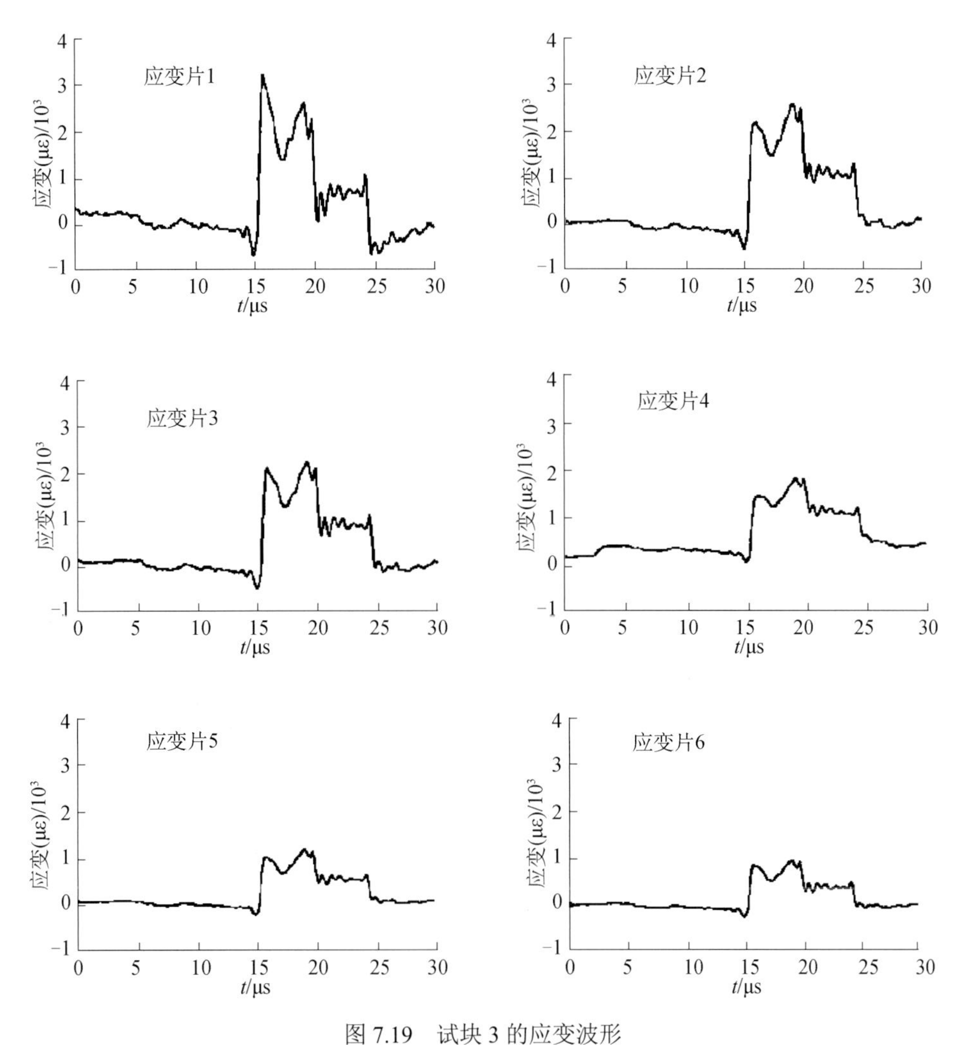

图 7.19　试块 3 的应变波形

试块 3 的应变测试曲线特征值见表 7.10。

表 7.10　连续装药爆破的测试数据

项目	应变编号					
	3.1	3.2	3.3	3.4	3.5	3.6
拉应变峰值 με	3799	2617	1911	1841	1362	1213
平均作用时间/μs	9					
切缝方向与短轴方向平均应变比	1.85					

4. 试块 4 应变测试结果分析（空气间隔长度为 50mm，上、下两段药柱长度均为 25mm）

试块 4 的应变测试结果如图 7.20 所示。

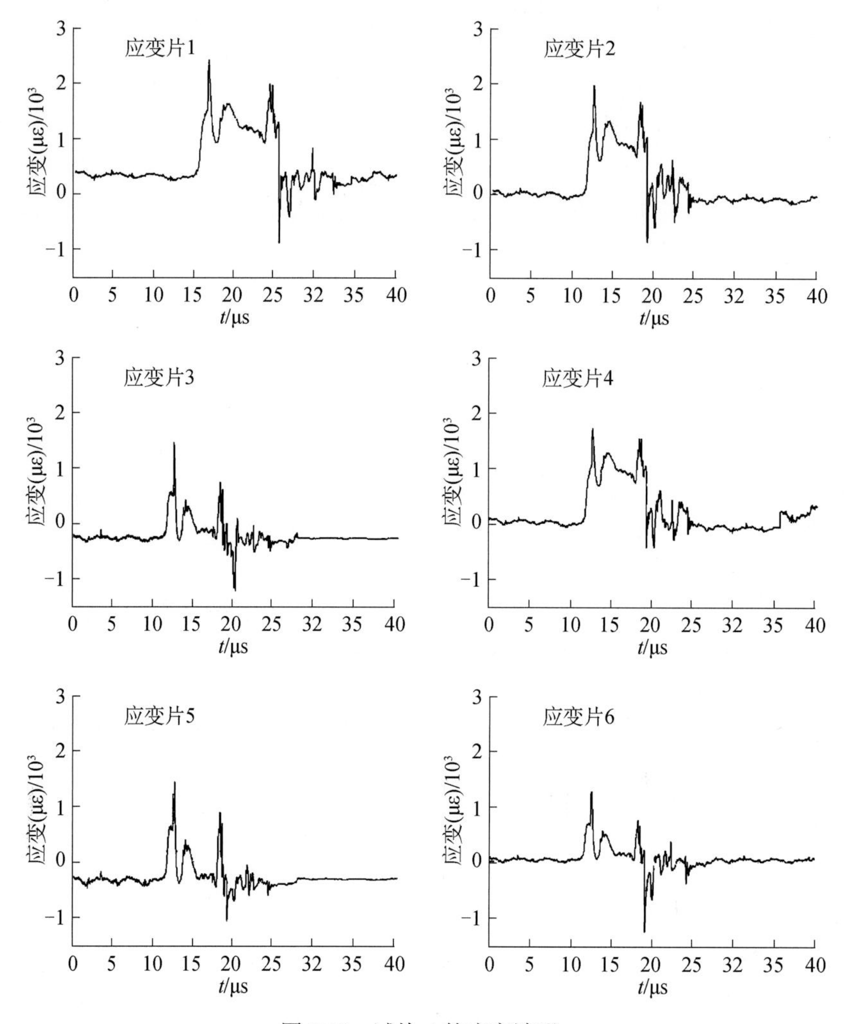

图 7.20　试块 4 的应变波形

试块 4 的应变测试曲线特征值见表 7.11。

表 7.11　连续装药爆破的测试数据

项目	应变编号					
	4.1	4.2	4.3	4.4	4.5	4.6
拉应变峰值 με	2328	2101	1392	1701	1150	790
平均作用时间/μs	11.5					
切缝方向与短轴方向平均应变比	1.7					

从波形上看，空气间隔装药时应力峰值较小，峰值上升时间变化不大，主要是应力下降持续时间的延长。

图 7.21 所示为试验中爆破作用时间与间隔长度的关系。可见，间隔长度的增加可以明显延长应力的作用时间，有利于裂纹的定向扩展。间隔长度为 50mm，即不耦合系数

为 2.0 时，应力作用时间约为连续装药时的 4 倍。

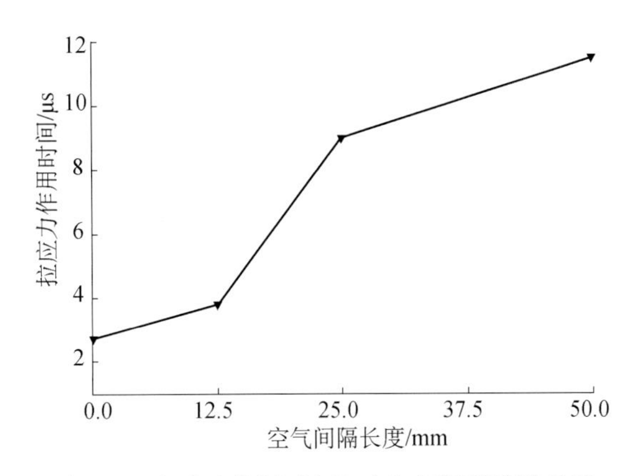

图 7.21　拉应力作用时间与空气间隔长度的关系

空气间隔长度增加的过程中，爆破作用时间随间隔长度的增大而明显延长，原因是空气柱的存在使爆炸作用过程中产生二次和后续系列加载波的作用，爆炸气体冲击波波阵面、在堵头和孔底反射引起的冲击波的阵面，以不同的速度在炮孔内相互碰撞和叠加，最终形成稳定的孔壁压力。冲击压力持续时间的长短和间隔空气长度有直接的关系，Fourney 的试验中间隔装药条件下冲击压力作用连续装药时延长了 2～5 倍。爆破作用时间是冲击波和爆生气体作用时间的总和。

$$t = t_1 + t_2 \tag{7.27}$$

式中，t_1、t_2 分别为由空气层作用冲击波和爆生气体的延长的爆破作用时间。

（1）冲击波（应力波）在传播的过程中，随传播距离增大，正压延长的时间也可以根据冲击波（应力波）在空气中传播的正压作用时间估算，TNT 装药空气中爆炸时正压作用时间的经验公式为

$$t_1 = 1.35 \times 10^{-3} Q^{\frac{1}{6}} r^{\frac{1}{2}} \tag{7.28}$$

式中，t_1 为由于空气柱的存在使冲击波作用时间的延长；Q 为装药量；r 为传播距离,此时可取空气柱的长度。

（2）爆炸产物反应完成后，爆生气体的压力开始作用于空气柱，空气柱在冲击波作用下产生的高压经过反应区的压力下降后，压力与爆生气体压力开始接近，爆生气体的初始压力

$$P_m = \frac{1}{(k+1)} \rho_o D^2 \tag{7.29}$$

若不考虑空气介质作用，爆生气体压力衰减同步，衰减的过程只与岩石中的应力衰减相关，按气体的等熵膨胀，有

$$P(t) = p_m \left[\frac{AL}{c_o t + BL} \right]^a \tag{7.30}$$

式中，L 为炮孔长度；c_o 为爆生气体声速；A、B 为与炮孔有关的系数，一般可分别取 0.27、0.83；a 为衰减指数，绝热膨胀时取 1.55。

$$\int_{0}^{t_2}\left[p(t)-\sigma_d\right]=K \tag{7.31}$$

式中，σ_d 为岩石动态破坏强度。

由式（7.31）可以看出，爆生气体作用时间与间隔长度有关，同时与炸药性能和岩石材质也相关。

由表 7.8～表 7.11 中的试验数据，距炮孔 50mm 处测点的应变峰值随空气间隔长度的变化规律如图 7.22 所示。对沿着切缝和垂直切缝方向的应变峰值进行比较，作应力比值与空气间隔长度的关系曲线，如图 7.23 所示。

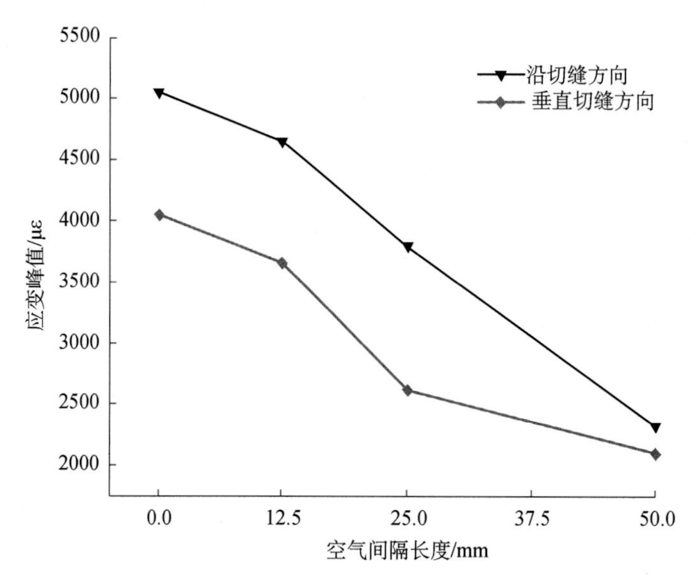

图 7.22　距炮孔 50mm 拉应变与空气间隔长度的关系

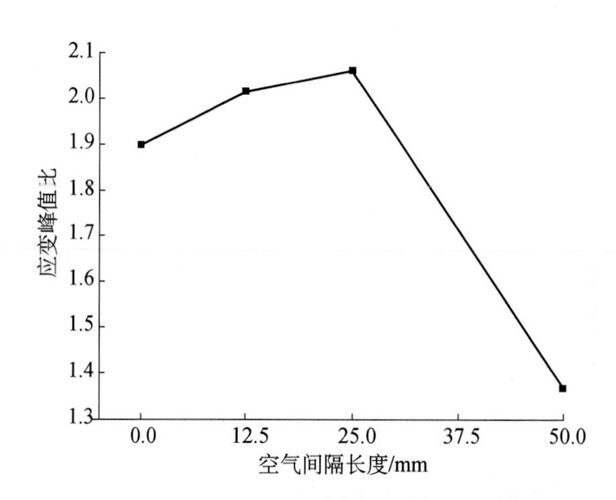

图 7.23　应变比与空气间隔长度的关系曲线

由图 7.22 和图 7.23 的曲线变化规律可以发现：①随着空气间隔长度的增加，动应变峰值呈指数衰减。②在至炮孔相同距离处，切缝方向应变峰值普遍大于垂直切缝方向，这说明在切缝管的定向诱导作用下，沿切缝方向应力集中现象显著。③在空气间隔长度

25mm 时，沿切缝和垂直切缝方向的应变比随着间隔距离的增加而增大。在间隔距离为 25mm 时，应变比达到 2.06，而当间隔距离增加到 50mm 时，应变比显著下降，衰减为 1.37。④由图 7.23 的曲线可以推断空气间隔长度在 25～50mm 时，存在最大的应变比，这与模拟结果一致。

7.4.5　高速摄影测试结果分析

由于拍摄速度和分辨率成反比，为尽量提高拍摄速度，实际拍摄中仅拍摄试块上表面的裂纹，调整分辨率 624×150dpi，拍摄速度为 7752fps。每两帧图片之间的间隔为 129μs。

方案 1 高速摄影结果分析（轴向连续装药，装药长度 50mm）

试块 3-2 的裂纹扩展过程如图 7.24 所示。可以发现，在 258μs 时刻，试块左侧上翼缘首先形成倾角为 45° 作用的贯穿裂纹；在 516μs 时刻，试块左侧下翼缘形成倾角为 45° 作用的贯穿裂纹，同时试块右侧水平方向裂纹开始发展。此时沿着三条裂纹方向，爆生气体开始涌出；在 654μs 时刻，试块右侧水平裂纹发展至试块边缘。最终试块形成了三向劈裂破坏。试块 2-2 的裂纹扩展过程如图 7.25 所示。可以发现，在 258μs 时刻，沿短边方向，即垂直切缝方向一侧首先形成贯穿裂纹；随后爆生气沿着短边裂纹涌出，如图中 387μs 时刻，而在此时通过高速摄影放大可以发现，试块右侧沿着切缝方向形成了细微的裂纹；之后右侧水平裂纹进一步发展，在 1032μs 时刻，裂纹发展至长边边长的 1/2 位置，此时爆生气体已经沿着短边全部涌出；随着裂纹的进一步发展，在 9675μs 时刻，试块右侧水平裂纹发展至试块边缘。与试块 3-2 相同，砂浆模型最终形成了三向劈裂破坏。

由高速摄影结果发现，当采用轴向连续装药时，炸药爆炸瞬间形成了极强的应力波作用，切缝管在强烈的冲击作用下，并不能有效对爆炸能量进行导向，最终试块出现了不规则的劈裂破坏。

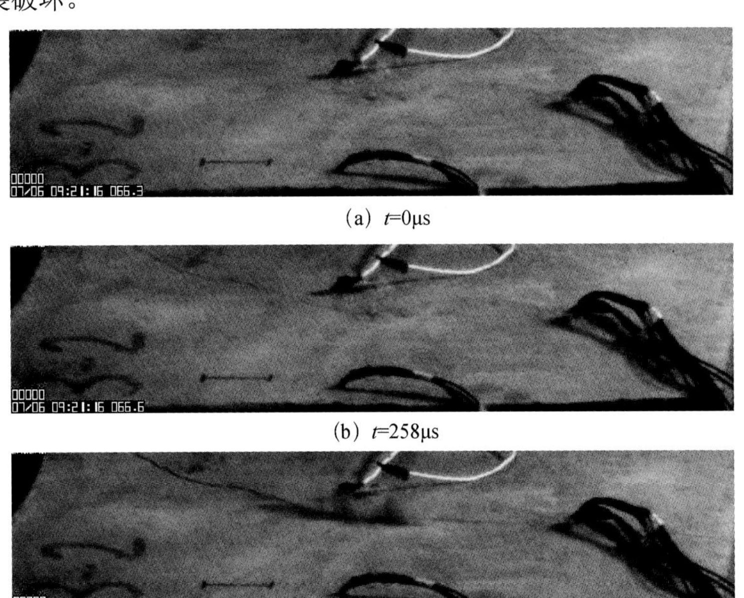

(a) t=0μs

(b) t=258μs

(c) t=516μs

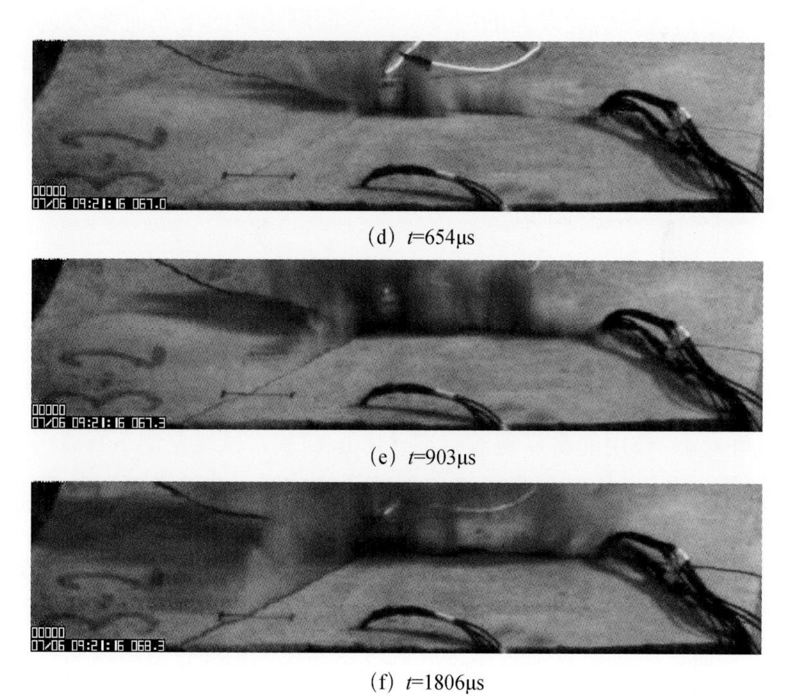

（d）t=654μs

（e）t=903μs

（f）t=1806μs

图 7.24　试块 3-2 的裂纹扩展过程

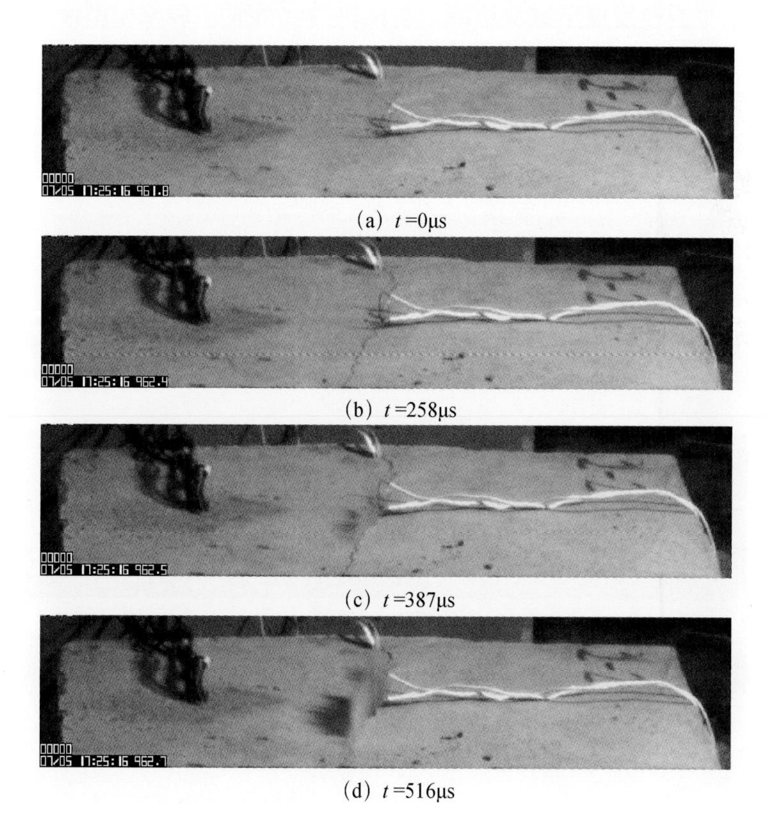

（a）t =0μs

（b）t =258μs

（c）t =387μs

（d）t =516μs

(e) t=1032μs

(f) t=9675μs

图 7.25　试块 2-2 的裂纹扩展过程

方案 2 高速摄影结果分析（轴向间隔装药，空气间隔长度 12.5mm，各段装药长度均为 25mm）

使用高速摄影软件中的 Object track 功能在裂纹前端处做出标记点，由于没有使用起爆和记录的同步装置，分析过程中以有裂纹扩展或堵塞处炮泥鼓起的前一时刻为计时起点，如图 7.26 所示，在 t=1032μs 时裂纹到达边界时裂纹前端的迹线，用拍摄前在试块上标记的比例长度，经过拍摄角度修正后软件可以计算出不同时刻裂纹扩展的长度和速度，将输出的数据的帧数换算为时间，列出主裂纹 a、b（图 7.27）的扩展过程数据（表 7.12、表 7.13）。

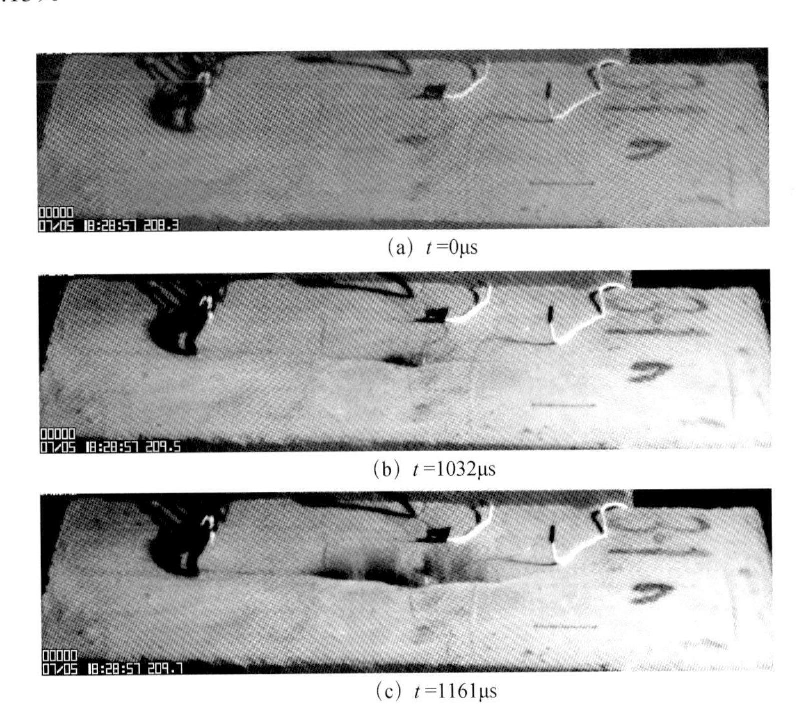

(a) t=0μs

(b) t=1032μs

(c) t=1161μs

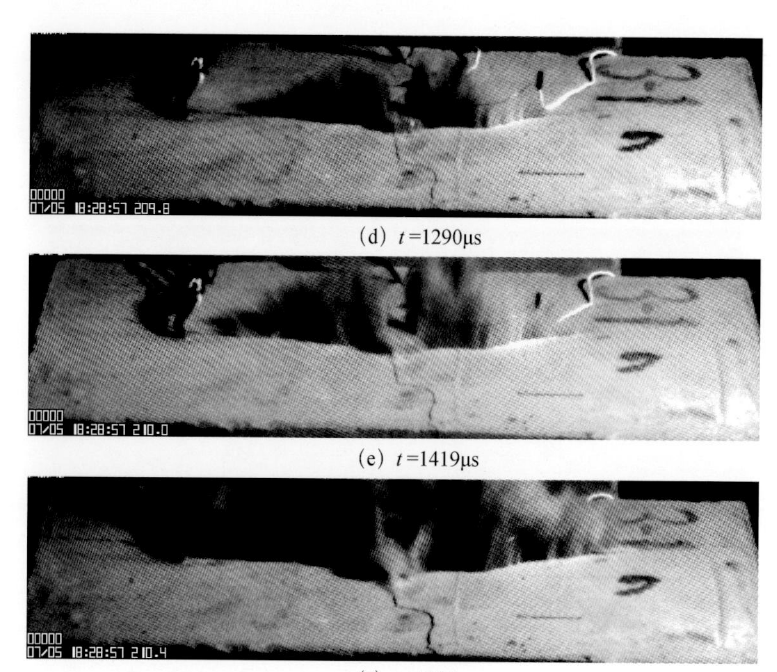

(d) t=1290μs

(e) t=1419μs

(f) t=1806μs

图 7.26　试块 3-1 的裂纹扩展过程

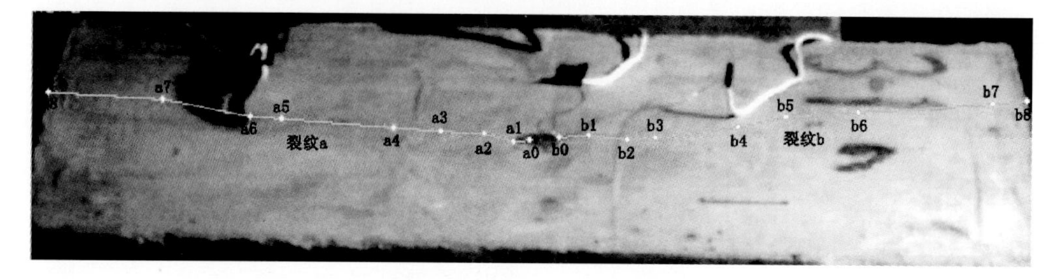

图 7.27　试块 3-1 的主裂纹

表 7.12　裂纹 a 扩展过程的数据

点号	时刻/μs	裂纹扩展长度/mm	总长度/mm	扩展速度/(m/s)
a0	t=0	0	0	0
a1	t=129	40.668	40.668 93	315.263
a2	t=258	12.828	53.497 72	99.448
a3	t=387	10.885	64.383 26	84.384
a4	t=516	27.274	91.6576	211.429
a5	t=645	69.837	161.4955	541.379
a6	t=774	29.155	190.6509	226.011
a7	t=903	51.602	242.2537	400.022
a8	t=1032	65.413	307.6677	507.085

表 7.13　裂纹 b 扩展过程的数据

点号	时刻/μs	裂纹扩展长度/mm	总长度/mm	扩展速度/(m/s)
b0	t=258	0	0	0
b1	t=387	25.464	25.464	197.398
b2	t=516	30.058	55.523	233.013
b3	t=645	88.780	144.30	688.218
b4	t=774	40.911	185.214	317.143
b5	t=903	29.155	214.370	226.011
b6	t=1032	34.470	248.840	267.216
b7	t=1161	28.135	276.976	218.106
b8	t=387	27.907	304.883	216.334

由试验数据可知，a、b 两道裂纹在起裂时间（图 7.28）不同，t=129μs 时堵塞的炮泥向上鼓起，首先形成裂纹 a，长度约为 40mm；随后在 t=258μs 至 t=387μs 时扩展速度（图 7.29）有所下降，与此同时，试块表面垂直切缝方向裂纹起裂并迅速贯通；t=387μs 至 t=645μs 时裂纹加速扩展并达到最大值，此时裂纹长度约为 161mm，占裂纹总长度的 53%；t=774μs 至 t=1032μs 时裂纹扩展没有维持在最大速度值，而是以较低的速度

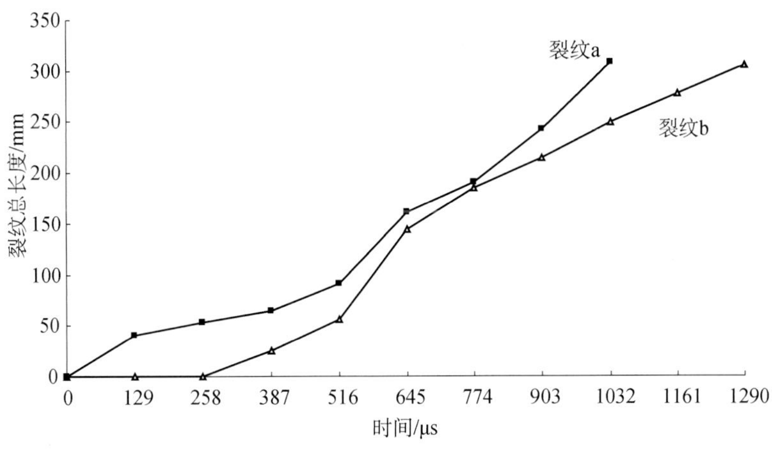

图 7.28　裂纹长度与时间的关系

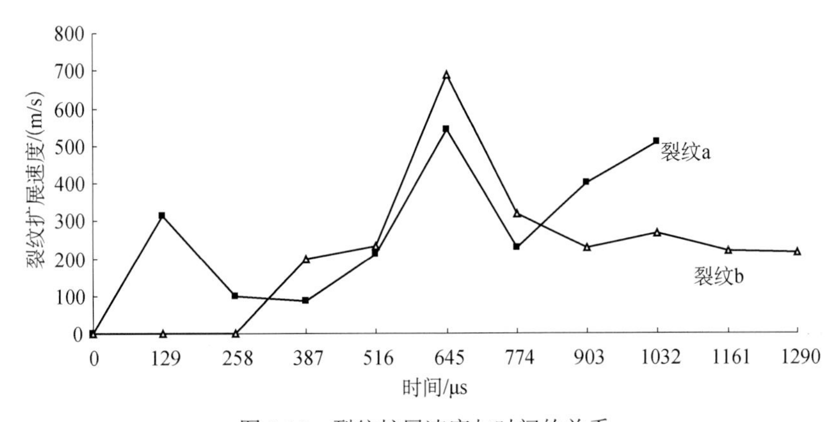

图 7.29　裂纹扩展速度与时间的关系

扩展，到达边界时速度又略有提高。裂纹 b 在 t=258μs 至 t=645μs 时裂纹速度上升，最大扩展速度达到 688m/s；裂纹扩展至边界的时间比裂纹 a 延迟约 258μs；裂纹自起裂至贯通表面的平均速度约为 300m/s。

方案 3 高速摄影结果分析（轴向间隔装药，空气间隔长度 25mm，装药长度 25mm）

试块 2-3 的裂纹扩展过程如图 7.30 所示。

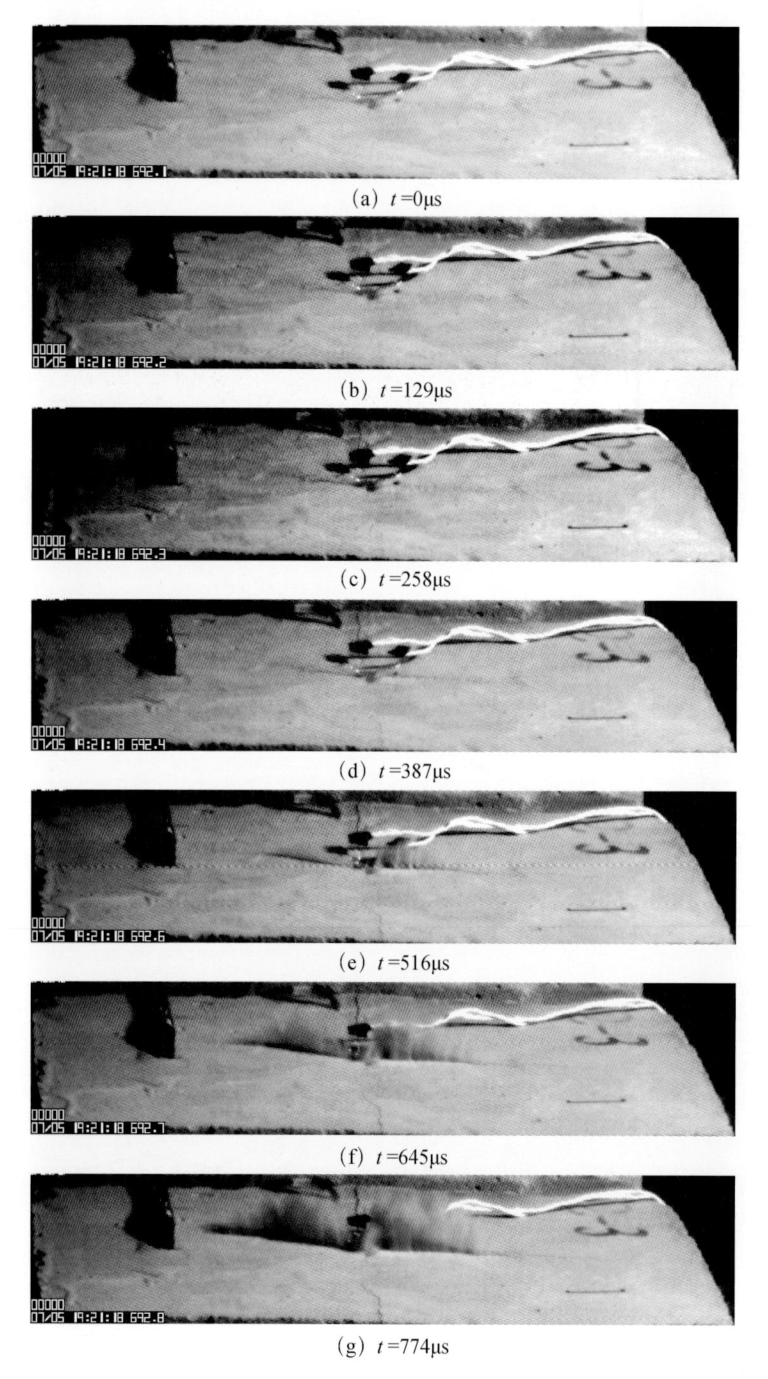

(a) t=0μs

(b) t=129μs

(c) t=258μs

(d) t=387μs

(e) t=516μs

(f) t=645μs

(g) t=774μs

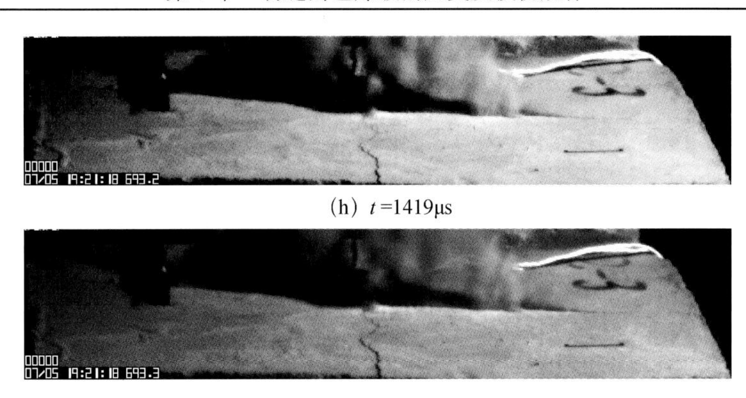

(h) t=1419μs

(i) t=1548μs

图 7.30　试块 2-3 的裂纹扩展过程

采用和试块 3-1 相同的数据处理方法，得到裂纹 c、d（图 7.31）扩展过程的数据（表 7.14 和表 7.15）。

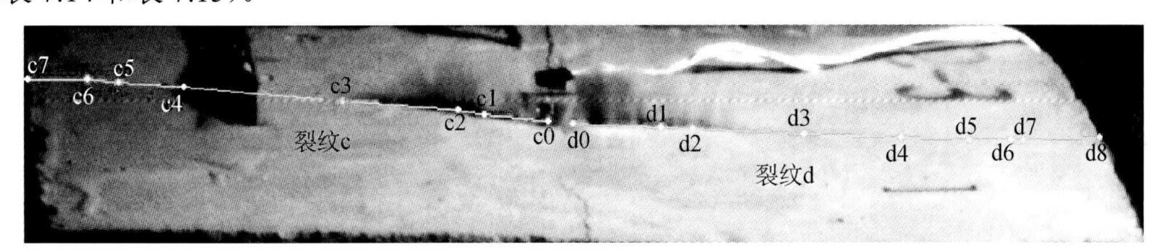

图 7.31　试块 2-3 的主裂纹

表 7.14　裂纹 c 扩展过程的数据

点号	时刻/μs	裂纹扩展长度/mm	总长度/mm	扩展速度/(m/s)
c0	t=0	0	0	0
c1	t=129	36.696	36.696	284.462
c2	t=258	14.731	51.427	114.197
c3	t=387	65.831	117.258	510.321
c4	t=516	93.082	210.34	721.567
c5	t=645	37.558	247.898	291.146
c6	t=774	18.865	266.763	146.243
c7	t=903	34.375	301.138	266.473

表 7.15　裂纹 d 扩展过程的数据

点号	时刻/μs	裂纹扩展长度/mm	总长度/mm	扩展速度/(m/s)
d0	t=0	0	0	0
d1	t=129	51.084	51.084	396.001
d2	t=258	17.739	68.823	137.511
d3	t=387	64.659	133.482	501.232
d4	t=516	56.289	189.771	436.345
d5	t=645	39.597	229.368	306.954
d6	t=774	23.958	253.326	185.724
d7	t=903	7.292	260.618	56.525
d8	t=1032	44.804	305.422	347.316

试块在 t=129μs 时，首先沿切缝方向产生裂纹；在 t=258μs 时，沿切缝方向的裂纹扩展长度约 100mm，短轴方向的裂纹贯通试块表面；在 t=1032μs 时，沿切缝方向的裂纹到达表面边界，自起裂到贯通表面的平均速度约为 300m/s；之后试块裂纹在爆生气体残余应力的作用下加宽，最终试块裂为 4 部分。

裂纹扩展长度与时间的关系、裂纹扩展速度与时间的关系分别见图 7.32、图 7.33。

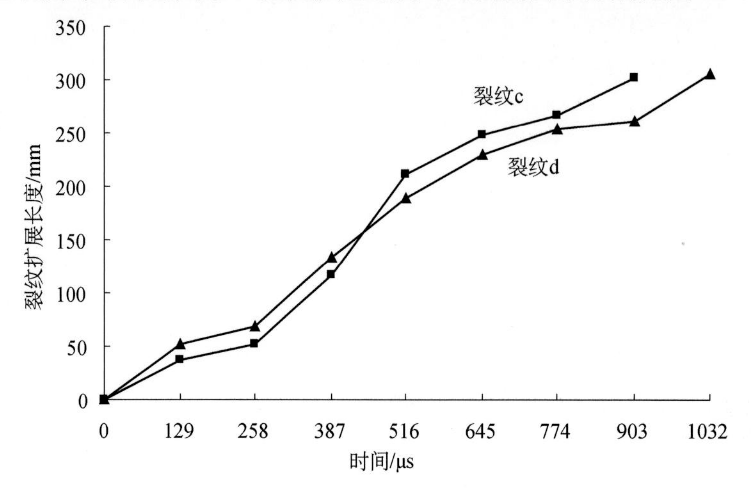

图 7.32　裂纹扩展长度与时间的关系

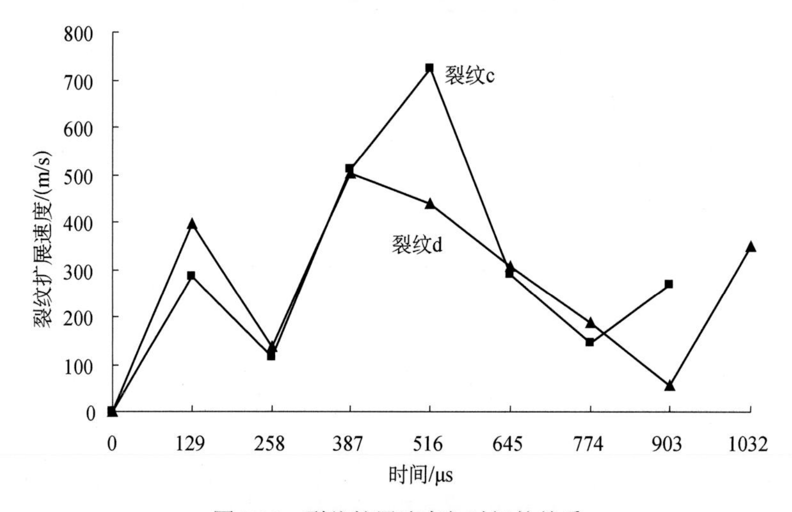

图 7.33　裂纹扩展速度与时间的关系

由高速摄影实测结果可以得出以下结论：

（1）切缝方向首先产生预裂纹而沿短轴方向的裂纹更早地贯通试块表面，这与试块形状和装药参数有关，然而裂纹扩展过程中，爆生气体始终沿切缝方向的裂纹扩散，说明切缝管有效地限制了爆生气体沿其他方向的楔入；

（2）切缝方向上裂纹贯通表面所用的时间远大于应力波作用的时间，可见爆生气体在裂纹扩展中的重要作用；

（3）从裂纹扩展的过程来看，表面裂纹的产生与起爆时间存在延时，理论上延迟的时间与应力波传播的距离和裂纹的动态响应有关；

（4）裂纹 a、c、d 在 t=129μs 时，长度达到 20～50mm 后，扩展速度有先下降再加快的过程；

（5）切缝方向的两条主裂纹起裂和贯通也是不同步的，这可能与炮孔周围介质微细观的不均匀性有关；

（6）裂纹的平均扩展速度在试块破碎过程中是不断变化的，试块 3-1 的两条表面裂纹扩展速度为 100～700m/s，平均速度远小于断裂理论中裂纹的稳定扩展速度，最大速度约为$0.19c_p$；

（7）短轴方向裂纹扩展的总时间均小于 258μs，平均速度达到 775m/s 以上，远大于切缝方向的平均速度，这是由于受到试块最小抵抗线的影响所致。

7.5　切缝药包爆破岩石损伤的超声测试

7.5.1　岩体声波传播与岩体损伤的关系

声波是弹性波的一种。当在岩体和混凝土介质中传播时，有一定的传播规律，声波在传播过程中会引起介质的扰动，依据牛顿第二定律，取一单元六面体用应力表示的运动方程如下：

$$\begin{cases} \rho\dfrac{\partial^2\mu}{\partial t^2}=\dfrac{\partial\delta_{xx}}{\partial x}+\dfrac{\partial\delta_{yx}}{\partial y}+\dfrac{\partial\delta_{zx}}{\partial z} \\ \rho\dfrac{\partial^2 v}{\partial t^2}=\dfrac{\partial\delta_{yy}}{\partial x}+\dfrac{\partial\delta_{xy}}{\partial y}+\dfrac{\partial\delta_{zy}}{\partial z} \\ \rho\dfrac{\partial^2 w}{\partial t^2}=\dfrac{\partial\delta_{zz}}{\partial x}+\dfrac{\partial\delta_{yz}}{\partial y}+\dfrac{\partial\delta_{xz}}{\partial z} \end{cases} \tag{7.32}$$

式中，ρ 为单元体密度；δ_{xx}、δ_{yy}、δ_{zz}、δ_{yx}、δ_{xy}、δ_{xz}、δ_{zx}、δ_{yz}、δ_{zy} 为单元体的应力分量；μ、v、w 分别为单元体在 x、y、z 方向上的位移分量。

若用振动位移 μ、v、w，则波动方程为

$$\begin{cases} (\lambda+G)\dfrac{\partial\varDelta}{\partial x}+G\nabla^2\mu-\rho\dfrac{\partial^2\mu}{\partial t^2}=0 \\ (\lambda+G)\dfrac{\partial\varDelta}{\partial y}+G\nabla^2 v-\rho\dfrac{\partial^2 v}{\partial t^2}=0 \\ (\lambda+G)\dfrac{\partial\varDelta}{\partial z}+G\nabla^2 w-\rho\dfrac{\partial^2 w}{\partial t^2}=0 \end{cases} \tag{7.33}$$

式中，$\varDelta$ 为单元体体积应变，$\varDelta=\varepsilon_x+\varepsilon_y+\varepsilon_z$；$G$ 为剪切模量；λ 为拉梅常数；∇^2 为拉普拉斯算子，$\nabla^2=\dfrac{\partial^2}{\partial x^2}+\dfrac{\partial^2}{\partial y^2}+\dfrac{\partial^2}{\partial z^2}$。

对其分别作 x、y、z 的微分，然后左右部分相加得

$$\rho\frac{\partial^2\varDelta}{\partial t^2}=(\lambda+2G)\nabla^2\varDelta \tag{7.34}$$

该式为对 Δ 而成立的运动方程。已知 Δ 是表示弹性体膨胀、收缩状态的物理量，因而该式便是描述这种状态而作为扰动传播的波动现象的方程式。假定在岩体中取一点为波的振源，则膨胀 Δ 随时间 t 的变化规律为

$$\Delta = \Delta_0 \sin \omega t \tag{7.35}$$

式中，Δ_0 为初振幅；ω 为角频率。

因为振动是沿振源向周围介质传播，假定岩体为各向同性的均匀介质，且仅仅考虑振动沿单方向传播，则距振源为 r 点的膨胀 Δ 为

$$\Delta = \Delta_0 \sin \omega \left(t - \frac{r}{v} \right) \tag{7.36}$$

式中，v 为波动在岩体中的传播速度。

对时间求二阶导数，可得

$$\frac{\partial^2 \Delta}{\partial t^2} = -\omega^2 \Delta_0 \sin \omega \left(t - \frac{r}{v} \right) = -\omega^2 \Delta$$

$$\frac{\partial^2 \Delta}{\partial r^2} = -\omega^2 \frac{1}{v^2} \Delta_0 \sin \omega \left(t - \frac{r}{v} \right) = -\omega^2 \frac{1}{v^2} \Delta \tag{7.37}$$

将式（7.37）代入式（7.34），可得

$$v_p = \sqrt{\frac{\lambda + G}{\rho}} = \sqrt{\frac{E(1+\mu)}{\rho(1+\mu)(1-2\mu)}} \tag{7.38}$$

式（7.38）为无限弹性介质中纵波波速算式。

将式（7.33）中后两式分别对 y、z 微分后相减，得

$$\rho \left[\frac{\partial^2}{\partial t^2} \left(\frac{\partial w}{\partial y} - \frac{\partial v}{\partial z} \right) \right] = G\nabla^2 \left(\frac{\partial w}{\partial y} - \frac{\partial v}{\partial z} \right) \tag{7.39}$$

即

$$\rho \frac{\partial^2 w}{\partial t^2} = G\nabla^2 w$$

同理可得

$$v_s = \sqrt{\frac{G}{\rho}} = \sqrt{\frac{E}{2\rho(1+\mu)}} \tag{7.40}$$

式（7.40）为无限弹性介质中横波波速算式。

通过波速的表达式可以得出：弹性常数及密度因弹性介质性质及种类的不同而异。由此可见，不同介质内的弹性波传播速度也不同。总之，用波速来判别岩体的特性状态（坚硬、松软、裂隙和完整）或者检测混凝土桩基的整体完整性是一种非常简单、可靠的手段，这就是工程上提出的“弹性探测法”。

7.5.2 岩体特点对声波传播速度的影响

岩体与均一完整的理想弹性介质不同，岩体的主要特点是受各种类型结构面（弱面）的切割而形成不同形式的岩块。岩体内结构面在爆炸载荷作用下会发生变形，形成大量新裂纹，使岩体的力学性质具有非线性特征。同时，已经存在的节理、裂隙在应力波作用下不断扩展、成核、贯通，最后形成尺寸较大的主裂纹，进而造成一系列不连续

界面，使波动传递困难。根据惠更斯原理，岩体内的结构面会对声波的传播产生反射、散射和绕射现象，起着消耗和影响波行程的作用。因此，这些微裂纹及宏观裂纹导致声波的传播路径延长，进而衰减声速，同时还影响声波传播的频率、振幅等。声速、振幅的降低程度取决于裂纹的数量和宽度。总之，岩体特性影响岩体中弹性波的波动过程。换言之，岩体的弹性波的波动特性反映了岩体的特性，所以弹性波探测技术才成为工程岩体研究的一种方法。

岩体中声波速度与岩体的弹性常数及密度有关。声波速度能综合反映岩体特性。

（1）声波速度与岩石种类的关系。试验资料表明，声波速度随岩体风化程度而变化，风化越严重，声速越低。

（2）声波速度与岩体密度的关系。理论上声波的传播速度与密度成反比。但整体性岩体密度变化不大，且密度增加能使动弹性模量急剧上升，反而促使声速加大。综合表现为声波随密度增大而加大。可由下列经验公式表达：

$$\lg V_p = 3.176 + 0.5(\rho + 0.15)\lg \rho \tag{7.41}$$

（3）声波速度与岩体结构面的关系。结构面的存在会降低声速的传播速度，并使其在传播过程中表现为各向异性，具体表现为平行结构面的声波传播速度大于垂直结构面的声波传播速度。用声波速度表示的岩石裂隙系数和完整性系数来评价岩体的结构面。

（4）声波速度与弹性模量的关系。根据弹性波理论公式，可得 $E=\rho v_s^2\ (1-\mu)$ $(1+\mu)$。用声波法测得的动弹性模量 E_d，与静作用力下测得的静弹性模量 E_s 存在不同，通常偏差较大。只有理想弹性体岩体，动静弹性模量才可能一致。对于软弱的岩体，其差别较大，而完整性较好的硬岩体则差别较小。

（5）声波速度与应力的关系。岩体在三维应力作用下将被压缩，内部节理发生闭合，弱结构面压实，孔隙率降低。总体现象表现为弹性能增加，进而能更快地传递弹性振动能，加快声波的传播速度。在较低的应力状态下，声速随应力的变化明显。

（6）声波速度与岩体抗压强度的关系。岩石试块的抗压强度及结构面的性质决定着岩体抗压强度。一般来说，岩石质量好，声速高且抗压强度大。

声波在岩体中传播的特点不仅反映岩体特性改变声波传播速度，而且还体现在声波强度（即振幅）的变化上。声波在传播过程中，能量会逐渐被岩体吸收，使得声波曲线振幅产生衰减。岩体对声波的吸收作用取决于岩性、岩体内部结构及声波类型。

岩体内任何形式的弹性能都将转化为其他形式的能，首先是由介质内摩擦角和热传导所引起的。内摩擦角使机械能转化为热能，而介质的热传导性质将热能向周围介质或其支持物传送，而且这个过程是不可逆的。随着振动时间的延长，机械能将越来越弱。同时，介质内部还存在弹性滞后、塑性流动，这些也将产生吸收现象。此外，介质中热的或弹性的弛豫过程会产生“弛豫吸收”，也会促使介质对机械能的吸收。所以弹性波在岩体中传播时，其振幅随振源的距离增大而降低。振幅的降低是由于能量传递过程中被逐渐吸收，这种现象称为弹性振动能量的吸收。吸收程度不但与岩体内部构造特性有关，而且还受许多其他因素的影响。

当声波传播距离 Δx 时，声波幅值由 A_1 变为 A_2，则其衰减系数

$$a_0 = \frac{1}{\Delta x}\ln\frac{A_1}{A_2} \tag{7.42}$$

式中，a_0为衰减系数。

声波除被吸收产生衰减外，散射现象也会引起衰减。岩体内的颗粒结构、裂纹、杂质以及各种节理、片理、裂隙、断层及夹层等，会使弹性波在介质中传播时产生散射，出现二次声源及二次声场。一般是在a_0上加一个修正值来表示散射衰减程度。

7.5.3　岩体损伤判定标准

朱传云等依据弹性波理论，以假定岩体密度、泊松比在爆破前后近似相等的前提下，建立了声波的波降率η、岩体完整性系数K_V与岩体损伤度D三者之间的关系：

$$D = 1 - \frac{E}{E_0} = 1 - \left(\frac{V}{V_0}\right)^2 = 1 - K_V = 1 - (1-\eta)^2 \tag{7.43}$$

式中，E 为岩体爆破后的等效弹性模量；E_0 为岩体爆破前的弹性模量；V 为岩体爆破后的声波速度；V_0为岩体爆破前的声波速度。

该方法为岩体损伤的测定和计算提供了一种新的途径。

根据我国《水工建筑物岩石基础开挖工程施工技术规范》的规定：当$\eta > 10\%$时，即判定岩体受到爆破损伤破坏，其对应的岩体损伤阈值为$D_{cr} = 0.19$。

7.5.4　切缝药包爆破水泥试块的超声测试试验

声波测试的全过程包含声波发射、声波传播、声波接收、信号显示及后处理。测试仪器设备主要有岩体声波探测仪（智能测试仪和探头）、便携式电脑以及其他辅助设备。测试系统如图 7.34 所示。

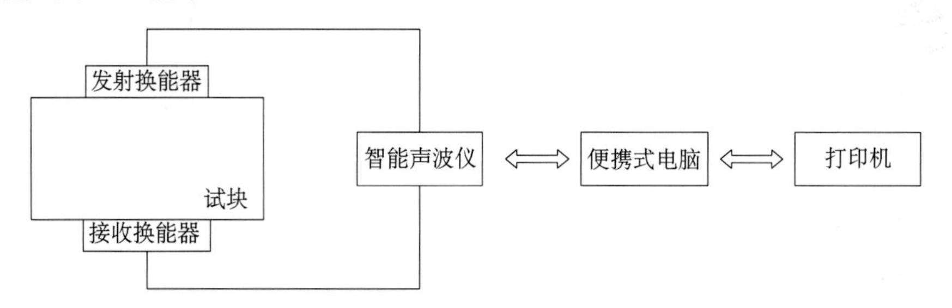

图 7.34　声波测试系统示意图

1. 实验设备及测试原理

采用武汉中岩科技有限公司生产的 RSM-SY5（T）智能声波仪（图 7.35），其主要

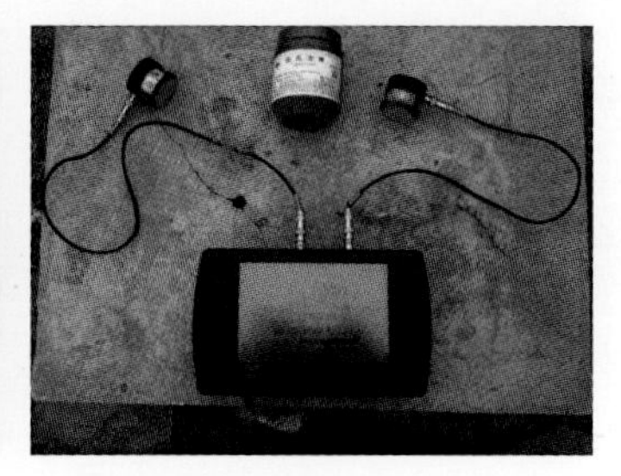

图 7.35　RSM-SY5（T）智能声波仪

技术性能指标如下：一体式触摸屏操作；一个发射通道，两个接收通道；最小采样间隔 0.1μs，采样长度有 0.5～8k 五挡可选；多种触发方式和电平选择；高通/低通滤波器；发射电压 500V/1000V 可选；发射脉宽 0.1～200μs；频带宽度 300～500Hz；体积为 25cm×16cm×7cm。

目前主要采用透射式、反射式和折射式三种方法对岩体进行声波测试。现场测试通常用透射式。考虑到现场所测试岩体的不均匀性，特浇筑一批混凝土试块，制作一批均一的水泥石块，用透射法分别测试切缝药包爆破水泥石块前后的声速变化情况，判断切缝药包爆后切缝方向及垂直切缝方向的损伤破坏范围。其测试原理如图 7.36 所示。

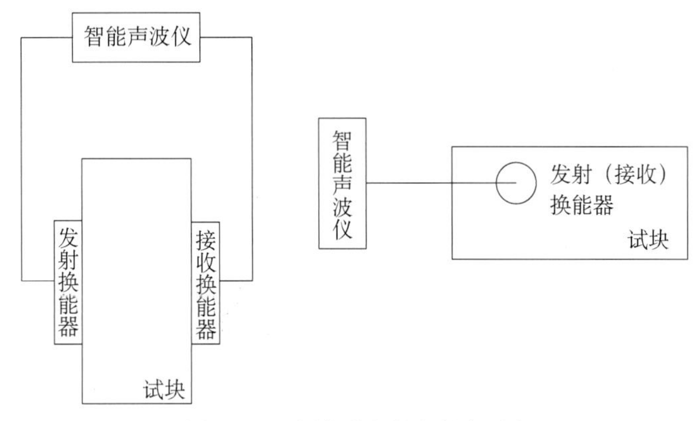

图 7.36　透射测量法测试原理图

发射探头与接收探头之间有一定的距离 L，测试时从仪器显示的波形图上读出纵波在两个点间传播的时间（声时）Δt，可得到这两点间声波传播的平均传播速度：$V_p = L/\Delta t$。即可由声时 Δt、声波的平均传播速度 V_p 进行爆前爆后对比，确定切缝药包爆破作用下不同方向及爆心距下的爆破损伤程度。

2. *砂浆模型试块爆破测试*

1）砂浆试块的制作

本试验制作的水泥砂浆模型尺寸为 700mm×500mm×400mm，模型是由 42.5 号普通硅酸盐水泥、筛选后的中砂，加水搅拌浇筑而成，配比为水泥∶砂∶水=1∶2∶0.5，浇筑时试块预留直径 15mm 炮孔（图 7.37 及图 7.38），孔深为 250mm。试块养护 28d 后进行声

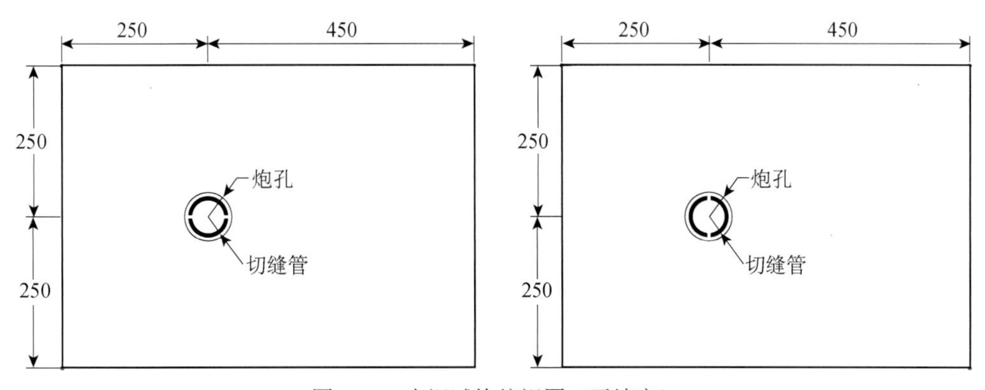

图 7.37　水泥试块俯视图（无堵塞）

波测试，测试切缝药包爆破前试块波速及爆破后波速，对比切缝方向及垂直切缝方向波速大小强度[133]。

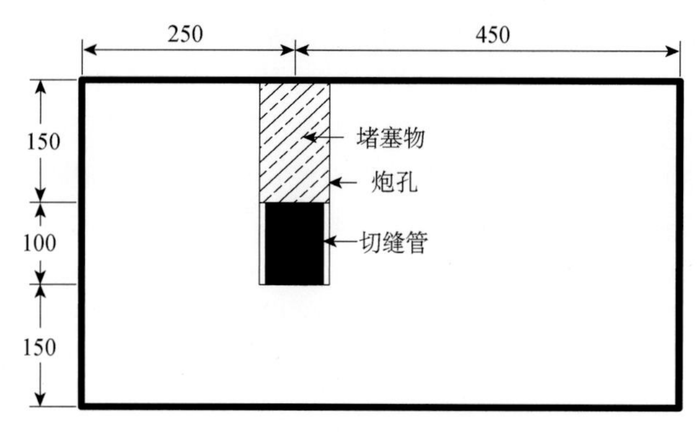

图 7.38　水泥试块平视图（有堵塞）

对试块进行网格划分，测量波速（图 7.39）。图中每一个小方格正好是一个探头的大小。为便于后期作图，特将网格划分行和列，炮眼位置位于第 5 列与第 6 列中间。

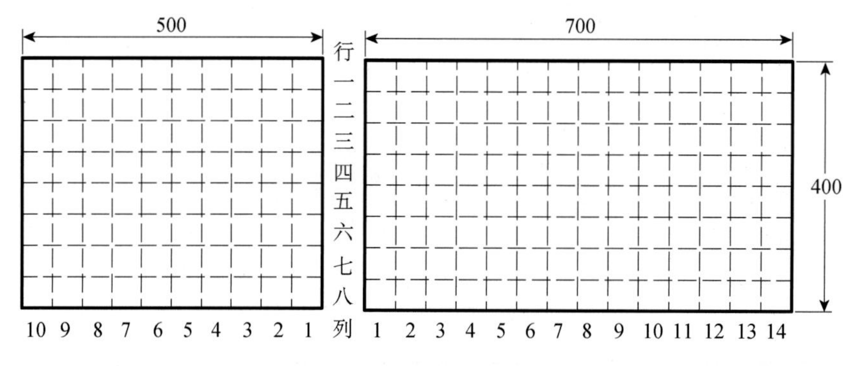

图 7.39　波速测量点布置图

2）切缝药包

切缝药包所用切缝管由普通亚克力管与铜管两种材质加工而成。规格为内径 6mm，厚 1mm，长 10mm，缝宽 1mm（图 7.40）。药包主药为太安，起爆药为 DDNP，用漆包线产生电火花作起爆元件。

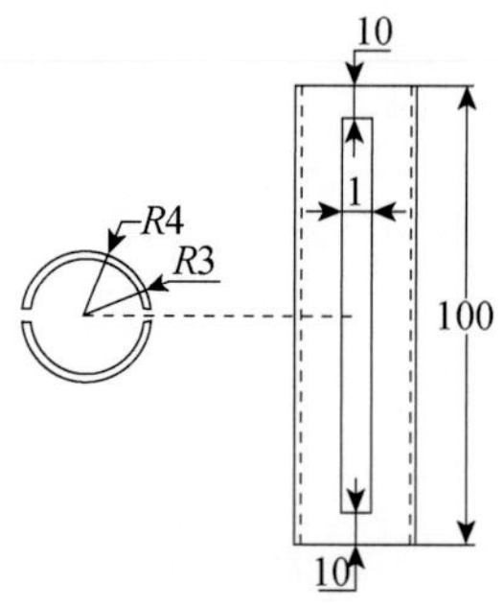

图 7.40　切缝药包示意图

3）爆破效果

由图 7.41 可知，普通亚克力管制作的切缝药包具有一定的定向断裂效果：在切缝方向产生一定量的裂纹，但爆后产生的裂纹较细，不足以将试块炸裂，且两块试块产生裂纹数也不同，可能与堵塞质量有关，因为试块［图 7.41（a）］存在一定的冲炮现象，可见爆生气体对岩石的损伤起十分重要的作用。

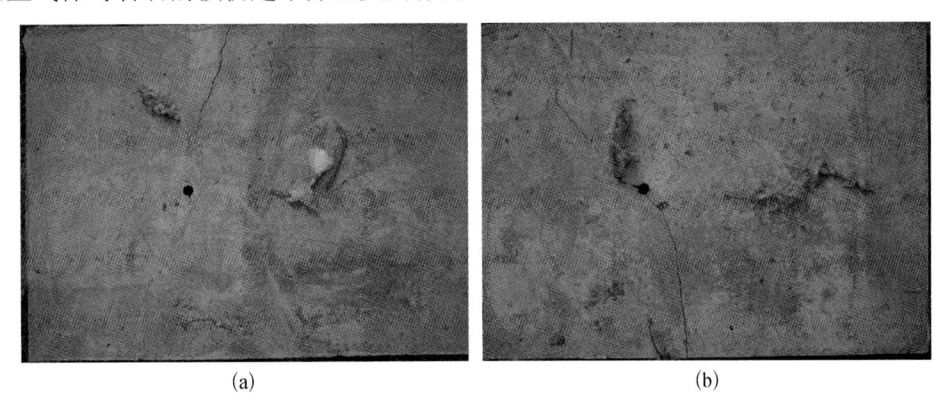

(a)　　(b)

图 7.41　普通亚克力切缝管爆破效果图

由图 7.42 可知，试块在铜质切缝管爆破作用下，无论切缝管的切缝方向在短轴还是长轴，都能将试块炸出两条裂纹。说明该切缝管的定向断裂效果明显，在切缝方向的损伤断裂效果明显强于非切缝方向。图 7.42（d）试块爆后炮眼具有非常明显的半眼痕率，裂纹的起裂位置沿着切缝管的切缝方向，而且只有两条裂纹。

(a)　　(b)

(c)　　(d)

图 7.42　铜质切缝管爆破效果图

虽然这两类切缝管爆破后试块产生的裂纹宽度不一样，但是裂纹产生的部位基本一致，都是在切缝药包的切缝方向上产生两条对称裂纹。说明切缝药包爆破岩石产生的损伤断裂部位主要集中在切缝方向上，在药包外壳的作用下改变了爆炸应力波和爆生气体的作用方向，使得裂纹首先在切缝方向发展及延展，同时又起保护非切缝方向炮孔壁的作用，使其不发生损伤破坏，这一点可以从爆破效果图上明显地看出来。

4）超声测试结果与数据分析

运用超声波测试仪对试块进行超声测试，探头涂抹凡士林作耦合剂，按照图画好的网格进行一对一的声速测量。测量时，严格保证无论是在爆破前测量还是在爆破后测量，测量对应点应严格保持一致性。试块爆前声速测量见表 7.16。从表中可看出，虽然有的点与点之间声速值存在差异，试块下部声速值较大，但差异不大。可能是因为试块在凝结过程中因重力影响自然下沉所致，但试块整体声速差值并不大，基本都在 4000m/s 上下浮动。因此，可以近似将试块看作均一介质，为便于计算，声速取值 4000m/s。试块的配比、质量及搅拌时间均存在一致性。经过多次测量试块的波速，可以确定试块的声速均可取值 4000m/s。表 7.16、表 7.17 分别为试块（a）、（b）按式（7.43）求得的损伤值。

表 7.16 试块（a）损伤量

测点编号	非切缝方向													
	1	2	3	4	5	6	7	8	9	10	11	12	13	14
1	0	0	0	0	0.28	0.44	0	0	0	0	0	0	0	0
2	0	0	0	0	0.29	0.44	0.02	0	0	0	0	0	0	0
3	0	0	0	0	0.25	0.41	0.02	0	0	0	0	0	0	0
4	0	0	0	0	0.21	0.37	0	0	0	0	0	0	0	0
5	0	0	0	0	0.09	0.38	0	0	0	0	0	0	0	0
6	0	0	0	0	0.03	0.02	0	0	0	0	0	0	0	0
7	0	0	0	0	0	0	0	0	0	0	0	0	0	0

测点编号	切缝方向									
	1	2	3	4	5	6	7	8	9	10
1	0	0.09	0.15	0.22	0.27	0.28	0.33	0.43	0.44	0.43
2	0	0.09	0.13	0.20	0.23	0.26	0.32	0.40	0.43	0.43
3	0	0.08	0.11	0.15	0.18	0.22	0.28	0.36	0.42	0.43
4	0	0	0.06	0.08	0.14	0.17	0.24	0.32	0.40	0.40
5	0	0	0.03	0.08	0.09	0.14	0.20	0.24	0.36	0.40
6	0	0	0	0	0	0	0	0.12	0.33	0.38
7	0	0	0	0	0	0	0	0	0.33	0.38

表 7.17 试块（b）损伤量

测点编号	非切缝方向													
	1	2	3	4	5	6	7	8	9	10	11	12	13	14
1	0	0	0.75	0.61	0.65	0.60	0	0	0	0	0	0	0	0
2	0	0	0.70	0.57	0.64	0.57	0	0	0	0	0	0	0	0
3	0	0	0.58	0.51	0.54	0.56	0	0	0	0	0	0	0	0
4	0	0	0.39	0.44	0.44	0.42	0	0	0	0	0	0	0	0
5	0	0	0.13	0.30	0.31	0.34	0	0	0	0	0	0	0	0
6	0	0	0.09	0.01	0.11	0.18	0	0	0	0	0	0	0	0
7	0	0	0	0	0	0	0	0	0	0	0	0	0	0

续表

测点编号	切缝方向									
	1	2	3	4	5	6	7	8	9	10
1	0.61	0.64	0.62	0.67	0.67	0.64	0.61	0.75	0.64	0.61
2	0.57	0.57	0.57	0.60	0.57	0.57	0.57	0.64	0.66	0.57
3	0.50	0.53	0.54	0.54	0.54	0.50	0.50	0.55	0.56	0.47
4	0.31	0.44	0.44	0.44	0.48	0.44	0.44	0.53	0.48	0.38
5	0.14	0.33	0.38	0.38	0.45	0.42	0.40	0.44	0.43	0.35
6	0.02	0.21	0.25	0.25	0.25	0.15	0.15	0.42	0.34	0.27
7	0.02	0.02	0.11	0.11	0.11	0.06	0.06	0.27	0.12	0.23

用 origin 作图软件对两试块每个方向的损伤量作图（图 7.43 和图 7.44）。

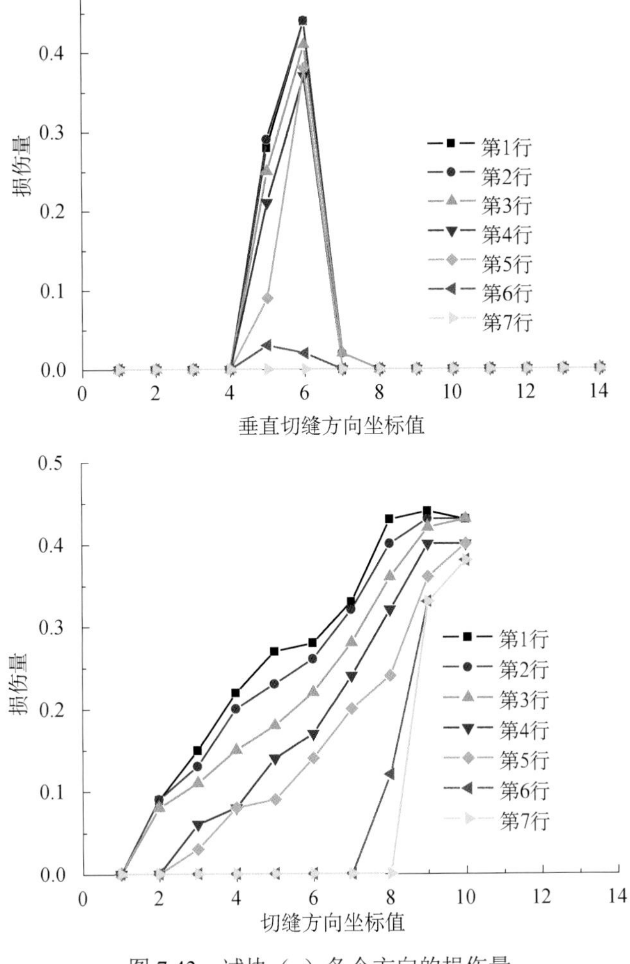

图 7.43 试块（a）各个方向的损伤量

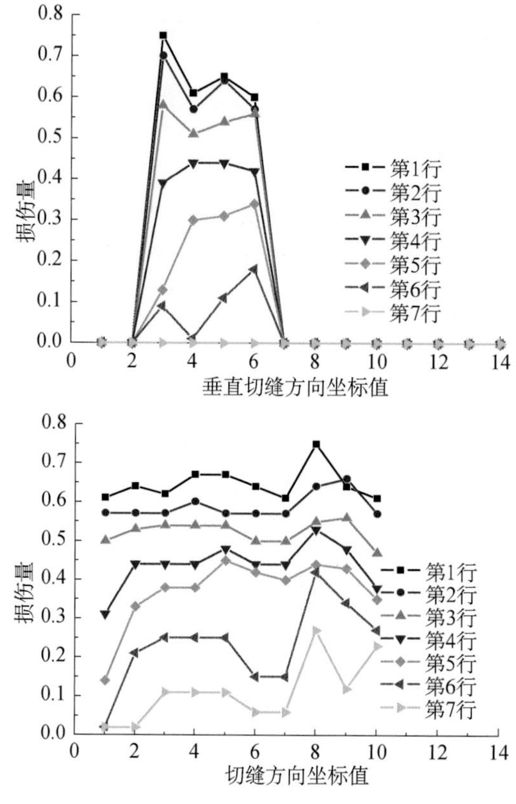

图 7.44　试块（b）各个方向的损伤量

对比两试块切缝方向和非切缝方向损伤量可知：切缝药包爆破后在切缝方向造成的损伤，无论是强度还是范围都比非切缝方向明显，而且单方向中第一行的损伤量是最大的，随着深度增加，损伤量逐渐降低。由图可知，试块（a）切缝管爆破时产生一条主裂纹和一条微裂纹，两条裂纹不同，产生的损伤量不同；试块（b）产生对称的两条贯穿的裂纹，在该方向上的损伤值具有一致性。因单方向造成的损伤量中第一行明显最大，故对图 7.45、图 7.46 中的试块只测每个方向的第一行波速值，以求损伤量（表 7.18～表 7.23）。

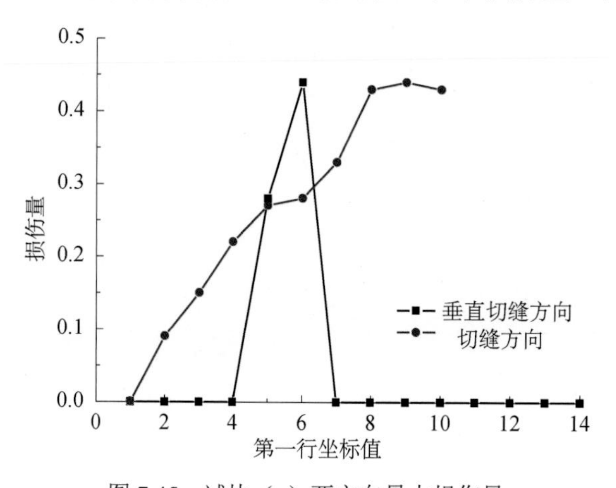

图 7.45　试块（a）两方向最大损伤量

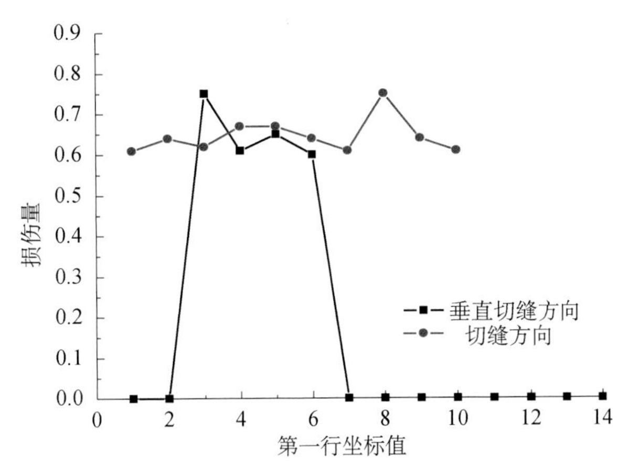

图 7.46 试块（b）两方向最大损伤量

表 7.18 试块（c）切缝方向爆后声速值及损伤值

参数	测点									
	1	2	3	4	5	6	7	8	9	10
声速/（m/s）	2012	2000	2000	1989	1998	1895	1760	1800	1806	1650
损伤度	0.75	0.75	0.75	0.75	0.75	0.78	0.81	0.80	0.80	0.83

表 7.19 试块（c）非切缝方向爆后声速值及损伤值

参数	测点													
	1	2	3	4	5	6	7	8	9	10	11	12	13	14
声速/（m/s）	4000	4000	4000	4000	2340	1685	4000	4000	4000	4000	4000	4000	4000	4000
损伤度	0	0	0	0	0.66	0.82	0	0	0	0	0	0	0	0

表 7.20 试块（d）切缝方向爆后声速值及损伤值

参数	测点									
	1	2	3	4	5	6	7	8	9	10
声速/（m/s）	1635	1546	1532	1486	1523	1555	1456	1442	1425	1445
损伤度	0.83	0.85	0.85	0.86	0.86	0.85	0.87	0.87	0.87	0.87

表 7.21 试块（d）非切缝方向爆后声速值及损伤值

参数	测点													
	1	2	3	4	5	6	7	8	9	10	11	12	13	14
声速/（m/s）	4000	4000	4000	1235	1356	1108	4000	4000	4000	4000	4000	4000	4000	4000
损伤度	0	0	0	0.90	0.86	0.92	0	0	0	0	0	0	0	0

表 7.22 试块（e）切缝方向爆后声速值及损伤值

参数	测点									
	1	2	3	4	5	6	7	8	9	10
声速/（m/s）	4000	4000	4000	4000	3678	2876	4000	4000	4000	4000
损伤度	0	0	0	0	0.15	0.48	0	0	0	0

表 7.23　试块（e）非切缝方向爆后声速值及损伤值

参数	测点													
	1	2	3	4	5	6	7	8	9	10	11	12	13	14
声速/(m/s)	2613	2506	2500	2514	2304	2000	2012	2034	2012	2121	2036	1996	2031	1886
损伤度	0.57	0.61	0.61	0.60	0.67	0.75	0.75	0.74	0.75	0.72	0.74	0.75	0.74	0.78

试块（c）、（d）、（e）的两方向最大损伤量分别见图 7.47～图 7.49。

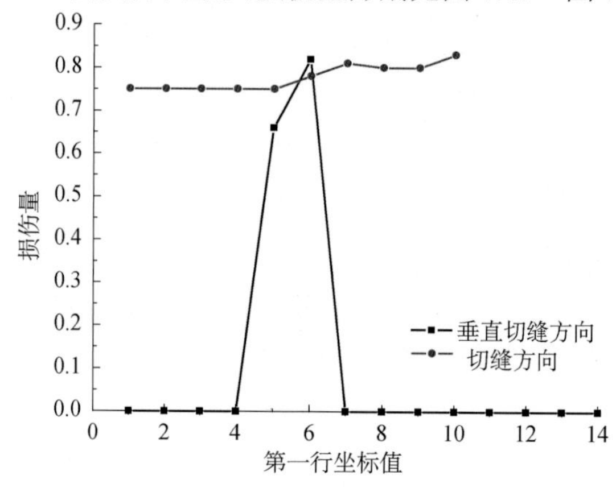

图 7.47　试块（c）两方向最大损伤量

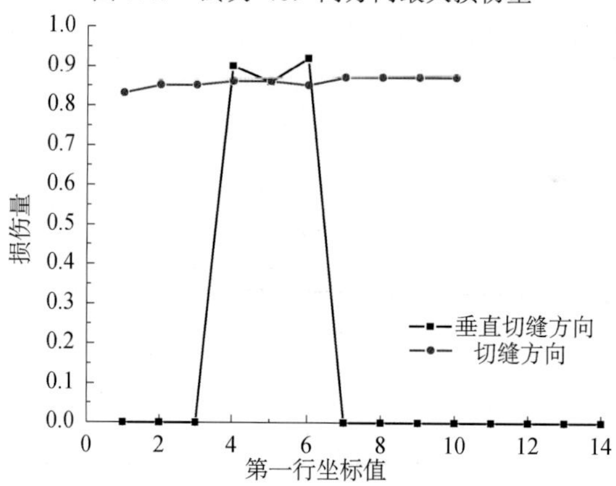

图 7.48　试块（d）两方向最大损伤量

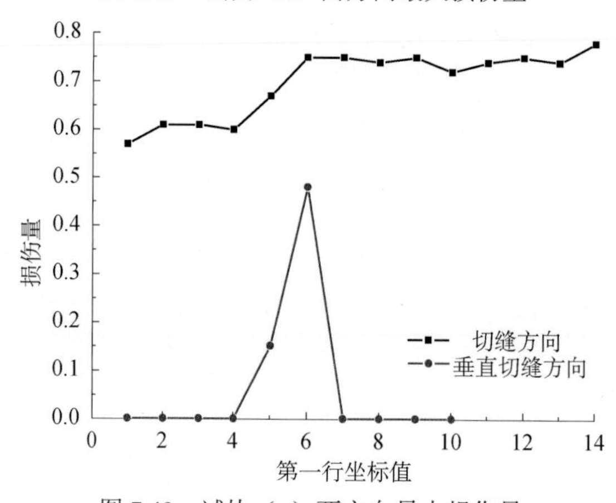

图 7.49　试块（e）两方向最大损伤量

从以上图、表可看出：

（1）无论切缝药包的外壳是材质较软的亚克力，还是质地较硬的铜管，都表现出一定的定向断裂效应。在切缝方向产生明显的两条裂纹，只是裂纹宽度和角度有一定的差异。

（2）通过求得的损伤量作图可以明显地说明切缝药包爆破造成的损伤，无论是强度还是范围都明显高于垂直切缝方向。垂直切缝方向存在损伤量为零的区域，损伤量较高的区域位于炮孔附近，主要是沿炮孔产生的裂隙与切缝方向有一定的夹角，在声波仪测量声速时，一定夹角的裂隙对声波产生了较大衰减，使其声速值降低，导致该位置的损伤量较高。

（3）研究试块（a）、（b）各个方向的损伤量可知：在同样的比例距离处，无论切缝方向还是垂直切缝方向，第一行损伤量都是所有行数中最大的，且损伤量随着深度的增加而逐渐降低，这种现象是由试块上部自由面导致的。

（4）试块（e）内切缝管的切缝方向在长轴。由爆破效果图可知，仅在长轴方向产生两条裂纹，裂纹方向基本与切缝方向一致。说明铜质切缝药包具有很好的定向断裂效果，爆破产生的损伤主要集中在切缝方向，垂直切缝方向并没有明显裂纹。

7.6　切缝药包爆炸动、静作用分离试验

爆炸应力波（爆炸动作用）在岩石中的传播特征及破岩机理一直是众多科研工作者十分关注的问题。从 20 世纪中叶开始，许多学者先后对爆炸荷载下固体介质中应力波的传播进行了理论和实验研究，但因爆炸荷载具有瞬时性、强破坏性及不可重复性的特点，同时爆炸后的应力波与爆生气体混合在一起，难以将爆炸应力波分离出来，单独对其进行研究，导致针对此问题的研究并未取得实质性的进展。另外，受到测试设备频率响应和测试手段的限制，获得的应变波形很多仅仅含有一个瞬变的压缩相，或者同时伴随着一个快速衰减的拉伸相，这些并不能完整地反映出被爆介质瞬时变形的全过程。近年来，随着高频率动态响应测试仪器的快速发展，高应变率的爆炸应力波的测试水平有了一定的提高。锰铜压力传感器在测量冲击波产生的超高压时表现出独特的优势。其量程上限可达 100GPa，是现有压力传感器中测压量程最高的。但如果将其直接用于测试炸药爆炸压力，其技术瓶颈在于导线与传感器的连接焊点难以承受爆炸的高温、高压作用，导致爆炸信号的输出受阻，难以获得完整的试验数据信息。另外，锰铜传感器相对昂贵的价格也使其不适用于多次反复测量炸药内部的爆炸压力。一直以来，研究爆炸压力的目的在于破岩，分析动、静作用对岩石的作用效应，指导定向断裂工程实践。

7.6.1　试验模型

考虑到应力波和爆生气体各自的传播特性，波动理论认为，应力波必须在介质中传播，在真空中不传播，而爆生气体是在空间中传播，阻力越小越易于传播。鉴于上述考虑，提出图 7.50 所示的新型动、静作用分离装置，在立方体试件中钻通透炮孔，同时在

试件中的不同位置预先埋设传感器并连接数据采集仪器，封堵炮孔后起爆炸药，可以获得相应测点受动、静混合作用的信号曲线；炮孔敞开不封堵后起爆炸药，认为爆生气体将会从炮孔中逸出，从而获得应力波对该位置处介质的作用信号曲线。

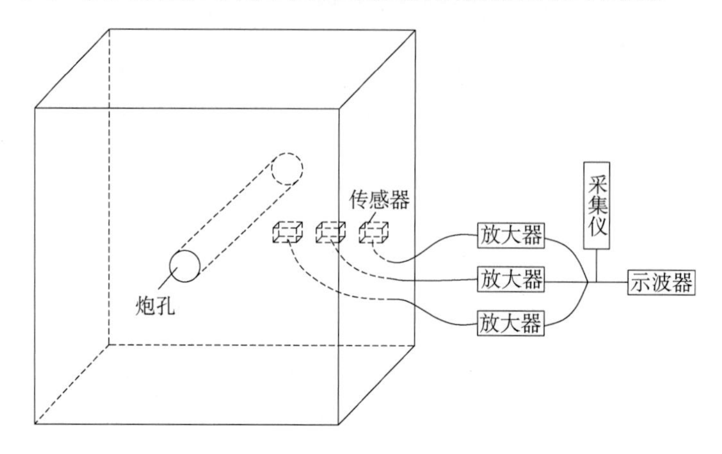

图 7.50　新型动、静作用分离装置

基于电阻式超动态应变测试原理，对水泥砂浆试块爆炸动、静作用下具有代表性测点的应变波形特征进行分析，利用 Matlab 对获得的相应波形进行波频分析，探究各个区域应变波的频谱特征以及和能量分布情况。

本试验使用长、宽、高为 200mm×200mm×200mm 的水泥砂浆模型，使用 42.5#的普通硅酸盐水泥和经过选择的中砂，然后加水搅拌浇筑，形成水泥∶砂∶水=1∶2∶0.5，浇筑时试块预留直径 6mm 炮孔，炮孔将试件贯通，炮孔深度即为 200mm，养护 28d[134]。

7.6.2　试验方案

爆破测试中，应变片处于高频应力状态。为避免因疲劳引起应变栅断裂、涂胶层滑移、引出头脱焊等情况出现，应变片的焊头必须经过特殊处理，而且抗冲击能力要强，疲劳寿命要长。本试验采用的箔式应变片是利用腐蚀、光刻等特殊工艺加工而成的一种很薄的金属箔栅，厚度仅为 0.003～0.01mm，贴在基片上，上面还覆有一层薄膜。其表面积和截面面积之比很大，允许通过较大的电流，内侧独有的椭圆形结构可提高抗疲劳及抗冲击性能，同时也大大降低应变片的横向效应。

先在水泥砂浆试块上确定测点的位置（如图 7.51 所示），模型 I 中，在水平方向、逆时针 45°方向、垂直方向、顺时针 135°方向上各布置 2 个测点，测点间距 12.5mm；模型 II 中，只在水平方向布置 3 个测点，测点间距 15mm；模型 III 中，只在水平方向布置 4 个测点，测点间距 10mm。上述 3 种模型分别进行以下试验：①切缝药包爆破动作用破岩测试；②切缝药包爆破动、静作用对比试验；③普通装药爆破动、静作用对比。粘贴应变片时，将应变片粘贴在与砂浆试件配比相同的 10mm×10mm×10mm 的立方体应变砖上，浇筑水泥砂浆时，将应变砖埋在预先确定的位置上。试验中使用 BX120-3AA 型箔式应变片，栅长尺寸为 1mm×1.5mm，主要性能指标见表 7.24。

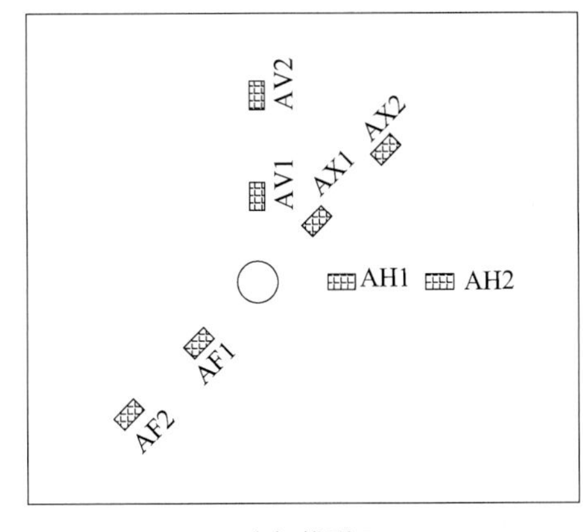

(a) 模型 I

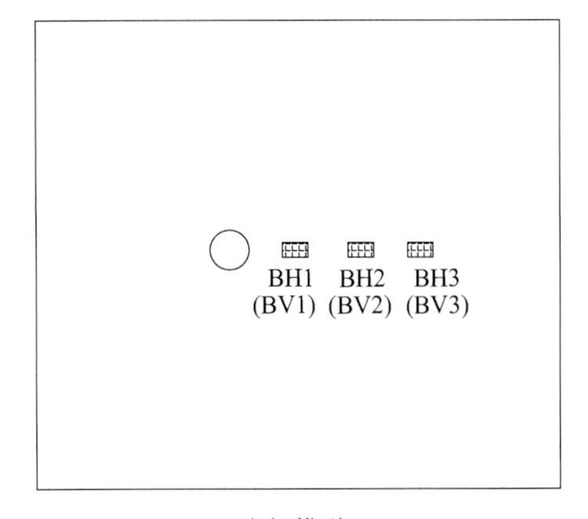

(b) 模型 II

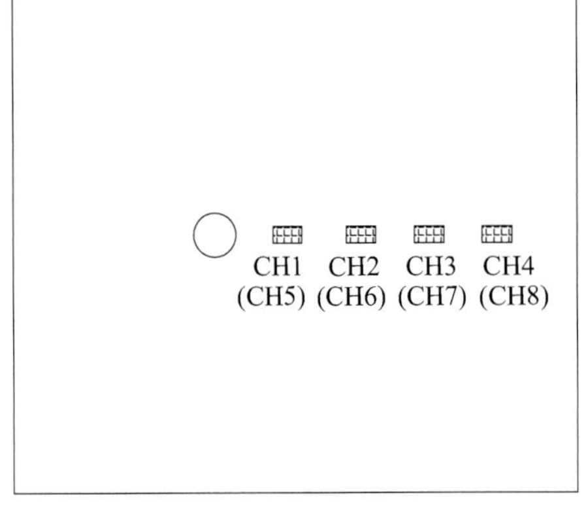

(c) 模型III

图 7.51　测点布置、剖面图

表 7.24　BX120-3AA 应变片的性能指标

电阻/Ω	灵敏系数	机械滞后/Mε	蠕变/με	灵敏系数随温度的变化	横向效应系数	绝缘电阻/MΩ
120.3±0.1%	2.08±1%	2	3	2%，100℃	0.5%	50000

7.6.3　超动态应变测试结果

选用 1 MHz 作为该试验的采样率，然后应用低通滤波（分别为 100kHz、10kHz）。经试验得出这样的结论，100kHz 低通滤波的波形不曾出现，可是该信号被很大程度上干扰，致使小变形部分显现不出来，对以上现象，试验采集以 10kHz 滤波为主。为保证信号准确触发，开始采集数据之前，过滤掉之前各种各样的应变。试验中，待超动态应变测试系统（图 7.52）准备就绪后，切缝药包（图 7.53）。每组试验重复 3 次，考虑到爆炸信号的不稳定性和随机性，只选取了部分重复性良好、具有代表性的波形进行分析（图 7.54）。

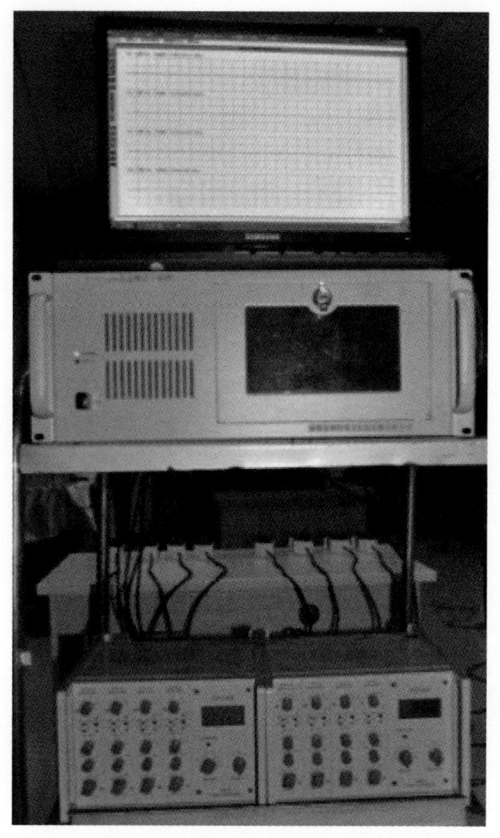

图 7.52　超动态应变测试系统

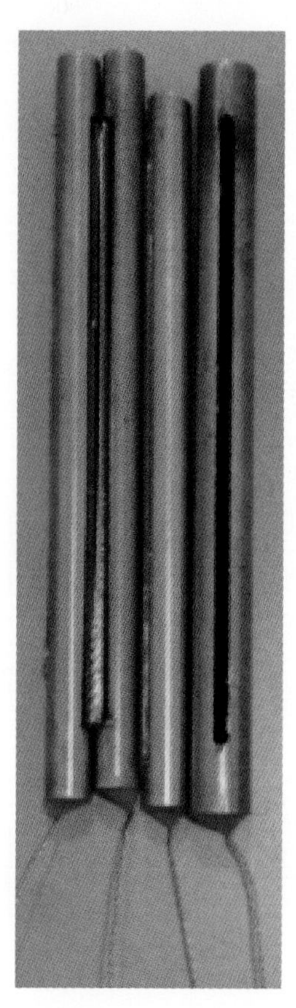

图 7.53　切缝药包

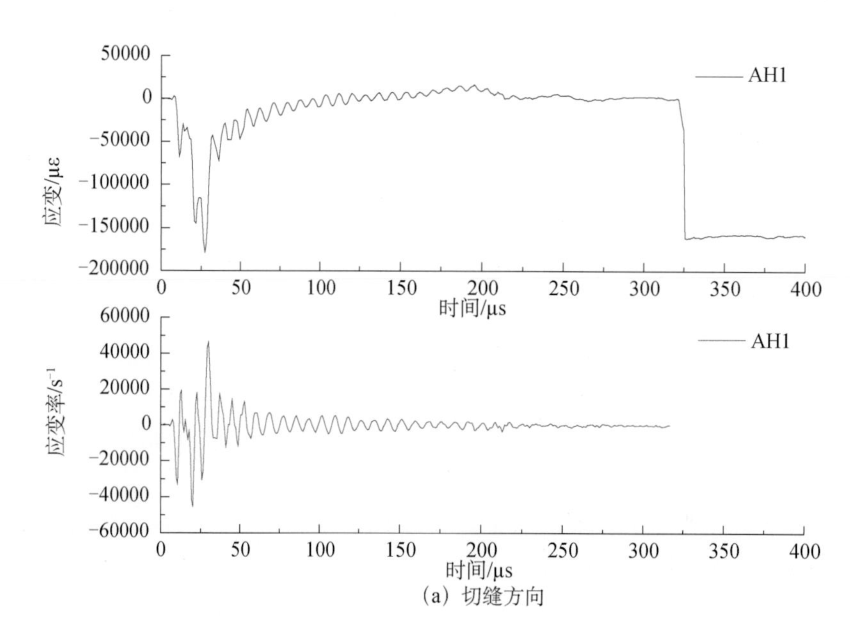

(a) 切缝方向

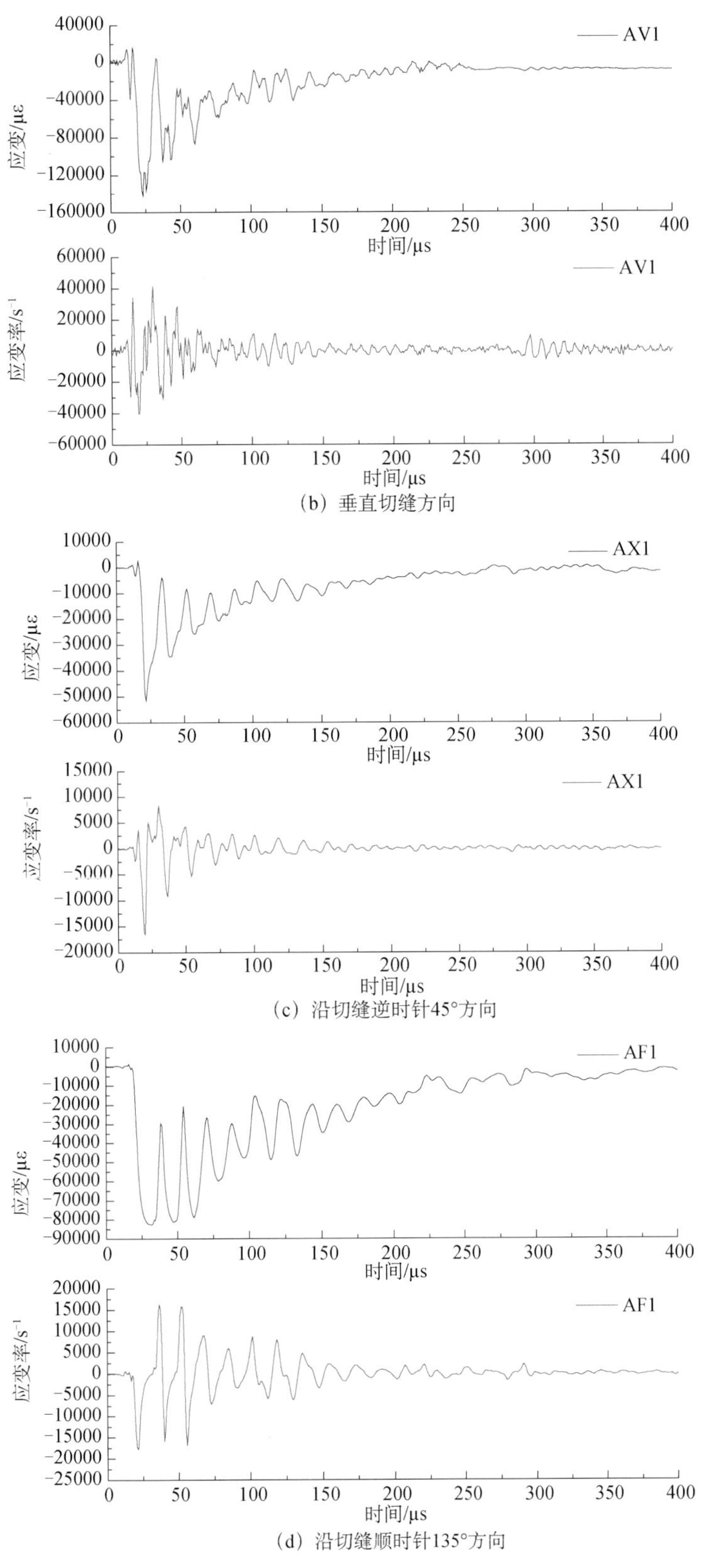

（b）垂直切缝方向

（c）沿切缝逆时针45°方向

（d）沿切缝顺时针135°方向

图 7.54　炮孔周围不同位置的应变波形

选择炮孔周围径向距离相等的 4 个有代表性的测点：AH1、AV1、AX1、AF1，分别代表炮孔周围切缝方向，垂直切缝方向，沿切缝逆时针 45°方向和沿切缝顺时针 135°方向上距炮孔相同距离处的应变波形。应变中，正值表示拉伸应变，负值表示压缩应变。应变率曲线是直接对应变曲线求一阶导数得到的。

测点 AH1 处的应变波约持续约 50μs，之后经过约 110μs 的缓冲期后趋于稳定值。326μs 时出现了应变波形的骤然下降，这是由于切缝方向产生的裂纹穿过应变片，并将其拉断。测点 AV1 处的应变波形持续时间约为 75μs，经过 100μs 的缓冲期后趋于一个较稳定应变峰值，约 80×10^{-6}。根据材料信号与应力的转换关系

$$\sigma = E_d \times \varepsilon \tag{7.44}$$

水泥砂浆试块的弹性模量为 8.1 GPa，计算爆炸应力波过后引起的残余应力为 4.8MPa，且为压应力。在爆炸近区，水泥砂浆试块受到强力的冲击，产生了塑性变形。应变率曲线在 280μs 后又出现了轻微幅度的变化。这可能是由于塑性变形在恢复阶段受到反射应力波的干扰，加速了其变形。测点 AX1 和 AF1 处应变波的持续时间都较长，约为 100μs，残余应变分别为 1.2MPa 和 0.98MPa。

爆炸产生的应力波会引起介质的很强扰动，在有限的爆炸应力波范围内，介质的应力状态、密度、质点振动速度等参数发生剧烈变化，以应变片基底的平均振动速度表征测点位置的质点振动速度 u 与应变率 $\dot{\varepsilon}$ 之间的关系为

$$u = \dot{\varepsilon}L = \frac{\mathrm{d}\varepsilon}{\mathrm{d}t}L \tag{7.45}$$

通过式（7.45）可以近似求得测点处的质点的最大振动速度，通过 Bauer-Caldera 安全判据（表 7.25）可以近似判断该处是否产生损伤破坏。

表 7.25　Bauer-Caldera 判据

质点的最大振动速度/(cm/s)	岩体损伤程度
＜25.0	岩石完整，不发生破坏
25.0～63.5	发生轻微的拉伸层裂
63.5～254.0	产生大量的拉伸裂隙及一些径向裂隙
＞254.0	岩体完全破碎

表 7.26 对各测点的应变峰值、最大应变率、测点位置质点的最大振动速度及残余应变作了统计。就应变峰值而言，相同的比例距离处，$\varepsilon_{\text{max-切缝方向}} > \varepsilon_{\text{max-垂直方向}} > \varepsilon_{\text{max-135°方向}} > \varepsilon_{\text{max-45°方向}}$，炸药爆炸产生的能量在切缝方向形成射流，优先释放。最大应变率的变化趋势与应变峰值相同，即 $\dot{\varepsilon}_{\text{max-切缝方向}} > \dot{\varepsilon}_{\text{max-垂直方向}} > \dot{\varepsilon}_{\text{max-135°方向}} > \dot{\varepsilon}_{\text{max-45°方向}}$，切缝方向上裂纹的出现为应力的释放提供了足够的空间，导致应变迅速衰减。根据各测点的质点振动速度，比照 Bauer-Caldera 判据，切缝方向 AH1 处的破损程度要比准则中严重得多，而垂直方向 AV1 处虽然高于 63.5cm/s，却没有发生破坏，这主要是由于切缝管在一定程度上阻止了爆炸应力波对垂直方向孔壁的作用，起到一定的“护壁”作用。

表 7.26　各测点的应变峰值、最大应变率及残余应变

测点	AH1	AV1	AX1	AF1	AH2	AV2	AX2	AF2
比例距离 l/r	2.08	2.08	2.08	2.08	4.16	4.16	4.16	4.16
应变峰值ε_{max}(με)	178460	141850	50920	82227	106620	81990	16840	29550
$\dot{\varepsilon}_{max}$应变率/s^{-1}	45826	40566	16510	17776	33610	24980	9920	12470
质点的 u_{max}/(cm/s)	68.739	64.849	24.765	26.664	50.415	37.47	14.88	18.705
残余应变σ/MPa	—	4.8	1.2	0.98	5.9	4.6	0.22	0.27

注："—"表示由于应变片的断裂而未得到数值。

传统的切缝药包爆破大致可分成 3 个环节：①起爆至爆炸完全。②爆炸冲击波从切缝中冲出，并作用于周围岩体，初始裂纹形成。这个过程也包含爆炸应力波和爆生气体与切缝管管壁发生相互作用：应力波在管壁处发生反射和透射；爆生气体推动管壁发生运动。③爆生气体推动初始裂纹继续扩展，同时管壁挤压炮孔，受到爆炸冲击以及爆炸热力的双重影响，这时的管壁将被损坏。因为切缝药包的外壳具有一定的厚度和强度，爆炸瞬间切缝方向表现出明显的聚能效果，同时控制爆炸产物向侧面的扩散，侧向稀疏波就会降低进入的频率，这样就会产生能量损失。在垂直切缝方向，爆炸产物直接冲切缝药包的内表面，因为管壁材质的密度大于炸产物的密度，且爆轰产物的可压缩性一般大于管壁，所以爆轰产物从管壁内表面反射回来并产生反射波，同时也使应力波的透射大大减少，透射波在切缝管外壁和炮孔壁之间的环形空间多次衰减后，能量大大降低。同时，切缝管本身也产生变形、移动和破坏，吸收部分能量，这样爆炸在垂直切缝方向的作用效应就大大降低了。

7.6.4　切缝药包爆破动、静作用对比

将切缝药包置于试块中，堵塞炮孔测试获得爆炸应力波和爆生气体混合作用下BH1、BH2、BH3 测点的应变波形曲线，敞开炮孔获得应力波作用下 BV1、BV2、BV3 测点的应变波形曲线，如图 7.55 所示。试块破坏后照片如图 7.56 所示。堵塞炮孔时的

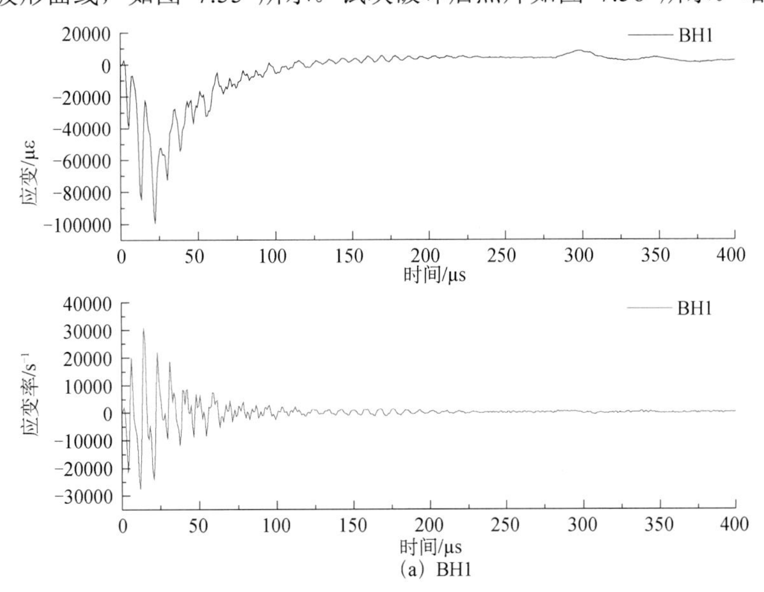

(a) BH1

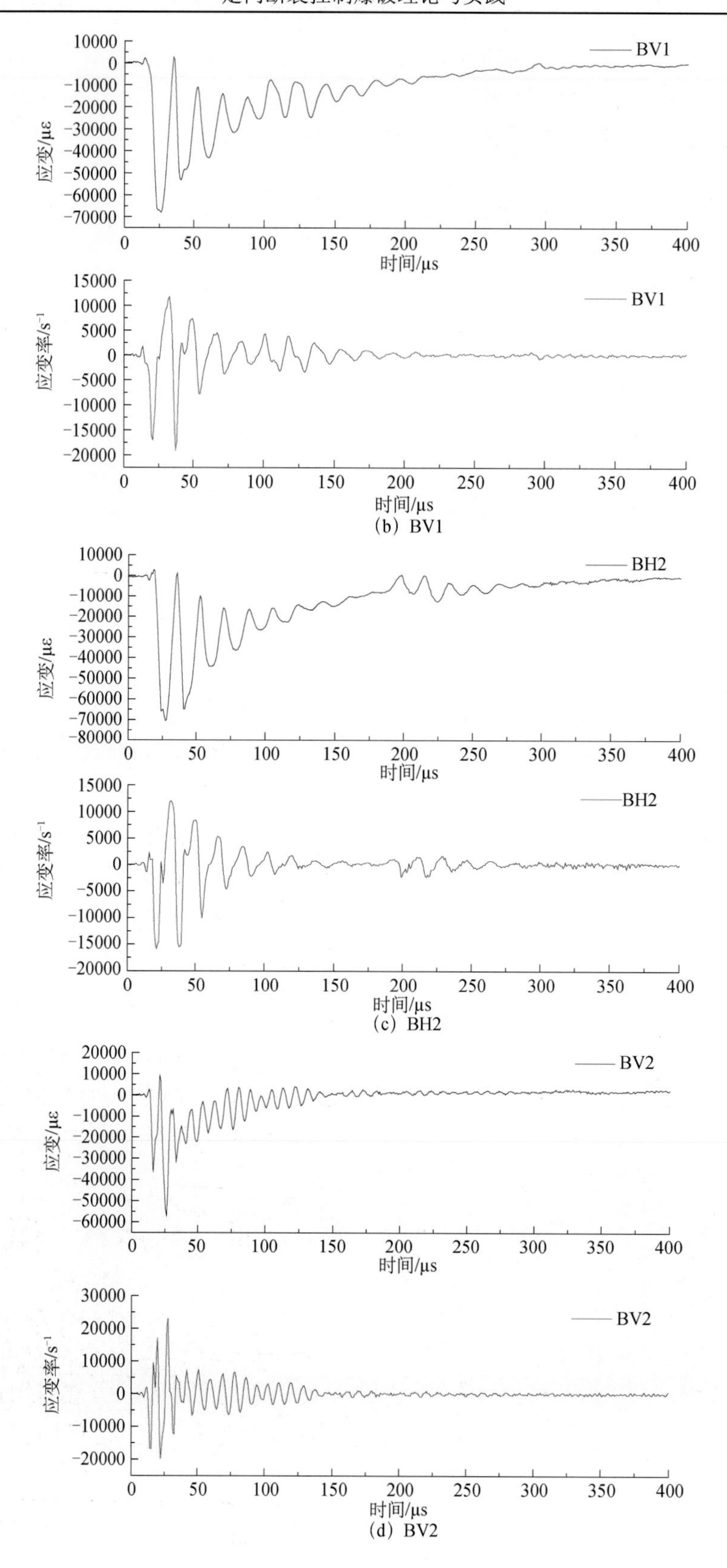

(b) BV1

(c) BH2

(d) BV2

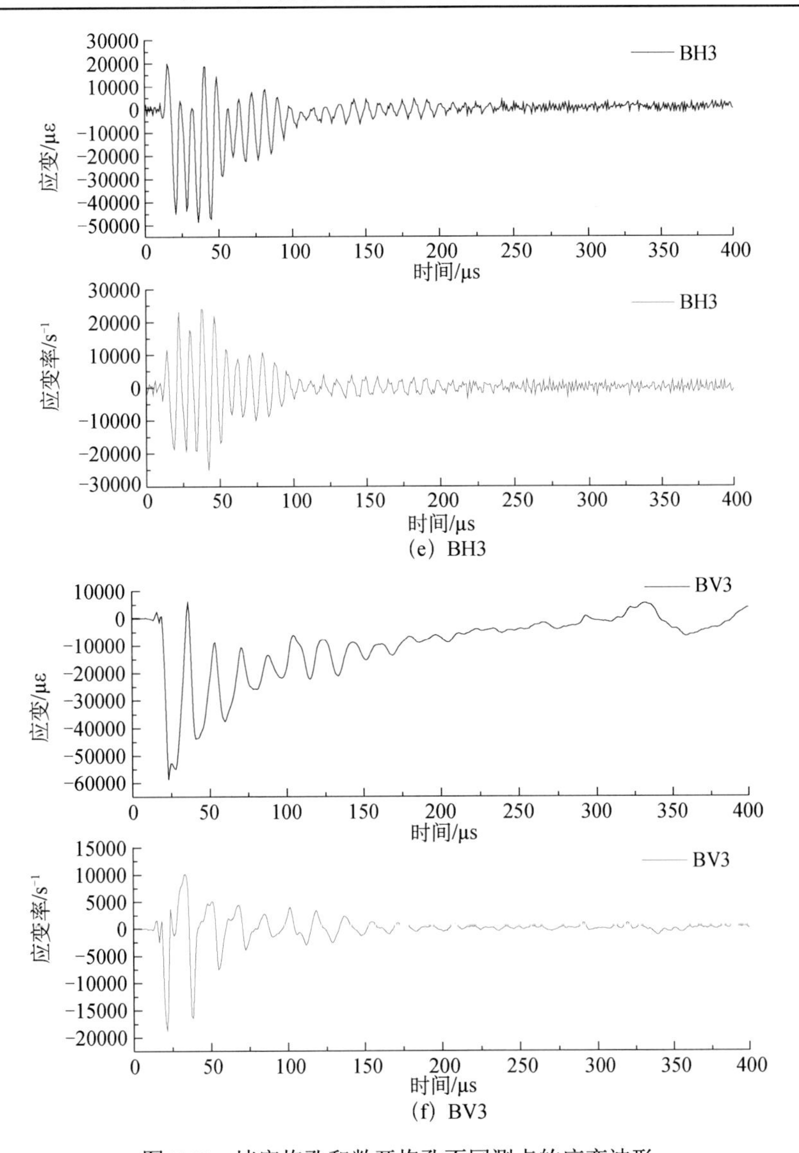

(e) BH3

(f) BV3

图 7.55　堵塞炮孔和敞开炮孔不同测点的应变波形

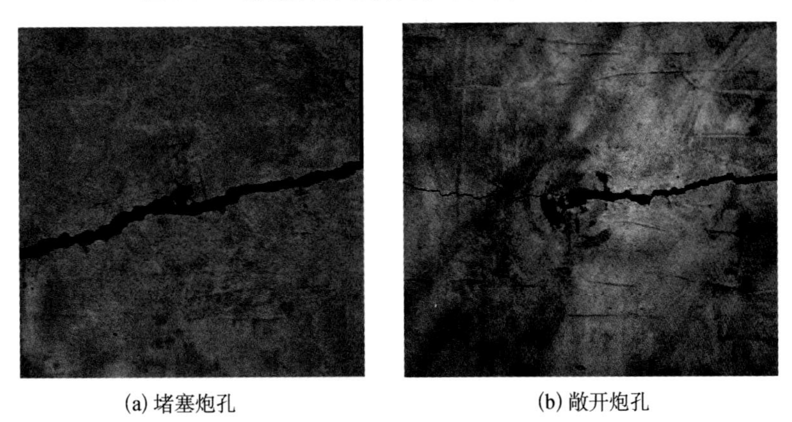

(a) 堵塞炮孔　　(b) 敞开炮孔

图 7.56　切缝药包爆破水泥砂浆试块

BH1、BH2、BH3 测点，随着比例距离的增大，波形持续的时间逐渐变长，应变峰值逐渐减小，最大应变率也逐渐减弱，炸药爆炸后，在炮孔周围径向压缩作用明显。敞开炮孔的 BV1、BV2、BV3 测点，随着比例距离的增大，应变峰值和最大应变率（表 7.27）都呈现出逐渐减小的趋势，但 BV3 的应变峰值和应变率有所增大，这主要是由于 BV3 测点靠近试块边界，由边界反射的应力波在此处作用明显。对比相同比例距离 2.5 和 5，堵塞炮孔应变峰值分别为敞开炮孔的 1.46 和 1.18 倍。

表 7.27　各测点的应变峰值、最大应变率

测点	BH1	BH2	BH3	BV1	BV2	BV3
比例距离 l/r	2.5	5	7.5	2.5	5	7.5
应变峰值ε_{max}/με	100337	70550	49400	68960	59690	59870
最大应变率 $\dot{\varepsilon}_{max}$/s^{-1}	31220	15300	25480	18900	23900	18600

7.6.5　普通装药爆破动、静作用对比

将炸药直接置于试块中，堵塞炮孔测试获得爆炸应力波和爆生气体混合作用下 CH1～CH4 测点的应变波形曲线，敞开炮孔获得应力波作用下 CH5～CH8 测点的应变波形曲线，这里仅给出了 1、3、5、7 测点的应变和应变率曲线如图 7.57 所示。试件破坏后的照片如图 7.58 所示。

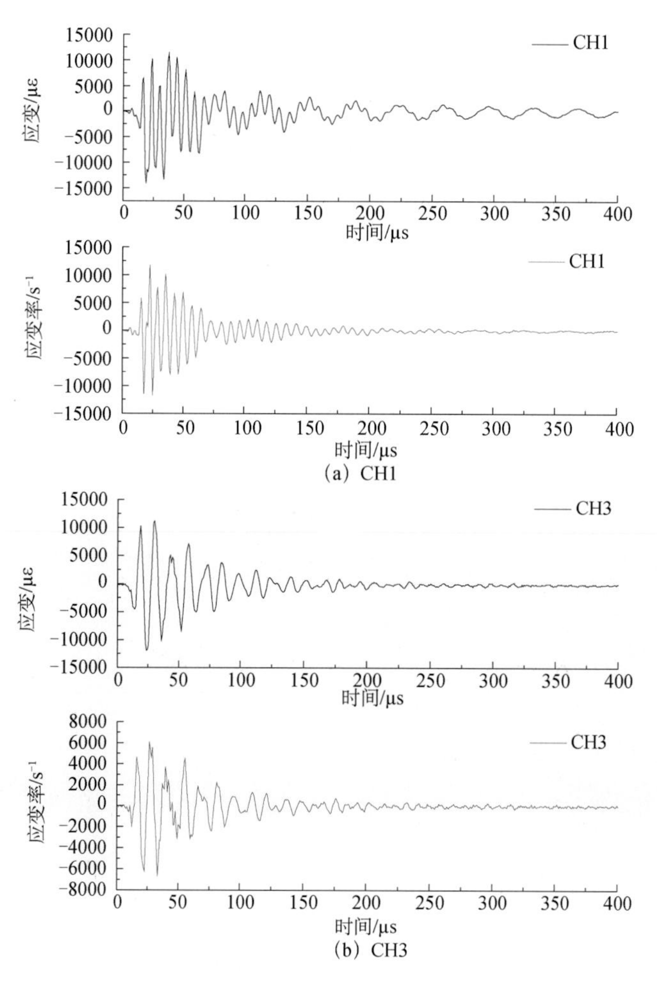

(a) CH1

(b) CH3

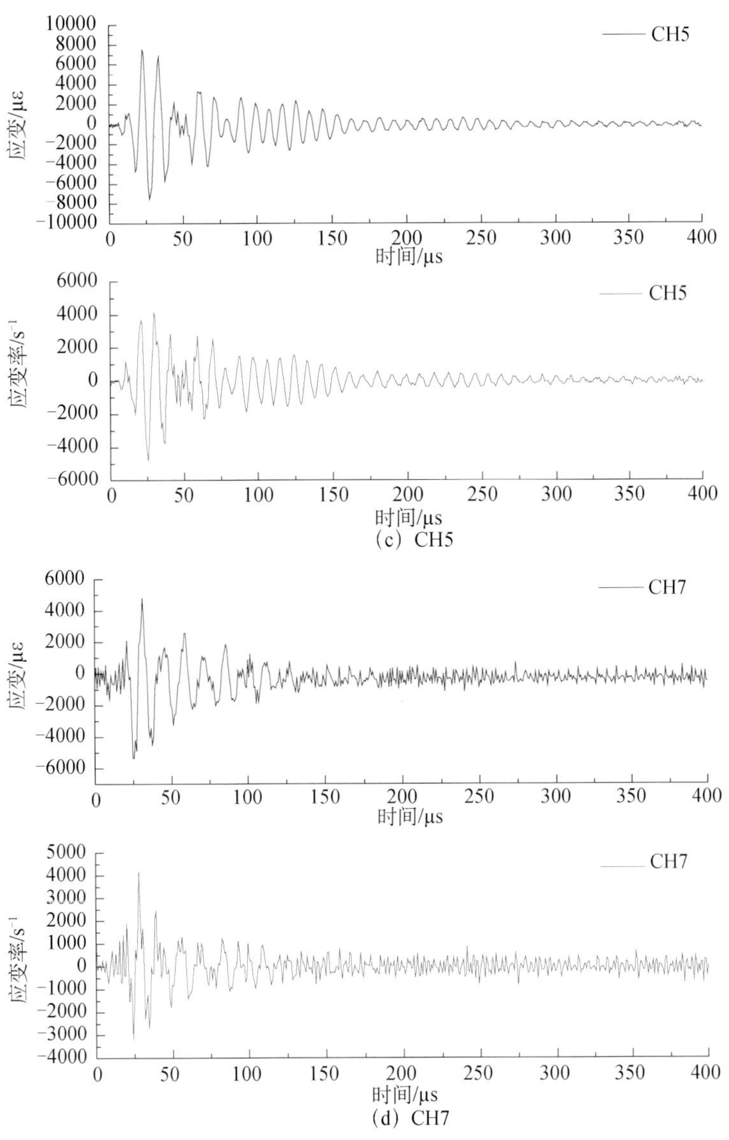

图 7.57　普通装药爆破测点的应变波形

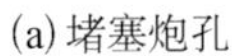
(a) 堵塞炮孔

(b) 敞开炮孔

图 7.58　普通装药爆破水泥砂浆试块破坏效果

测点 CH1 处的最大拉应变为 11026×10^{-6}，最大压应变为 14089×10^{-6}。相比之下，敞开炮孔时测点 CH5 的最大拉应变为 7177×10^{-6}，最大压应变为 7519×10^{-6}，最大压应变的峰值强度约为测点 CH1 的一半。测点 CH3 的最大拉应变为 10973×10^{-6}，最大压应变为 10089×10^{-6}。而相应位置敞开炮孔试验中的测点 CH7 的最大拉应变为 4912×10^{-6}，最大压应变为 5096×10^{-6}。从测得的数值看，拉应变峰值和压应变峰值近似呈 2 倍的关系。

7.6.6 应变波的时频分析

时频分析是针对爆炸、冲击等一些不是平稳信号的一种科学有效的分析方法。它为时间域以及频率域相互联结进行信息传递提供了条件。依据时频联合函数的区别表示线性时频函数以及双线性时频。小波变换通常用窗函数宽度可以调换的线性时频表示。

将试验信号 $f(t)$ 的 i 层小波包分解，从 i 层至 $j=2^i$ 个子频带中，最高频率用 ω_h 表示，各个子频带宽度为 $\omega_h/2^i$。依据小波包分解系数能够提取不同频带范围内的信号，从而重新构成总信号如下：

$$f(t)=f_{(i,0)}+f_{(i,1)}+\cdots+f_{(i,j-1)} \tag{7.46}$$

式中，$f_{(i,k)}$ 为 i 层分解后的节点 (i,k) 上对信号进行重新建构，$k=0$，1，2，…，$j-1$。

使用二次能量型的时频方式，将选取的一个时刻的时频谱定义为

$$W(t,\omega_k)=\left|f_{(i,k)}(t)\right|^2 \tag{7.47}$$

式中，ω_k 为第 k 个频带中的频率，$k=0$，1，2，…，$j-1$。第 k 个频带，信号的等效能量为

$$E_k=\int W(t,\omega_k)\mathrm{d}t=\int\left|f_{(i,k)}(t)\right|^2\mathrm{d}t=\sum_{k=0}^{m-1}\left|x_{(j,k)}\right|^2 \tag{7.48}$$

式中，E_k 为第 k 个频带附有的能量；$x_{(j,k)}$ 为采样点，m 为离散采样点数。

若将频带具体细化，那么频带基本上就是连续分布的。上式就是频率域与时间域上不同的、持续分布的时频谱。利用上式能够测算能量的密度，其原始信号频率区域的集合表示信号的功率谱密度呈现的规则；依据不同的频带能量占总能量的多少，算出信号的主频，排除滤波。

采样率是 100Hz 的信号，依照 Shannon 的原理，因为 Nyquist 频率是 50kHz。这样较大的采样率设置产生的频率分辨率与其呈负相关，所以频带的分解不可以做得特别详尽。由于测验中使用的最小工作频率是 10Hz，依据小波包分解定义，把信号逐层分解到 10 层，这样就会产生 1024 个子频带，各个子频带宽就是 48.8Hz。应变放大器设置的低通滤波就是 10kHz，测算时仅仅需要不大于 12.5kHz 的频带能量，也就是只需要 256 个子频带。把信号逐层分解到 10 层时，重构信号 $f_{10,j}$ 对应的能量就是 $E_{10,j}$，根据式(7.48)计算：

设信号的总能量为 E_0，那么

$$E_0=\sum_{j=0}^{2^8-1}E_{10,j} \tag{7.49}$$

各频带能量占总能量的百分比为

$$E_j = \frac{E_{10,j}}{E_0} \times 100\% \tag{7.50}$$

采用小波包理论对水泥砂浆试块各测点的爆炸信号进行探究，最重要的就是选择最优小波基，Daubechies 函数光滑性、紧支撑性以及近似对称性的特点。本次分析中选择使用最多的 db8 序列小波基。基于式（7.50）以及小波包原理探究，采用 Matlab 的修改软件程序测算出各种频段能量的分布，这样就能够分析爆炸振动能量的变化规律。针对以上 3 组测验中具有代表性的 12 个测点进行频谱分析。

根据信号测试的最小工作频率与低通滤波规定，低频率的能量需要被过滤掉，从中可以获得计算能量比例。3 组测试的共同点就是与爆源很近，水泥砂浆试块爆炸后就会发生变形。应力波结束后的残余变形阶段，水泥砂浆试块会慢慢恢复，因为其变形速度很慢，就使得不同测点形成低于 100Hz 的频带，还占用了一定的能量比例，所以进行分析时，这个频段是不可以作为主要频段范围的。表 7.28～表 7.30 为 3 组试验中主要测点的频带分布比例。

表 7.28　试验 a 中主要测点的频带分布比例

频段/Hz	AH1		AV1		AX1		AF1	
0～48.8～97.6	11.83748	0.10765	5.78054	0.0875	10.71427	0.06076	13.81725	0.11493
97.6～146.4～195.2	0.40003	0.46047	0.4165	0.48375	0.20533	0.13889	0.13817	0.19486
195.2～244～292.8	0.11064	0.48639	0.20026	0.70365	0.1272	0.21307	0.09583	0.18771
292.8～341.6～390.4	1.17553	1.16478	1.3357	1.23917	1.32337	1.25405	7.72189	11.07167
390.4～439.2～488	0.87025	2.12186	1.18969	2.75052	0.86879	1.54391	2.71934	12.47834
488～536.8～585.6	0.10185	0.04322	0.40661	0.12851	0.11849	0.06583	0.52337	0.31485
585.6～634.4～683.2	0.71931	0.84599	2.0688	0.55668	0.25818	0.29001	0.50278	0.29489
683.2～732～780.8	0.26717	0.89941	2.56491	4.81765	1.06098	1.39717	1.31889	2.3443
780.8～829.6～878.4	18.2936	15.54574	4.56057	9.81504	11.01619	17.52673	6.91629	6.67179
878.4～927.2～976	6.12892	3.89987	4.94095	14.36692	4.33762	4.2114	1.27943	1.53385
976～1024.8～1073.6	1.75398	1.538	1.25011	0.96431	1.60551	1.57388	1.58954	0.76178
1073.6～1122.4～1171.2	5.0827	1.4131	1.93535	0.95952	1.13102	2.13036	1.92052	1.36345
1171.2～1220～1268.8	0.25266	0.21848	0.26895	0.10618	1.96132	0.47732	1.06104	0.32261
1268.8～1317.6～1366.4	0.05247	0.02679	0.02973	0.02017	0.06656	0.06343	0.06709	0.04691
1366.4～1415.2～1464	0.00967	0.01493	0.02112	0.04748	0.0603	0.18924	0.04847	0.08254
1464～1512.8～1561.6	0.02744	0.01717	0.01595	0.02141	0.33246	0.20976	0.41751	0.60983
1561.6～1610.4～1659.2	0.00406	0.0039	0.00159	0.00128	0.00607	0.00449	0.0071	0.00254
1659.2～1708～1756.8	0.02032	0.03381	0.03244	0.02832	0.17736	0.16002	0.23155	0.22683
1756.8～1805.6～1854.4	0.02326	0.02624	0.02376	0.02156	0.15574	0.45405	0.20846	0.48702
1854.4～1903.2～1952	0.14745	0.11437	2.23948	0.30995	2.95712	0.44362	0.26881	0.18205
1952～2000.8～2049.6	2.04163	0.53898	2.11185	3.40088	1.26235	2.16138	0.13642	0.17229
2049.6～2098.4～2147.2	0.81639	0.879	0.63005	0.79069	1.82968	1.11573	2.01292	1.61902
2147.2～2196～2244.8	0.98642	2.68592	2.18729	6.61357	1.39714	1.37662	2.09336	1.35695
2244.8～2293.6～2342.4	0.0367	0.07076	0.0554	0.13813	0.66351	1.51351	1.11872	2.78087
2342.4～2391.2～2440	0.15291	0.10187	0.15081	0.07264	0.32696	0.24858	0.24518	0.31601
2440～2488.8～2537.6	1.60677	0.49087	0.70396	0.26044	4.05759	1.47346	4.12668	1.38121
2537.6～2586.4～2635.2	0.05527	0.05882	0.01342	0.0246	0.01207	0.00987	0.01707	0.01191
2635.2～2684～2732.8	0.04233	0.02655	0.00895	0.01356	0.00418	0.01527	0.0121	0.00935
2732.8～2781.6～2830.4	0.01758	0.025	0.00418	0.00475	0.00356	0.00461	0.00922	0.00435
2830.4～2879.2～2928	0.03348	0.04938	0.01024	0.00983	0.00703	0.00776	0.01058	0.01452
其他	13.02241		16.08218		11.61727		2.40519	

表 7.29　试验 b 中主要测点的频带分布比例

频段/Hz	BH1		BH2		BV1		BV2	
0～48.8～97.6	5.12893	0.27998	14.66678	0.32978	4.07032	0.06679	6.43491	0.35403
97.6～146.4～195.2	0.22642	0.32468	0.72097	1.45076	0.06149	0.11363	0.68102	0.81324
195.2～244～292.8	1.02642	6.32427	0.63025	3.13185	0.05023	0.12256	9.70893	27.75608
292.8～341.6～390.4	0.50128	0.57119	6.474	7.33376	10.3362	15.4892	1.25148	2.20709
390.4～439.2～488	0.38343	0.993	2.8816	5.30507	2.37853	6.59758	0.42037	0.97266
488～536.8～585.6	0.16028	0.08964	0.97385	0.46118	0.42052	0.13108	0.14034	0.05202
585.6～634.4～683.2	1.87897	0.68387	1.07625	0.65691	0.14683	0.08521	0.16623	0.47063
683.2～732～780.8	0.76966	1.28079	2.72416	4.71546	0.34976	0.30903	1.47511	3.63199
780.8～829.6～878.4	0.96411	1.55022	0.5805	0.3686	1.39795	10.74475	1.94953	1.31838
878.4～927.2～976	2.06143	1.94972	2.80328	8.7967	2.30525	4.80177	5.65231	13.14605
976～1024.8～1073.6	1.13417	1.32807	0.34756	0.35487	1.62133	1.50962	1.38757	1.41783
1073.6～1122.4～1171.2	0.7107	0.6588	0.50502	0.10341	1.41723	0.96392	2.13569	1.62698
1171.2～1220～1268.8	2.07851	0.3585	0.10529	0.06906	0.95756	0.25732	1.57695	0.45365
1268.8～1317.6～1366.4	0.82855	0.10313	0.06491	0.04612	0.08261	0.05994	0.17716	0.04547
1366.4～1415.2～1464	0.87288	2.13283	0.02808	0.03522	0.03753	0.07832	0.21417	0.57181
1464～1512.8～1561.6	0.91947	3.0614	0.07547	0.05364	0.05749	0.03677	0.10686	0.48164
1561.6～1610.4～1659.2	0.03817	0.03289	0.01083	0.01142	0.00084	0.00112	0.00326	0.00237
1659.2～1708～1756.8	0.63924	0.83723	0.05834	0.11186	0.02379	0.02327	0.04434	0.07108
1756.8～1805.6～1854.4	1.46318	0.85702	0.09998	0.05494	0.02993	0.02712	0.30701	0.14709
1854.4～1903.2～1952	9.25705	1.6782	5.76193	0.83028	0.40764	0.20095	0.63941	0.2621
1952～2000.8～2049.6	5.28603	6.67796	3.77651	6.68511	0.06292	0.06286	0.13613	0.41057
2049.6～2098.4～2147.2	1.55245	1.08824	5.95799	1.9051	0.15272	0.08795	0.47153	0.94161
2147.2～2196～2244.8	3.41675	2.65371	0.54868	1.38027	0.04754	0.07567	1.73896	3.7365
2244.8～2293.6～2342.4	2.16032	7.66426	0.14083	0.16699	0.01912	0.01591	0.10242	0.27957
2342.4～2391.2～2440	0.73157	0.91054	0.0381	0.06917	0.13893	0.05719	0.09401	0.06149
2440～2488.8～2537.6	0.84337	1.22446	0.24727	0.23062	11.0893	4.08051	0.23751	0.14879
2537.6～2586.4～2635.2	0.37496	0.19115	0.06507	0.09374	0.31211	0.48856	0.02266	0.01592
2635.2～2684～2732.8	0.05663	0.02025	0.08152	0.08295	0.07883	0.07393	0.00632	0.00632
2732.8～2781.6～2830.4	0.01871	0.02849	0.01644	0.02022	0.05661	0.0853	0.00226	0.00191
2830.4～2879.2～2928	0.01985	0.02518	0.03557	0.03602	0.04364	0.0581	0.00622	0.00515
其他	8.916 84		3.611 89		15.139 32		1.299 31	

表 7.30　试验 c 中主要测点的频带分布比例

频段/Hz	CH1		CH3		CH5		CH7	
0～48.8～97.6	0.88381	0.78808	3.31672	0.0593	2.87309	0.07675	12.7707	0.19955
97.6～146.4～195.2	1.03138	0.78075	0.02371	0.02126	0.11414	0.08479	0.0526	0.08226
195.2～244～292.8	0.47328	1.01532	0.0138	0.01587	0.08781	0.19193	0.10573	0.07751
292.8～341.6～390.4	1.0681	1.04897	18.33621	16.13671	4.56139	3.04409	2.81178	4.86503
390.4～439.2～488	0.14625	0.34039	3.60695	8.84147	0.31027	1.16845	0.97415	2.91224
488～536.8～585.6	0.0387	0.03971	0.48031	0.16313	0.03198	0.07546	0.20017	0.04857
585.6～634.4～683.2	2.40487	2.69469	0.0766	0.03612	0.25097	0.15634	0.16451	0.2009
683.2～732～780.8	3.49722	6.96995	0.09577	0.10187	0.44743	0.66285	0.20122	0.29141
780.8～829.6～878.4	9.0591	8.49722	0.43007	0.42304	1.28566	0.92882	0.93584	0.58937

续表

频段/Hz	CH1		CH3		CH5		CH7	
878.4～927.2～976	5.01329	24.31788	7.89207	3.99406	10.0162	10.77493	7.10104	4.7456
976～1024.8～1073.6	2.04149	3.99149	2.97419	2.89022	8.12215	11.86091	1.07672	1.13058
1073.6～1122.4～1171.2	1.60453	1.40405	2.2274	11.9432	2.26693	0.90639	0.35065	0.16862
1171.2～1220～1268.8	0.6082	0.13184	2.43923	1.05966	9.85308	10.73437	0.43717	0.31752
1268.8～1317.6～1366.4	0.00459	0.00911	0.00327	0.00315	0.01525	0.01404	0.35405	0.2758
1366.4～1415.2～1464	0.00094	0.00163	0.00365	0.00505	0.00415	0.01181	0.03177	0.04748
1464～1512.8～1561.6	0.00327	0.00634	0.00431	0.00537	0.01398	0.025	0.08033	0.08123
1561.6～1610.4～1659.2	0.00033	0.00031	0.00284	0.00271	0.00364	0.00339	0.00383	0.00612
1659.2～1708～1756.8	0.00284	0.00256	0.00943	0.01586	0.042	0.08265	0.04425	0.0235
1756.8～1805.6～1854.4	0.00265	0.00641	0.00803	0.01328	0.02714	0.03901	0.04459	0.0586
1854.4～1903.2～1952	2.54965	1.3078	0.35074	0.0481	0.44071	0.2563	0.39813	0.23997
1952～2000.8～2049.6	0.60011	1.47474	0.09995	0.14075	0.07114	0.04526	0.06492	0.04083
2049.6～2098.4～2147.2	0.79951	1.31225	0.03005	0.02546	0.07819	0.09983	0.08639	0.13921
2147.2～2196～2244.8	3.07613	8.30784	0.12116	0.07408	0.02368	0.03067	0.08672	0.14668
2244.8～2293.6～2342.4	0.00907	0.01645	0.02799	0.03965	0.03825	0.06279	0.03894	0.0487
2342.4～2391.2～2440	0.08009	0.11859	0.07437	0.04914	0.26277	0.21625	0.03629	0.03616
2440～2488.8～2537.6	0.07456	0.08046	0.27956	0.07985	3.49283	0.95334	34.19594	5.53631
2537.6～2586.4～2635.2	0.00187	0.00196	0.00857	0.01396	0.05681	0.08746	0.6429	1.66339
2635.2～2684～2732.8	0.0033	0.0019	0.00211	0.00298	0.01691	0.03882	0.20364	0.37551
2732.8～2781.6～2830.4	0.00192	0.00082	0.00308	0.00131	0.01461	0.02769	0.0947	0.10467
2830.4～2879.2～2928	0.00289	0.00419	0.00331	0.00693	0.01884	0.01274	0.07023	0.08047
其他	0.242 36		10.841 01		12.484 87		11.80631	

在试验 a 中，测点 AH1 的主要频段为 292.8～488Hz 和 780.8～1171.2Hz，测点 AV1 的主要频段为 292.8～488Hz 和 585.6～1122.4Hz，测点 AX1 的主要频段为 292.8～488Hz 和 683.2～1220Hz，测点 AF1 的主要频段为 292.8～488Hz 和 683.2～1220Hz。各个测点与爆源的距离相同，出现了相似的低频频段，集中在 292.8～488Hz。各个测点与切缝所呈角度不同，在一定程度上影响了应力波的传播，导致高频频段的分布不均。测点 AX1 和 AF1 位于对称位置，具有相同的频段。试验时，各个测点距离爆源很近，频带的区域比较大，而且不曾有优势频率段。

在试验 b 中，测点 BH1 的主要频段为 878.4～1073.6Hz 和 1854.4～2342.4Hz，测点 BH2 的主要频段为 585.6～780.8Hz 和 1854.4～2147.2Hz，测点 BV1 的主要频段为 292.8～488Hz 和 780.8～1122.4Hz，测点 BV2 的主要频段为 195.2～390.4Hz 和 683.2～1220Hz。堵塞炮孔的 BH1 和 BH2 测点，随着比例距离的增大，频带逐渐集中，在敞开炮孔试验时亦有此规律。堵塞炮孔测点的振动频率明显高于敞开炮孔。

在试验 c 中，测点 CH1 的主要频段为 244～390.4Hz 和 585.6～1171.2Hz，测点 CH3 的主要频段为 292.8～488Hz 和 878.4～1268.8Hz 测点，CH5 的主要频段为 292.8～390.4Hz 和 780.8～1122.4Hz，测点 CH7 的主要频段为 292.8～488Hz 和 878.4～1073.6Hz。4 个测点的频带分布特征相似，没有突兀的低频和高频频段，说明普通装药爆破对频带分布影响不大。

试验中，虽然对爆炸信号进行了低通滤波，但是想要得到和真正结果几乎相同的那种信号，还得对信号做相应的滤波与相应的去噪操作。考虑到分解研究无须特别细化，这里在仪器基本滤波的基础上，依据小波包分解理论，对信号进行 9 层分解，各层带宽是一个定值（即 96.7Hz）。进行相应的分解以后，依照上面得到的各个基本的测点频段，把关键的那些小波包划成高低频等两个部分，然后各自做一定的重新建构，之后把高低频部分建构得到通过滤波操作的模拟信号，然后和之前的信号进行相应比较。仅对典型的测点 AV1、AX1、BH2 和 CH3 应变波形的滤波信号和原始信号进行展示、比较和分析，如图 7.59 所示。

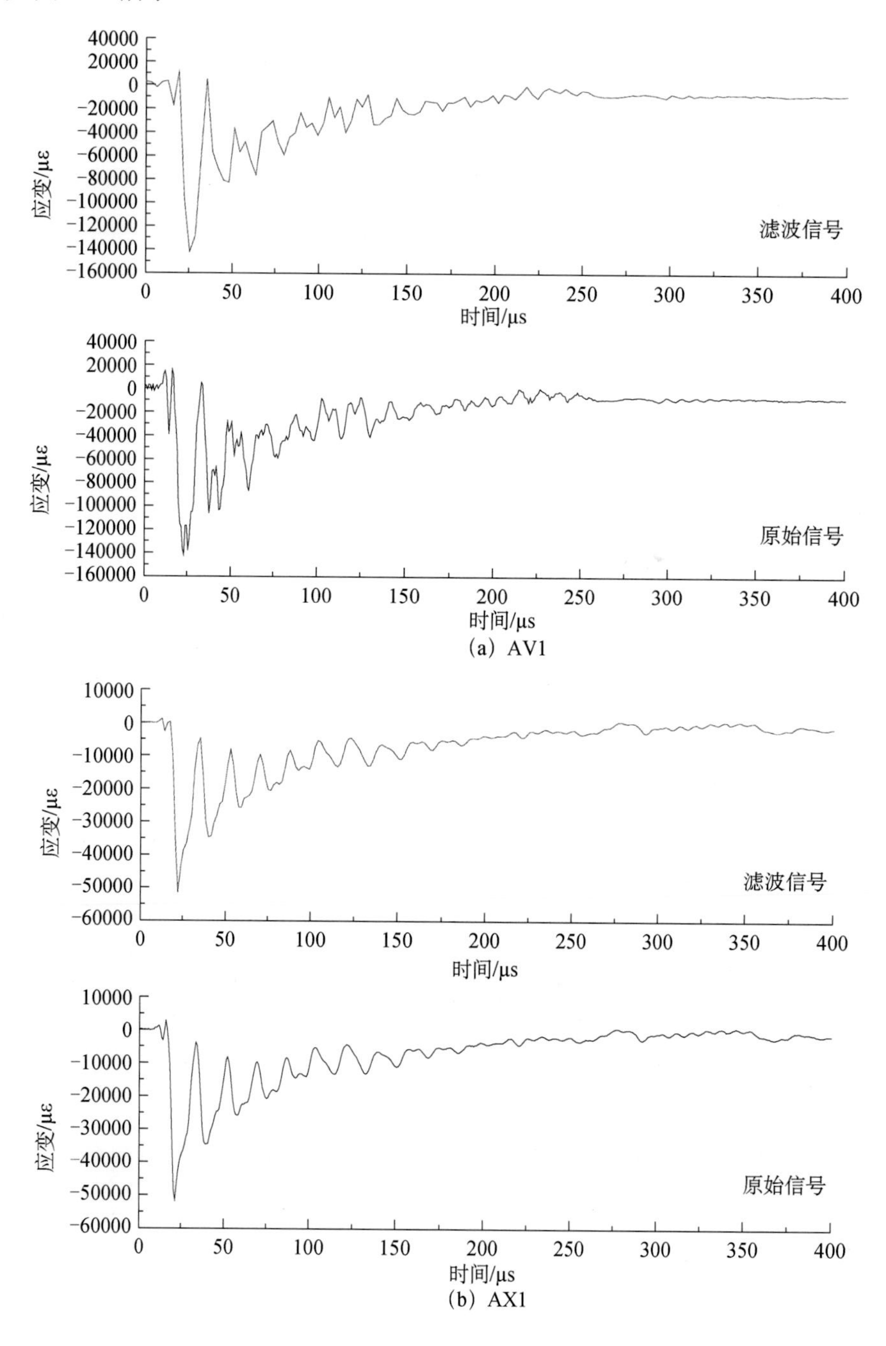

(a) AV1

(b) AX1

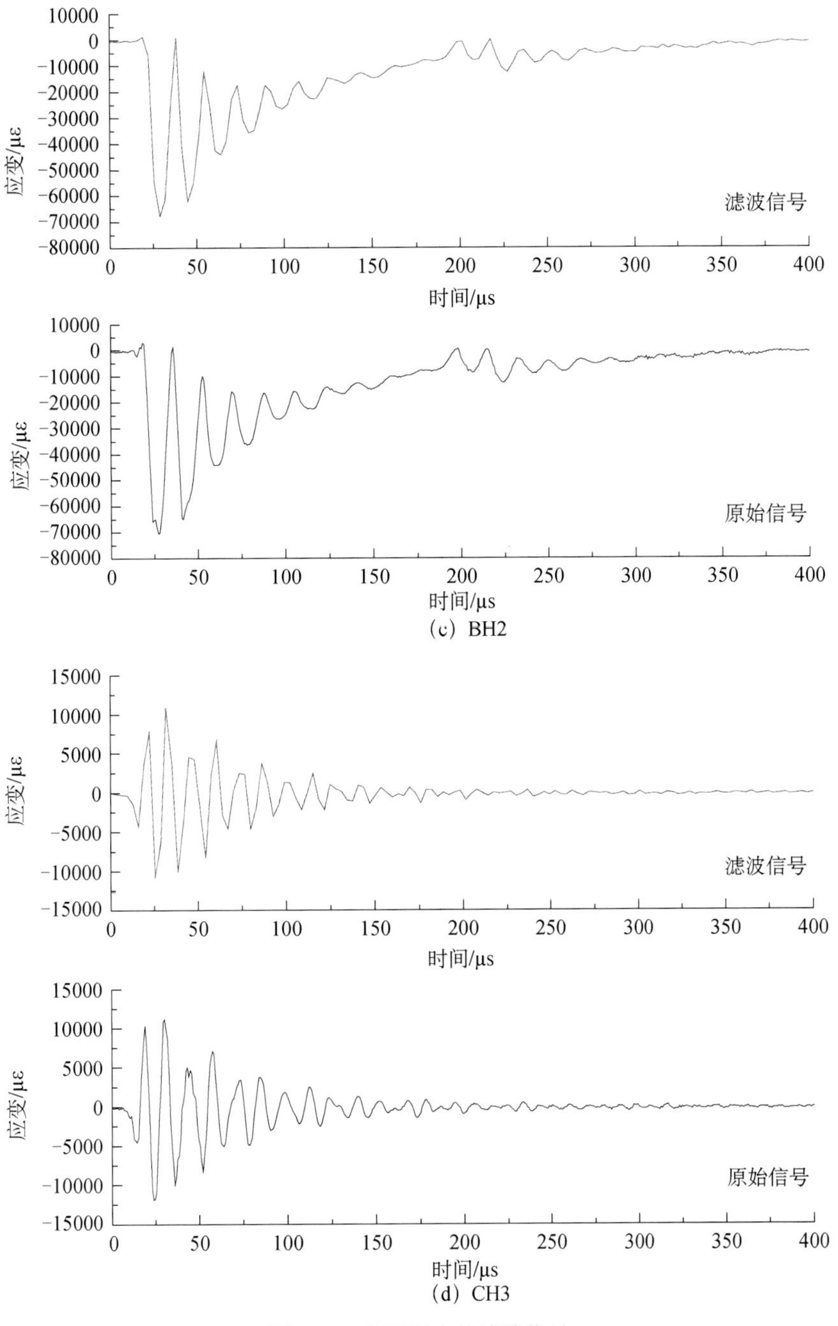

(c) BH2

(d) CH3

图 7.59　典型测点的滤波信号

图 7.59（a）是切缝的垂直方向上距爆源 12.5mm 的一个测点 AV1 的应变波形，从图看出，其信号结构并不复杂，能够以主频能量代表此种信号。图 7.59（b）是与切缝呈 45°夹角方向上的测点 AX1 的应变波形，信号的构成较复杂，在爆炸产生的应力波对试件作用阶段，低高频段等两部分信号均以相当的比例存在着，表现出应力波部分的叠加与相互的干预，可以对原来的信号发挥相当的作用，导致不能通过小波包理论建构那种短时的突变，因小波基为一类慢慢改变的局域函数。就成分相对繁杂的这类信号而言，

大约 80%～90%的信号能量不能正确精准地表达原来信号的相关信息。图 7.59（c）是切缝药包爆破堵塞炮孔时距爆源 30mm 处的测点 BH2 的应变波形，测点距爆源较远，信号受次生波的作用相对很低，成分比较单独化，滤波信号可以呈现原来信号的特征。图 7.59（d）是普通装药爆破堵塞炮孔时测点 CH3 的应变波形，滤波信号与原始信号几乎完全相符。以上 4 图中经过主要频带的小波包重构信号基本上能够代表和模拟原始信号。各个测点滤波后的信号在某些局部的区域表现出非常低的形状变化，由于部分低频被滤过排除了，若把分解获得的所有频带做小波包重新建构，获得的信号会和原来的信号极其相似。

第 8 章　切缝药包爆破动态裂纹扩展规律

采用数字激光动态焦散线试验方法，进行了不同装药结构切缝药包爆破试验，同时利用显式动力分析程序 LS-DYNA 模拟炸药在切缝管中爆炸以及初始裂纹的形成过程，揭示爆生气体准静态作用机理，为工程实践提供试验依据和理论指导。利用爆炸加载数字激光动态焦散线试验系统和 DLSM 数值分析方法，着重研究切缝药包孔间两爆生主裂纹的动态行为，揭示孔间爆生主裂纹相互贯穿机理。

8.1　试验系统及数据处理

8.1.1　爆炸加载数字激光动焦散试验系统

实验所用的激光动态焦散线试验系统通常由场镜组合、激光器、扩束镜、数码高速相机等组成。激光器发出持续稳定高亮的光波，经过扩束镜和场镜 1 后，变为平行光并入射到受载试件表面，发生偏转后的光束经场镜 2 聚合进入高速相机镜头，通过改变相机的拍摄记录速度，对参考平面处的光强变化过程进行拍摄，实现动态焦散线的记录，得到数码焦散斑照片。本系统可以对爆破、冲击等动态断裂试验过程进行光测力学分析，且光路系统简单，操作方便，易于观察，可以节约试验成本，提高试验的精确度和成功率。图 8.1 为透射式焦散线试验系统光路。

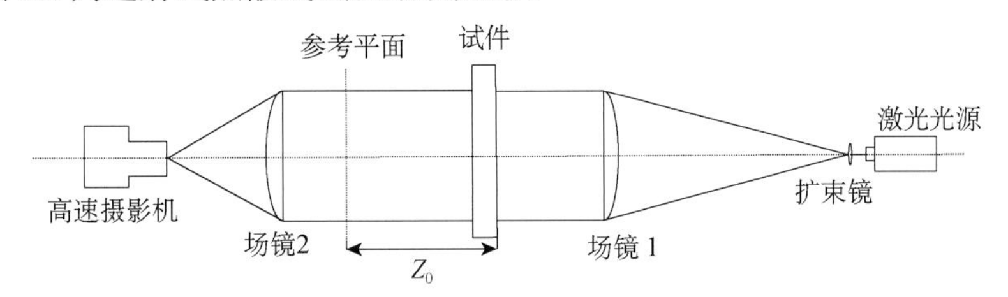

图 8.1　透射式焦散线试验系统光路

1. 数码高速相机

试验选用 Photron 产的 Fastcam-SA5（16G）型彩色高速相机。与该相机对应的配有 Nikon（尼康）卡尼尔 AF 系列长-短焦距镜头，适合用于拍摄视场范围的大幅调整的场合。配件的部分性能参数见表 8.1。相机自带的系统软件快速照片处理软件（photron fastcam viewer，PFV）可用于对高速相机的控制操作、图像信息采集和数据初步处理。该相机还带有信号输入-输出端口，可轻松完成与其他设备进行同步。

表 8.1　Fastcam-SA5（16G）性能技术参数

帧数/fps	拍摄时长/s	最大曝光速度/μs	分辨率像素/dpi
1000	10.92	1	1024×1024
5000	3.18	1	1024×1024
10000	1.5	1	1024×744
50000	1.64	1	512×272
100000	1.86	1	390×192
150000	2.07	1	256×144
300000	3.33	1	256×64
775000	4.81	1	128×24
1000000	11.18	369	64×16

2. 激光光源

高速相机在拍摄过程中要提高有效性就必须要同时服从以下 4 个方面的条件：①曝光时间必须特别短，从该相机的性能参数得知，是完全能胜任的；②有足够的光照强度，从该相机的性能参数得知，在极短的时间获得一定的光强度是完全能实现的；③被拍摄物体的光照强度在较短的期限内具有一定的持续性；④高速相机的感光灵敏性与光的波长的适配性好。激光单色，亮度高，方向性强，相干性好，不会因波长变化而对折射率及其导数产生影响。激光器是一种将吸能粒子（分子、原子和离子）激发光子能量振荡的受激辐射式的新型光源。近年来，其应用越来越广泛。选择小巧精致、安装方便、性能稳定、价格低廉的 LWGL300～1500mW 型激光器作为试验用光源。该激光器的输出功率可调，能够满足多种拍摄速度要求；激光波长为 532nm，是 Fastcam-SA5 型高速相机（图 8.2）CCD 镜头的最敏感光波波长，实现了与高速相机的最优匹配。

图 8.2　高速相机和激光光源

3. 爆炸加载装置

爆炸加载采用自主设计的装有叠氮化铅单质炸药的药包，将其置于试件上的预先钻制的炮孔中，从炮孔中延伸出信号线与引爆线，而炸药的引爆则是由引爆器实现的。本实验采用的是多通道引爆器，可以令多个炮孔同时引爆，也可以延期引爆。其中，延期引爆时的时差间隔 $t \leqslant 10\mu s$，从而按照预设顺序相继触发。通过这种方式能够实现多种条件下的爆破实验。信号线与相机外部信号输入端口相连接，进而能够实现同步控制，更好地对爆炸进行加载（图 8.3），使爆炸过程的录制效果更加客观和准确。

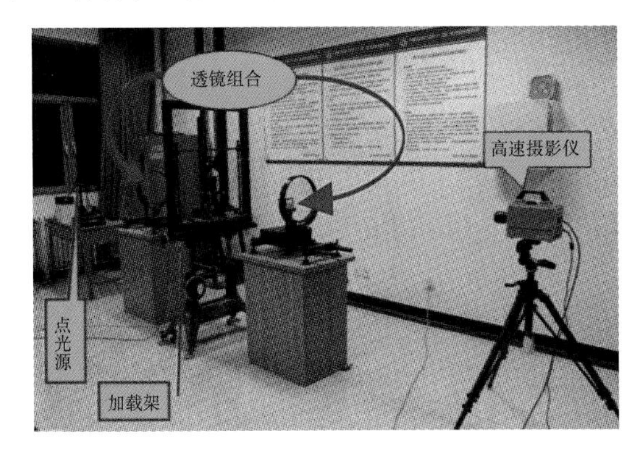

（a）加载台

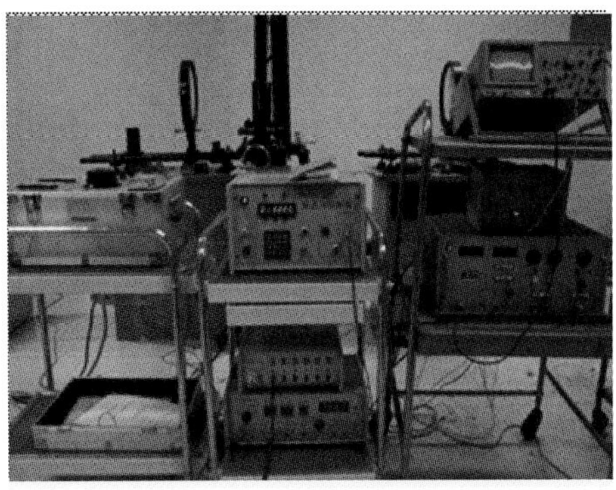

（b）测试系统

图 8.3　加载及起爆装置

8.1.2　动态断裂参数确定

1. 裂纹扩展速度和加速度

由系列焦散斑照片中经过测算得到的瞬时裂纹尖端的位置，对裂纹扩展过程中的速度以及加速度进行研究，从而使数据的离散程度有所削弱，Takahashi 和 Arakawa 在研究的过程中提出了一种全新的方法，即数据拟合法。在这种方法中，对裂纹长度 $L(t)$ 进行拟合，将其合成为时间 t 的 9 次多项式，具体的公式如下：

$$L(t)=\sum_{i=0}^{9}L_i t^i \tag{8.1}$$

式中，$L(t)$ 为扩展裂纹的长度；L_i 为系数，通过最小二乘法原理经过计算获得。

由此通过对裂纹扩展的速度 v 与加速度 a 即对曲线 $L(t)$ 求一次和二次导数即可。

2. 动态应力强度因子

由于一块带裂纹的平板，在拉应力的作用下，平板裂纹尖端周围的厚度和材料的折射率会发生改变，这两种改变对光线的偏移都产生相同的效果。假设用光源散发出的平行光垂直照射到平板两个侧面中的任意一个侧面，可以看到平行光线将垂直穿过平板，但是在侧面的裂纹尖端区域，光线将不能垂直穿过，而是发生偏移。所以，在距离不被光线直接照射的侧面一定距离的某一平面（比如参考平面）内（图 8.4），光线强度的分布不是匀称的。那些光线照射不到的地方将显得更暗，而平面中的部分地方，因为光线强度的加强将显得更亮。可以通过参考平面内光线显示的明暗情况来判断光线强度的大致分布情况，并由此得出平板内应力的分布，进而可以对其进行定量描述。一般可以采用光线透射、反射等多种形式，并通过观察其在平板上显示的实像或虚像来得到焦散线的分布情况。

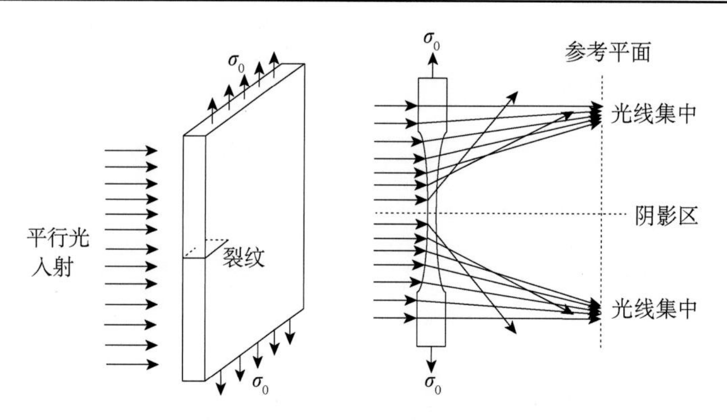

图 8.4　焦散线成像示意图

上述物理过程用数学上的映射方程（坐标系见图 8.5）可以表示为

$$\boldsymbol{r}' = \boldsymbol{r} + \boldsymbol{\omega} = \boldsymbol{r} + z_0 \mathrm{grad}\Delta s \tag{8.2}$$

式中，$\boldsymbol{r}$，$\boldsymbol{r}'$，$\boldsymbol{\omega}$ 分别为图 8.5 中裂纹尖端区域内任意一点的向量；z_0 为参考平面至物平面之间的距离；Δs 为光程差。

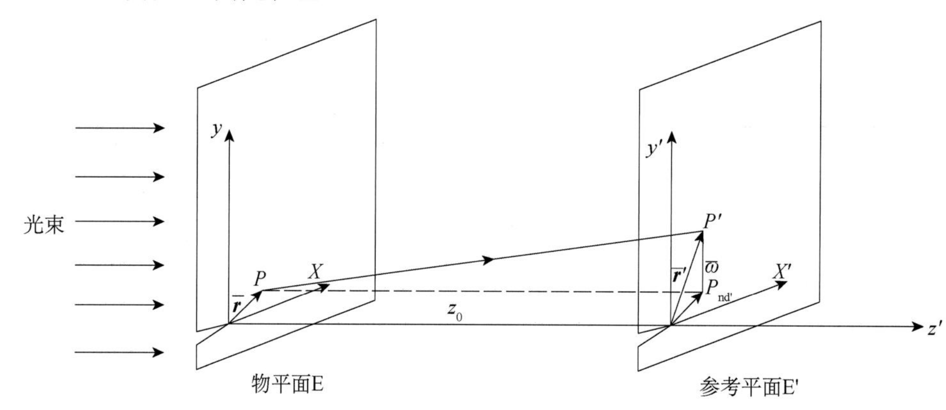

图 8.5　映射关系所表示的光学变换示意图

把裂纹尖端的应力分布式、光程差与应力光学定律代入映射方程式（8.2），得

$$\begin{cases} x' = r\cos\theta - \dfrac{K_{\mathrm{I}}}{\sqrt{2\pi}} z_0 c d_{\mathrm{eff}} r^{-3/2} \cos\dfrac{3}{2}\theta, \\ y' = r\sin\theta \dfrac{K_{\mathrm{I}}}{\sqrt{2\pi}} z_0 c d_{\mathrm{eff}} r^{-3/2} \sin\dfrac{3}{2}\theta, \end{cases} \tag{8.3}$$

式中，r，θ 分别为裂纹尖端区域内各点的极坐标，$-\pi < \theta < \pi$；d_{eff} 为部件的有效厚度；c 为所谓的应力光学常数；K_{I} 为在动态载荷影响基础上，复合型扩展裂纹尖端的 I 型应力强度因子。

依照物理学理论，可以知道焦散线为一种奇特曲线，因此映射方程的雅克比（Jacobian）矩阵等于 0，即

$$\frac{\partial x'}{\partial r}\frac{\partial y'}{\partial \theta} - \frac{\partial x'}{\partial \theta}\frac{\partial y'}{\partial r} = 0 \tag{8.4}$$

得焦散线方程表达式：

$$\begin{cases} x' = r_0\left(\cos\theta - \operatorname{sgn}(z_0c)\dfrac{2}{3}\cos\dfrac{3}{2}\theta\right) \\ y' = r_0\left(\sin\theta - \operatorname{sgn}(z_0c)\dfrac{2}{3}\sin\dfrac{3}{2}\theta\right) \end{cases} \tag{8.5}$$

式中，r_0为起始曲线的半径。

用$D_{\max}$来表示焦散线的特征尺寸，得到应力强度因子的表达式，即

$$K_{\mathrm{I}}^d = \frac{2\sqrt{2\pi}F(v)}{3g^{5/2}z_0cd_{\mathrm{eff}}}D_{\max}^{5/2} \tag{8.6}$$

$$K_{\mathrm{II}}^d = \mu K_{\mathrm{I}}^d \tag{8.7}$$

式中，$D_{\max}$为裂纹尖端的焦散斑的最大直径；μ为应力强度因子的比例系数；g为应力强度因子的数值系数；在动态载荷影响基础上，K_{I}^d为复合型扩展裂纹尖端的 I 型应力强度因子；K_{II}^d为复合型扩展裂纹尖端的Ⅱ型应力强度因子；$F(v)$为速度修正因子。将动态裂纹和静态裂纹的应力强度因子的计算公式进行比较，可以得出前者比后者公式中仅仅多出一个$F(v)$。在研究数值的基础上可以得出，$F(v)<1$；在具有现实含义的拓展速度中，$F(v)\approx 1$。在试验的已知条件中，d_{eff}、c和z_0均为常数；一旦知道了焦散斑直径D，就能求出应力强度因子。

3. 动态能量释放率和应力强度因子K之间的关系

Freund 研究了两者之间的关系，用公式表示为

$$G = \frac{1}{E}\left[A_{\mathrm{I}}(v)K_{\mathrm{I}}^2 + A_{\mathrm{II}}(v)K_{\mathrm{II}}^2\right] \tag{8.8}$$

式中，$A_{\mathrm{I}}(v)$、$A_{\mathrm{II}}(v)$为裂纹扩展速度函数，当$v=0$时，$A_{\mathrm{I}}(v)=A_{\mathrm{II}}(v)=1$；当$v\neq 0$时，$A_{\mathrm{I}}(v)=v^2a_d/\left((1-v)C_s^2D\right)$，$A_{\mathrm{II}}(v)=v^2a_s/\left((1-v)C_s^2D\right)$，$D=4a_da_s-\left(1+a_s^2\right)^2$，$a_d=\sqrt{1-v^2/C_d^2}$，$a_s=\sqrt{1-v^2/C_s^2}$；$E$为材料的弹性模量；$C_d$为膨胀波的波速；$C_s$为剪切波的波速；$v$为部件表面裂纹的扩展速度。利用式（8.8）能求解出不同时间点裂纹尖端的动态能量释放率。

8.1.3 试验误差分析

1. 误差来源

误差来源主要有三个方面：①每次试验时测量参数变化带来的误差。从光源发出的光线并非绝对垂直于试件表面，试件平面与参考平面及相机平面也不是绝对平行，这样难免给试验引入一定的误差。②初始微裂纹引起的误差。原始试件中可能原本就存在一些肉眼看不见的微小裂纹，人工加工试件时也可能导致炮孔表面或是试件表面产生一些微小的裂纹，这些裂纹都会对散斑横向直径的测量产生影响。③由直接测量引起的误差。如参考距离z_0测量引入的误差，试件厚度d测量引入的误差，光学常数测试引入的误差等。这些误差会给试验结果带来各种不同的影响，有的误差可能对试验结果产生较大的影响，试验时必须将其考虑在内；有的误差对试验结果产生的影响较小，试验时可

以忽略不计。但是为了尽可能得到与真实值最接近的数据，还是要对所有的误差进行综合考虑。

2. 加载引入误差分析

试验中采用装有叠氮化铅的切缝药包爆炸加载，虽然每次装药量相同，药卷放置及导线引入都在同一位置，但炸药爆炸的随机性很强，化学反应及爆轰过程复杂，难以保证爆炸产物对炮孔壁的作用在同一位置处完全相同。为了减小这一误差，装药时炸药要尽可能分布均匀，引线的接触端都放置在同一位置。夹制试件的夹具每次都拧到相同的位置。应尽可能保证试件平面垂直于光路轴线。

3. 光线斜射引入的误差分析

由于激光的光源、摄像机的拍摄镜头和试验体系中心部位的主光轴不在同一条线上，光线不能垂直照射到部件的表面，存在一定程度的偏差，因此必定产生细微的斜射。若用 β 来表示光线和部件表面构建的角度，则激光的光程差为

$$\Delta S = cd_{\text{eff}}\left[(\sigma_1+\sigma_2)\pm\lambda(\sigma_1-\sigma_2)\right]/\sin\beta \tag{8.9}$$

式中，λ 为材料的各向异性效应系数，各向同性时 λ 值为 0。

由此可得应力强度因子计算式：

$$K_{\text{I}}^{d}=\frac{2\sqrt{2\pi}}{3(3.17)^{5/2}z_0cd_{\text{eff}}\lambda_m^{3/2}}D_t^{5/2}/\sin\beta \tag{8.10}$$

由光线斜射引起的误差为

$$\left|\frac{\Delta K_{\text{I}}^{d}}{K_{\text{I}}^{d}}\right|=\left|\frac{\dfrac{2\sqrt{2\pi}}{3(3.17)^{5/2}z_0cd_{\text{eff}}\lambda_m^{3/2}}D_t^{5/2}\Big/\sin\beta-\dfrac{2\sqrt{2\pi}}{3(3.17)^{5/2}z_0cd_{\text{eff}}\lambda_m^{3/2}}D_t^{5/2}}{\dfrac{2\sqrt{2\pi}}{3(3.17)^{5/2}z_0cd_{\text{eff}}\lambda_m^{3/2}}D_t^{5/2}\Big/\sin\beta}\right| =1-\sin\beta \tag{8.11}$$

4. 因测量导入的误差

从上面动态应力强度因子和应力光学常数两个计算公式可以得出，在透射式焦散线试验体系中，计算其动态应力强度因子时，Z_0、d、D_t、v_d、E_d 都是引起误差的参数，都需要对其进行测量，最终得到的误差公式为

$$E_{rK}^{(t)}=\left|\frac{\Delta K_{\text{I}}^{d}}{K_{\text{I}}^{d}}\right|=\left|\frac{\Delta d}{d}\right|+2\left|\frac{\Delta Z_0}{Z_0}\right|+\left|\frac{\Delta v_d}{v_d}\right|+\left|\frac{\Delta E_d}{E_d}\right|+5\left|\frac{\Delta D_t}{D_t}\right| \tag{8.12}$$

式中，$E_{rk}^{(t)}$ 为计算应力强度因子时引入的实验误差。

在进行大量的实验和查阅文献的基础上，可以发现，使用已有的实验测量技术在一定程度上可以比较精确地测出参数 d、v_d、E_d 的数值；对于参数 Z_0 的测量，只需要使用钢尺，而且不用担心绝对误差太大，因为误差范围一般能控制在几毫米范围内。这是因为 Z_0 本身量级就只有几百毫米，因此测量得到的 Z_0 的相对误差在 1%上下浮动。在测量中，D_t 会带来一定的误差，这是因为焦散斑自身直径大多为 0.5～2mm。当测量的绝对

误差比较大时，可能导致相对误差也比较大。因此，对焦散斑直径 D_t 的测量需要十分仔细。

综上所述，在进行动态焦散线实验的实际操作中，实验系统标定准确，试件加工精确，采用先进的测量方法，这样得到的实验数据精度较高，计算得到的应力强度因子的相对误差较小，结果可靠性强。实验中最主要的误差来源就是焦散斑特征尺寸 D_t 的测量。

8.2　单孔爆破有机玻璃板试验

8.2.1　试验描述

1. *以空气为介质*

试验模型材料为有机玻璃板（polymethyl methacrylate, PMMA），规格为 300mm×300mm×5mm（长×宽×厚），有机玻璃的动态力学参数：P 波在有机玻璃板中的传播速度 C_P= 2320m/s，S 波在有机玻璃板中的传播速度 C_S = 1260m/s，弹性模量 E_d – 6.1GN/m^2，泊松比 υ_d = 0.31，光学常数 c = 85 μm^2/N。炮孔位于试件中央，炮孔直径分别为 6mm、8mm、10mm、12mm、15mm、18mm。切缝药包（图 8.6）外径 6mm，内径 5mm，切缝宽度 1mm，用有机玻璃管加工而成，采用微激光精确切缝。相应的径向不耦合系数 α_1 分别为 1、1.33、1.67、2、2.5、3。工程爆破现场实际应用中，不耦合系数的范围为 1～2。为了探究切缝药包不耦合装药（图 8.7）爆炸机理，适当扩大了不耦合系数的范围以说明问题。按以下步骤装药：①在有机玻璃板背面用硬质透明胶预先封堵；②在切缝管边缘涂抹少量 502 胶水，将切缝管沿涂胶边缘粘贴在硬质透明胶上；③用与切缝管内径相同的杆棒，将保鲜膜导入切缝管中，并沿切缝管内壁伸展开；④与硬质透明胶接触的保鲜膜将被粘住，检查是否出现气泡、褶皱等；⑤将炮孔周边的保鲜膜修剪齐整；⑥装入 120mg 叠氮化铅单质炸药，其爆炸性能见表 8.2，堵塞炮孔，连接导线，接出的导线同时起到稳固支撑切缝药包的作用。在炮孔两端用带有橡皮圈的夹具夹紧，防止气体过早泄出。采用高速相机记录试验信息，设置拍摄时间间隔为 10μs。

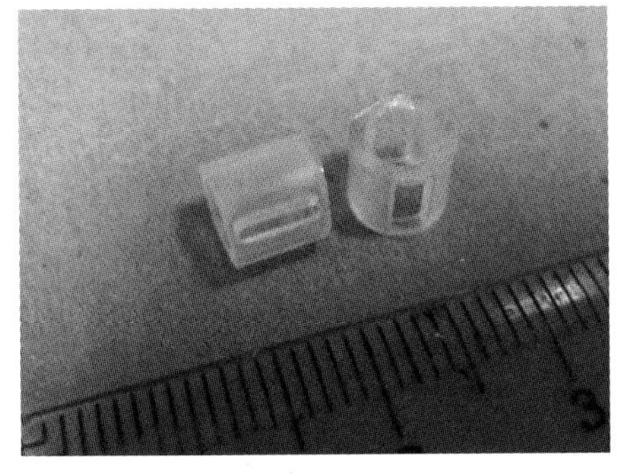

图 8.6　切缝药包

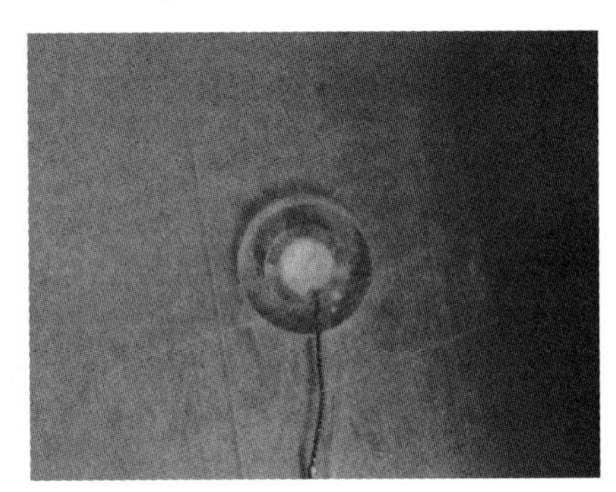

图 8.7　不耦合装药

表 8.2　叠氮化铅单质炸药爆炸性能

爆容/（L/kg）	爆热/（kJ/kg）	爆温/℃	爆速/（m/s）
308	1524	3050	4478

2. *以橡皮泥为介质*

工程上也采用注水和灌浆的方法，以水或灰浆为介质进行不耦合装药爆破。由于水的黏滞性和导热使波能耗散，在传播过程中冲击波的速度和峰值压力随距离增大而衰减，波长也逐渐被拉长。考虑到橡皮泥材料有以下特性：①橡皮泥的可压缩性远远小于空气，接近于水，一般情况下，它几乎不可压缩，但在炸药爆炸高压作用下它又变成可压缩的；②橡皮泥的密度比空气大，比水的密度略小，橡皮泥中爆轰产物的膨胀速度要比在空气中慢，这就使得橡皮泥中爆炸冲击波的作用强度和作用时间长。在实验室条件下，用橡皮泥代替水作填充介质。

为保证填充效果，炮孔直径设置为 10mm、12mm、15mm、18mm。对应的径向不耦合系数α_2 分别为 1.67、2、2.5、3。装药时，直接用橡皮泥将切缝药包与炮孔壁之间的空隙和切缝药包切缝处的空隙填实，其他试验条件与空气介质时相同。

8.2.2　不耦合装药爆破

图 8.8 所示为不同装药结构条件下试件破坏后的照片。将在切缝方向产生的两条较长

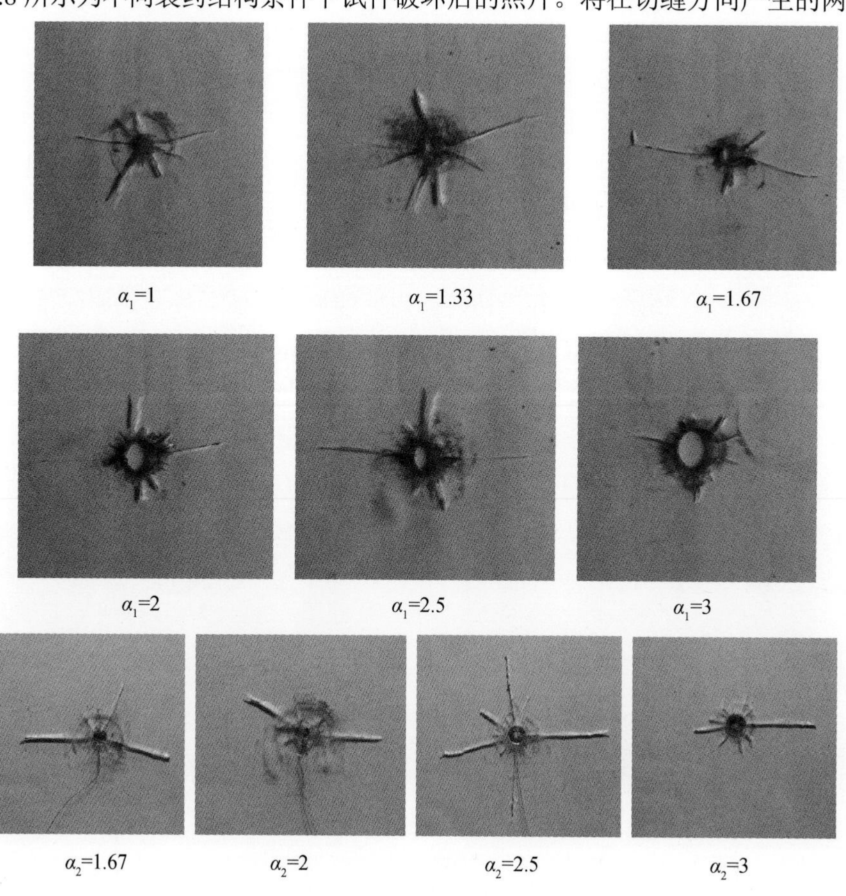

$\alpha_1=1$　$\alpha_1=1.33$　$\alpha_1=1.67$

$\alpha_1=2$　$\alpha_1=2.5$　$\alpha_1=3$

$\alpha_2=1.67$　$\alpha_2=2$　$\alpha_2=2.5$　$\alpha_2=3$

图 8.8　试件破坏后的照片

的裂纹称为“主裂纹”，非切缝方向也随机的产生一些长度较短的裂纹，称为“次裂纹”。以空气为介质的试验，主裂纹的长度和炮孔周围产生的裂纹的数量见表 8.3。从表中可以看出，α_1=1.67 时，左、右两条主裂纹的长度最大，分别为 5.9cm、5.8cm，且炮孔周围产生裂纹的数量最少，仅有 4 条。图 8.9 所示为 α_1=1.67 时，获得的数码焦散斑照片。在以橡皮泥为介质的试验中，除在切缝方向产生两条较长的主裂纹外，当 α_2=1.67 和 2.5 时，在垂直于切缝连线的方向也分别产生了一条和两条较长的次裂纹。从照片上可以看到，爆后橡皮泥已经嵌入到裂纹中。图 8.10 所示为 α_2=2.5 时，获得的数码焦散斑照片。

表 8.3　主裂纹的长度和炮孔周围产生的裂纹数量

炮孔直径/mm	不耦合系数 α_1	左侧主裂纹长度/cm	右侧主裂纹长度/cm	炮孔周围裂纹数量/条
6	1	4.3	4.5	7
8	1.33	4	4.8	6
10	1.67	5.9	5.8	4
12	2	5	4.9	5
15	2.5	5.1	4.5	6
18	3	3	2.5	6

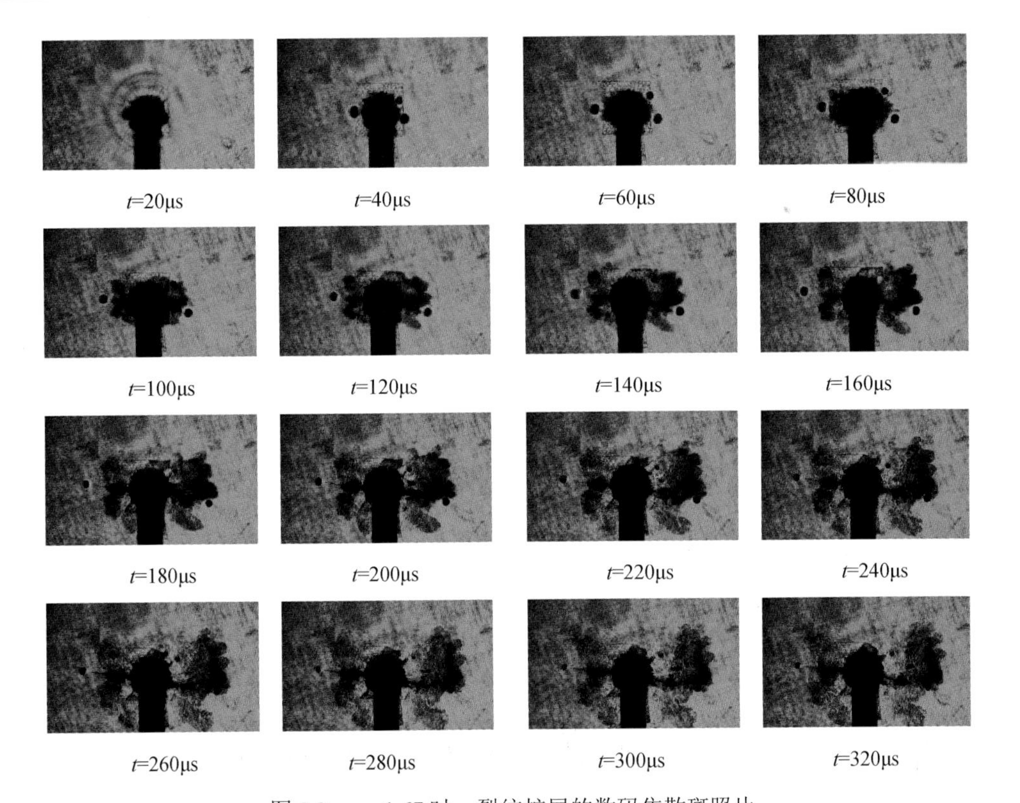

图 8.9　α_1=1.67 时，裂纹扩展的数码焦散斑照片

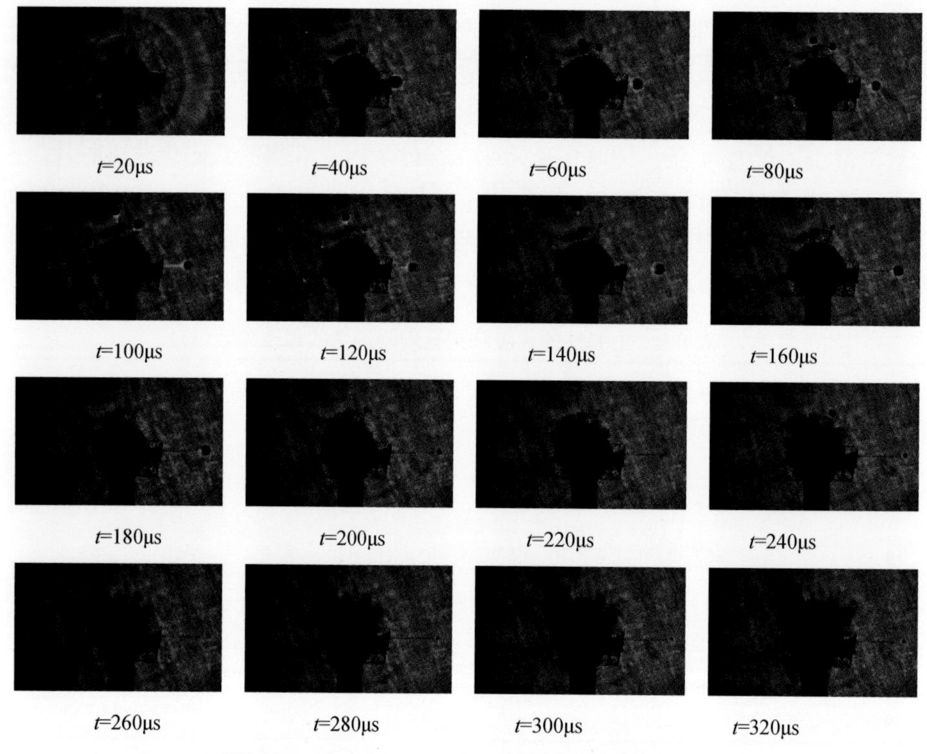

图 8.10　α_2=2.5 时，裂纹扩展的数码焦散斑照片

8.2.3　爆生裂纹的动态断裂效应

1. 爆生主裂纹的断裂力学特征

因试验中左、右两侧切缝是对称的，故在此分析中只对比左侧裂纹的动态断裂力学特征。由试验获得的数码焦散斑照片，得到在以空气为介质条件下，爆生主裂纹尖端的位置、扩展速度 v，动态应力强度因子 K_I 随时间变化的曲线，如图 8.11、图 8.12 所示。

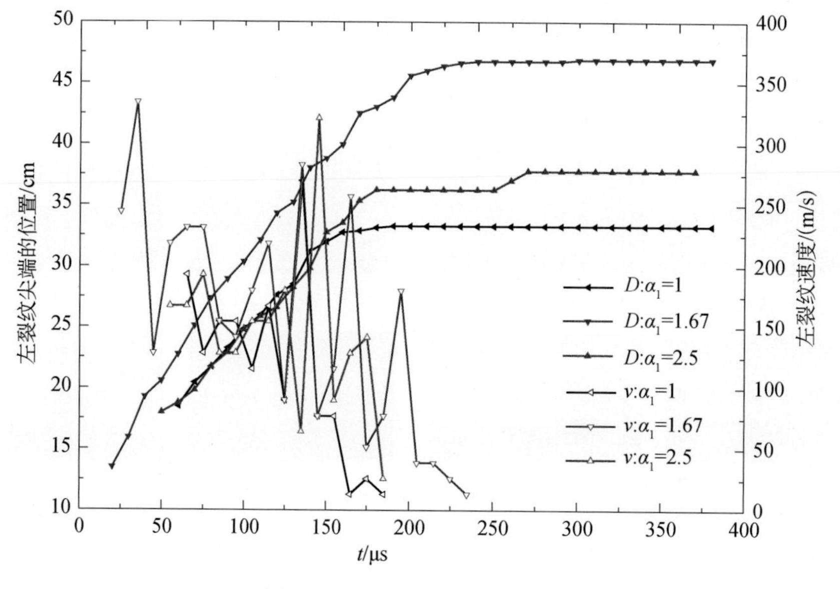

图 8.11　裂纹扩展与时间关系

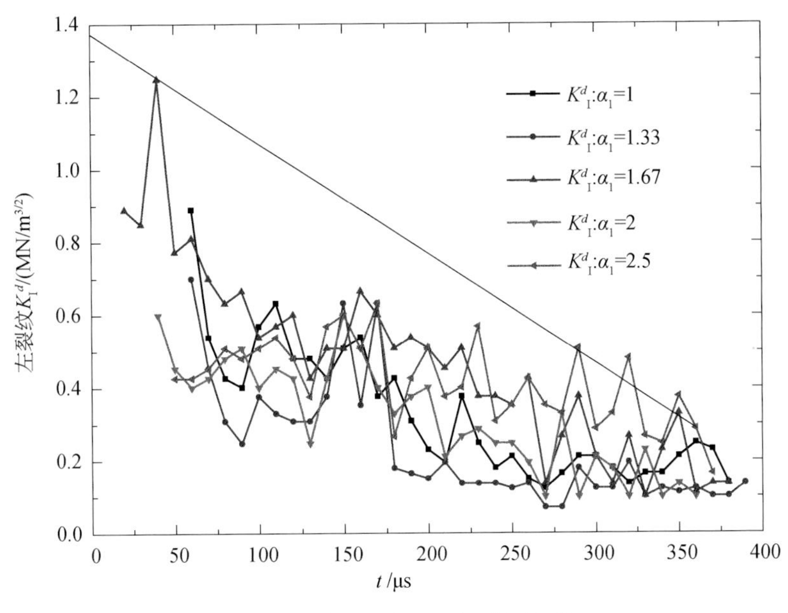

图 8.12　应力强度因子与时间关系

图 8.11 所示为裂纹尖端与扩展速率随时间改变的相关曲线。爆炸时裂纹就开始扩展，由于应力波与一些气体的影响，裂纹继续扩展。位移曲线的斜率时增时减，这种变化体现出裂纹扩展时加速和减速的过程。在 t≈220μs 时，裂纹止裂，裂纹尖端的位置不再变化。由图 8.11、图 8.12 可以看出，爆生主裂纹的扩展速度、动态应力强度因子随时间变化总体呈振荡下降的趋势。但由于受到应力波的反射、绕射作用的影响，曲线呈一定的波动性。在 t–125～165μs 时，v 和 K_{I} 第二次达到峰值，但峰值数值并不高。炸药爆炸后，炮孔里面的压力达到一定程度时，炮孔附近就出现径向裂纹，若压力太高，将出现大量的裂纹，更严重的会造成粉碎区。裂纹长短以及扩展速率和应力本身大小有关，Johansson 等认为裂纹扩展时，分岔之前的长 L 与裂开之前应力σ的平方成反比，也就是 $L\sigma^2$ 等于一个常数。如果应力超出某个数值时，裂纹开始扩展，如果应力太高，裂纹将出现分岔，如此将对裂纹的扩展发生一定的作用，很多的分岔裂纹耗费了很多的表面能，合理地降低应力的峰值，对裂纹的扩展是有好处的。不耦合装药可以降低应力波的初始压力，随着不耦合系数的增大，炮孔壁遭遇的冲击力变小，应力波发挥的影响力降低。然而，爆生气体的那种准静态力影响力变大，准静态压力作用滞后于应力波，在 t=125～165μs 时，准静态压力可能对裂纹的扩展产生影响，在后续的研究工作中将对此问题进行深入的探讨。炸药爆炸后，P 波首先作用于裂纹尖端，应力强度因子产生，随后 S 波作用于裂纹尖端，其顶尖部的焦散斑表现出一定的曲转现象，如图 8.9 所示。焦散斑和裂纹扩展的指向不会持续保持对称，说明裂纹尖端的应力场是正、剪两种应力一起影响下的复合应力场，它的强弱可以呈现出纹尖的应力聚集程度。当 α_1=1.67 时，爆炸后产生的爆轰波开始影响空气介质，得到空气冲击波，然后该波衰减为应力波并作用于炮孔壁，动态应力强度因子 K_{I} 由极限峰值 1.25 MN/m$^{3/2}$ 迅速下降，振荡变化后，在 t=160μs 时第二次达到峰值 0.67 MN/m$^{3/2}$，之后振荡下降。裂纹扩展速度 v 由极限峰值 334.1m/s 迅速下降，振荡变化后，在 t=135μs 时第二次达到峰值 282.7m/s，之后振荡下

降至裂纹止裂。裂纹扩展速度的数值较以往试验测得的数值小，说明在不耦合装放药品的基础上，药包和炮孔壁两者的间距会对爆炸影响产生相当的缓冲成效，同时让应力波本身幅值减小很多，爆生气体的准静态作用加强。

2. 不同填充介质爆生主裂纹扩展特征

共设计 4 组对比试验，最终得到的试验结果基本相同。选取有代表性的 $\alpha_1=\alpha_2=1.67$ 时的试验结果，比较不同填充介质爆破后左侧主裂纹尖端的应力强度因子和裂纹扩展速度，如图 8.13 所示。与空气介质相比，在以橡皮泥为介质的试验中，左侧主裂纹的应力强度因子由初始值 0.4MN/m$^{3/2}$ 振荡增加至第一个峰值 0.78MN/m$^{3/2}$，之后下降，在 t=130μs 时又增加至第二个峰值 0.85MN/m$^{3/2}$，随后振荡下降。裂纹扩展的整个过程中，应力强度因子为 0.1～0.85MN/m$^{3/2}$，变化幅度不大。速度变化曲线也较为平缓，速度值为 89.9～283.2m/s。一般认为橡皮泥是非线性弹性介质，对比试验结果证实了橡皮泥介质作为炸药爆炸产物与炮孔壁间的缓冲层，使得能量传递增加，应力波的作用时间延长，爆炸的作用范围加大。

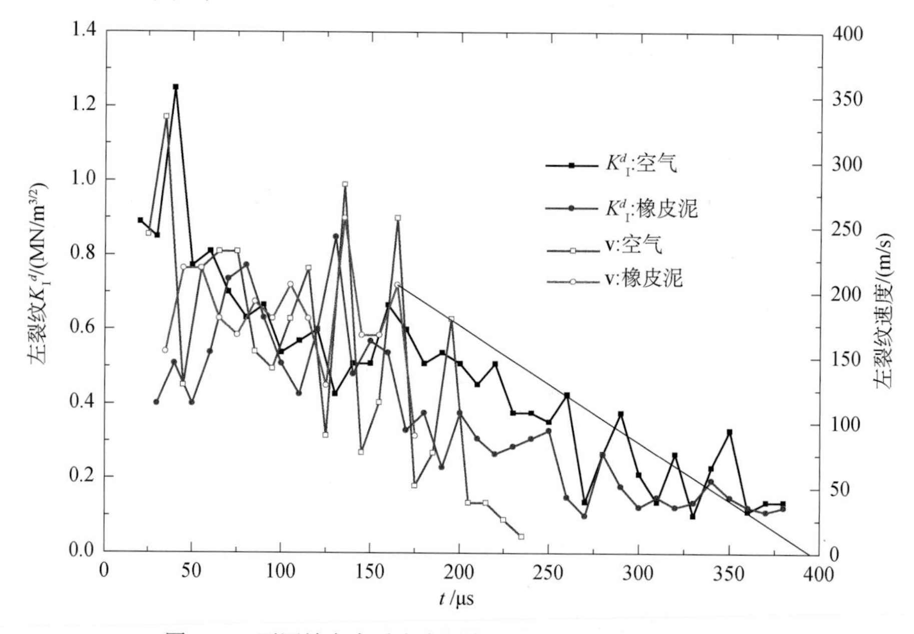

图 8.13　不同填充介质应力强度因子和裂纹扩展速度对比

3. 爆生主裂纹的开裂方向

炮孔壁附近受压缩后形成径向裂纹，试件内部应力分布状况随之发生变化，试件不再是简单的拉伸破坏或剪切破坏，而是复杂应力作用下张开型脆性断裂。由最大拉应力准则知，裂纹环向拉应力达到临界破坏值时，裂纹将朝着环向拉应力极大值方向失稳扩展，炮孔壁上的环向拉应力 σ_θ 可表示为

$$\sigma_\theta = \frac{K_I}{2\sqrt{2\pi r}}(1+\cos\theta)\cos\frac{\theta}{2} \tag{8.13}$$

式中，θ 为极角，表征炮孔壁上预裂纹的开裂方向；K_I 为裂纹尖端的应力强度因子，与 θ 无关。

按最大拉应力准则判定径向裂纹扩展方向与开裂角 θ_0。由 $\dfrac{\partial\sigma_\theta}{\partial\theta}=0$，可得

$$\sin\frac{\theta_0}{2}+2\sin\theta_0\cos\frac{\theta_0}{2}+\sin\frac{\theta_0}{2}\cos\theta_0=0 \tag{8.14}$$

开裂角 $\theta_0=0°$ 满足式（8.13），裂纹扩展方向与炮孔预裂纹方向一致，这个结论在许多试验中已得到证实。

在本试验中预裂纹方向可默认为是切缝方向，爆生主裂纹的扩展方向与切缝方向呈 0°夹角。切缝方向的炮孔壁最先受到能流密度较大的爆轰气体的“气楔效应”作用，产生优先扩展的主裂纹，应力波作用于爆生主裂纹尖端，形成拉应力集中区，加速了切缝方向主裂纹扩展，Kobayashi 和 Dally 确定了裂纹扩展速度和裂纹尖端应力强度因子的关系，提出裂纹一旦被启动，立即以高速度率扩展。同时切缝药包壁抑制了炮孔其他方向随机裂纹的产生、扩展。

4. 主裂纹与次裂纹的断裂特征对比

在图 8.8 中，α_2=2.5 时，炮孔周围除两条主裂纹外，还有一条较长的次裂纹。比较 3 条裂纹尖端的动态能量释放率，见图 8.14。能量释放率是用能量的观点来研究裂纹尖端应力、应变场的参量。它是裂纹扩展单位面积弹性系统释放（耗散）的能量，反映了裂纹扩展的驱动力，表示裂纹扩展单位面积时系统势能的减少。炸药爆炸后，左、右两条主裂纹尖端的动态能量释放率迅速增加到最大值，左裂纹为 287N/m，右裂纹为 303.3N/m，之后减小，振荡变化后，在 t≈160μs 时第二次达到峰值，左裂纹为 177.6N/m，右裂纹为 189N/m，随后减小，至 t≈205μs 时，这种趋势才开始收敛，而此时裂纹已停止扩展。次裂纹尖端的动态能量释放率数值整体上小于两条主裂纹，由最大值 160.2 N/m 开始减小，振荡变化后趋于稳定。炸药爆炸后，在炮孔周围形成多条径向裂纹，但爆生主裂纹仅有左、右两条，切缝药包壁限制了能量沿径向耗散，能量沿切缝药包壁的切缝方向优先释放，形成“射流”的动力效应，促使炮孔切缝方向的径向裂纹受到强烈的拉应力而快速扩展，从而抑制非切缝方向裂纹的扩展。

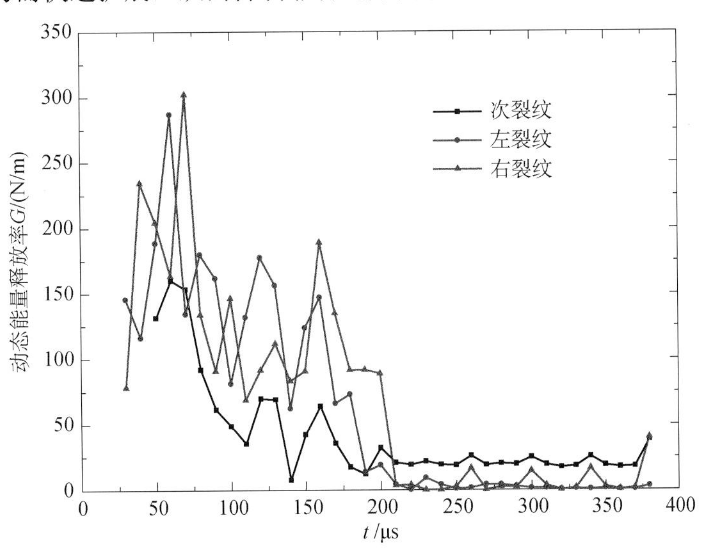

图 8.14　α_2=2.5 时，裂纹尖端能量释放率变化曲线

5. 爆生主裂纹的止裂

由于爆炸产生的应力波快速衰减，爆生气体膨胀和快速释放，裂纹尖端的动态应力强度因子很快降低到有机玻璃的断裂韧度以下，裂纹停止扩展。从高速相机拍摄到的照片可看出，裂纹停止扩展以后，焦散斑直径仍在一个很小的范围内变化，且持续时间约200μs。表 8.4 对介质为空气时，裂纹停止扩展后应力强度因子的变化范围作了统计。应力强度因子 $K_{\rm I}$ 为 0.1～0.33MN/m$^{3/2}$，这主要是由于裂纹止裂后，应力波继续在有机玻璃板中传播，应力波不断与裂纹尖端相互作用，致使应力强度因子不断发生变化。变化范围中的上限值即为裂纹停止扩展时的应力强度因子值，近似等于爆生裂纹的止裂韧性 $K_{\rm IC}$。$K_{\rm IC}$ 只与材料的性质有关，与不耦合系数等因素无关。基于本试验，$K_{\rm IC}\approx 0.33$MN/m$^{3/2}$，这个数值低于静态和低冲击荷载的断裂韧度。

表 8.4　裂纹停止扩展后应力强度因子 $K_{\rm I}$ 的变化范围

不耦合系数 α_1	1	1.33	1.67	2	2.5
左裂纹 $K_{\rm I}$ / (MN/m$^{3/2}$)	0.12～0.31	0.12～0.29	0.07～0.35	0.08～0.32	0.09～0.35
右裂纹 $K_{\rm I}$ / (MN/m$^{3/2}$)	0.09～0.35	0.08～0.34	0.09～0.34	0.11～0.32	0.09～0.34

8.3　双孔爆破有机玻璃板试验

8.3.1　试验描述

试验模型材料为有机玻璃板，规格为 400mm×300mm×6mm，两炮孔位于试件中央，间距 120mm，炮孔直径 6mm，如图 8.15 所示。使用与 8.2 节中试验相同的切缝药包，将切缝药包以耦合装药的形式放入炮孔中，如图 8.16 所示。每个炮孔装入140mg 叠氮化铅单质炸药。装药时在 A、B 炮孔（图 8.16）内各放置一组探针，连接高压脉冲起爆器，利用起爆器高压放电产生的火花将两炮孔内的炸药同时引爆。

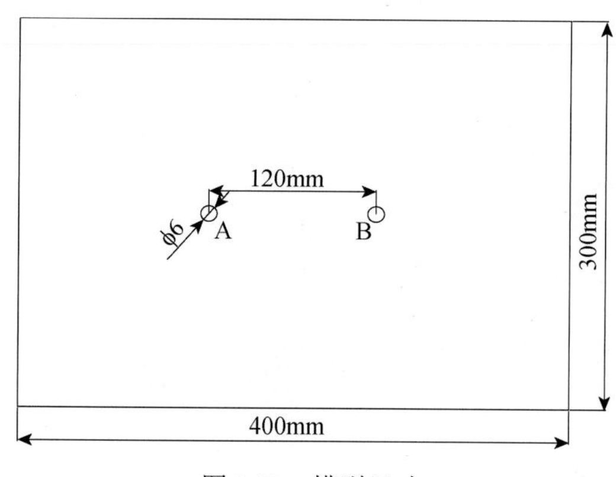

图 8.15　模型尺寸

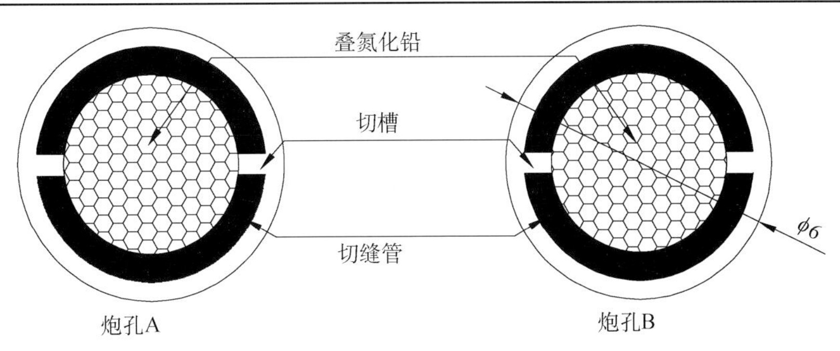

图 8.16　切缝药包装药形式

8.3.2　试验结果及分析

1. 裂纹长度和贯穿裂纹的偏转角度

图 8.17 所示为试件破坏后的照片。由于切缝药包的存在，炸药爆炸产生的能量沿着切槽方向优先释放，形成引导裂纹，并抑制其他方向裂纹的扩展，切槽方向产生的裂纹长度较长。两炮孔外侧切槽方向的裂纹 A_0，B_0 直接扩展至试件边缘，裂纹 B_0 几乎沿水平直线方向扩展，只是在临近边缘处向上轻微翘曲，裂纹 A_0 则出现弯曲，但弯曲程度并不大，这些现象与装药结构、炮孔的填塞方式、起爆器的性能、材料内部的微观结构、应力波对裂纹扩展有直接影响。图 8.18 所示为裂纹扩展长度随时间的变化曲线。

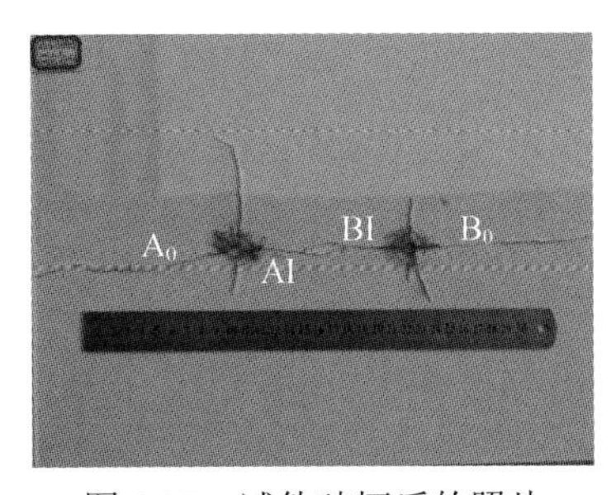

图 8.17　试件破坏后的照片

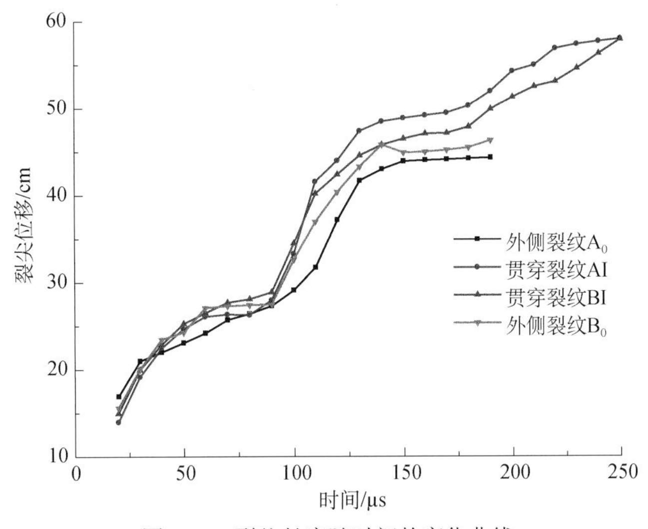

图 8.18　裂纹长度随时间的变化曲线

在两炮孔连线方向上，两条贯穿裂纹 AI，BI 尖端并未直接相遇，而是一上一下，相遇后继续扩展，并向异方的已有的裂纹方向移近，最终裂纹尖端与异方已有裂纹相遇，裂纹停止扩展。贯穿裂纹 AI、BI 偏转角度与 θ 水平位移 X 的关系见表 8.5，两裂纹相遇前，裂纹偏转角度较小，在±15°以内，且振荡变化，这与材料本身的力学性能、爆生气体与应力波对裂纹扩展的影响有关。X=60mm 时，两裂纹在空间中相遇，且 AI 在下，BI 在上，之后角度发生较大的偏转，在两炮孔连线中间形成近似椭圆形的交汇区域。裂纹沿最小抵抗线方向扩展，快速释放能量。两条贯穿裂纹相遇时，最小抵抗线方向即为异方的已有裂纹方向，已有裂纹为能量的释放提供了自由面，引起异方裂纹朝已有裂纹方向扩展。在未切槽方向的炮孔壁上存在着一些微裂纹，炸药爆炸产生的能量及爆生气体首先沿存在微裂隙的方向释放，而微裂隙随机分布，所以在炮孔未切槽的方向也随机生成了 3～4 条裂纹。

表 8.5　偏转角度 θ 与水平位移 X 的关系

X/mm	AI-θ/（°）	BI-θ/（°）	X/mm	AI-θ/（°）	BI-θ/(°)
10	2.62	5.56	370	−5.65	9.38
50	2.84	2.44	410	−3.37	0.00
90	7.4	2.98	450	−10.06	14.21
130	11.53	7.56	490	−3.82	10.63
170	4.49	12.34	530	14.47	−4.09
210	10.02	14.75	570	22.26	−16.94
250	6.76	10.25	610	22.36	−3.35
290	2.02	10.67	650	31.25	−35.76
330	4.59	13.87	690	79.65	−85.22

2. 裂纹扩展速度和加速度变化

图 8.19 所示为拟合后的裂纹扩展速度和加速度随时间的变化曲线。裂纹扩展过程中，速度 v 和加速度 a 均呈波浪起伏式的涨落变化。在图 8.19（a）中，速度曲线外侧裂纹 A_0、B_0 的扩展速度分别由最大值 986m/s、977m/s 开始迅速减小。30μs 时，裂纹 A_0 的扩展速度第一次达到谷值 226m/s；60μs 时，裂纹 B_0 的扩展速度第一次达到谷值 331m/s。贯穿裂纹 AI、BI 的扩展速度分别由初始值 158m/s、388m/s 开始迅速增大至峰值 869m/s、877m/s，然后又迅速减小，60μs 时，贯穿裂纹 AI、BI 分别第一次达到谷值 4m/s、113m/s。裂纹扩展初期外侧裂纹 A_0、B_0 和贯穿裂纹 AI、BI 的速度变化差异可能是由于裂纹 A_0、B_0 距离边界较近，且试件的四周边界无约束，为裂纹扩展和能量释放提供了充足的自由面，在一定程度上引导能量的优先释放。而裂纹 AI、BI 向试件中心区域相向扩展，裂纹扩展的阻力较大，且异方炮孔产生的应力波与贯穿裂纹相互作用，可能抑制裂纹的扩展。从图 8.19（b）的加速度曲线可以看出，裂纹扩展的整个过程中，都存在着裂纹扩展的加速和减速变化，裂纹一旦起裂，加速度即产生，炸药爆炸后产生强烈的冲击波，冲击波迅速衰减为应力波，试件炮孔壁上的应变能迅速积聚，当其值达到裂纹扩展所需的能量时，裂纹便开始扩展，但此时加速度已经产生。从时间上看，速度和

加速度的峰值交替出现，同一条裂纹都是加速度先达到峰值，然后速度再达到峰值。加速度代表了“驱动力”的变化，加速度达到峰值，此时“驱动力”最大，而裂纹在此“驱动力”的作用下将继续加速扩展。裂纹扩展速度和加速度的交替变化，表明了裂纹扩展时速度和加速度的变化规律。由于应力波与扩展裂纹相互作用，改变了整个试件中的应力分布状态以及裂纹尖端的奇异应力场，最终影响了裂纹扩展的状态。

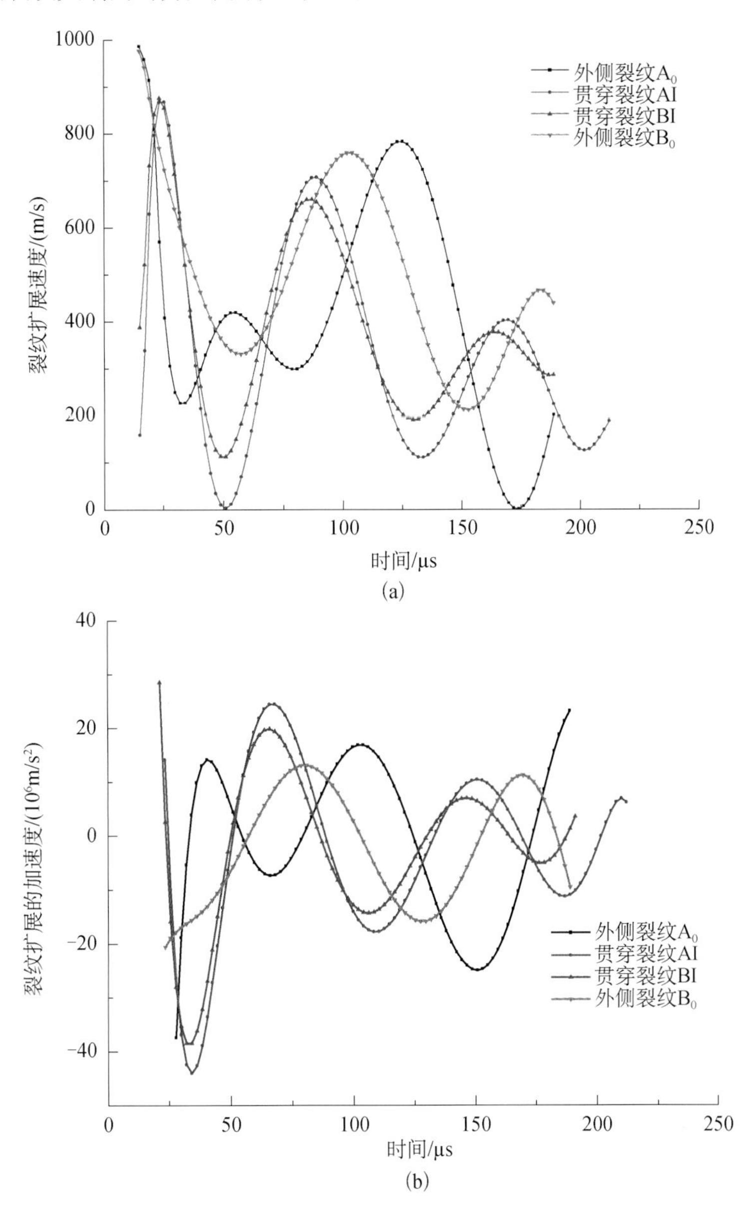

图 8.19　裂纹扩展的速度和加速度变化曲线

3. 动态应力强度因子变化规律

图 8.20 为试验过程中拍摄到的动态焦散斑图像。由图可以直观地看出，两炮孔同时起爆后，应力波开始沿炮孔径向向外传播，30μs 时，应力波到达异方炮孔，而此时爆生

裂纹扩展距离较短，裂纹 AI 扩展了 21.1mm，BI 扩展了 22.3mm，裂纹的扩展速度远远滞后于应力波的传播速度，此时裂纹 AI、BI，A_0、B_0 尖端焦散斑的直径分别为 8.25mm、8.62mm、8.81mm、8.32mm。170μs 时，裂纹 AI 在下，裂纹 BI 在上，两裂纹尖端在空间中相遇，裂纹尖端的焦散斑变得扭曲，焦散斑不再与裂纹扩展方向对称，说明裂纹尖端的应力场是正应力和剪应力共同作用的复合应力场，其大小反映了裂纹尖端的应力集中程度。之后继续扩展，并移向异方已有的裂纹面。由于视场的限制，在 190μs 以后，外侧裂纹 A_0、B_0 尖端的焦散斑未拍到。

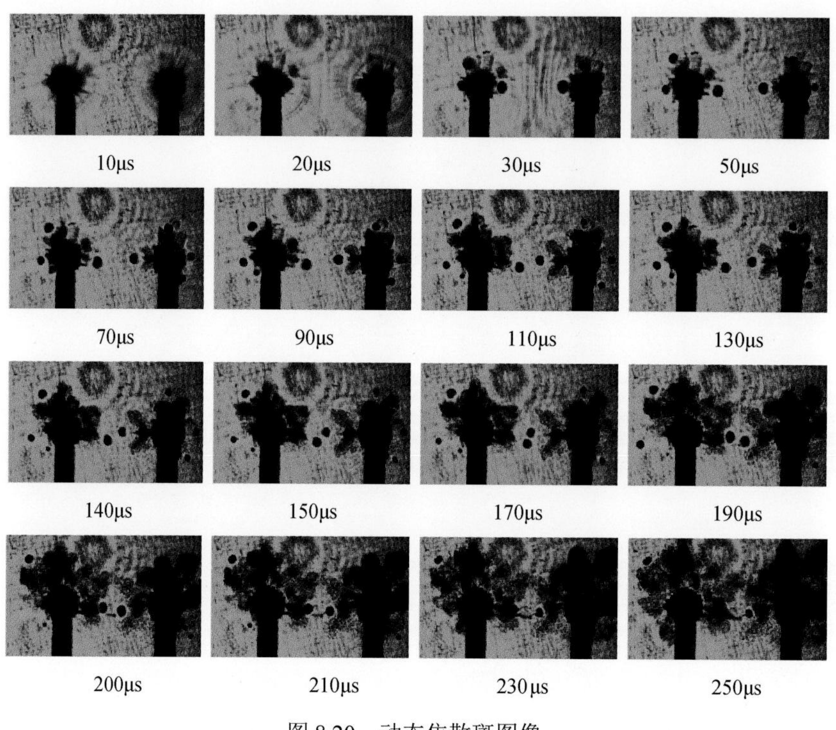

图 8.20　动态焦散斑图像

图 8.21 所示为裂纹扩展过程中动态应力强度因子 K_{I}，K_{II} 随时间的变化曲线。动态应力强度因子 K_{I} 变化趋势基本一致：从初始值迅速减小，然后 K_{I} 的数值经过反复振荡后，又逐渐增大，并达到第二个峰值，之后开始减小。炸药爆炸后，能量迅速释放，产生强烈的冲击波，并快速衰减为应力波，膨胀波首先作用于裂纹尖端，应力强度因子产生，随着应变能的耗散，K_{I} 减小，随后异方炮孔炸药爆炸产生的应力波到达裂纹尖端处，与裂纹相互作用，K_{I} 出现振荡变化。裂纹继续扩展，从自由面反射回来的拉伸波到达裂纹尖端，K_{I} 第二次达到峰值。140μs 时，贯穿裂纹 AI、BI 以及外侧裂纹 A_0、B_0 尖端的动态应力强度因子第二次达到峰值，即 1.25 $\mathrm{MN/m^{3/2}}$、1.46 $\mathrm{MN/m^{3/2}}$、0.66$\mathrm{MN/m^{3/2}}$、0.84 $\mathrm{MN/m^{3/2}}$，贯穿裂纹 AI、BI 尖端的应力强度因子大于外侧裂纹 A_0、B_0，说明应力波在炮孔间叠加，明显增加了炮孔间区域的应力场。整个振荡变化过程中贯穿裂纹 AI、BI 尖端的应力强度因子基本都大于外侧裂纹 A_0、B_0，说明炮孔外侧切槽距离自由面更近，一定程度上引导了能量的释放。动态应力强度因子 K_{II}为 0.1～0.8$\mathrm{MN/m^{3/2}}$，总体呈下降的趋势。裂纹扩展的过程中 K_{II}基本都小于 K_{I}，说明应力波与

裂纹尖端相互作用过程中，P 波起到了主要作用，S 波的作用次之。K_{I}、K_{II}的振荡性变化充分体现了应力波对裂纹扩展的影响。这些都为研究定向断裂控制爆破提供了有效的试验依据。

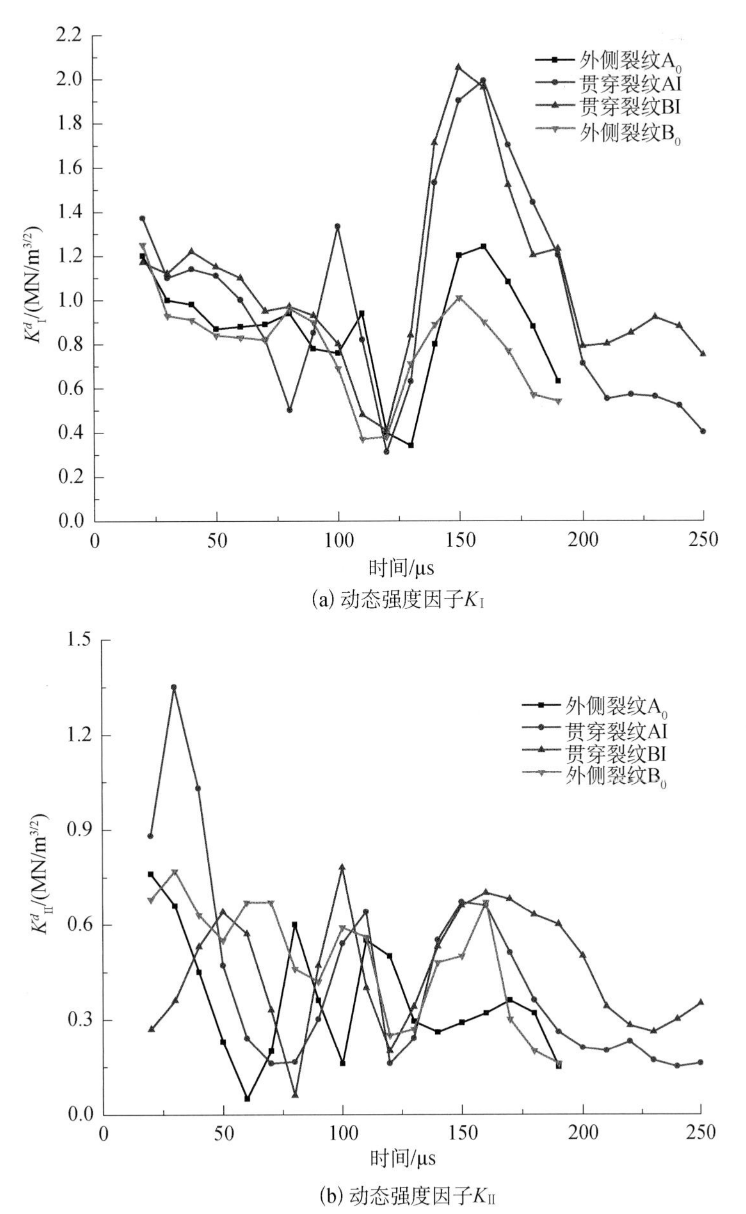

(a) 动态强度因子K_{I}

(b) 动态强度因子K_{II}

图 8.21　动态应力强度因子随时间变化曲线

4. 动态能量释放率

图 8.22 所示为裂纹尖端动态能量释放率与时间的变化关系。由于试验设备的限制，20μs 时才开始获得裂纹尖端的动态能量释放率数值，且为所有数据中的最大值，裂纹 AI 为 1425.1N/m，裂纹 BI 为 602.4N/m，裂纹 A_0 为 1130.1N/m，裂纹 B_0 为 772.6N/m，裂纹 AI、A_0、BI 尖端的动态能量释放率都由最大值迅速下降。根据这种变化趋势猜测，起裂

后的裂纹尖端的能量释放率比起裂前裂纹尖端的能量释放率低，它们之间的差值体现了动态能量释放率对裂纹扩展的驱动作用。炸药起爆后，裂纹未扩展前，系统的势能逐步转化为弹性应变能，能量释放率随时间增加而递增，当它的值达到裂纹扩展单位面积所需要的能量 G_I 时，裂纹便开始扩展，储存在裂纹尖端的弹性应变能在起裂瞬间突然释放，导致裂纹尖端的能量释放率突然下降。60μs 时，这种趋势才开始收敛，振荡变化后，贯穿裂纹 AI、BI 的动态能量释放率在 135μs 时第二次达到峰值，而外侧裂纹 A_0、B_0 则一直呈振荡减小的趋势。这种振荡变化充分体现了应力波对裂纹扩展的影响，应力波传播过程中携带着能量，应力波与裂纹尖端相互作用，改变了整个试件的应力状态及裂纹尖端的动态奇异应力场，改变了裂纹的扩展状态。应力波携带的能量传递给裂纹，改变了裂纹扩展规律。

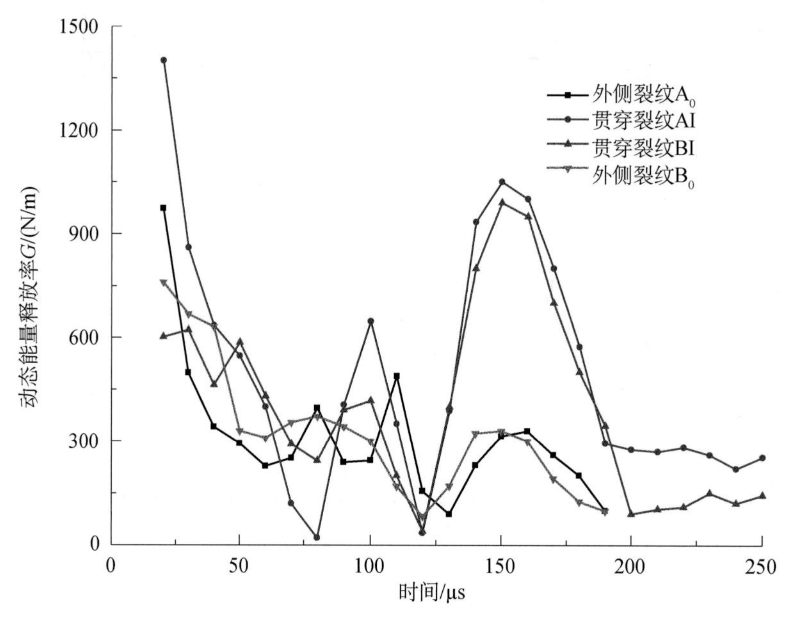

图 8.22　动态能量释放率随时间的变化曲线

8.4　切槽对孔间裂纹贯穿的影响

8.4.1　试验模型

试件模型材料及规格与 8.3 节中的相同。但为了研究切槽对孔间裂纹贯穿的影响，设计切缝药包的切槽方式及装药形式略有不同。图 8.23（a）中，A 孔双切槽，B 孔单切槽；图 8.23（b）中，A 孔双切槽，B 不切槽；图 8.23（c）中，A 孔双切槽，B 孔双切槽。图 8.23（b）中，炮孔 B 是将未切槽的切缝管放入炮孔中，这里仅起到对比作用，在实际工程实践中是不存在的；图 8.23（c）中，常规试验，为了体现说理的完整性，本节对其进行了相关的补充说明。试件边界无约束。每孔装 140mg 叠氮化铅单质炸药。

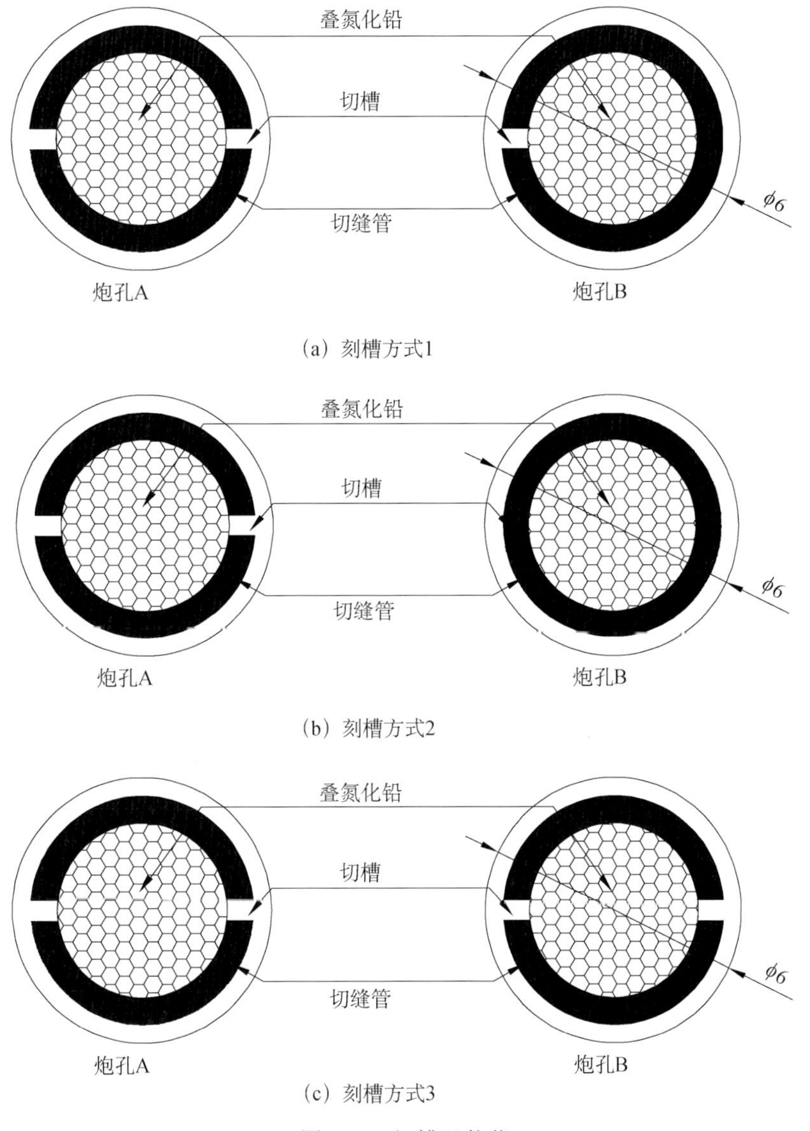

(a) 刻槽方式1

(b) 刻槽方式2

(c) 刻槽方式3

图 8.23　切槽及装药

8.4.2　贯穿裂纹扩展路径对比

图 8.24 所示为三种不同的切槽方式下试件破坏后的照片。从宏观上看，带有切槽方向上的裂纹明显很长。在未切槽方向的炮孔壁上存在着一些微裂纹，炸药爆炸产生的能量及爆生气体首先沿存在微裂隙的方向释放，而微裂隙随机分布，所以在炮孔未切槽方向也产生了 3～4 条裂纹，但由图 8.24（b）可看出，炮孔 B 未切槽的炮孔壁周围产生了一些长短不等的裂纹，且在两孔连线方向上未切槽一侧的裂纹长度比其他方向的裂纹短得多，小于其正交方向上裂纹长度的 1/2 或 1/3，说明 A 孔的存在使得炮孔 B 周边的应力分布不均匀，靠近 A 孔一侧的应力集中程度较高，产生的裂纹较长。三种方案中切槽方向的裂纹 A_0 以及方案（c）中的裂纹 B_0 均扩展至自由面，扩展长度较长，远大于两个炮孔的间距。炮孔外侧切槽距离自由面更近，一定程度上引导了能量的释放。在两炮孔

连线方向上，两条优先扩展的主裂纹尖端并未直接相遇，而是一上一下，相遇后继续扩展，并向异方的已有的裂纹方向移近，最终裂纹尖端与异方已有裂纹相遇，停止扩展。

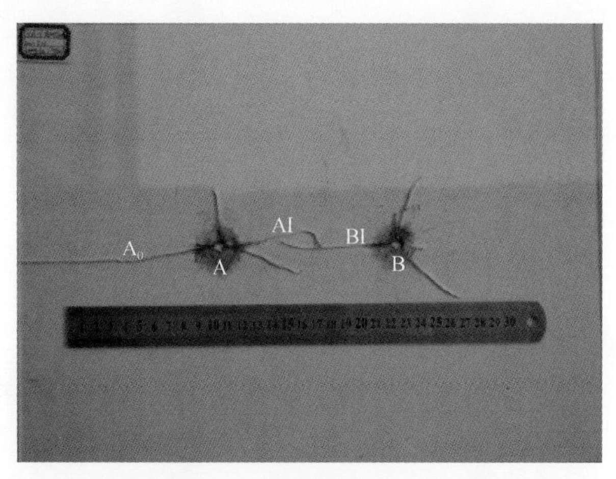

(a) 刻槽方式1

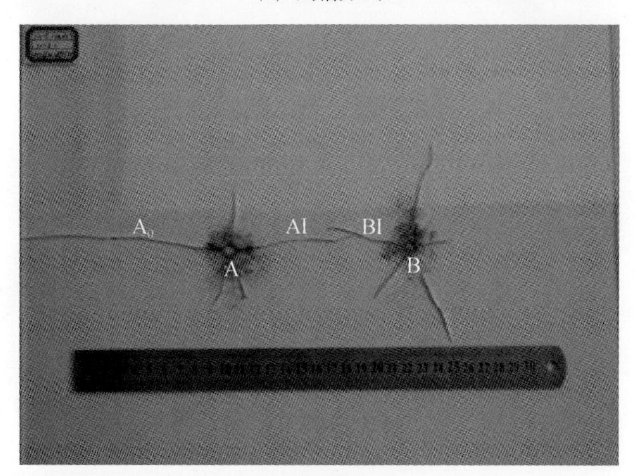

(b) 刻槽方式2

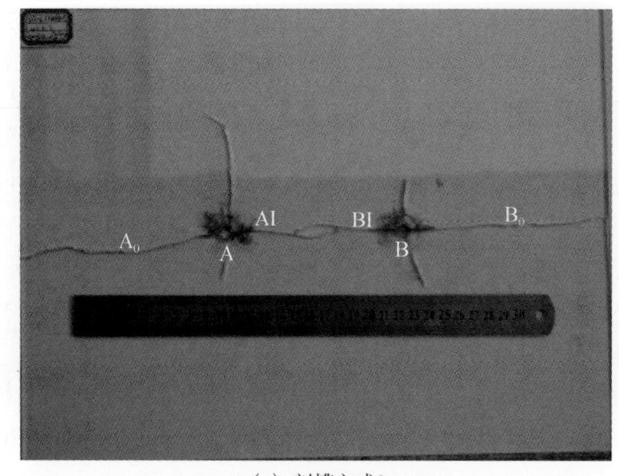

(c) 刻槽方式3

图 8.24 不同切槽方式裂纹扩展

8.4.3　贯穿裂纹扩展的动态行为

1. 裂纹尖端的应力变化特征

图 8.25 所示为方案（b）的动态焦散斑图像，图 8.26（a）、（b）分别为三种不同的切槽方式下，从炮孔 B 产生出的贯穿裂纹 BI 尖端的动态应力强度因子随时间和位移的变化曲线。由图 8.26（a）可以看出，3 种试验方案中，裂纹 BI 尖端动态应力强度因子的变化趋势相同，都是由初始最大值开始振荡减小，减小到一定程度后又开始增大至峰值，之后又开始减小，直至裂纹停止扩展。但初始最大值的数量差异非常明显，（a）-BI＞（b）-BI＞（c）-BI，方案（a）中炮孔 B 单切槽，炸药爆炸产生的能量和爆炸产物迅速地向这个唯一的切槽孔集中，高强的应力集中致使试件上形成裂纹；方案（b）中炮孔 B 不切槽，等同于炸药爆炸后能量沿径向均匀地向外传播，随机产生了贯穿裂纹 BI；方案（c）中炮孔 B 双切槽，能量分散地沿两切槽冲出，同时在切缝管的上半断面形成了不稳定的拉拱形结构，作用于贯穿裂纹 BI 并使其致裂的能量相对较少。140μs 时，（a）-BI 尖端的 K_{I} 达到峰值 2.07MN/$m^{3/2}$；150μs 时，（c）-BI 尖端的 K_{I} 达到峰值 2.02MN/$m^{3/2}$，160μs 时，（b）-BI 尖端的 K_{I} 达到峰值 1.59MN/$m^{3/2}$，切槽的存在，使得应力集中程度更高，更加有利于孔间裂纹的贯穿。图 8.26（b）中，（b）-BI 扩展较短，在 50cm 时即到达峰值，其他的两炮孔间裂纹（a）-BI 和（c）-BI 的长度远大于裂纹（b）-BI，裂纹（a）-BI 和（c）-BI 的尖端动态应力强度因子峰值也远大于裂纹（b）-BI。爆炸应力波作用下，在切槽尖端形成一个较强的动态应力-应变场，尖端附近区域形成一个新裂纹生长抑制区，在两者的共同作用下，裂纹将沿切槽方向优先扩展，同时抑制其他方向上裂纹的产生，从而在实践中达到了控制岩石断裂方向的目的。

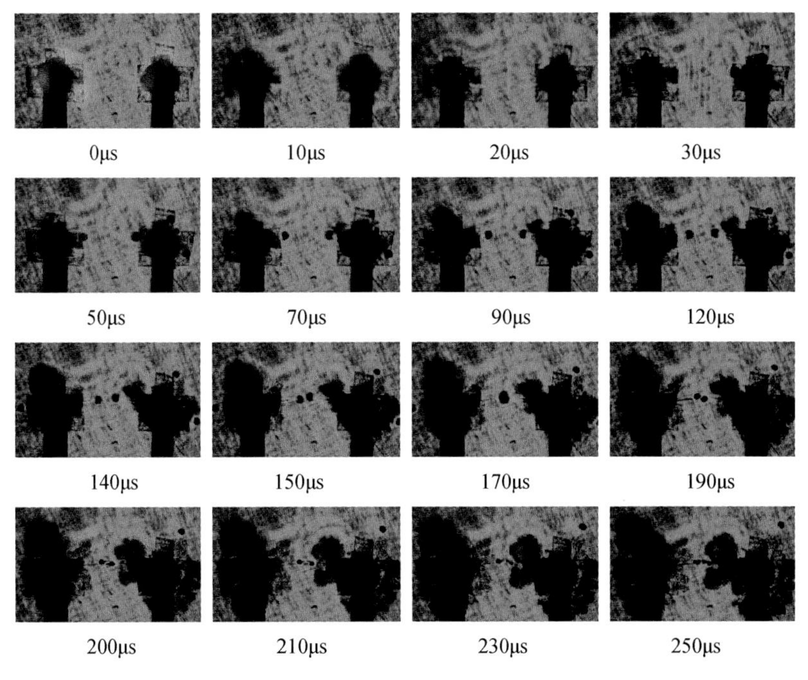

图 8.25　方案（b）的动态焦散斑图像

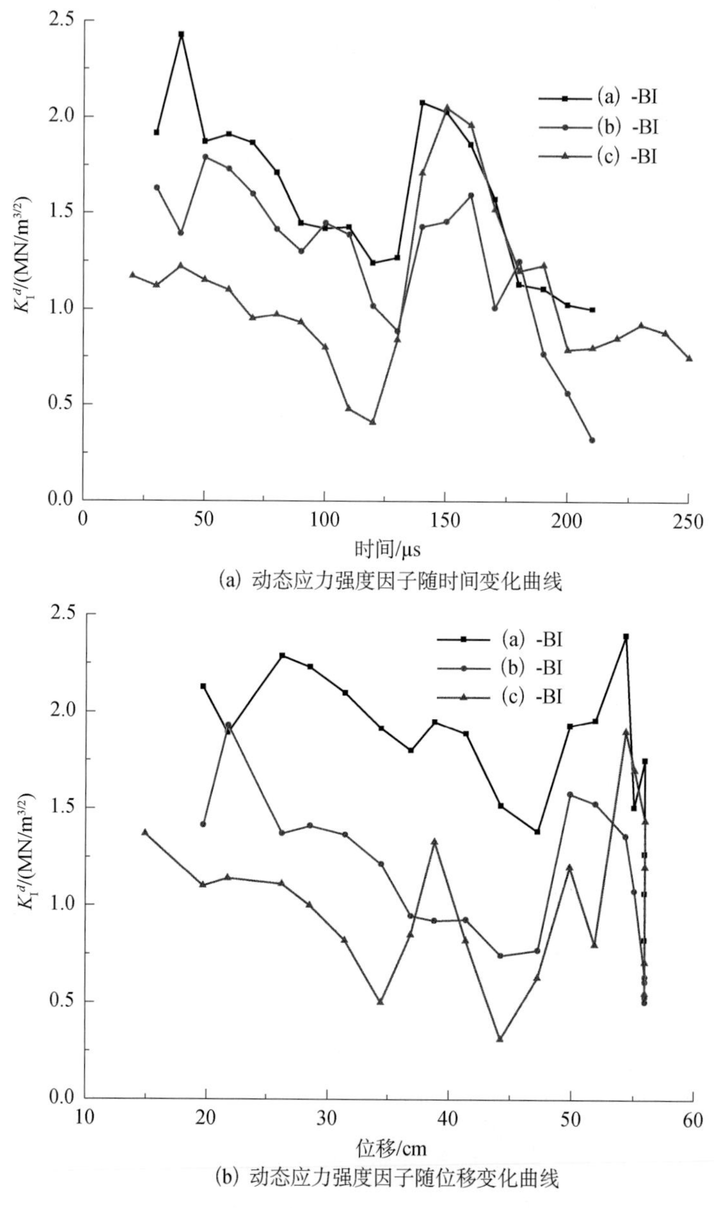

图 8.26　动态应力强度因子变化曲线

2. 裂纹的运动特征分析

图 8.27（a）所示为裂纹扩展的速度与时间的关系曲线。裂纹扩展速度先减小，振荡变化后逐渐升高到峰值，随后减小，振荡变化后直至裂纹止裂。这种变化趋势与动态应力强度因子的变化保持一致。方案（a）中，135μs 时，裂纹（a）-BI 的扩展速度达到峰值 412m/s；方案（b）中，125μs 时，裂纹（b）-BI 的扩展速度达到峰值 300m/s；方案（c）中，115μs 时，裂纹（c）-BI 的扩展速度达到峰值 570m/s。本试验测得的裂纹扩展速度相对较大，这也进一步证明双孔爆破，由于应力波在炮孔间相互叠加，明显增加了炮孔间区域的应力场。3 种方案中，裂纹达到峰值的时刻不同，这主要是由于爆破试验

的复杂性，系统误差难以控制。峰值速度有时比裂纹初始扩展时的速度大，两个炮孔炸药爆炸生成两个爆炸应力波，存在应力波的叠加，在一定程度上促进了裂纹的扩展。由图 8.27（a）看出，方案（c）中裂纹 BI 在 145μs 时出现“塑性位移平台”，即裂纹扩展缓慢，几乎停滞不前，这可能是应力波的相互干涉，对裂纹扩展产生了复杂的影响。

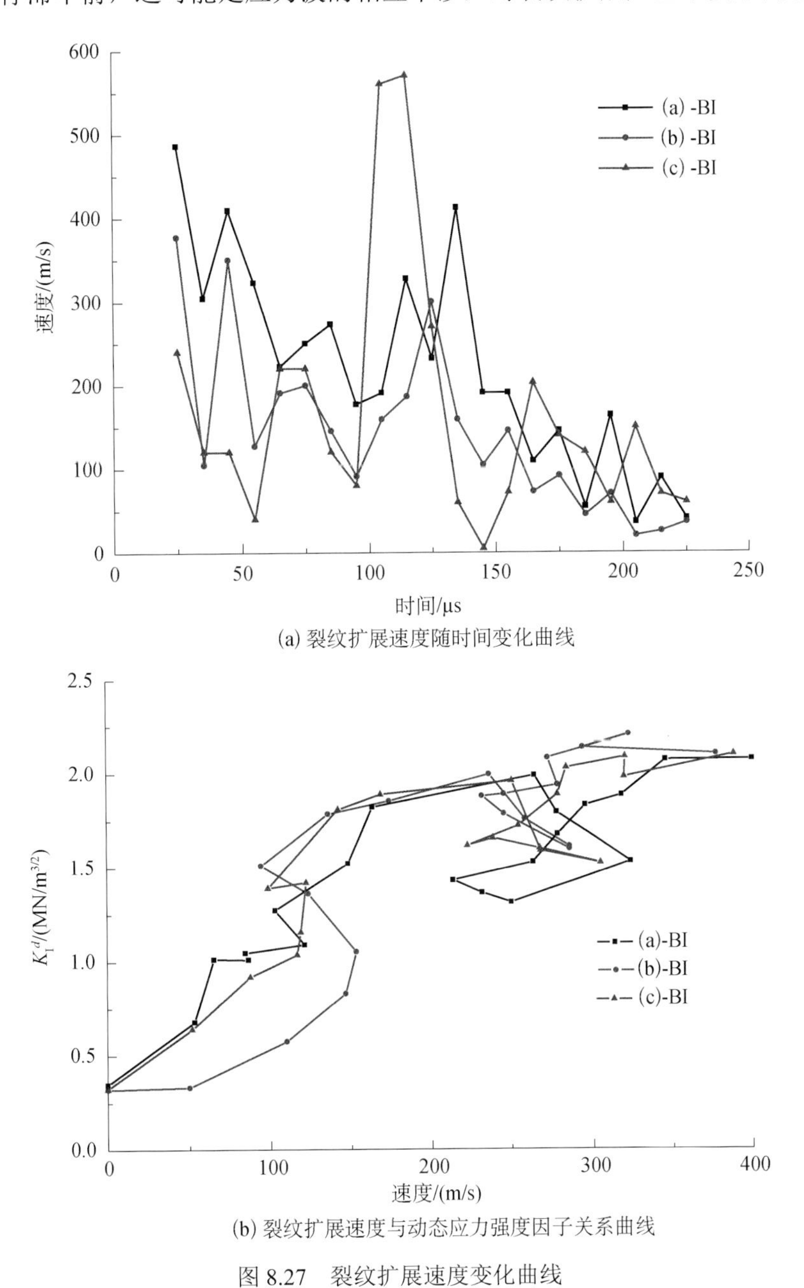

(a) 裂纹扩展速度随时间变化曲线

(b) 裂纹扩展速度与动态应力强度因子关系曲线

图 8.27　裂纹扩展速度变化曲线

图 8.27（b）所示为裂纹扩展的速度与动态应力强度因子的关系曲线。在速度区间 150～400m/s 时，3 条曲线有大量的重合部分出现，速度与动态应力强度因子之间可能存在一定的关系。速度为零，即裂纹停止扩展时，3 条曲线的动态应力强度因子值几乎重

合到一点，即 0.34MN/$m^{3/2}$。

8.5　切缝药包爆破三维有机玻璃砖试验

8.5.1　试验模型

本试验采用规格为 300mm×200mm×100mm 的有机玻璃（图 8.28）。炮孔位于试件对角线的交点即试件中心位置。通过对不同爆破行业施工现场进行调研，总结了现场的装药情况，其采取的不耦合系数见表 8.4。实验室试验考虑到切缝药包两种切缝药包的结构不规整性及试验的可行性，最终炮孔直径被确定为 8mm、10mm 和 12mm，其不耦合系数都是根据现场实际的情况选取的，主要是为后期切缝药包现场应用提供试验理论依据[135]。

图 8.28　有机玻璃试验材料

关于为什么选用有机玻璃作为实验材料的问题，主要是出于以下几点考虑：

（1）断裂力学问题最初是在研究金属材料和非金属材料时提出的，然而断裂力学的所有开拓性实验中却大都采用玻璃作为试验样品材料，这出于两方面原因：一是想用理想的连续、均匀、各向同性、线弹性和脆性的材料；二是研究个别裂纹的行为。基于这种考虑，岩石很难满足，但是玻璃却可以。

（2）严格来说，玻璃不属于固体（固体严格定义为结晶体），而是无定型介质。但与其他材料相比，在常温状态下，玻璃是最接近理想的连续、均匀、各向同性、线弹性和脆性的材料，与岩石不同，玻璃内部没有空隙，一般玻璃在加载开始时没有裂纹的闭合，在卸载过程中几乎没有残余应变，这个应力应变本构曲线上几乎完全表现为线性。

（3）玻璃也是一种很好的光学材料，可满足高速相机或者 DIC 全场应变分析的需要。

正是由于上述原因，玻璃在连续介质力学实验中成为了经典材料。例如 Griffith（1921）、Roesler（1956）、Sommer（1969）、Horri 和 Nemat-Nasser（1985）、Knauss

（1970）的几个开拓性实验都是采用玻璃作为实验材料的。

试验中采用的药包都是由管材和炸药组成。炸药采用叠氮化铅单质炸药。切缝管材质为硬质 PVC 硬塑管，外径为 7mm，内径为 5mm，壁厚为 1mm，预裂的裂缝宽度为 1mm，采用微激光精确切割，考虑粉末状的叠氮化铅会从切缝处流出，在切缝管内壁套上厚 0.5mm 的黑塑料管，防止炸药流出，其结构设计及实物图分别见图 8.29 和图 8.30。

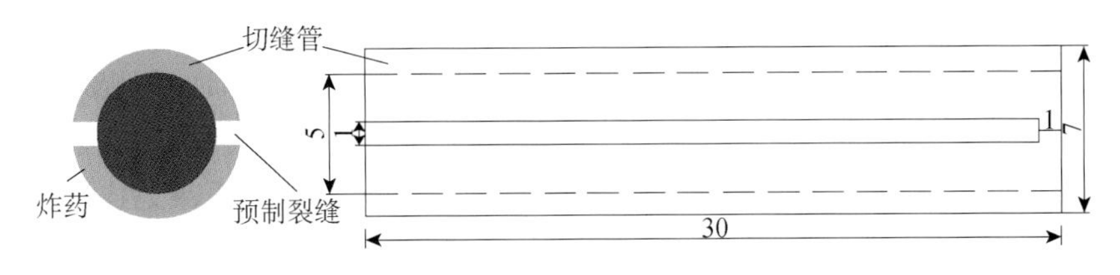

图 8.29　切缝药包结构设计（单位：mm）

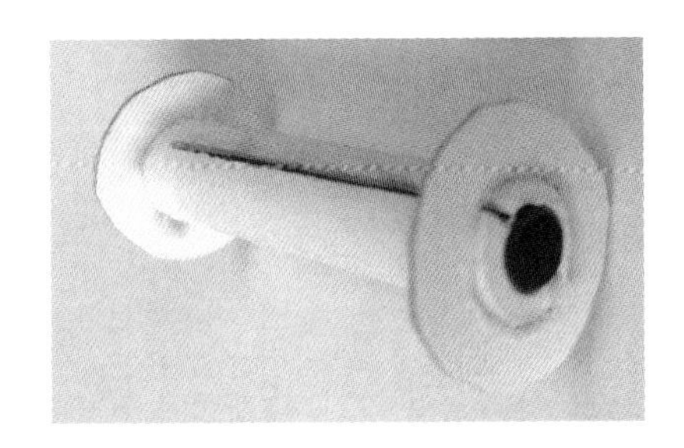

图 8.30　切缝药包实物图

试验过程如下：

1）有机玻璃的加工

首先，打设炮孔。将购买的有机玻璃放置在试验台上，连接其对角线，找到中心位置，用圆规分别画出不同直径的炮孔，采用带有支架的电钻进行打设炮孔，先用小钻头进行开孔，再用试验需要的钻头进行钻孔，炮孔直径分别为 8mm、10mm 和 12mm，炮孔深度为 5cm，钻孔完成后检查炮孔深度、角度是否满足要求，满足要求后采用吹风机将孔内玻璃屑吹出，再用棉花团将炮孔堵上，以免杂质进入炮孔内。然后，清洁试件。将有机玻璃放在试验台上，将覆盖在其表面上的塑料保护层掀去，再用酒精擦拭其表面，使其达到高速摄影试验的要求。

2）药包的加工

将加工好的切缝管底部用很薄的纸片粘贴上，保证炸药不会从管的底部流出。加工漆包线，使用圆规在底部纸片中心扎出一个小孔，以便于插入漆包线实现反向起爆，用很少的 502 胶水将漆包线固定，保证在管的中心位置，注意漆包线的入管长度一定要计算好，入管长度过短或过长都不利于电火花与炸药接触。将称好的 450 mg 叠氮化铅单质炸药装入 3cm 长的管内，使用小棉球将管口封堵一下，套上加工好的对中环，缓慢地放入孔内，再用少许棉花将对中环与孔壁接触处塞住，防止炮泥进入孔的正中心，然后用晒好的干细砂和 502 胶水混合堵塞炮孔。

药包一定要按照预先设计进行装药，即切缝方向和聚能方向沿 X 轴方向，非切缝方

向和非聚能方向沿 Y 轴方向，这是非常重要的工作。

药包堵塞一定要达到要求，防止冲炮现象发生，使炸药能量充分利用。

为了保证试验结果的准确性，每种试件至少试验 2 次，选取断裂效果较好的试件进行试验分析。

8.5.2　玻璃砖爆破裂纹扩展

根据上述试验方案，对切缝药包爆破裂纹扩展行为进行研究，采用数字高速摄影试验技术进行测量，通过对裂纹扩展形态的观察、裂纹扩展速度、加速度以及位移的比较，分析切缝药包的爆破作用，为切缝药包现场应用提供科学的依据。

裂纹的扩展形态是切缝药包爆破效果最直接的外在表现，之所以采用三维有机玻璃作为试验材料，就是想观察这种线性装药情况下裂纹的扩展情况，尤其想观察沿着药包轴向裂纹的扩展情况。以往采用二维有机玻璃作为试验材料的文献很多，作为规律性的研究二维有机玻璃材料是非常好的选择，但是却不能观察到线性装药情况下裂纹的扩展情况，同时为了后期现场技术应用能有科学依据，所以非常有必要观察在线性装药情况下爆生裂纹的扩展情况。图 8.31 所示为采用不同炮孔直径时药包的爆生裂纹扩展情况。图 8.32 所示为药包爆破时试件破碎效果。

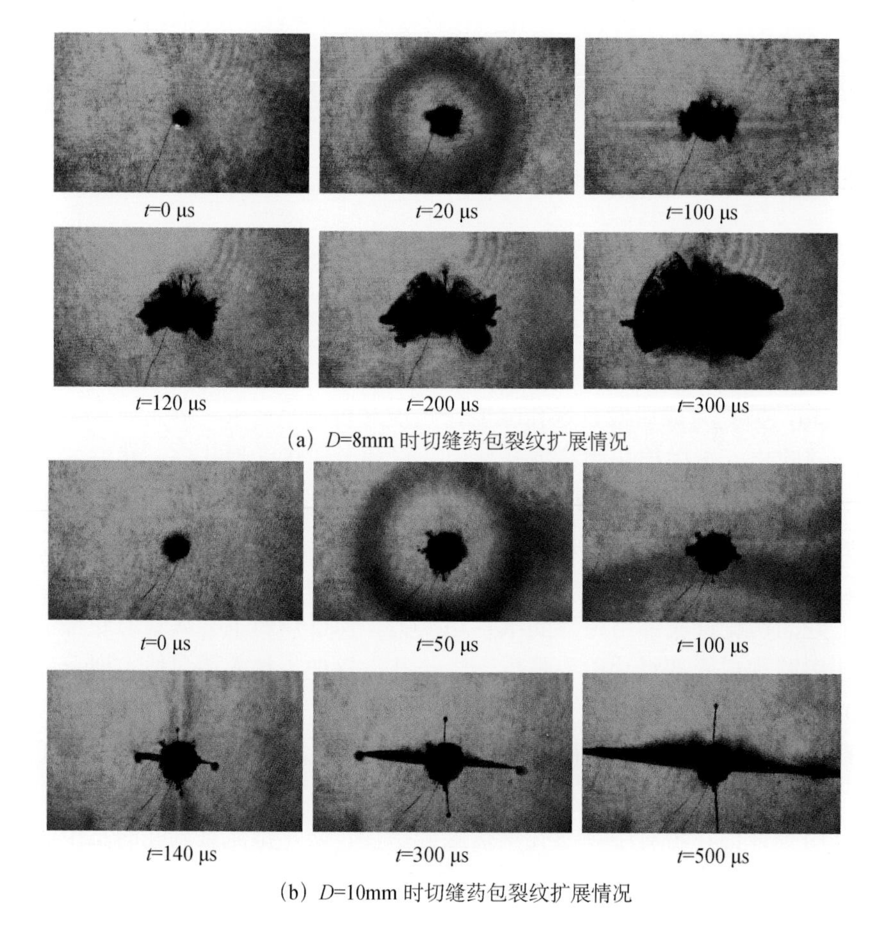

（a）D=8mm 时切缝药包裂纹扩展情况

（b）D=10mm 时切缝药包裂纹扩展情况

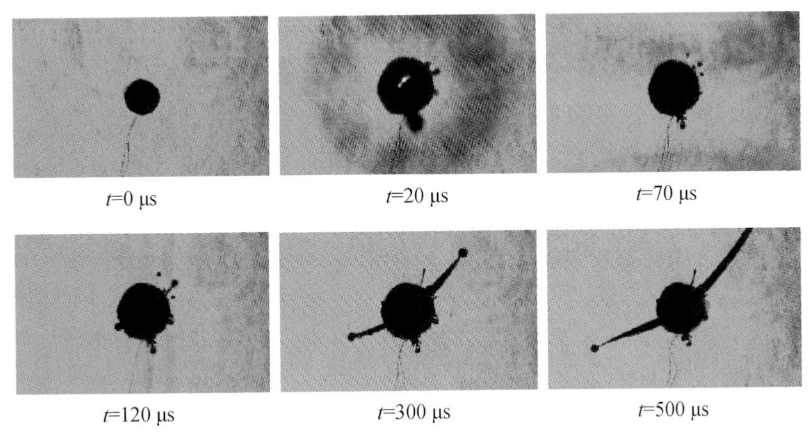

(c) D=12mm 时切缝药包裂纹扩展情况

图 8.31　不同炮孔直径 D 时切缝药包裂纹扩展情况

从图 8.31 可以看出，采用切缝药包爆破时，当炮孔直径为 8mm，即不耦合系数为 2 时，起爆 20μs 后爆腔形成，并且切缝方向裂纹长度已经大于其他方向裂纹长度；在 100μs 左右时，在切缝方向的两侧形成了“扇形”破碎区；在 200μs 时，“扇形”破碎区逐渐扩大；直至 300μs 时，“扇形”破碎区扩展趋于停止。当炮孔直径为 10mm，即不耦合系数为 2.5 时，起爆后约 50μs 爆腔形成；在 100μs 时，切缝方向裂纹已经产生，非切缝方向裂纹未见；在 140μs 时，切缝方向裂纹继续扩展，垂直切缝方向出现了两条对称裂纹；在 300μs 时，4 条裂纹继续扩展，但切缝方向裂纹扩展长度要大于非切缝方向裂纹扩展长度；在 500μs 时，切缝方向裂纹平直扩展，已经超出了高速摄像机的视区，其最终断裂效果是将 300mm×200mm×100mm 规格的有机玻璃从中间沿着切缝方向一分为二。当炮孔直径为 12mm，即不耦合系数为 3 时，在起爆 70μs 后，爆腔形成；在 120μs 时，沿着切缝方向上下 45°左右出现了两条对称裂纹；在 300μs 时，裂纹沿着最初的方向继续扩展，其他方向未出现裂纹；在 500μs 时，裂纹扩展趋于稳定，形成了犹如“翅膀”式的两条裂纹。

从裂纹扩展形态来看，切缝药包爆破时切缝方向裂纹的扩展长度远远大于非切缝方向，甚至只有在切缝方向上出现裂纹。从总体断裂效果图 8.32 来看，采用切缝药包爆破，当炮孔直径为 10mm 时，断裂效果最好，实现了 300mm×200mm×100mm 规格的有机玻璃从中间沿着切缝方向一分为二。对比不同炮孔直径时的裂纹效果，从 8mm 时的“扇形”破碎区到 10mm 时的 4 条裂纹，再到 12mm 时的两条“翅膀”式裂纹可以看出，切缝方向作用明显，且随着炮孔直径的增加，即不耦合系数的增加，炮孔周围的破碎区逐渐减少，爆生裂纹的数量逐渐减少，爆生气体的作用时间逐渐增加。

分析原因如下：切缝药包爆破时，在非切缝方向，由于爆轰波首先作用于切缝管的内壁，切缝管的密度大于爆轰波阵面上爆轰产物的密度，同时切缝管的压缩性小于爆轰产物的压缩性，所以爆轰波传至切缝管内壁后会发生反射现象，产生反射冲击波，进而使能量进一步向切缝方向集中，增强了切缝方向的破坏作用，同时管壁的存在阻碍了气体的“渗透”和“楔入”作用，达到了保护孔壁的目的。而在切缝方向，炸药爆炸产生缝管的能量汇聚作用，使得切缝方向上的孔壁直接受到高能量密度气体的冲击，进一步增强了作用在孔壁上的压力值，使切缝方向和非切缝方向的压力差进一步增加，所以切缝方向将优先产生裂隙，之后在爆生气体的作用下，初始裂隙得到了驱动扩展。但只有孔径合适时，才会使得这种气体流的强度达到最大，效果最佳，不耦合系数过小，使得孔壁周围裂隙较多，过大则会影响裂纹扩展角度。同时，随着孔径的增加，药卷和炮孔之间的气体增多，这将起到一个很好的缓冲作用，整体上相当于降低了爆炸应力波的作用，延长了爆生气体的作用时间，爆生气体的准静态作用将进一步增强。正是这些综合因素才导致了上述试验现象的发生。

图 8.32　切缝药包爆破效果图

进一步分析发现，采用切缝药包爆破，在预定方向上聚能效应明显，能够产生较长的裂纹，而保留孔壁方向，爆轰产物并非直接作用在被爆介质上，在正对着炸药外壳的位置，爆轰产物首先作用在炸药外壳上，然后会发生发射折射等现象，所以作用在此处的爆轰压力已经有所降低，围岩裂隙生成较少。但是试验中还发现，在药包外壳两端的位置，被爆介质出现了若干微裂隙，这说明爆轰产物在药包外壳两端直接产生了作用，因为没有了药包外壳的防护，所以药包两个端部的被爆介质受损程度要稍大于药包外壳直接保护的位置的受损程度。

8.5.3　裂纹速度、加速度及角度

1. 切缝药包爆生裂纹速度分析

根据试验结果可以得到不同炮孔直径下爆生裂纹的扩展速度随时间的变化曲线，如图 8.33 所示，分析时将切缝方向和聚能方向的裂纹称为主裂纹，非切缝方向和非聚能方向的裂纹称为次裂纹，当未出现次裂纹时，只分析主裂纹的扩展速度。

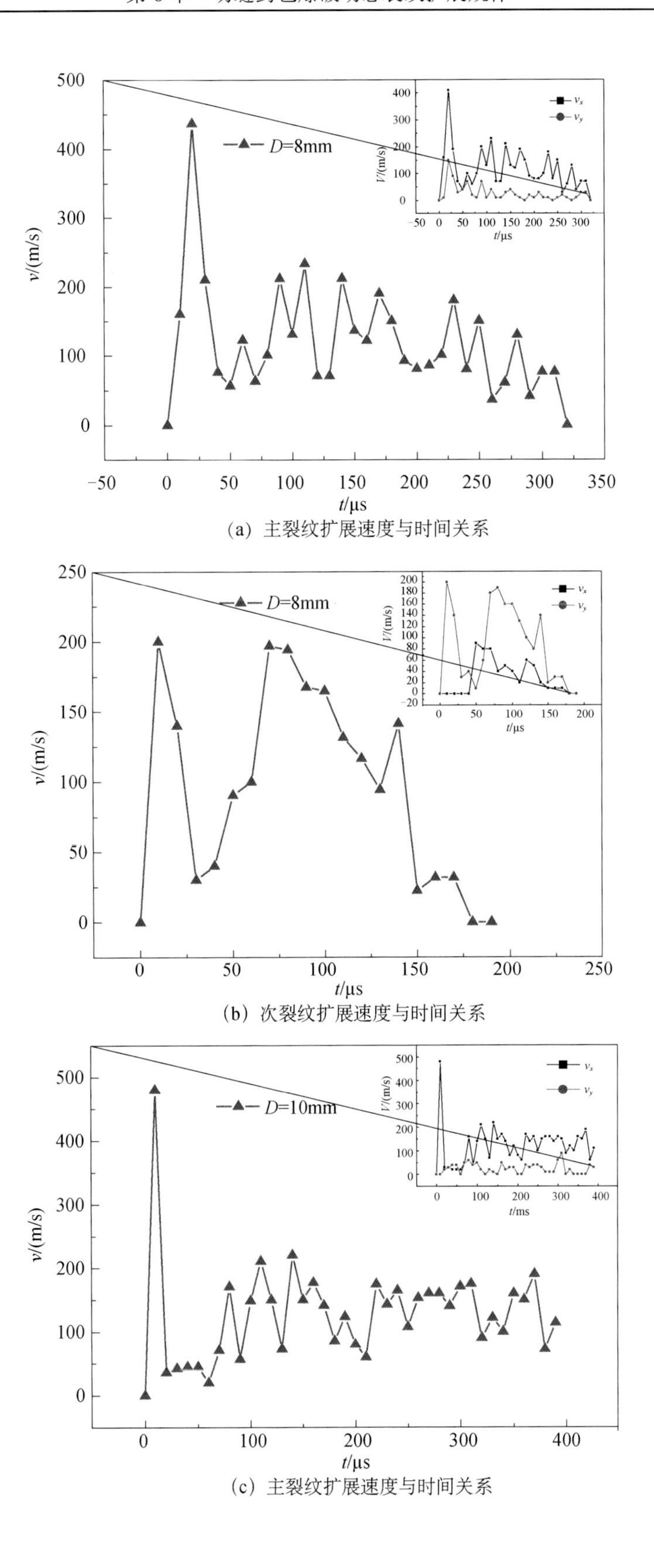

(a) 主裂纹扩展速度与时间关系

(b) 次裂纹扩展速度与时间关系

(c) 主裂纹扩展速度与时间关系

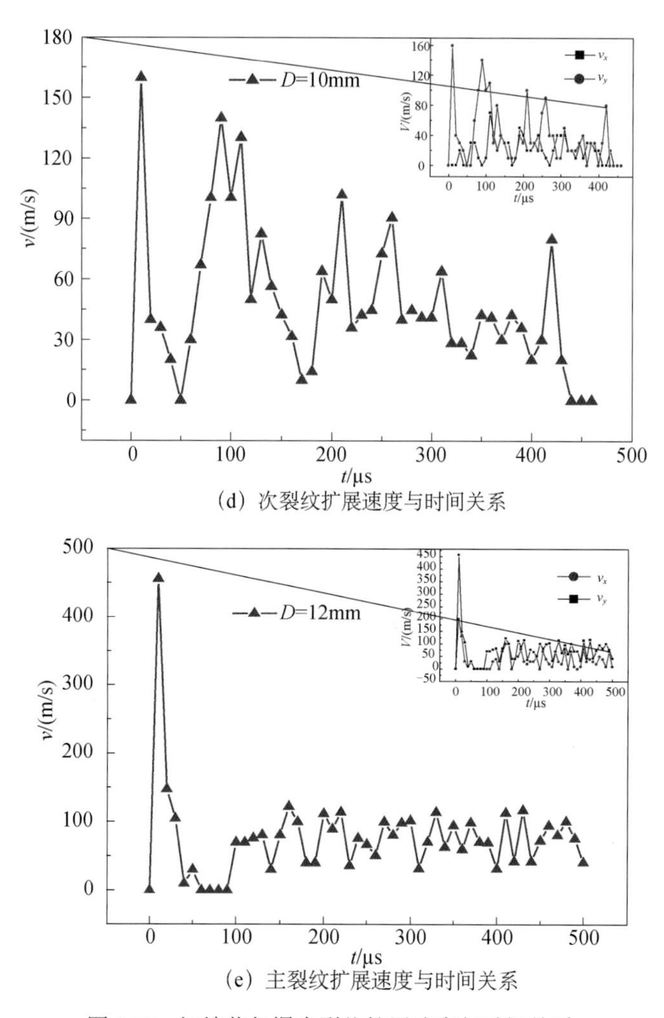

(d) 次裂纹扩展速度与时间关系

(e) 主裂纹扩展速度与时间关系

图 8.33　切缝药包爆生裂纹扩展速度与时间关系

由图 8.33 可以看出，炸药起爆后裂纹开始扩展，在爆炸初期裂纹扩展速度迅速达到峰值，后迅速减小，大约在 t=100μs 时，扩展速度再次增加，之后呈振荡减小，直至止裂。分析原因如下：前面已经介绍了切缝药包在其预定方向都具有能量汇聚作用，所以根据极限应力理论，切缝方向或者聚能方向的孔壁由于能量的优先释放和能量汇聚作用将会产生应力集中，局部的应力将比介质的平均应力高出很多，在局部应力超过岩石的极限强度后，就造成切缝方向或者聚能方向孔壁的优先破坏，后期在爆生气体的准静态作用下，裂缝得到进一步发展。所以会出现刚开始裂纹扩展速度最大的现象。

关于裂纹扩展速度振荡变化的现象，目前文献解释不多。本章尝试着进行解释，根据能量理论，初始裂纹的产生以及扩展将伴随着能量的重新分配。当裂纹尖端的动态能量释放率大于或等于临近能量释放率时，裂纹将扩展速度增加。由于一部分能量要消耗在形成新的自由面上，所以能量释放率会有所降低，裂纹扩展速度降低，但后续爆生气体压力的继续加载，使得尖端动态能量释放率增大，扩展速度又再次增加，因此就出现了振荡式变化。在后期爆生气体作用减弱后，扩展速度的振荡效应减弱，趋于平缓直至降为零。

2. 切缝药包爆生裂纹加速度分析

为了进一步分析，对上述速度曲线对时间进行求导，将得到裂纹扩展的加速度曲线，如图 8.34 所示。

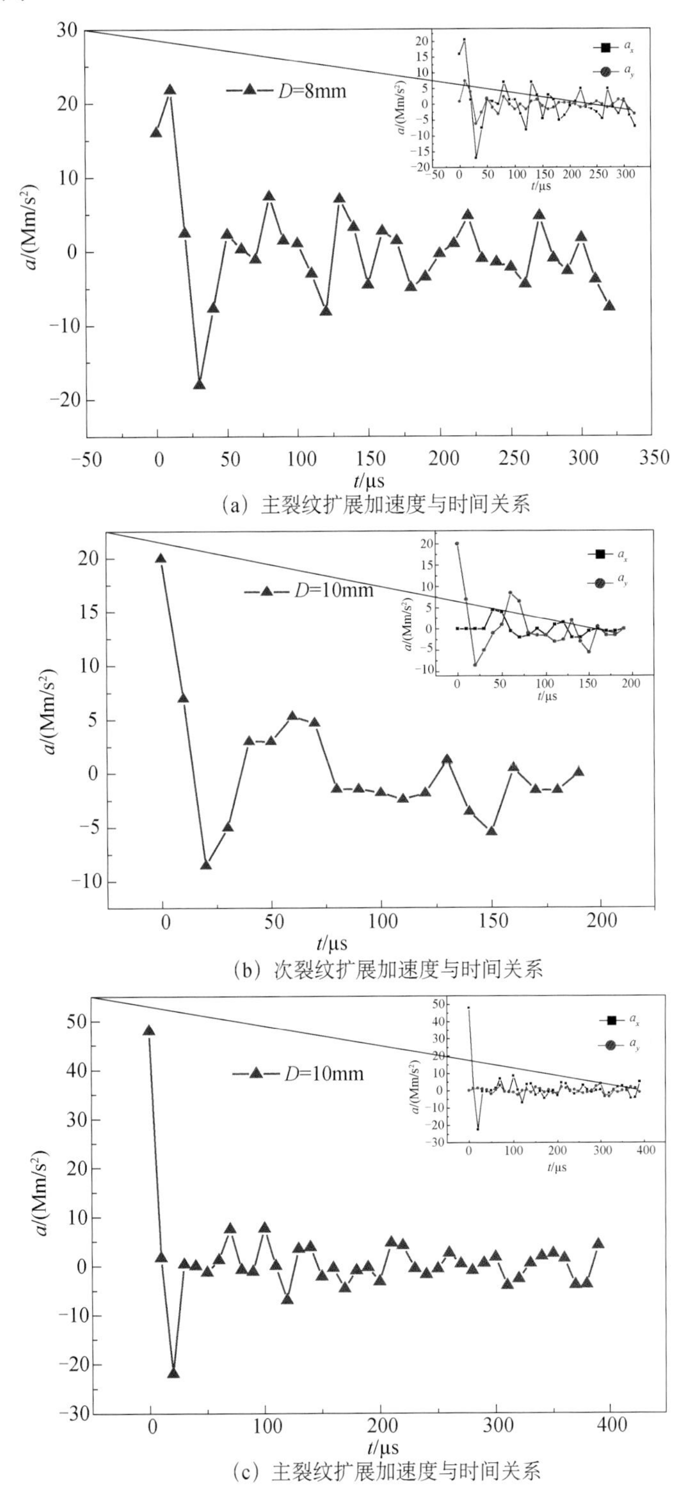

(a) 主裂纹扩展加速度与时间关系

(b) 次裂纹扩展加速度与时间关系

(c) 主裂纹扩展加速度与时间关系

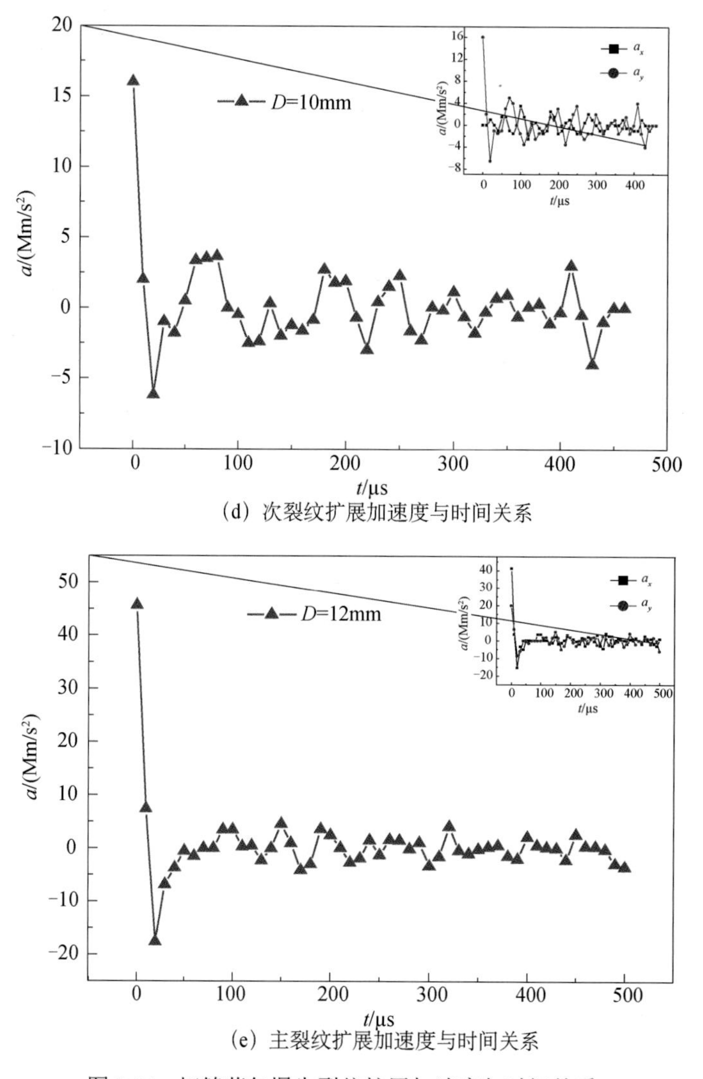

（d）次裂纹扩展加速度与时间关系

（e）主裂纹扩展加速度与时间关系

图 8.34　切缝药包爆生裂纹扩展加速度与时间关系

从图 8.34 可以看出，裂纹扩展过程中，加速度呈波浪起伏式的涨落变化，整个过程中，都伴随着裂纹扩展的加速和减速变化。炸药起爆后将产生强烈冲击波，冲击波迅速衰减为应力波，试件孔壁上的应变能迅速积聚，达到裂纹扩展所需要的能量时，裂纹开始扩展，加速度即产生，加速度代表了驱动力的变化，加速度越大，代表驱动力越大，而裂纹在此驱动力下将继续扩展，直至最后加速度为零时，裂纹停止扩展。

3. 切缝药包爆生裂纹长度分析

爆生裂纹长度的分析将对切缝药包现场应用提供科学依据，因此根据上述试验结果，得到了切缝药包爆破下爆生裂纹长度与时间的关系曲线，如图 8.35 所示。

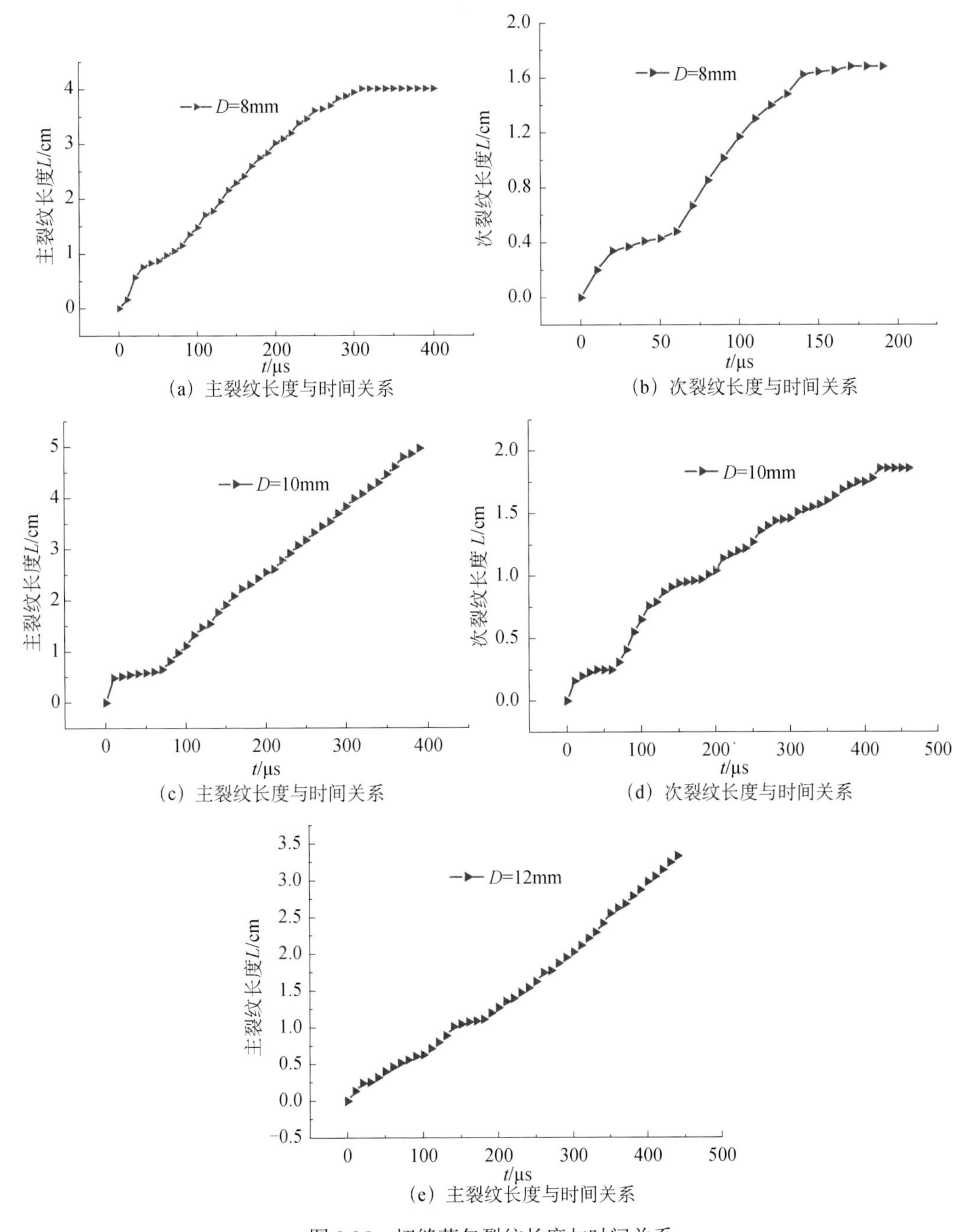

（a）主裂纹长度与时间关系

（b）次裂纹长度与时间关系

（c）主裂纹长度与时间关系

（d）次裂纹长度与时间关系

（e）主裂纹长度与时间关系

图 8.35　切缝药包裂纹长度与时间关系

从图 8.35 可以看出，裂纹长度随时间变化呈非线性增加，爆炸初期裂纹长度增加较快，在起爆 80～100μs 时，出现了第二次快速增长。

4. 切缝药包爆生裂纹开裂角度分析

切缝药包爆破是定向断裂控制爆破的两种形式，在研究过程中关注裂纹扩展长度的同时，还必须考虑裂纹扩展的角度，如裂纹能否按照预定方向定向扩展，或偏离预定方向多少角度等，这也是决定能否实现定向断裂的关键因素所在。因此，为了研究切缝药包爆生裂纹开裂角度，根据上述试验结果求得裂纹开裂方向与时间关系，如图 8.36 所示。

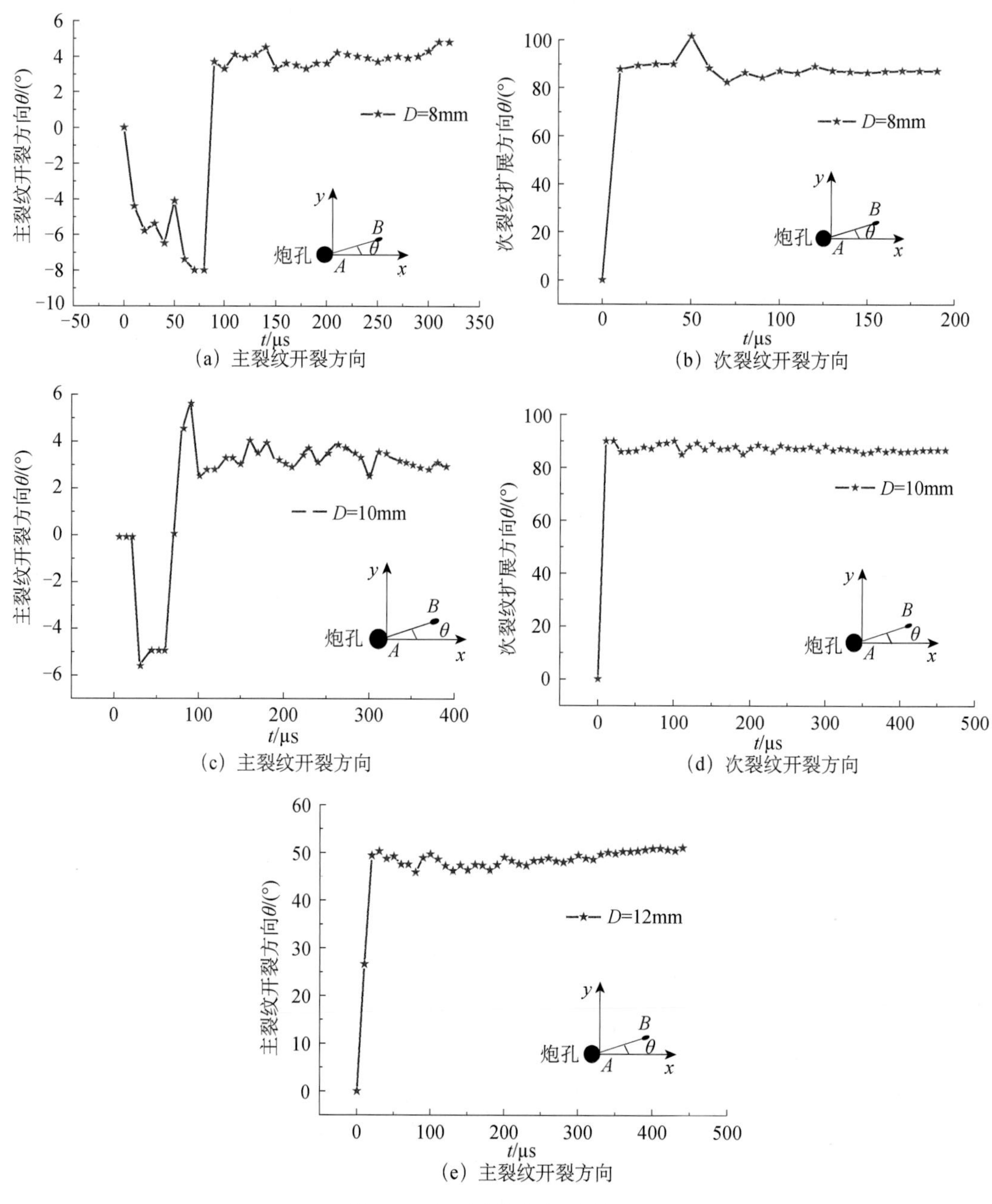

图 8.36　切缝药包裂纹开裂方向

从图 8.36 可以看出，在切缝药包爆破，炮孔直径为 8mm 时，主裂纹大致沿着水平方向即切缝方向扩展，偏离约±6°，次裂纹大致在垂直切缝方向开裂。直径为 10mm 时，主裂纹大致沿着水平方向即切缝方向扩展，偏离约±5°，裂纹大致在垂直切缝方向开裂。当炮孔直径为 12mm 时，裂纹扩展大致沿着偏离水平方向约±50°扩展。

通过分析裂纹扩展形态、扩展长度、扩展速度和角度等参量，可以看出，采用硬质 PVC 套管作为炸药外壳的切缝药包，能够实现三维有机玻璃的定向断裂，并且在围岩保护方向抑制裂纹的产生。图 8.37 所示为切缝药包爆生裂纹分布情况。可以看出，当不耦合系数过小时，主裂纹虽沿着预定方向产生，但长度较短，次裂纹较多；当不耦合系数过大时，主裂纹长度虽然有所增加，但方向很难控制；只有当不耦合系数适当时，主裂纹才能沿着预定开裂方向发展，且长度较大，在围岩保护方向次裂纹较少。因此，采用硬质 PVC 套管作为炸药外壳的切缝药包，只有当不耦合系数合适时，才能实现被爆介质的定向破坏，同时减少其他方向裂纹的产生。

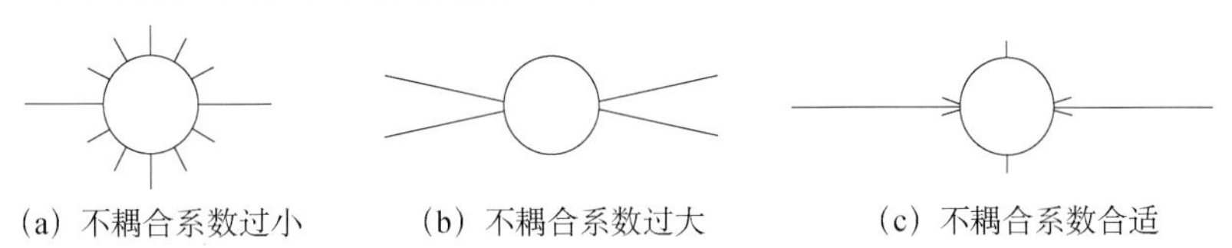

(a) 不耦合系数过小　(b) 不耦合系数过大　(c) 不耦合系数合适

图 8.37　切缝药包裂纹分布示意图

对于切缝药包爆破，切缝套管的作用使得切缝方向的孔壁直接受到爆炸冲击波的作用，产生预裂隙，之后爆生气体的准静态作用使得形成的预裂隙优先发展，并且吸收了非切缝方向释放的能量。如果不耦合系数过小，则动作用对围岩的作用范围增加，这将导致粉碎区增加，炮孔周围裂隙较多。如果不耦合系数过大，这将导致主裂纹的扩展方向发生偏离。因此，只有当不耦合系数合适时，才能实现被爆介质定向断裂，避免次裂纹增多以及主裂纹扩展方向偏离，而切缝药包爆破巧妙地利用了炸药爆炸的动作用和静作用，在能量利用上更趋合理。

第 9 章 切缝药包掏槽爆破

掏槽爆破中的主要问题有两个：一是自由面单一，爆破条件困难。巷道掘进爆破大多是在单自由面下进行爆破，岩石在破碎过程中体积膨胀，单一自由面无法提供充足的膨胀空间是造成掏槽效果较差的主要原因。二是地应力的增大，导致岩体的夹制作用增大。随着我国浅层煤炭资源开采殆尽，矿山开采向深层地下发展已经成为必然趋势，由于开采深度增加，上部岩体的自重产生的高地应力使得在掏槽爆破中岩石块体之间的夹制作用显著增大。这是对掏槽爆破的另一个不利因素。

本章将对切缝药包装药双孔同时起爆下，应力波的传播规律进行数值研究，并分别对矩形和三角形切缝药包掏槽爆破进行数值模拟，在此基础上进行现场试验。

9.1 切缝药包掏槽爆破理念

图 9.1 所示为典型的掘进断面炮孔布置图，中心矩形框范围内 1～10 炮孔为掏槽孔，其中 1～4 炮孔采用切缝药包，5～10 炮孔采用普通药包。切缝药包的切缝方向平行于矩形的四条边，在起爆时间上，1～4 炮孔采用一段雷管起爆，5～10 炮孔采用二段雷管起爆[136]。

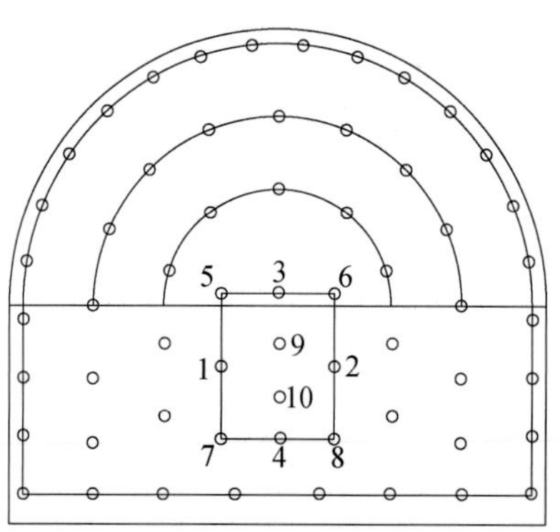

图 9.1 切缝药包掏槽爆破示意图

由于切缝药包有着极强的定向切缝作用，在 1～4 炮孔爆炸后，首先沿着矩形四边将槽腔范围内岩体与周围岩体切分开来，这样槽腔内部岩体就形成了孤立的岩心，为后续掏槽眼提供了自由面。5～10 炮孔采用大孔径药包，在切缝形成后随即起爆，将槽腔范围内岩体充分破碎并且抛掷出槽腔。切缝药包掏槽爆破可以归纳为“先切后掏”的爆破思想，首先利用切缝药包将槽腔同周围岩体切割开来，消除围岩的夹制作用，同时提供爆破自由面；其后采用大直径药包，将孤立岩心充分破碎，抛掷出槽腔。

9.2　双炮孔切缝药包爆破数值模拟

9.2.1　有限元模型

首先对切缝药包装药条件下，双炮孔（图 9.2）同时起爆的应力场分布进行研究。有限元模型长 1m，宽 0.5m，炮孔间距为 30cm。炮孔直径 40mm，切缝管直径 32mm，管壁厚度为 2mm，切缝宽度为 4mm，药包直径 28mm。被爆炸物为岩石材料，切缝管采用硬质 PVC 管，炸药采用三级水胶炸药。

图 9.2　双炮孔模型

在数值计算中，岩石采用 JHC 模型，JHC 模型适合在大应变、高应变和高压力条件下使用，岩石的等效强度与压力、应变率和损伤有关，其本构关系可描述为

$$\sigma^* = [A(1-D) + B(p^{*N})](1 - c\ln\dot{\varepsilon}^*) \tag{9.1}$$

式中，$\sigma^* = \sigma/f_c$ 为实际等效应力与静态屈服强度之比；D 为岩石的损伤参数；$p^* = p/f_c$ 为无量纲压力；$\dot{\varepsilon}^* = \dot{\varepsilon}/\dot{\varepsilon}_0$ 为无量纲应变率；A 为法向黏性系数；B 为法向压力硬化系数；c 为应变率系数。

模型累积损伤通过等效塑性应变和塑性体积应变描述为

$$D = \sum \frac{\Delta\varepsilon_p + \Delta\mu_p}{D_1(p^* + T^*)^{D_2}} \tag{9.2}$$

模型中采用 MAT_HIGH_EXPLOSIVE_BURN，结合 JWL 状态方程，来模拟炸药爆炸过程中的压力与体积的关系。

$$P = A\left(1 - \frac{\omega\eta}{R_1}\right)e^{\frac{R_1}{\eta}} + B\left(1 - \frac{\omega\eta}{R_2}\right)e^{\frac{R_1}{\eta}} + \omega\rho e \tag{9.3}$$

式中，A、B、R_1、R_2、ω 为试验拟合参数；e 为比内能；$\eta = \rho/\rho_0$，ρ_0 为初始密度。

算法上采用 ALE 算法，单元算法上采用单点多物质单元算法（算法 11）。岩石和炸药材料参数如表 9.1 和表 9.2 所示。

表 9.1　岩石材料物理力学参数

密度/（kg/m³）	剪切模量/GPa	泊松比	A	B	C	N
2900	15	0.23	0.79	1.6	0.007	0.61

表 9.2　炸药材料物理力学参数

密度/（kg/m^3）	爆速/（m/s）	P_{CJ}/GPa	A/GPa	B/GPa	R_1	R_2	ω
1100	3800	10.5	220	0.2	4.5	1.1	0.35

9.2.2　应力波传播过程

图 9.3 所示为切缝管装药时，双炮孔同时起爆后有效应力的传播过程。在 26μs 时刻，可以发现沿切缝管切缝方向，有效应力得到了优先发展。在 39μs 时刻，两个炮孔爆炸产生的应力场开始形成叠加，此时切缝方向炮孔处的有效应力出现明显的三角形集中现象，这表明此刻切缝处炮孔侧壁已经形成了初始裂纹。在 47μs 时刻，两列应力波叠加完全，在炮孔连线中心处有效应力达到最大，初始裂纹在炮孔间实现贯通。随后两列应力波沿各自的传播方向继续传播，在 64μs 时刻，应力波传播至短边边界，由于模型中采用了非反射边界，应力波在传播至短边后，应力波被完全吸收。最后，在 90μs 时刻，应力波传播至长边边界，至此计算过程结束。

11μs

压力等值线/Pa
3.36×10^8
3.02×10^8
2.68×10^8
2.35×10^8
2.01×10^8
1.68×10^8
1.34×10^8
1.00×10^8
6.72×10^7
3.36×10^7
2.00×10^1

15μs

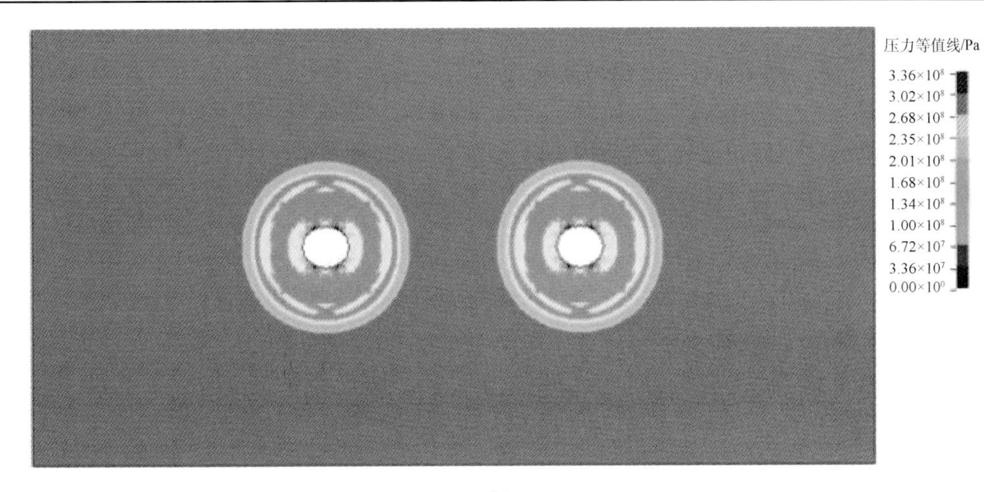

26μs

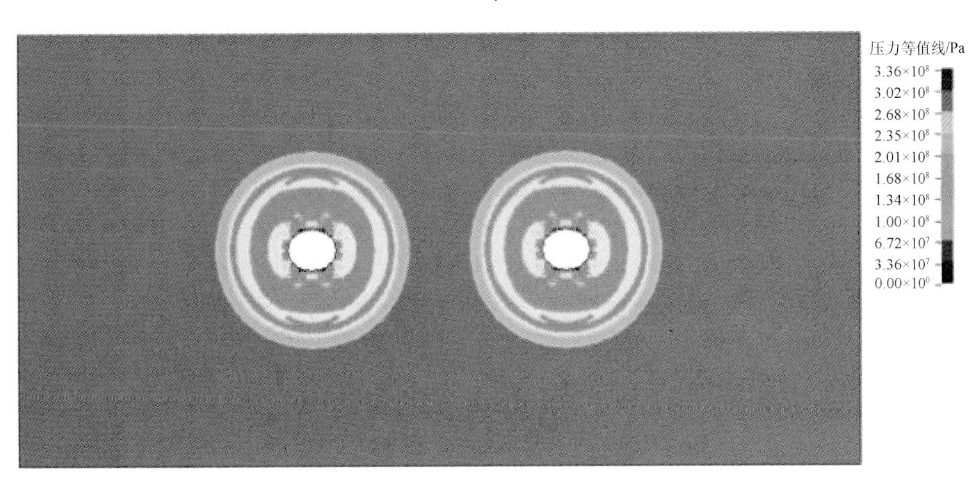

30μs

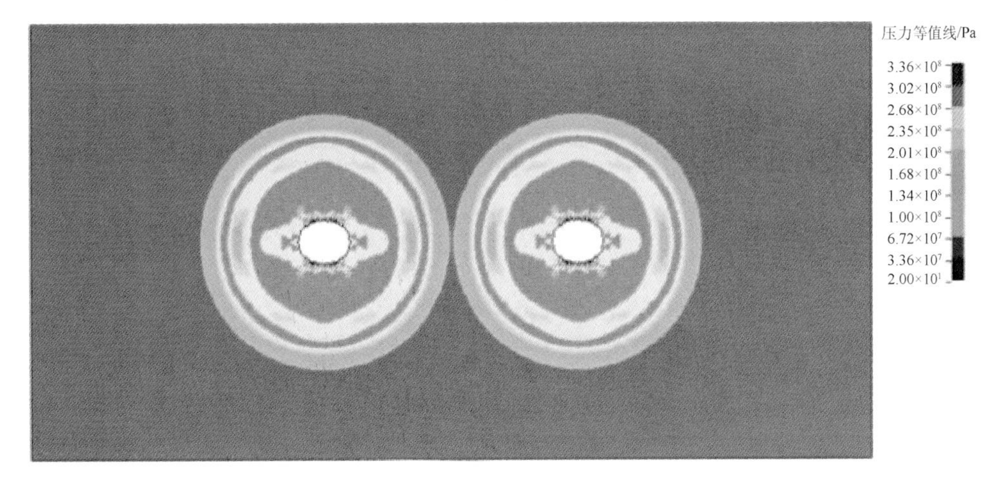

39μs

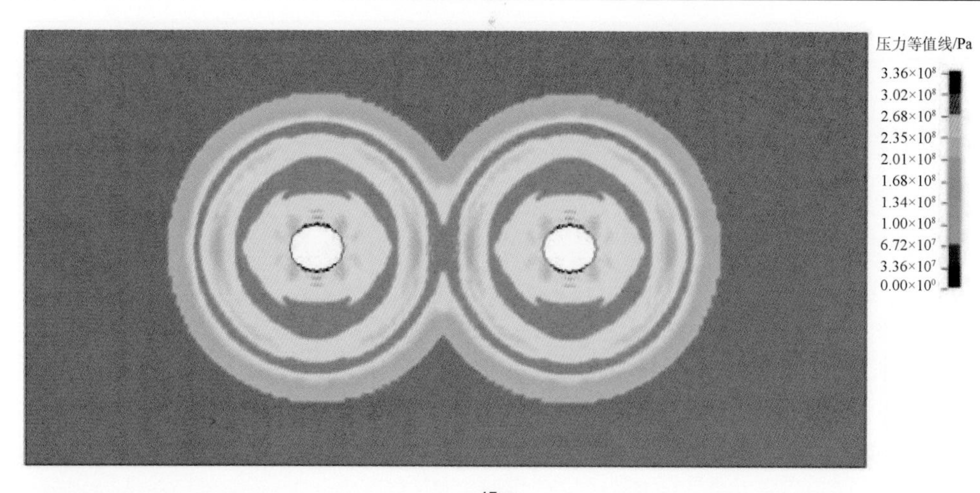

47μs

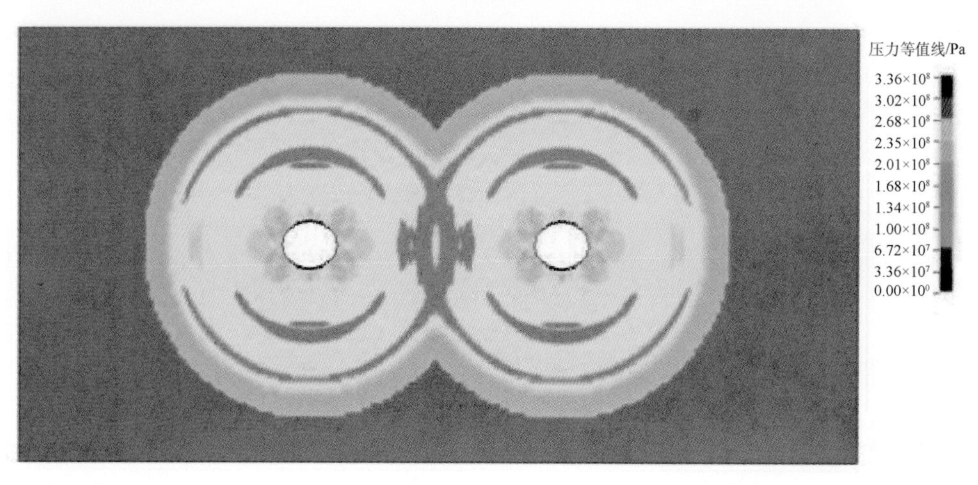

52μs

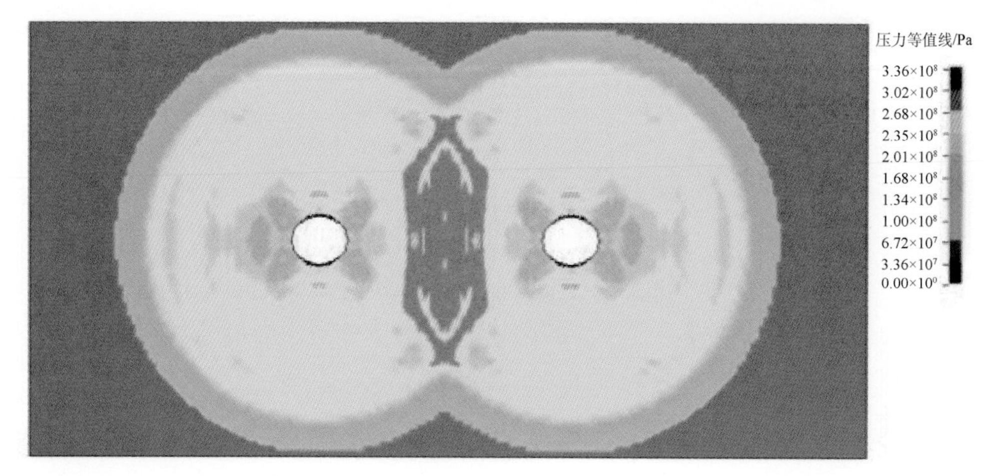

64μs

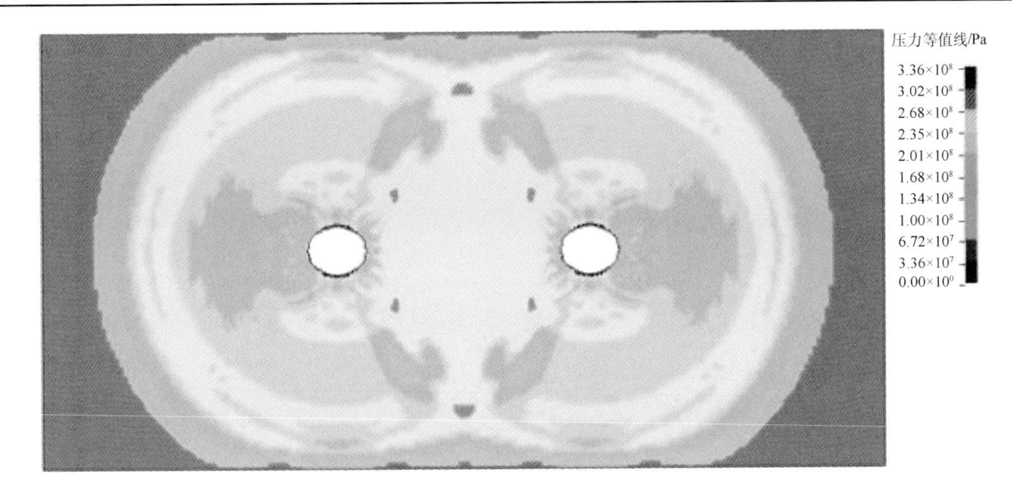

75μs

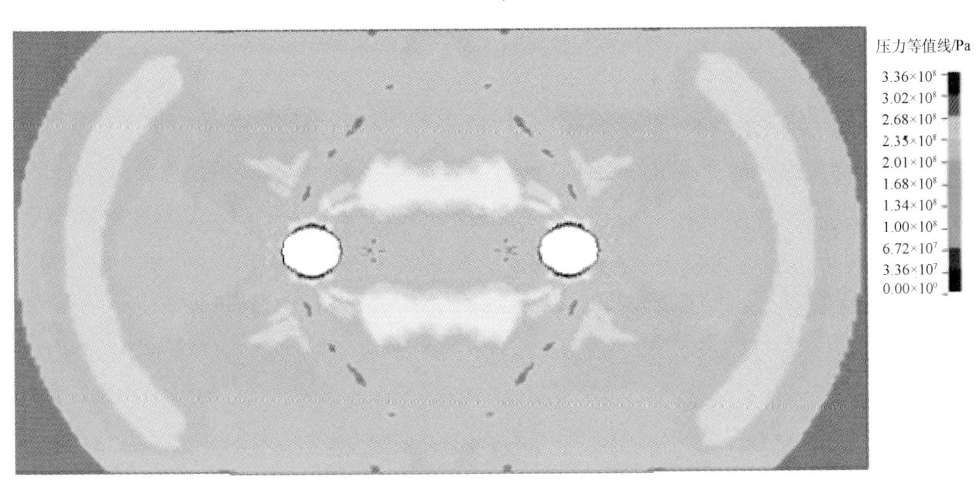

90μs

图 9.3　不同时刻的 Von Mises 应力

数值模拟结果表明，采用切缝药包进行双炮孔同时起爆时，沿切缝方向，应力波得到了优先传播，因此造成了炮孔切缝处初始裂纹的产生。随着两列应力波的相向传播，在炮孔中心处，应力值达到最大，炮孔中线连线处的初始裂纹实现贯穿。从应力波传播叠加的角度对裂纹的形成进行分析，结果说明采用孔径 40mm、切缝管直径 32mm、药包直径 28mm、在孔距 30cm 时，可以实现炮孔间裂纹的贯穿，数值模拟结果为切缝管定向断裂在掏槽中的应用提供了理论依据。

9.2.3　切缝方向 *X* 应力

如图 9.4 所示，沿切缝方向，在炮孔周围布置 4 个测点，分别为 A、B、C 和 D，测点间的距离相等，且 D 测点位于炮孔连线的中心处。

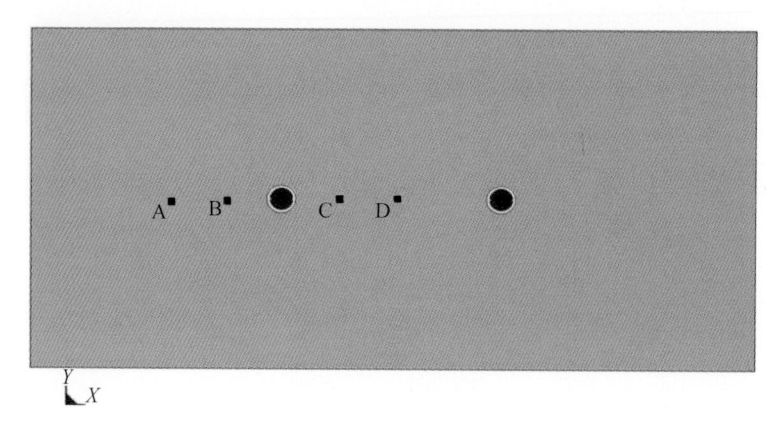

图 9.4　测点布置

提取各个测点的 X 向（沿切缝方向）有效应力，如图 9.5 所示。模拟发现，A 测点 X 向应力最小，为 0.5GPa，B 和 C 测点的应力值相当，为 1.15～1.2GPa，D 测点的应力峰值次之，为 0.93GPa。对模拟结果进行分析，炮孔近区测点的应力主要由炮孔的装药量决定，在距离炮孔等距离的 B 和 C 两个测点，C 测点的应力值略大于 B 测点，是由于右侧炮孔爆炸产生的左传应力波在 C 点发生了叠加，并且左传应力波传播至 C 测点时已经发生了严重的衰减，因此 C 测点的应力值略大于 B 测点。同时由 A 测点和 D 测点的应力值比较发现，D 测点的应力值约为 A 测点的两倍，达到 0.93GPa，说明两个炮孔爆炸各自产生的应力波在 D 测点形成的叠加作用十分显著。对测点的 X 向应力的分析结果表明，采用切缝管装药双炮孔同时起爆，对沿切缝方向形成贯穿裂纹是有利的。

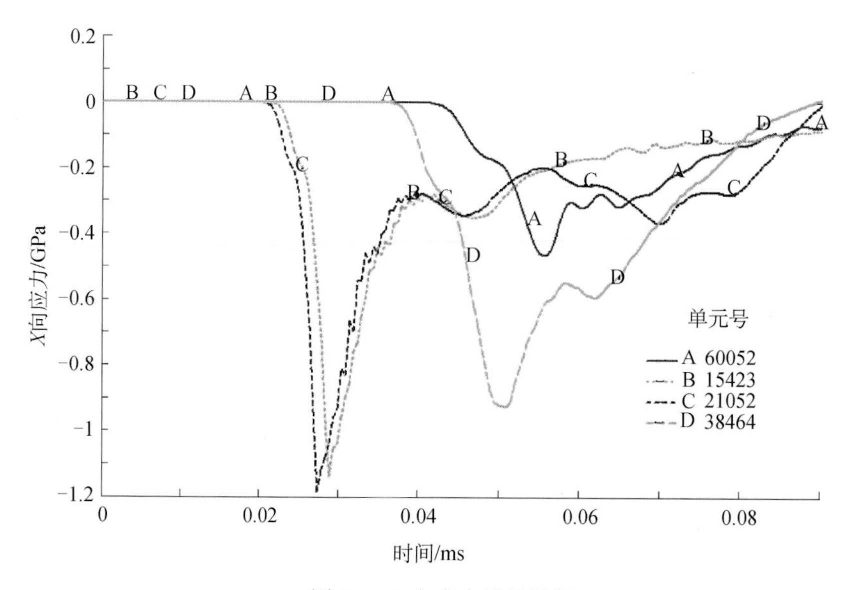

图 9.5　X 向应力模拟结果

9.3　切缝药包矩形掏槽爆破模拟

9.3.1　有限元模型

切缝药包矩形掏槽爆破有限元模型如图 9.6 所示。模型长 2m，宽 2m，厚度设置为一个单元。模型中共设置了 12 个掏槽孔，分为 4 排 3 列。根据上节中双炮孔同时起爆模拟结果，在这里排间距为 0.3m，列间距为 0.4m。12 个掏槽孔共设置了 6 个切缝药包装药炮孔，切缝方向与矩形框各边平行。炮孔直径 40mm，切缝管直径 32mm，管壁厚度 2mm，切缝宽度 4mm，药包直径 28mm。被爆炸物为岩石材料，切缝管采用硬质 PVC 管，炸药采用三级水胶炸药。在数值计算中，岩石采用 JHC 模型，模型中采用 MAT_HIGH_EXPLOSIVE_BURN，结合 JWL 状态方程，来模拟炸药爆炸过程中的压力与体积的关系。数值计算中采用的材料模型参数见表 9.1 和表 9.2。

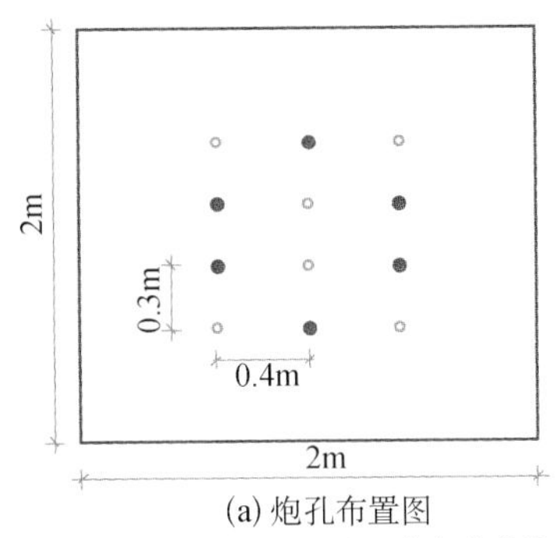

(a) 炮孔布置图

●切缝药包装药炮孔；○普通药包装药炮孔

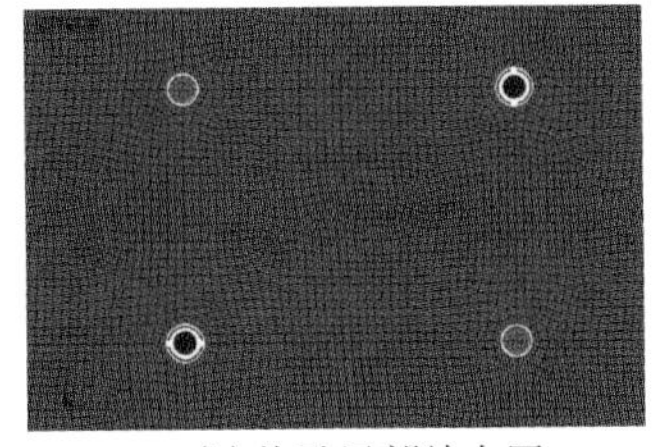

(b) 炮孔局部放大图

图 9.6　切缝药包矩形掏槽爆破模型

切缝药包炮孔与普通装药炮孔的起爆时间间隔主要由切缝形成所需的时间决定，即普通装药炮孔的起爆时间间隔要大于炮孔间裂纹形成时间。模拟研究应力波的传播规律，发现应力波由炮孔底部传播至自由面发生反射所需的时间应该在 1ms 左右，这里假设反射应力波反射回炮孔底部所需的时间仍为 1ms，此时炮孔顶部岩石破碎，切缝药包装药的炮孔间形成贯穿的裂纹。因此在这里，普通炮孔与切缝药包装药炮孔的时间间隔可以取为 2ms。

9.3.2　应力波传播过程

采用切缝管矩形掏槽的模拟结果如图 9.7 所示。在矩形掏槽外圈矩形框内采用切缝药包装药的炮孔首先起爆，如图 9.7 中 26μs 时刻。之后在 36μs 时刻，炮孔中心左右两

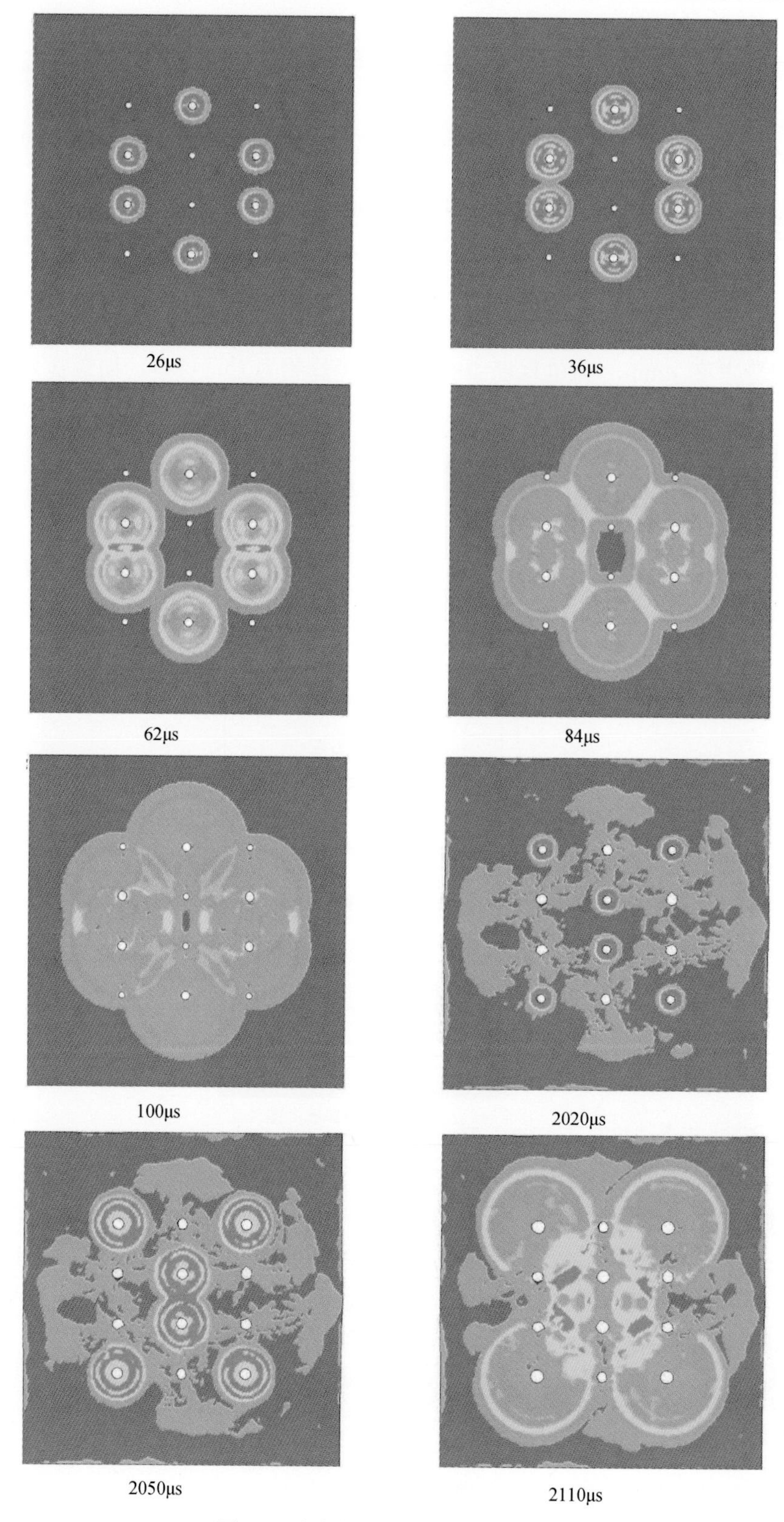

图 9.7　应力传播过程模拟结果

侧的炮孔发生应力叠加现象，之后在 62μs 时刻，上、下两个炮孔与左、右两列炮孔发生叠加。之后在 84μs 时刻，炮孔的有效应力传播至沿矩形四个角及矩形中心布置的 2 个炮孔。在 2ms 后矩形四个角及中心的两个炮孔起爆，起爆瞬间的有效应力分布如图中 2020μs 时刻。在 2050μs 时刻，中心两个炮孔的有效应力叠加，随后在 2110μs 时刻，四角炮孔产生的有效应力与两个中心孔产生的有效应力叠加。

数值模拟再现了采用切缝药包掏槽爆破的细观过程。由模拟结果发现，采用切缝药包掏槽爆破，在炮孔中心左、右两侧首先形成裂纹，随着应力波的进一步传播，在炮孔中心处的岩心被分割开来，消除了围岩的夹制作用，并且为后续爆破提供了自由面。随后普通装药炮孔内炸药的爆炸，起到了充分破碎岩体的作用。

9.3.3　切缝连线处有效应力

如图 9.8 所示，在切缝方向炮孔连线的中心布置 3 个测点：A、B 和 C，并提取测点的有效应力。结果发现，测点 A、B 和 C 的有效应力曲线均出现两个波峰。第一个波峰出现在 0.05ms 左右，测点 A、B 和 C 的有效应力峰值分别为 211MPa、273MPa 和 335MPa；第二个波峰出现在 2.1ms 左右，测点 A、B 和 C 的有效应力峰值分别为 227MPa、336MPa 和 90MPa。

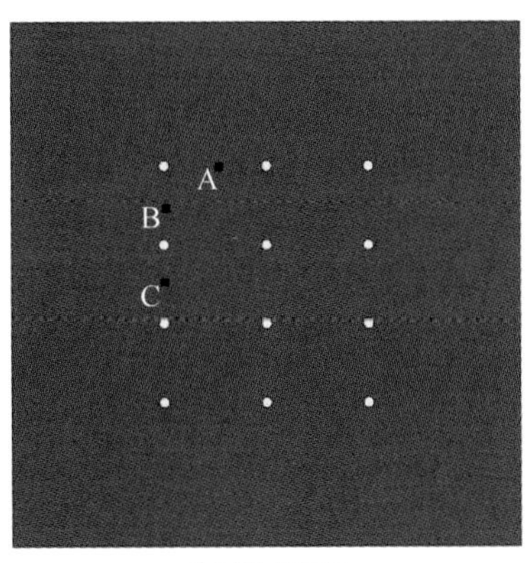

(a) 测点布置

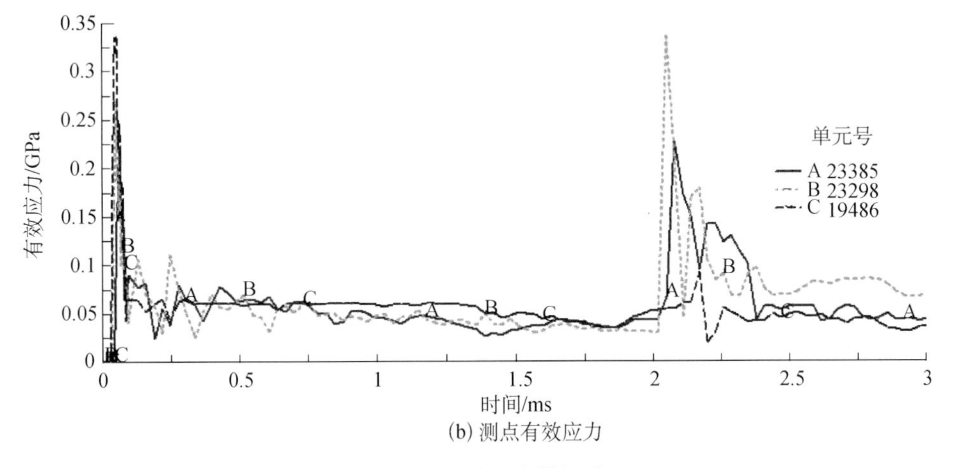

(b) 测点有效应力

图 9.8　有效应力模拟结果

对数值模拟结果进行分析，测点 A、B 和 C 的应力曲线出现两个峰值点，是由切缝药包装药炮孔和普通掏槽孔采用间隔起爆引起的。第一个应力峰值点为切缝药包装药炮孔爆破时产生的；第二个峰值点是由普通装药药包爆破产生的。由于测点 A 距离切缝药包炮孔较远，因此在第一个应力峰值处 A 测点的有效应力最低；C 测点，由于上、下两个炮孔在该处发生了应力波叠加，因此 C 测点的有效应力最大。对于第二次应力峰值点，由于 B 测点距离左上角炮孔最近，因此 B 测点的有效应力最大，A 测点次之，在 C 测点处，第二次起爆的炮孔爆破产生的应力波传播至 C 测点时，大部分已经消耗，因此在第二次起爆后，C 测点的应力值增长最小。

模拟结果表明，切缝药包爆破后，在炮孔连线中心可以形成较高的有效应力，对炮孔之间裂纹的贯穿是有利的。2ms 后，普通装药炮孔起爆，此时炮孔周围的有效应力尚存在残余应力，残余应力值在 50MPa 左右，二次起爆后形成的应力波与残余应力波进行了叠加，起到了二次破碎的作用。

9.3.4　裂纹形成过程

图 9.9 所示为切缝药包装药炮孔爆破后，有效应力的等值线分布结果。可以利用等值线的分布对裂纹扩展的过程进行研究。在起爆 32ms 后，炮孔附近沿切缝方向有效应力等值线分布密集，说明在该处形成了较强的应力集中。随着应力波的进一步传播，在 42ms 时刻，炮孔中心左右两侧应力波相遇，在炮孔连线中心处也出现了等值线密集区。之后在 65ms 时刻，相邻炮孔间有效应力均形成了叠加，在叠加区均形成了应力等值线密集区，说明此时沿等值线密集区包围槽腔范围的矩形环状裂纹已经形成。

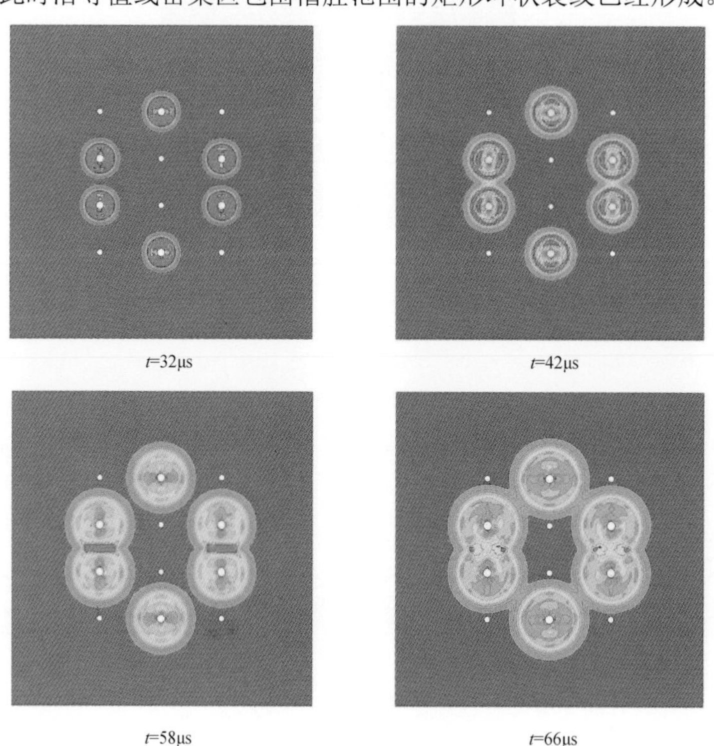

图 9.9　有效应力等值线

9.4　切缝药包三角形掏槽爆破模拟

9.4.1　有限元模型

切缝药包三角形掏槽爆破有限元模型如图 9.10 所示。模型长 2m，宽 2m，炮孔布置为等边三角形，相邻两个炮孔之间的距离均为 0.3m，厚度设置为一个单元。模型共设置了 10 个掏槽孔。10 个掏槽孔共设置了 6 个切缝药包装药炮孔，6 个炮孔均位于三角形的三条边内部，切缝方向与三角形三条边平行。

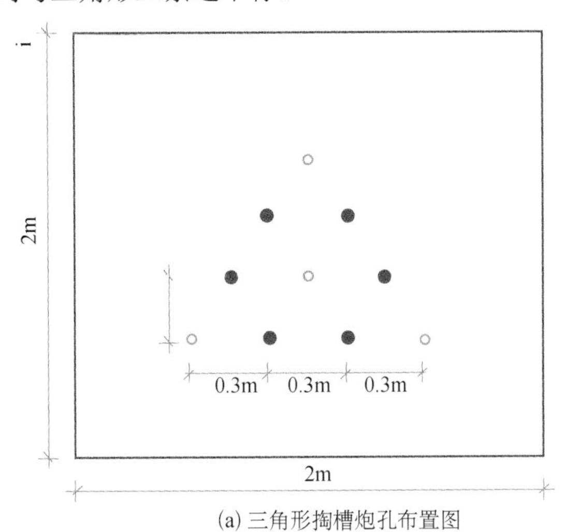

(a) 三角形掏槽炮孔布置图

● 切缝药包装药炮孔；○ 普通药包装药炮孔

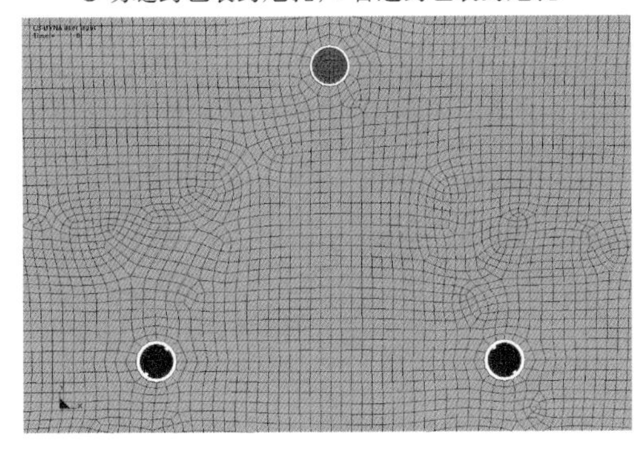

(b) 有限元模型局部放大图

图 9.10　切缝药包三角形掏槽模型

炮孔直径 40mm，切缝管直径 32mm，管壁厚度为 2mm，切缝宽度为 4mm，药包直径 28mm。被爆炸物为岩石材料，切缝管采用硬质 PVC 管，炸药采用三级水胶炸药。在数值计算中，岩石采用 JHC 模型，模型中采用 MAT_HIGH_EXPLOSIVE_BURN，结合 JWL 状态方程，来模拟炸药爆炸过程中的压力与体积的关系。数值计算中采用的材料模型参数见表 9.1 和表 9.2。炮孔起爆延迟时间为 2ms。

9.4.2 应力波传播过程

图 9.11 所示为采用三角形切缝药包掏槽时的有效应力传播过程模拟结果。在三角形掏槽外圈边线内采用切缝药包装药的炮孔首先起爆，如图中 22μs 时刻。在 44μs 时刻，由

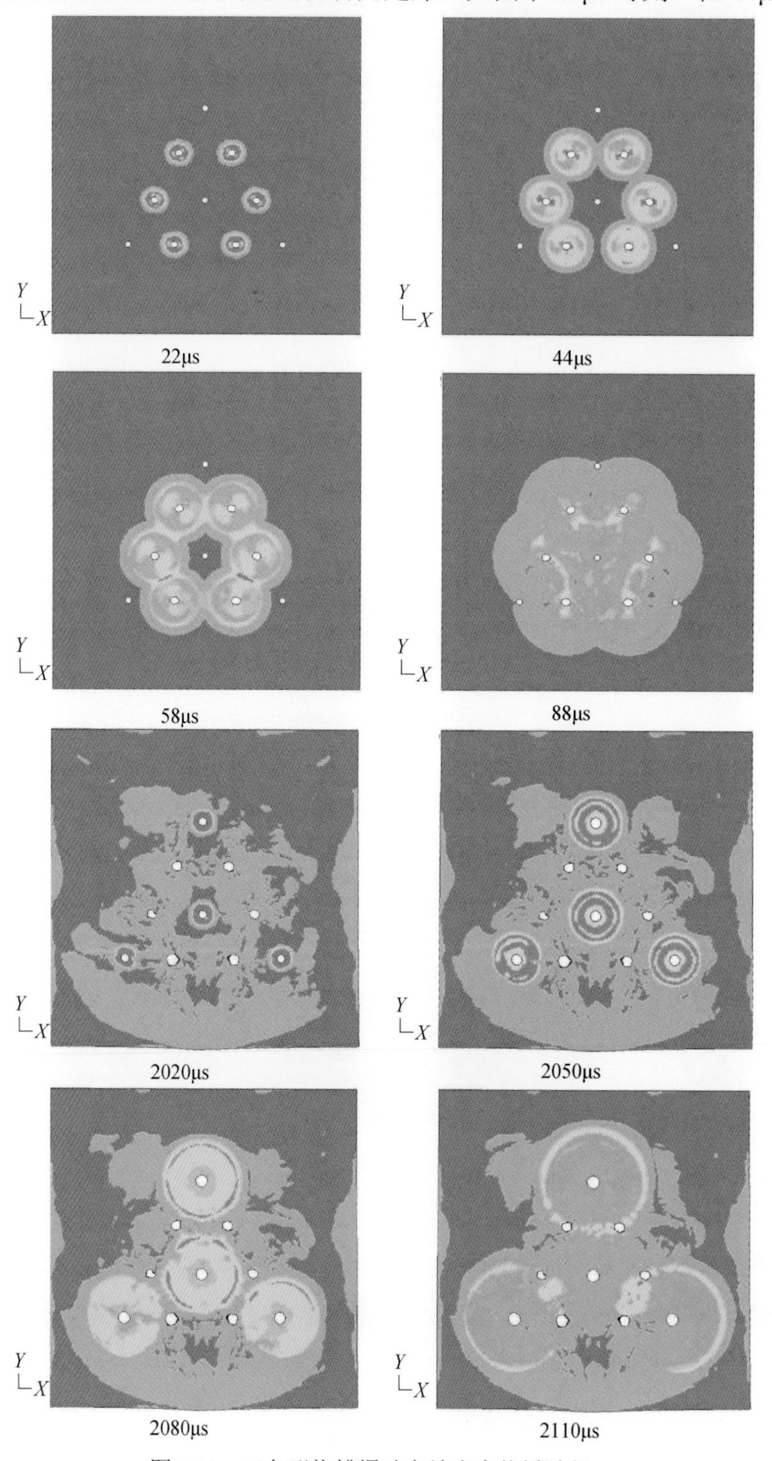

图 9.11 三角形掏槽爆破有效应力传播过程

于炮孔间采用相等的间隔距离，相邻炮孔间均发生应力叠加现象，之后在 58μs 时刻，应力波叠加完全。在 88μs 时刻，炮孔的有效应力传播至三角形的三个顶点及炮孔中心。在 2ms 后三角形三个顶角及中心的四个炮孔起爆，起爆瞬间的有效应力分布如图中 2020μs 时刻，在 2080μs 时刻，三个顶点炮孔处的应力波与炮孔中心爆炸产生的应力波叠加。

数值模拟再现了采用切缝药包三角形掏槽爆破的细观过程。结果发现，采用切缝药包掏槽爆破，在三角形三条边线可以首先形成裂纹，消除了围岩的夹制作用，为后续爆破提供了自由面。随后普通装药炮孔内炸药爆炸，将岩体充分破碎并抛掷出槽腔。

9.4.3　切缝连线处有效应力

如图 9.12 所示，在三角形一条边布置两个测点 A 和 B，并提取测点的有效应力。结果发现，测点 A 和 B 的有效应力曲线均出现两个波峰。第一个波峰出现在 0.05ms 左右，测点 A 和 B 的有效应力峰值分别为 175MPa 和 275MPa；第二个波峰出现在 2.1～2.3ms，测点 A 和 B 的有效应力峰值分别为 227MPa 和 180MPa。

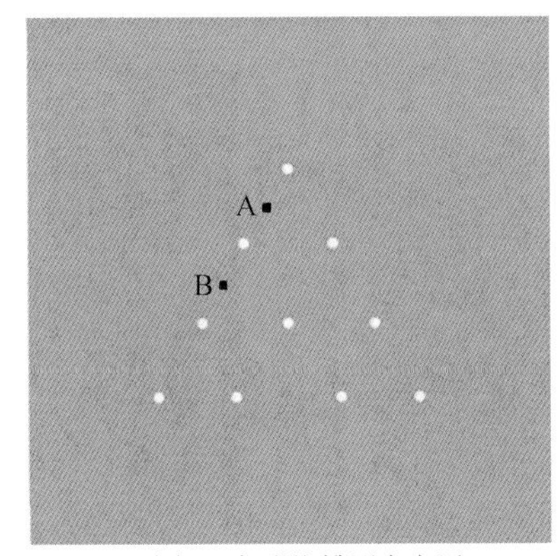

(a) 三角形掏槽测点布置

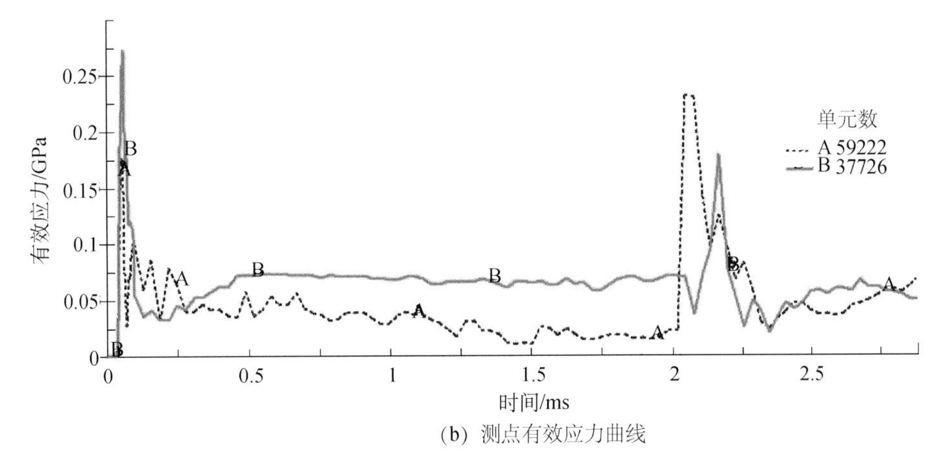

(b) 测点有效应力曲线

图 9.12　三角形掏槽爆破有效应力传播过程

对数值模拟结果进行分析，测点 A 和 B 的应力曲线出现两个峰值点，是由切缝药包装药炮孔和普通掏槽孔采用间隔起爆引起的。测点 B 由于上、下两个炮孔在该处发生了应力波叠加，因此测点 B 的有效应力较大。对于第二次爆破产生的应力峰值，由于测点 A 距离顶角炮孔较近，因此测点 A 的有效应力大于测点 B。模拟结果表明，采用三角形掏槽爆破可以实现炮孔之间裂纹的贯穿。2ms 后，普通装药炮孔起爆，此时炮孔周围的有效应力尚未衰减完全，二次起爆后形成的应力波与残余应力进行了叠加，加剧了块体的破碎。

9.4.4 裂纹形成过程

图 9.13 所示为三角形切缝药包装药炮孔爆破后，有效应力的等值线分布结果。下面利用等值线的分布结果对裂纹扩展的过程进行研究。在起爆 26μs 以后，在三角形的侧边和底边中间的两个炮孔附近的等值线均形成了密集区。两条侧边炮孔附近的等值线沿平行侧边方向出现密集分布；底边炮孔附近沿平行底边方向出现加密区。这表明在该处沿切缝方向形成了较强的应力集中。随着应力波的进一步传播，在 38μs 时刻，相邻炮孔的应力波相遇，发生叠加。之后在 62μs 时刻，相邻炮孔间有效应力的叠加达到最大值，在叠加区均形成了应力等值线密集区，说明此时等值线加密区所包围的六边形断裂带已经形成。

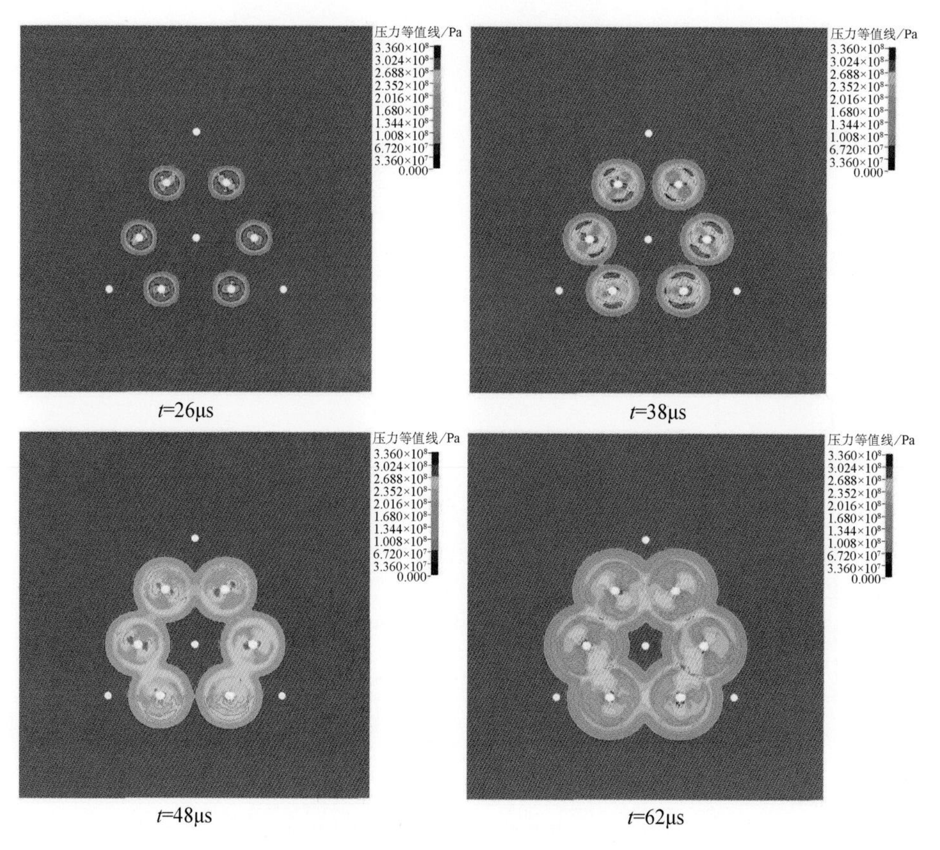

图 9.13　有效应力分布等值线

9.5　切缝药包掏槽爆破应用

分别进行了单独掏槽爆破和全断面一次爆破现场试验。单独掏槽爆破现场试验中掏槽孔布置方式与数值计算结果相同，掏槽孔与普通装药孔深度均为 2. 8m。为了提高对槽腔内破碎岩体的抛掷作用，中心两个炮孔超深 0. 2m。切缝药包中药卷直径为 28mm，炸药采用三级水胶炸药，药卷长度 40cm，其余各个炮孔均采用普通装药，药卷直径 35mm。切缝药包装药炮孔中布置 2 个药卷，普通炮孔中布置 3 个药卷。切缝管采用硬质 PVC 管，外径 32mm，厚 2mm，切缝宽 4mm。

现场掏槽爆破后的效果如图 9. 14 所示，对爆破后槽腔进行测量，绘制出槽腔范围。现场试验发现，爆破后槽腔外侧形成了截面 1. 2m×1. 2m 的正方形，与炮孔布置范围相比，两侧各向外扩张了 0. 2m，上、下边各向外扩张了 0. 1m。槽腔底部的轮廓线与矩形炮孔的初始布置基本一致，即底部截面为 1m×0. 8m 的矩形。槽腔深 2. 74m，炮眼利用率 97. 8%。在单独掏槽爆破的基础上，进行了全断面掏槽爆破现场试验，试验结果见表 9. 3。共进行了 8 次全断面一次爆破试验，平均炮眼利用率达到 96. 9%。原爆破方案中采用双楔形掏槽，平均炮眼利用率在 87%左右。可见，采用切缝药包掏槽爆破后掘进速度提高了近 10%。

(a) 现场爆破效果照片

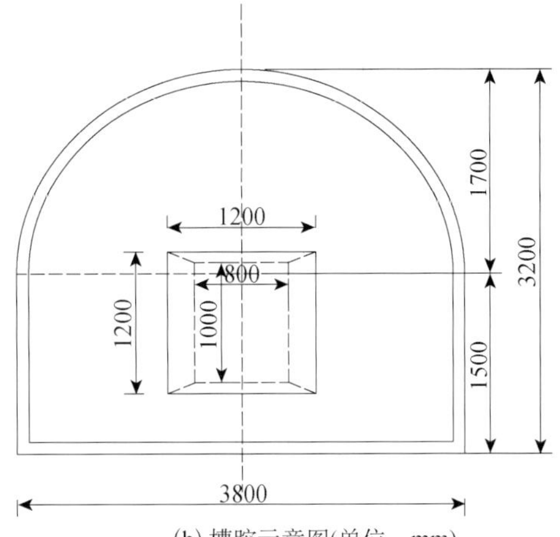

(b) 槽腔示意图(单位：mm)

图 9.14　爆破效果图

表 9.3　现场试验结果

参数	试验编号							
	1	2	3	4	5	6	7	8
炮孔深度/m	2.90	2.90	2.90	2.90	2.90	3.00	3.00	3.00
进尺长度/m	2.80	2.80	2.82	2.77	2.78	2.91	2.93	2.95
炮眼利用率/%	96.6	96.6	97.2	95.5	95.9	97.0	97.7	98.3
平均炮眼利用率/%				96.9				

第 10 章　切缝药包定向断裂控制爆破工业应用

在理论研究、数值模拟研究和实验室试验研究的基础上，将切缝药包定向断裂爆破技术应用到实际工程中，包括煤矿井下岩石巷道光面爆破、地铁隧道预裂爆破、煤矿立井周边预裂爆破、高铁露天边坡预裂爆破以及金属矿山高陡边坡预裂爆破等工程，均取得了良好的爆破效果。

10.1　煤矿井下岩石巷道光面爆破

10.1.1　工程概况

1. 试验条件

试验地点选在安徽张集矿-745m 水平进风大巷处，工程总设计长度约 230m，断面为直墙半圆拱形，断面尺寸为 5400mm×4500mm，断面面积为 21.2m^2，采用 CMJ2-27 液压钻车全断面一次打眼，一次装药，一次放炮的方法施工，每循环进尺 2.0m。炸药选用煤矿许用水胶炸药，炸药规格为ϕ35mm×330mm，每卷炸药重 0.33kg。其炮眼布置如图 10.1 所示，具体爆破参数见表 10.1。根据试验要求选取岩性比较稳定的一段区间作为试验区域。

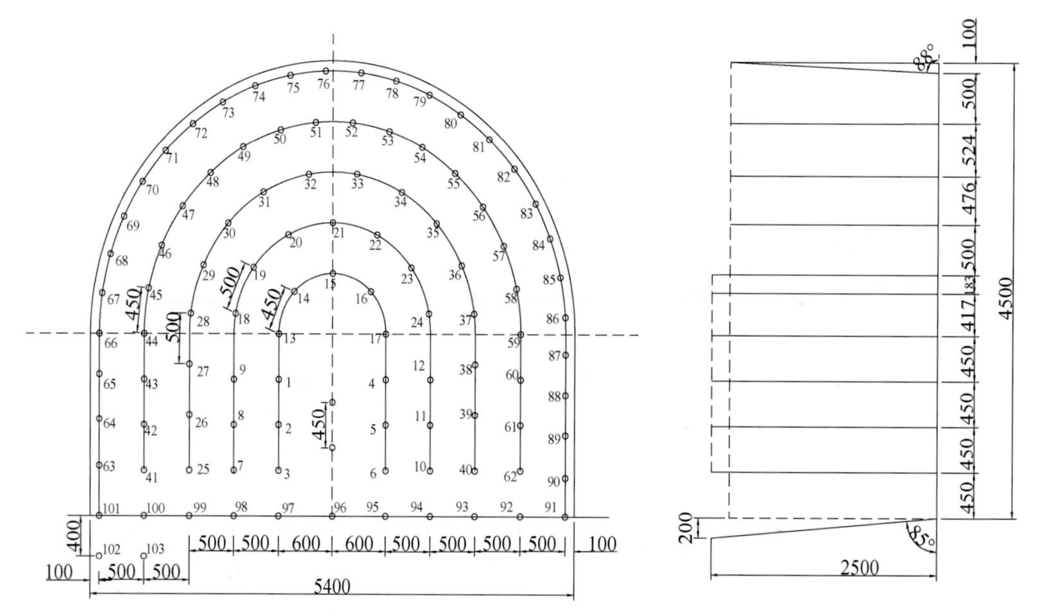

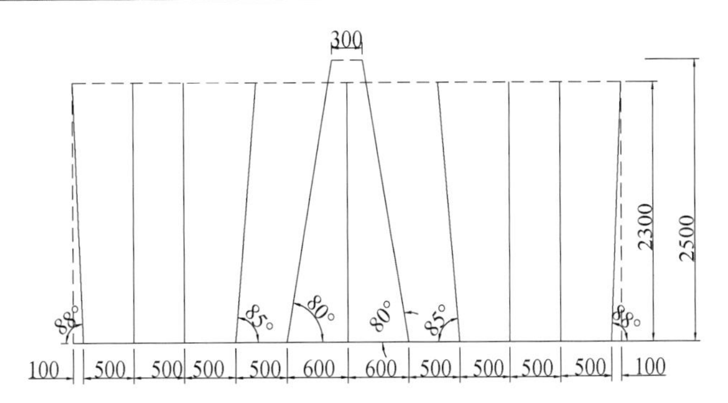

图 10.1　炮眼布置

注：光面爆破时，周边眼间距 400mm；切缝药包周边爆破时，周边眼间距 600mm

表 10.1　爆破参数

炮眼编号	炮眼名称	炮眼个数	炮眼深度/m	炮眼角度		装药量		起爆顺序	起爆方式	连线方式
				水平/(°)	垂直/(°)	每孔/卷	质量/kg			
1～6	掏槽眼 1	6	2.54	80	90	5	9.9	Ⅰ	反向起爆	串并联
7～12	掏槽眼 2	6	2.31	85	90	5	9.9	Ⅰ		
13～24	崩落眼	12	2.3	90	90	4	15.84	Ⅱ		
25～62	辅助眼	38	2.3	90	90	4	50.16	Ⅲ		
63～90	周边眼	28	2.3	88	90	3	27.72	Ⅳ		
91～103	底板眼	13	2.3	90	85	5	14.85	Ⅴ		
合计		103					128.37			

2. 试验方案

为了研究切缝药包降低围岩损伤的作用，利用对比分析的方法对普通光面爆破和切缝药包周边爆破作用下围岩的损伤效应进行了研究。试验分为两个部分，首先是研究普通光面爆破情况下围岩的损伤效应，测试五个循环以后，再将周边眼全部采用切缝药包进行装药，周边眼间距由 400mm 增加到 600mm，装药量和间排距等其他参数保持不变，同样测试五个循环，研究切缝药包周边爆破情况下围岩的损伤效应。试验采用的切缝药包如图 10.2 所示，套管采用硬质 PVC 管，内径 36mm，外径 40mm，壁厚 2mm，裂缝宽 4mm。现场装药如图 10.3 所示。

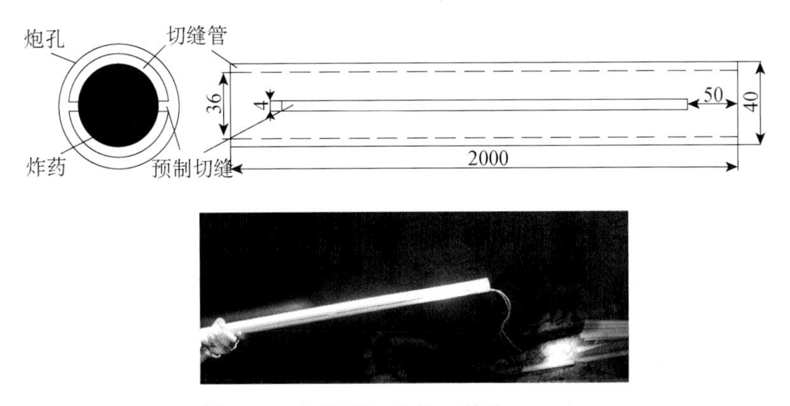

图 10.2　切缝药包结构（单位：mm）

普通光面爆破和切缝药包周边爆破测试内容和方法相同，试验方法如下：

首先，在横向距离迎头 5m 处，纵向距离底板 1.3m 处的帮部打设 4 个深度为 2m 的声波测试孔，孔向下倾斜 10°，间排距为 500mm，且相互平行。在 4 个声波测试孔中间位置安放振动测试探头，并将信号线装在胶皮管内，采用混凝土将探头和信号线喷射在帮部，防止爆破飞石撞坏探头和信号线。现场声波测试孔和振动测试点布置如图 10.4 所示。

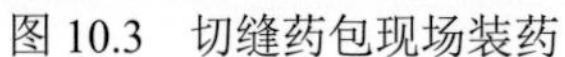

图 10.3　切缝药包现场装药

图 10.4　声波和振动测点布置

其次，爆破前在拱顶中轴线的位置沿着掘进方向斜向上 30° 抽取岩心，取心钻头直径为 75mm。然后采用超声波测试仪测试围岩的声速，分别测试孔 1-2 剖面、1-3 剖面、1-4 剖面、2-3 剖面、2-4 剖面和 3-4 剖面的声速，测试过程中保证孔内存满水，探头从底部向外每移动 20cm 测试一次声速。最后在实施爆破前，连接振动仪，准备测试爆破振动速度。

最后，爆破后在拱顶同一位置抽取岩心，取心钻机，然后再测试围岩的声速，方法同爆破前的测试方法相同。最后将采集到信号的振动仪收回，导出振动数据。

现场监测方案如图 10.5 所示。

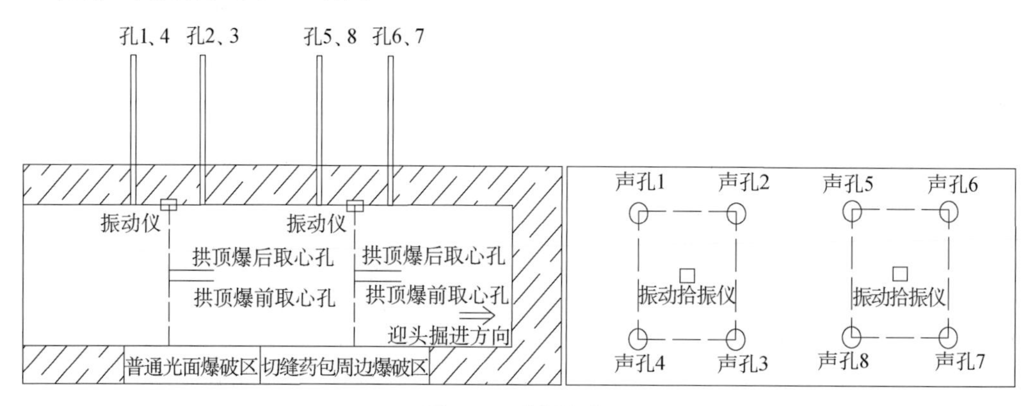

图 10.5　监测方案

10.1.2　试验方案

1. 工业 CT 成像试验系统

1）系统介绍

CT 是电子计算机断层扫描的简称。一般是利用 X 射线对旋转的物体进行扫描，被检测物体被 X 射线穿透后可通过特定的探测器测量其射线强度，同时完成 X 射线机、探测器与被检物体之间的扫描运动，从而获得重建 CT 图像所需的完整数据，最后基于这些数据由一定的算法重建出物体的断面图像。典型的 CT 系统组成如图 10.6 所示，从扫描到图像重建都是由计算机来实现的，因此常被称为计算机层析成像。

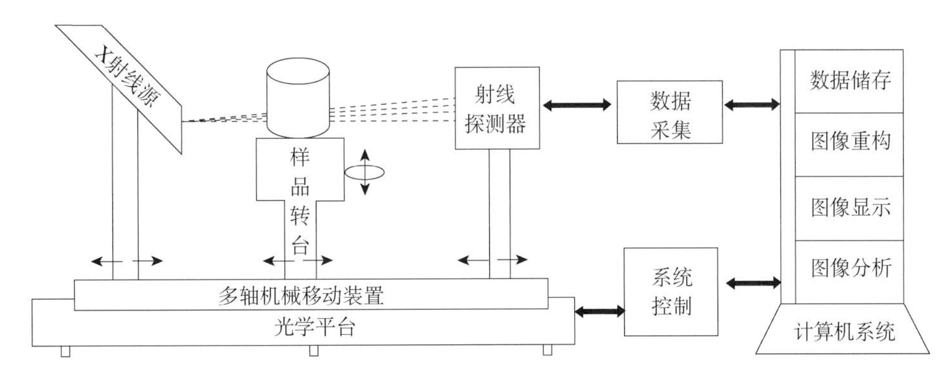

图 10.6　CT 系统组成

本试验采用的是中国矿业大学（北京）煤炭资源与安全开采国家重点实验室与美国 BIR 公司合作研发的 ACTIS300-320/225CT/DR 高分辨率工业 CT 实时成像系统（图 10.7）。该系统可以快速扫描得到微米量级分辨率的 16 位 CT 切片图像。该系统在样品直径为 25mm 时，可以完成扫描重建得出 1024×1024 像素大小的 16 位灰度图像，切片图像水平分辨率和厚度分辨率均达到 10μm 左右。

2）测试原理

当 X 射线穿透被检测物体时，将会发生光电效应、康普顿效应等复杂的物理效应工程。其强度会呈指数关系衰减，强度的变化代表了物体密度的变化，它的光强服从 Lambert-Beer’s 定律，即：

$$I = I_0 e^{-\mu\rho x} \tag{10.1}$$

式中，I_0 为入射 X 射线的强度；I 为出射 X 射线的强度；μ 为材料的线衰减系数；ρ 为物质的密度；x 为入射的穿透长度。

通常，可用 CT 数来定量描述 CT 扫描结果，被检测物体对 X 射线的吸收系数与 CT 数之间存在以下关系：

$$\text{CT数} = \frac{\mu - \mu_w}{\mu_w} \times 1000 \tag{10.2}$$

式中，μ_w 为水对 X 射线的吸收系数。

将材料的衰减系数或者 CT 数按一定的比例转换为灰度值，就可以得到相应的 CT 图像。

由于岩石结构、矿物成分以及裂隙分布的不同就会造成各部位密度的不同。反映在 CT 图像切片上就是灰度值的不同。通常，黑色表示物质密度较低，而白色表示物质密度较高。被检测物体的损伤差异和变化情况就可以通过 CT 数和 CT 图像来反映（图 10.7）。

图 10.7　工业 CT 成像系统（ACTIS300-320/225CT/DR）

2. 声波测试系统

声波测试仪器及声波测试原理与第 5 章所介绍的相同。

3. 振动测试系统

1）仪器介绍

随着科技的不断进步，爆破测振仪器有了较大的发展，已能满足多数行业的需要。由于本试验测试是在煤矿巷道中，其特殊的试验环境要求测试仪器应该具备以下功能：

（1）岩巷施工环境恶劣，水大，尘埃多。仪器必须具备防潮和防尘的功能；

（2）由于空间有限，爆破冲击力强，仪器要具备轻巧、便携、外壳坚固密封及抗冲击等特点；

（3）岩巷一个爆破循环时间长，要求测振仪自带电池且供电时间长；

（4）由于煤矿岩巷一次爆破量大，振动强，要求振动仪量程足够大；

（5）测振仪应配套相应分析软件，以便于后期数据处理。

根据上述要求，本试验选用的是成都中科测控有限公司生产的 TC-4850 爆破振动记录仪。该仪器主要性能指标如表 10.2 所示。

表 10.2　TC-4850 振动测试记录仪技术指标

指标	参数	指标	参数
通道数	并行三通道	记录时长	1～160s 可调
显示方式	全中文液晶屏显示	触发模式	内触发、外触发
供电方式	内置可充电锂电池供电	读数精度	1‰
采样率	1k～50kHz，多挡可调	时钟精度	1 个月内≤5s
A/D 分辨率	16Bit	数据接口	USB2.0
频响范围	0～20kHz	电池续航时间	≥60h
采集方式	并行三通道采集，多组级联	质量	1000g
量程	自适应量程，最大输入值 20V（70cm/s）	记录精度	0.05mV（0.5mm/s）
触发方式	连续触发记录可达 128～1000 次	适应环境	10～75℃，20%～100%RH
触发电平	0～10V（0～35cm/s）任意可调	尺寸	168mm×99mm×64mm

2）测试原理

炸药爆炸后，振动波会沿着传播介质向外传播，振动仪的拾振器接收到振动波时就会产生电压输出。当电压信号大于触发电平值时，爆破振动记录仪将会自动记录该振动信号，信号采集器根据仪器的设置将对输入信号进行调理，再经过 A/D 转换，最后储存在每个通道的存储器中。当保存的数据超过存储器的最大容量时，就会覆盖原有数据。测试结束后可通过 USB 接口连接电脑，进行数据分析和拷贝。

仪器由各自独立的采集模块和一内部计算机系统相连组成，每一模块均含有一个时基控制器和 4 个采集通道。模块间以时钟、触发总线来同步，可保证各通道同时触发和同时记录。采集通道把采集的数据分别存入各自的存储器中，CPU 通过统一的系统总线来存取指定的通道数据，并控制各采集模块的参数和状态。由于每个通道自带 16 位 A/D 和存储器，在并行采集时，通道间相差小到可以忽略不计，所采用的仪器和测试原理如图 10.8 所示。

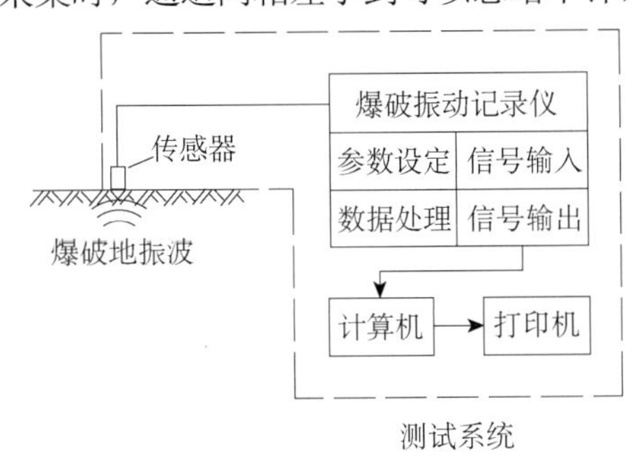

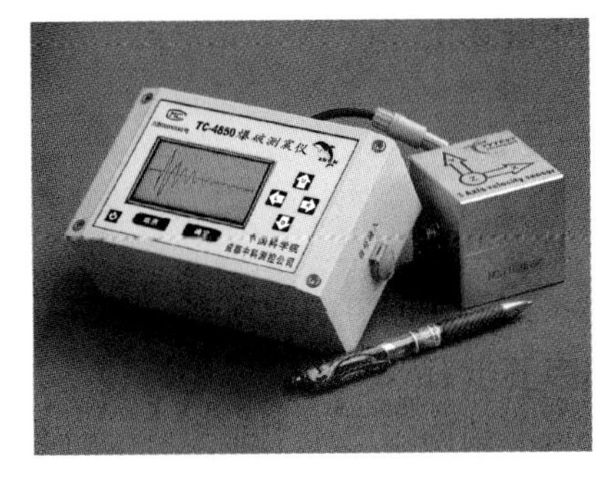

图 10.8　TC-4850 爆破测振仪及检测系统

10.1.3　爆破近区围岩损伤演化规律

1. 周边成型效果分析

先进的爆破技术应该首先保证良好的爆破效果。通过理论分析、试验研究及现场应用已经证明了切缝药包周边爆破技术的成熟性。因此本试验采用切缝药包周边爆破时将周边眼间距增加了 50%，增加到 600mm。装药量和间排距等其他参数全部保持不变。现场根据上述试验方案进行了爆破，其成型效果如图 10.9 所示。

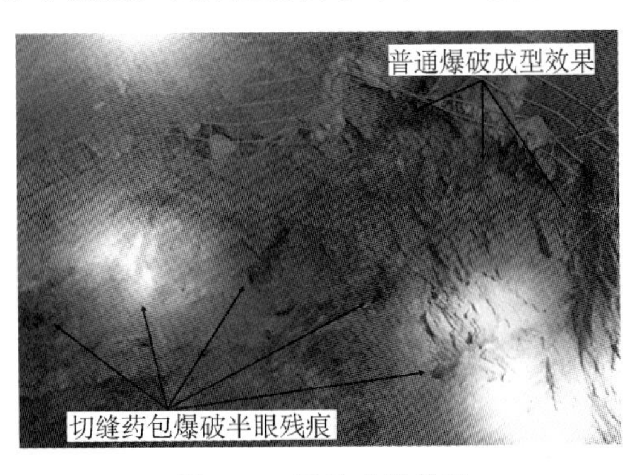

图 10.9　周边成型效果

从图 10.9 可以看出，采用切缝药包周边爆破后周边眼半眼残痕率得到了显著提高，周边成型规整，而普通爆破时周边超欠挖现象明显，半眼残痕率较低。采用切缝药包爆破时周边眼间距设计值是 600mm，而由于现场操作的多变性，实际上周边眼间距已经达到了 800mm。这充分说明了采用切缝药包周边爆破能够实现周边眼最大的间距增加 50%以上，且能保证周边成型规整，半眼残痕率显著提高。

2. 孔内窥视结果分析

本试验为了研究不同爆破方式下围岩的损伤变化规律，采用现场钻孔取心的手段取得岩心，进行实验室 CT 扫描试验。现场抽取岩心后的岩心孔则可以作为窥视孔进行窥视观察，这样将更直观、更具体地了解爆破前后围岩的裂隙变化规律。试验采用中煤科工集团生产的 SYS（B）矿用钻孔窥视仪对现场取心孔进行了窥视观察，如图 10.10～图 10.13 所示。

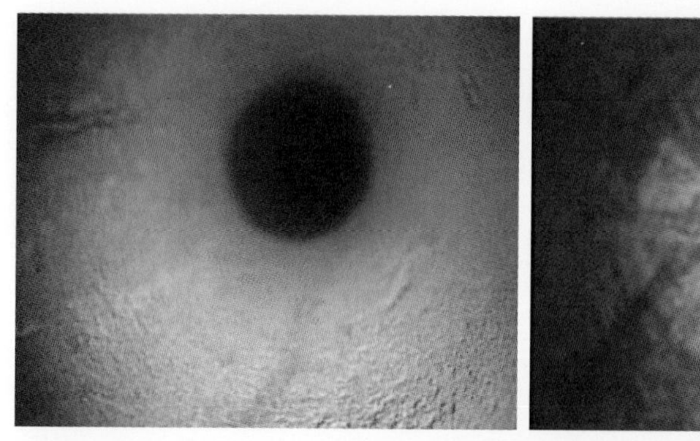
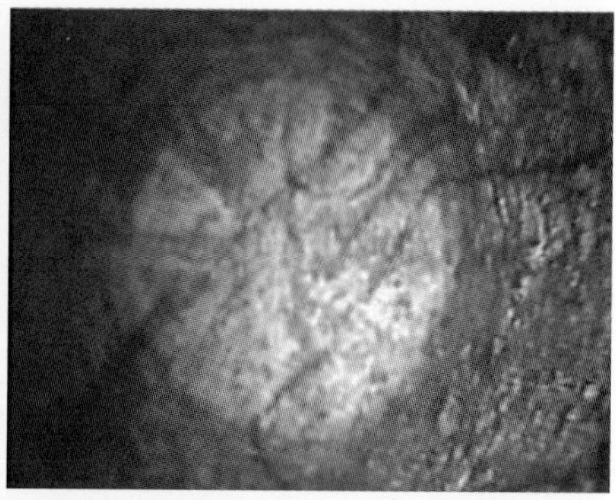

图 10.10　光面爆破前窥视结果

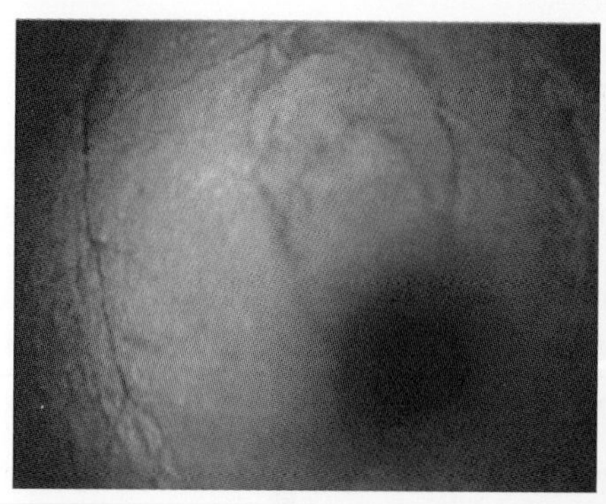
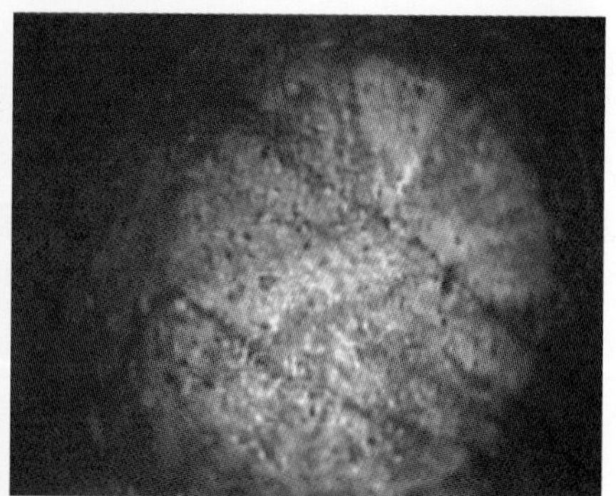

图 10.11　光面爆破后窥视结果

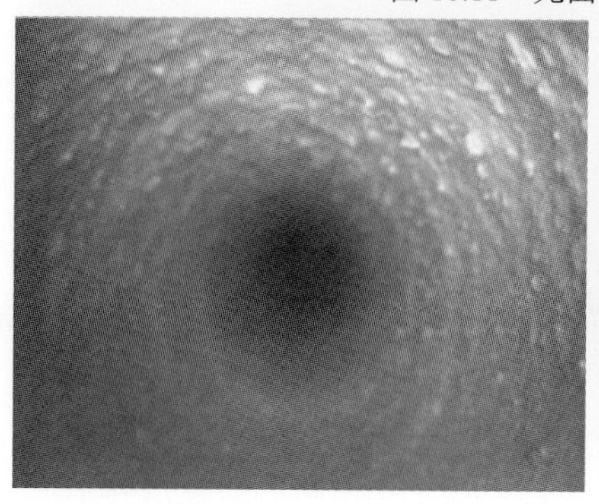
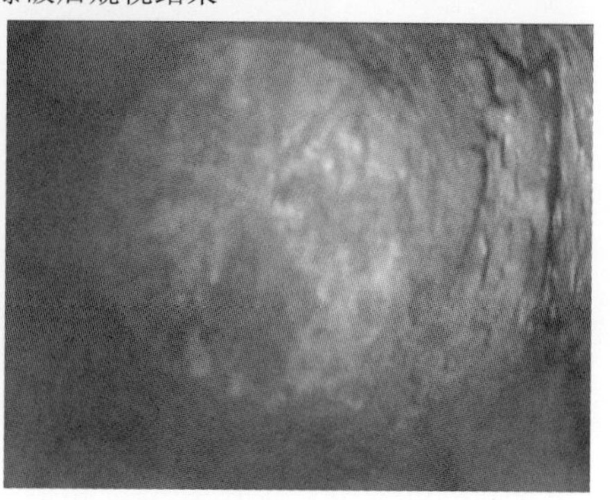

图 10.12　切缝药包周边爆破前窥视结果

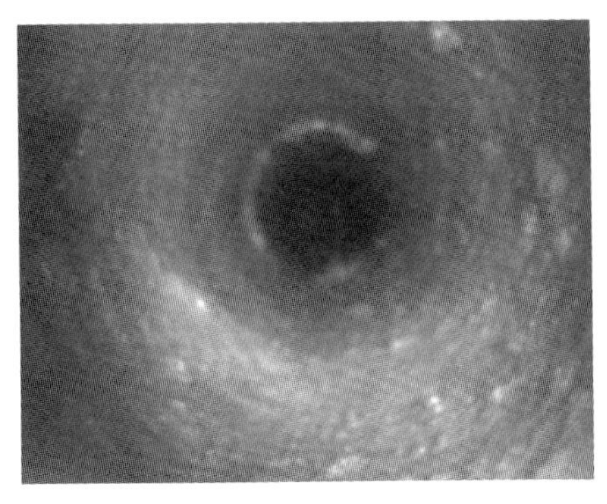
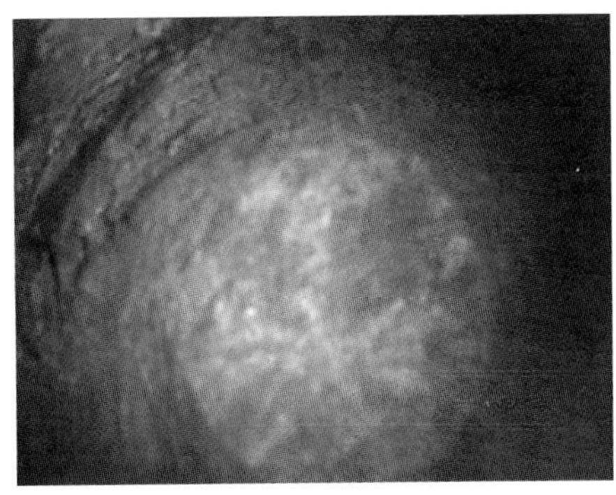

图 10.13　切缝药包周边爆破后窥视结果

从图 10.10 和图 10.11 可以看出，普通光面爆破后，围岩裂隙有了变化：①距离孔口 0.5m 部位的围岩在爆破前孔壁并未见到裂隙，而爆破后孔壁出现了大约 6 条横纵向布置的新裂隙；②孔底处围岩在爆破前有两条贯穿孔底的裂隙，且沿着炮孔方向向外延伸，孔底存在一条小裂隙，分布在两条贯穿裂隙中间，爆破后裂隙变化不明显。

从图 10.12 和图 10.13 可以看出，切缝药包周边爆破后，围岩裂隙变化不大，孔的中间部位和底部并未出现很大的裂隙变化。

上述现象表明，普通光面爆破后，围岩裂隙变化现象明显，出现了新的裂隙以及原有裂隙扩展的现象，而切缝药包周边爆破时围岩并未出现新的裂隙和裂隙扩展现象。这说明切缝药包周边爆破对围岩的损伤程度要小于普通光面爆破。

这种窥视孔的方法能够直接观察到围岩裂隙的变化，但对于裂隙的产生和扩展并不能给出具体的定量描述，因此将取出的岩心在实验室开展 CT 扫描试验，定量地对围岩裂隙的变化和损伤进行分析。这两种方法的结合既能实现直接观察裂隙变化，又能定量分析裂隙变化，实现了互补。

3. CT 扫描结果分析

根据上述试验方案，将现场取回来的岩心进行加工制作，经过尝试扫描发现将试件加工成ϕ25mm×50mm 的标准规格时，岩心的分辨率可满足试验要求。图 10.14 所示为部分标准试验试件。

图 10.14　标准试件示意图

通过采用 CT 扫描成像系统，对试件进行了“体扫描”，扫描结果如图 10.15～图 10.18 所示。其中所示图片为第 $n\times100$ 层扫描切片，n=1,2,3…。

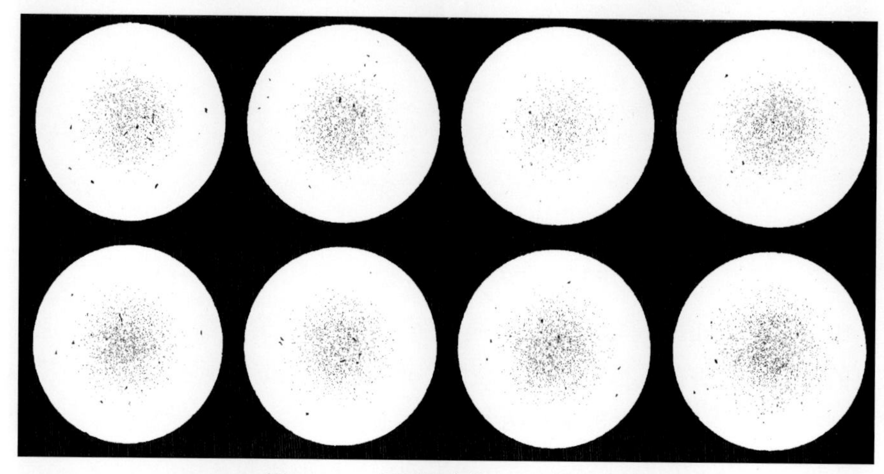

图 10.15 光面爆破前 CT 扫描图像

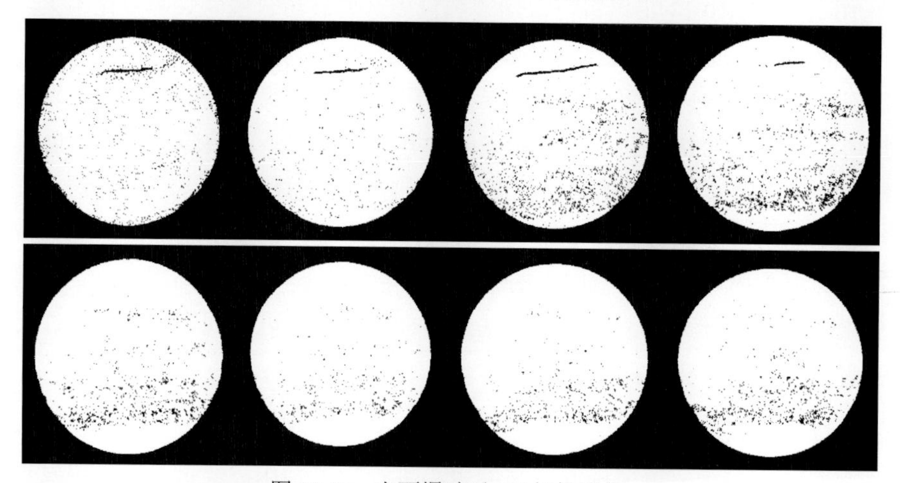

图 10.16 光面爆破后 CT 扫描图像

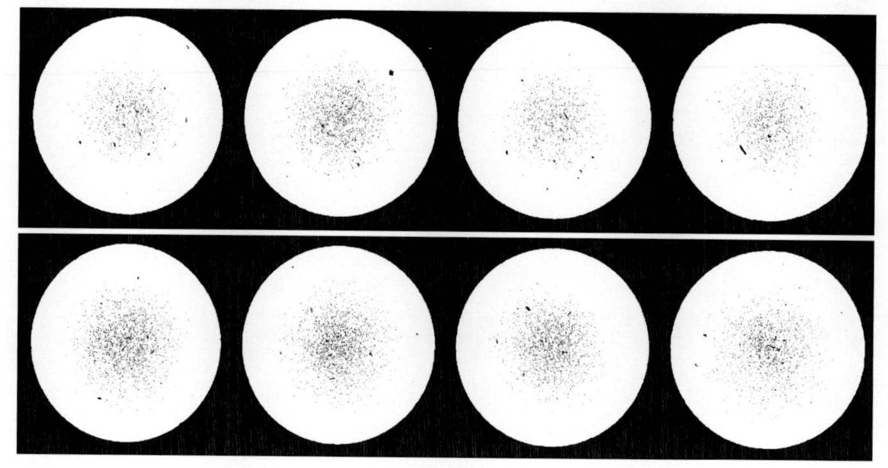

图 10.17 切缝药包爆破前 CT 扫描图像

从图 10.15 和图 10.17 可以看出，在爆破实施前岩石内部存在着孔洞、微裂隙等缺陷，而在爆破实施后岩石内部的缺陷有所增大，出现了较长的裂隙及损伤区。这说明爆破过程中由于爆破荷载的作用导致了围岩的损伤程度增加。从图 10.16 和图 10.18 可以看出，采用切缝药包爆破时，CT 切片结果显示裂隙发展较小，损伤区变化范围不大，而采用普通光面爆破时，CT 切片结果显示在切片上部出现了一条长裂隙，且整体损伤区有所增加。这说明采用切缝药包爆破时围岩的受损程度要小于采用普通光面爆破。

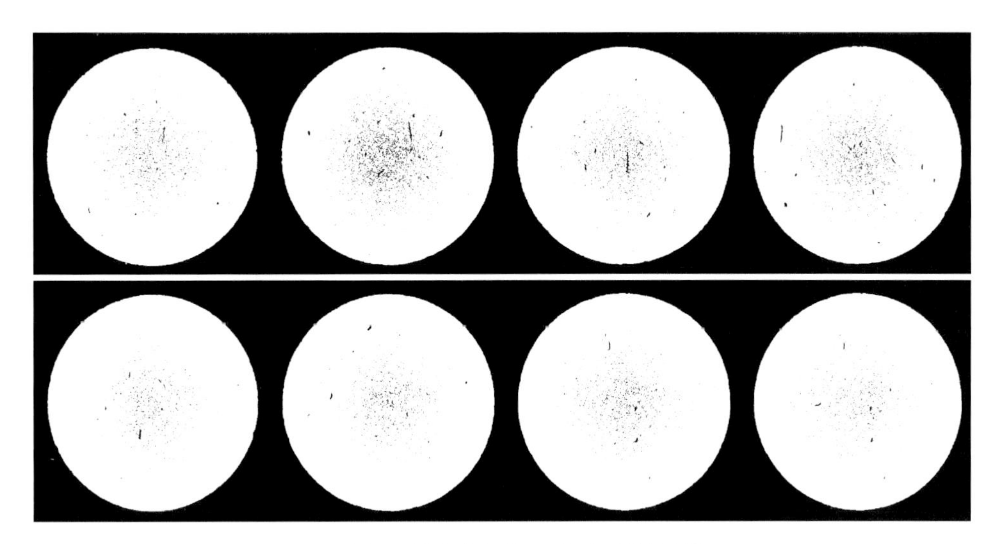

图 10.18　切缝药包爆破后 CT 扫描图像

但是，对于一个标准试件来说，采用“体扫描”后会生成大约 1000 张 CT 切片，由于不能对所有切片都进行对比分析，所以决定采用上述岩心的 CT 扫描切片和软件 Mimics 来构建不同试件的物理模型，即所说的“三维重构”。这样做的目的是为了能够全方位地了解岩石的损伤演化过程，而不仅仅局限于在固定的 CT 切片层位上进行分析。同时可以将三维重构的模型进行透明化处理，实现三维立体裂隙及损伤区的观察。图 10.19、图 10.20 所示为不同试件的三维重构模型。

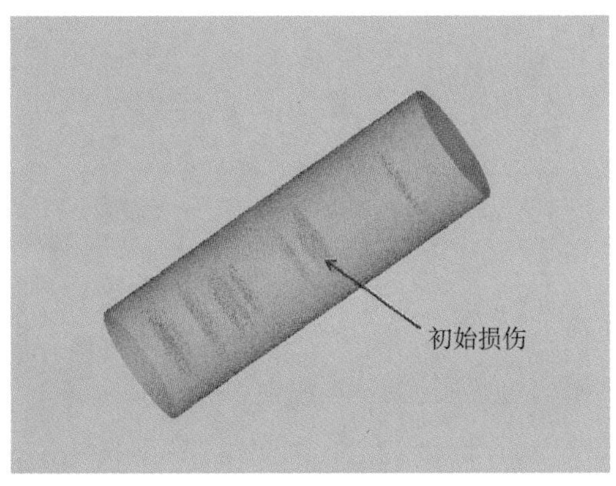

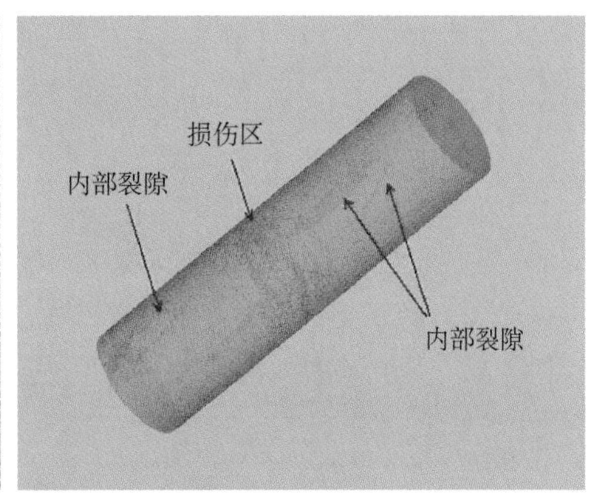

图 10.19　光面爆破前后岩心的三维重构模型

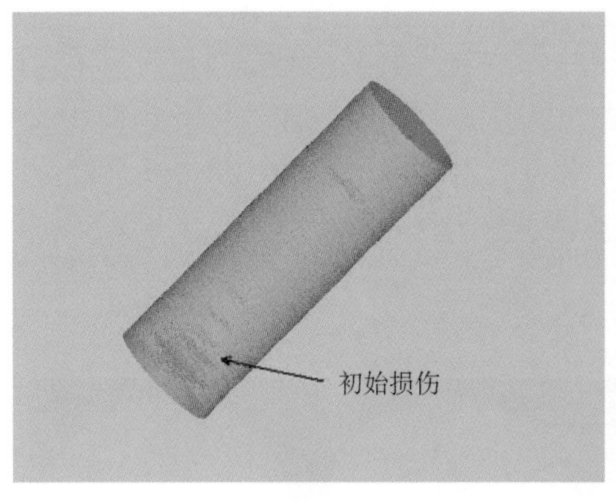

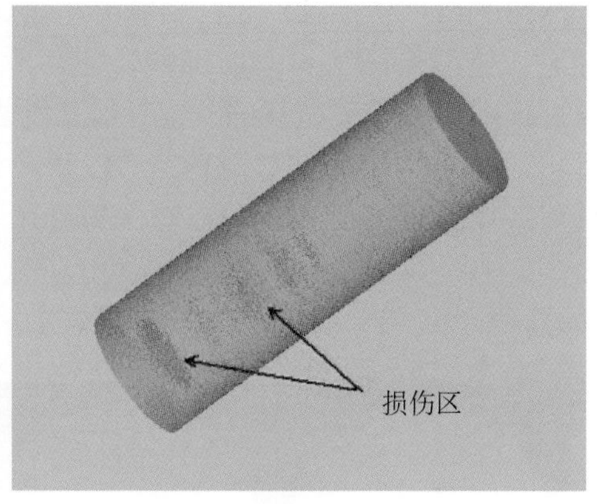

图 10.20　切缝药包周边爆破前后岩心的三维重构模型

在前面 CT 扫描切片的基础上，通过“三维重构”可以得到岩心的三维重构模型，再通过模型“透明化”就可以得到图 10.19 和图 10.20 所示的三维重构模型，经过“透明化”的处理，可以清晰地看到岩心内部裂纹和损伤情况。从图 10.19 和图 10.20 可以看出，岩石试件在实施爆破前存在一定的初始损伤，但损伤程度较低，而经过爆破加载后，岩石的损伤程度有所增加，其中采用光面爆破后，出现了一定长度的裂隙和损伤区；而采用切缝药包周边爆破后，岩石并未出现裂隙，只是出现了一定的损伤区。这说明采用切缝药包周边爆破技术，围岩的损伤程度相对较低。

从图 10.15～图 10.18 所示的 CT 扫描切片可以看出单层切面的损伤变化过程，而通过图 10.19、图 10.20 所示的三维重构模型，则可以从“面”的角度上升到“体”的角度对岩石的损伤变化过程进行分析，实现了“面”和“体”的互补分析。同时，为了定量地分析岩石的损伤变化情况，通过 Matlab 软件编程，通过前面所述损伤测试理论，可以求得试件的损伤变量，见表 10.3。

表 10.3　损伤变量统计

试件编号	岩心种类	试件尺寸/mm	损伤变量 D
A1	光面爆破前	φ 25×50	0.011
A2	光面爆破后	φ 25×50	0.027
A3	切缝药包爆破前	φ 25×50	0.008
A4	切缝药包爆破后	φ 25×50	0.011

从表 10.3 可以看出，采用普通光面爆破技术，爆破前围岩的损伤变量为 0.011，爆破后损伤变量为 0.027，增加了 145.4%；而采用切缝药包周边爆破技术，爆破前围岩的损伤变量为 0.008，爆破后损伤变量为 0.011，增加了 37.5%。可见，与正常光面爆破技术相比，采用切缝药包周边爆破技术围岩的损伤变量可以降低 30%。

10.1.4　爆破中远区围岩的累积损伤效应

1. 围岩声波衰减规律研究

煤矿岩石巷道爆破掘进时对围岩的扰动是不可避免的，尤其是在巷道掘进过程中，循环爆破荷载导致围岩的损伤不断积累，外部表现为围岩体声速降低。本小节通过超声波测试法研究巷道掘进过程中围岩的累积损伤效应，通过对比分析两种爆破方式，提出降低围岩损伤效应的有效措施。

根据图 10.5 所示的现场监测方案，得到了不同药包爆破下，每次爆破前后不同测试剖面围岩的声波速度值，见表 10.4～表 10.15。

表 10.4　普通光面爆破 1-2 剖面声速值（单位：m/s）

时刻	孔深/m								
	0.4	0.6	0.8	1.0	1.2	1.4	1.6	1.8	2.0
第 1 次爆前	3367	3597	3798	3713	3597	3458	3310	3265	3346
第 1 次爆后	3285	3493	3759	3676	3556	3414	3277	3236	3323
第 2 次爆前	3273	3478	3710	3623	3542	3406	3271	3231	3317
第 2 次爆后	3214	3419	3650	3597	3498	3382	3246	3202	3296
第 3 次爆前	3204	3408	3599	3564	3482	3378	3243	3198	3294
第 3 次爆后	3168	3396	3580	3546	3444	3359	3226	3186	3284
第 4 次爆前	3159	3384	3571	3521	3440	3353	3221	3184	3281
第 4 次爆后	3141	3331	3531	3495	3413	3341	3214	3177	3277
第 5 次爆前	3138	3326	3531	3482	3402	3338	3210	3174	3273
第 5 次爆后	3135	3318	3501	3473	3391	3329	3210	3170	3273

表 10.5　普通光面爆破 1-3 剖面声速值（单位：m/s）

时刻	孔深/m								
	0.4	0.6	0.8	1.0	1.2	1.4	1.6	1.8	2.0
第 1 次爆前	3588	3511	3632	3725	3915	3987	4221	4375	4390
第 1 次爆后	3500	3488	3571	3659	3846	3927	4144	4364	4310
第 2 次爆前	3478	3349	3465	3627	3784	3911	4118	4348	4294
第 2 次爆后	3401	3333	3431	3571	3763	3889	4046	4289	4268
第 3 次爆前	3394	3333	3431	3564	3646	3856	4046	4211	4242
第 3 次爆后	3356	3321	3415	3527	3646	3801	4007	4167	4242
第 4 次爆前	3356	3321	3402	3511	3646	3784	3989	4135	4222
第 4 次爆后	3323	3300	3398	3486	3646	3712	3911	4087	4200
第 5 次爆前	3319	3300	3390	3484	3646	3710	3908	4080	4197
第 5 次爆后	3302	3297	3386	3480	3646	3706	3900	4074	4190

表 10.6　普通光面爆破 1-4 剖面声速值（单位：m/s）

时刻	孔深/m								
	0.4	0.6	0.8	1.0	1.2	1.4	1.6	1.8	2.0
第 1 次爆前	3764	3736	3731	3747	3874	4041	4202	4184	4280
第 1 次爆后	3711	3687	3690	3714	3846	4016	4184	4167	4274
第 2 次爆前	3703	3676	3683	3714	3817	4007	4156	4167	4237
第 2 次爆后	3680	3650	3633	3704	3802	3982	4132	4145	4237
第 3 次爆前	3674	3642	3627	3678	3802	3980	4128	4145	4237
第 3 次爆后	3648	3617	3613	3656	3789	3978	4118	4145	4237
第 4 次爆前	3642	3611	3608	3656	3789	3978	4106	4145	4237
第 4 次爆后	3629	3603	3597	3643	3789	3978	4087	4145	4237
第 5 次爆前	3624	3597	3593	3640	3789	3975	4085	4145	4237
第 5 次爆后	3620	3595	3590	3638	3789	3975	4080	4145	4237

表 10.7　普通光面爆破 2-3 剖面声速值（单位：m/s）

时刻	孔深/m								
	0.4	0.6	0.8	1.0	1.2	1.4	1.6	1.8	2.0
第 1 次爆前	4000	4237	4237	4043	3943	3846	3704	3597	3645
第 1 次爆后	3967	4202	4202	4032	3911	3704	3676	3597	3626
第 2 次爆前	3956	4202	4065	3937	3906	3704	3650	3546	3620
第 2 次爆后	3937	4202	4065	3920	3906	3704	3623	3546	3620
第 3 次爆前	3925	4132	4000	3906	3846	3704	3571	3546	3601
第 3 次爆后	3917	4065	4000	3902	3823	3650	3571	3546	3601
第 4 次爆前	3914	4065	4000	3898	3817	3650	3571	3546	3601
第 4 次爆后	3914	4065	4000	3898	3817	3650	3571	3546	3601
第 5 次爆前	3914	4065	4000	3898	3817	3650	3571	3546	3601
第 5 次爆后	3914	4065	4000	3898	3817	3650	3571	3546	3601

表 10.8　普通光面爆破 2-4 剖面声速值（单位：m/s）

时刻	孔深/m								
	0.4	0.6	0.8	1.0	1.2	1.4	1.6	1.8	2.0
第 1 次爆前	4000	4242	4217	4167	3889	3933	3784	3627	3876
第 1 次爆后	3968	4204	4189	4142	3804	3911	3763	3608	3852
第 2 次爆前	3947	4198	4172	4094	3800	3867	3744	3608	3848
第 2 次爆后	3921	4174	4128	4094	3767	3867	3723	3590	3832
第 3 次爆前	3912	4168	4100	4023	3745	3846	3723	3571	3825
第 3 次爆后	3901	4155	4076	3994	3734	3823	3704	3500	3801
第 4 次爆前	3893	4143	4022	3978	3711	3800	3690	3483	3780
第 4 次爆后	3888	4135	3998	3967	3702	3789	3677	3465	3776
第 5 次爆前	3886	4135	3995	3964	3702	3789	3675	3462	3774
第 5 次爆后	3882	4130	3992	3960	3702	3786	3670	3460	3770

表 10.9　普通光面爆破 3-4 剖面声速值（单位：m/s）

时刻	孔深/m								
	0.4	0.6	0.8	1.0	1.2	1.4	1.6	1.8	2.0
第 1 次爆前	4159	4140	4237	4000	3876	3759	3647	3448	3578
第 1 次爆后	4147	4120	4202	4000	3846	3704	3601	3433	3533
第 2 次爆前	4125	4120	4167	3876	3817	3704	3594	3425	3526
第 2 次爆后	4111	4114	4132	3876	3817	3697	3577	3416	3496
第 3 次爆前	4007	4110	4098	3868	3817	3623	3546	3406	3489
第 3 次爆后	4000	4110	4065	3860	3812	3623	3546	3393	3475
第 4 次爆前	3996	4108	4032	3848	3812	3615	3539	3388	3470
第 4 次爆后	3989	4102	4032	3839	3807	3600	3518	3356	3458
第 5 次爆前	3985	4102	4032	3837	3807	3598	3512	3354	3458
第 5 次爆后	3981	4102	4032	3833	3807	3595	3508	3354	3458

表 10.10　切缝药包周边爆破 5-6 剖面声速值（单位：m/s）

时刻	孔深/m								
	0.4	0.6	0.8	1.0	1.2	1.4	1.6	1.8	2.0
第 1 次爆前	3360	3497	3714	3671	3447	3377	3398	3390	3388
第 1 次爆后	3314	3431	3680	3603	3388	3335	3360	3344	3354
第 2 次爆前	3297	3401	3671	3597	3378	3332	3360	3339	3350
第 2 次爆后	3280	3390	3611	3548	3374	3306	3356	3298	3330
第 3 次爆前	3275	3387	3603	3539	3370	3294	3353	3298	3330
第 3 次爆后	3255	3381	3590	3507	3367	3290	3350	3290	3324
第 4 次爆前	3250	3380	3585	3501	3367	3290	3345	3286	3320
第 4 次爆后	3240	3376	3580	3487	3364	3286	3345	3267	3317
第 5 次爆前	3238	3371	3579	3480	3360	3286	3345	3267	3317
第 5 次爆后	3235	3367	3577	3472	3360	3286	3345	3265	3315

表 10.11　切缝药包周边爆破 5-7 剖面声速值（单位：m/s）

时刻	孔深/m								
	0.4	0.6	0.8	1.0	1.2	1.4	1.6	1.8	2.0
第 1 次爆前	3590	3646	3844	3952	3966	4087	4192	4289	4375
第 1 次爆后	3526	3590	3784	3889	3918	4022	4142	4268	4348
第 2 次爆前	3512	3574	3773	3882	3912	4016	4136	4260	4348
第 2 次爆后	3481	3533	3742	3841	3888	3982	4093	4217	4321
第 3 次爆前	3465	3521	3738	3835	3881	3980	4089	4213	4319
第 3 次爆后	3448	3502	3701	3829	3846	3973	4067	4194	4301
第 4 次爆前	3440	3493	3696	3825	3839	3969	4060	4190	4298
第 4 次爆后	3421	3474	3667	3814	3822	3940	4038	4178	4294
第 5 次爆前	3416	3470	3660	3814	3820	3940	4035	4175	4294
第 5 次爆后	3410	3466	3647	3810	3815	3934	4029	4174	4294

表 10.12　切缝药包周边爆破 5-8 剖面声速值（单位：m/s）

时刻	孔深/m								
	0.4	0.6	0.8	1.0	1.2	1.4	1.6	1.8	2.0
第 1 次爆前	3735	3734	3727	3772	3842	4023	4116	4262	4281
第 1 次爆后	3703	3706	3703	3753	3821	4004	4104	4246	4268
第 2 次爆前	3696	3702	3703	3750	3818	3999	4099	4243	4268
第 2 次爆后	3665	3670	3668	3734	3785	3974	4081	4237	4260
第 3 次爆前	3660	3660	3662	3730	3781	3970	4078	4237	4257
第 3 次爆后	3637	3641	3641	3716	3764	3970	4068	4229	4257
第 4 次爆前	3630	3626	3624	3712	3759	3966	4063	4229	4257
第 4 次爆后	3624	3620	3620	3703	3742	3959	4057	4229	4257
第 5 次爆前	3620	3620	3620	3700	3742	3955	4055	4229	4257
第 5 次爆后	3609	3610	3611	3696	3737	3951	4055	4229	4257

表 10.13　切缝药包周边爆破 6-7 剖面声速值（单位：m/s）

时刻	孔深/m								
	0.4	0.6	0.8	1.0	1.2	1.4	1.6	1.8	2.0
第 1 次爆前	3643	3658	3803	3866	3866	3901	3937	4024	4056
第 1 次爆后	3606	3619	3776	3828	3834	3884	3906	4008	4042
第 2 次爆前	3600	3613	3768	3824	3827	3876	3902	4008	4040
第 2 次爆后	3577	3601	3747	3811	3809	3868	3886	3987	4026
第 3 次爆前	3574	3598	3740	3808	3802	3868	3884	3987	4026
第 3 次爆后	3568	3577	3726	3793	3788	3860	3884	3979	4020
第 4 次爆前	3568	3575	3722	3790	3783	3854	3880	3975	4018
第 4 次爆后	3560	3569	3718	3778	3772	3850	3871	3970	4012
第 5 次爆前	3555	3566	3714	3776	3770	3850	3871	3970	4012
第 5 次爆后	3547	3566	3714	3770	3766	3850	3871	3970	4012

表 10.14　切缝药包周边爆破 6-8 剖面声速值（单位：m/s）

时刻	孔深/m								
	0.4	0.6	0.8	1.0	1.2	1.4	1.6	1.8	2.0
第 1 次爆前	3614	3693	3778	4021	3984	4053	4123	4147	4202
第 1 次爆后	3579	3651	3743	3987	3949	4019	4102	4124	4178
第 2 次爆前	3570	3646	3740	3983	3943	4016	4097	4120	4174
第 2 次爆后	3542	3625	3717	3965	3918	3994	4069	4108	4161
第 3 次爆前	3540	3621	3715	3964	3914	3991	4066	4108	4160
第 3 次爆后	3517	3604	3704	3948	3901	3979	4054	4103	4153
第 4 次爆前	3513	3600	3700	3945	3897	3976	4051	4101	4153
第 4 次爆后	3505	3588	3700	3938	3884	3964	4046	4097	4150
第 5 次爆前	3502	3585	3696	3936	3880	3960	4044	4097	4150
第 5 次爆后	3497	3585	3691	3930	3880	3956	4044	4097	4150

表 10.15　切缝药包周边爆破 7-8 剖面声速值（单位：m/s）

时刻	孔深/m								
	0.4	0.6	0.8	1.0	1.2	1.4	1.6	1.8	2.0
第 1 次爆前	3669	3707	3765	3927	3986	4172	4011	4061	4231
第 1 次爆后	3628	3668	3732	3889	3949	4153	3991	4037	4215
第 2 次爆前	3620	3660	3727	3882	3942	4150	3990	4035	4213
第 2 次爆后	3592	3639	3711	3863	3923	4136	3976	4018	4202
第 3 次爆前	3590	3635	3702	3860	3920	4130	3971	4016	4189
第 3 次爆后	3578	3611	3687	3851	3904	4130	3962	4004	4180
第 4 次爆前	3578	3611	3685	3836	3897	4118	3960	3999	4180
第 4 次爆后	3570	3602	3676	3831	3890	4116	3948	3999	4180
第 5 次爆前	3567	3600	3673	3827	3890	4114	3945	3999	4180
第 5 次爆后	3567	3597	3673	3822	3886	4110	3945	3999	4180

通过对不同药包爆破下，爆破前后每个剖面的围岩进行声速测量，得到了以上表中所列数据，基于表 10.9～表 10.15 可以得出多次爆破下不同剖面围岩的声速变化规律，如图 10.21 所示。

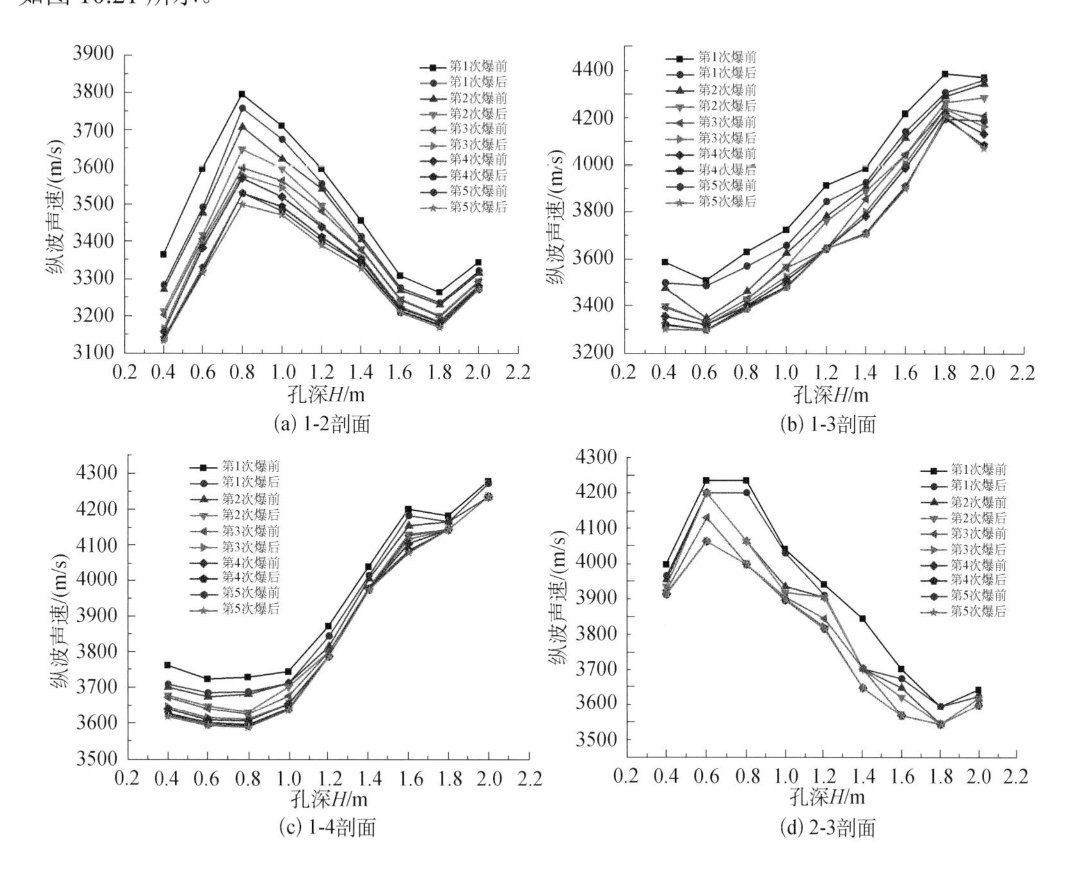

(a) 1-2剖面

(b) 1-3剖面

(c) 1-4剖面

(d) 2-3剖面

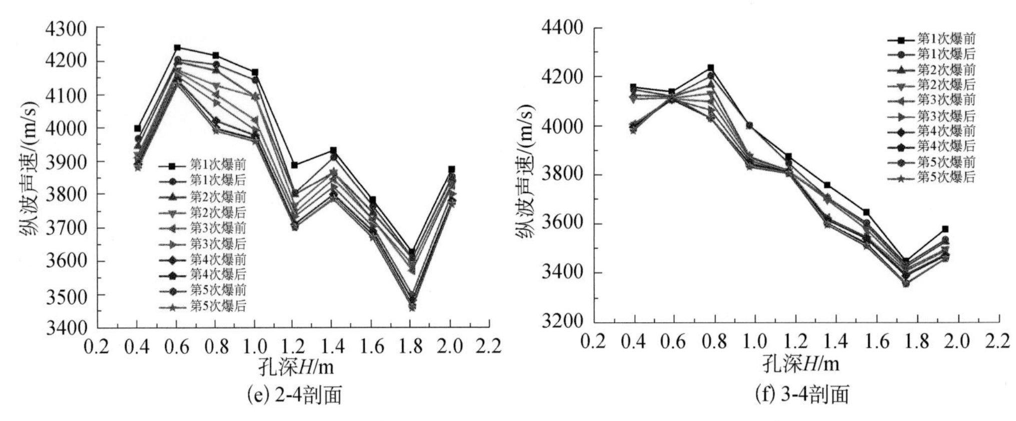

(e) 2-4剖面　　(f) 3-4剖面

图 10.21　光面爆破多次作用下不同剖面声速变化规律

从图 10.21 可以看出，在普通药包光面爆破多次作用下，六个剖面声速大体呈两种形式变化，1-3 剖面和 1-4 剖面表现出随孔深增加声速逐渐增加的“对勾（✓）”式趋势，而其他四个剖面则表现出 N 字形变化趋势，声速随围岩深度增加而增加，当测试孔深超过 0.8m 时再减小，当孔深 1.8m 后再增加的趋势。这说明围岩内裂隙分布不均，围岩整体性差。

从图 10.22 可以看出，在切缝药包多次爆破作用下，只有 5-6 剖面声速表现出“几”字形变化趋势，而其他剖面则都表现出了随孔深增加而声速总体增加的趋势，只有 6-8 剖面和 7-8 剖面在 1.2m 处声速出现了小的波动，总体趋势大体相同。这说明在切缝药包爆破作用下，围岩整体性较好。

进一步分析两种爆破方式作用下围岩声速的变化规律，可以看出，测试孔孔底附近声速变化值要小于孔口附近处，说明越靠近爆源或越临近帮部临空面损伤程度越高。同时切缝药包周边爆破时孔口附近声速变化量要小于普通光面爆破时的声速变化量，这说明普通光面爆破对围岩的影响程度要高于切缝药包周边控制爆破对围岩的影响。

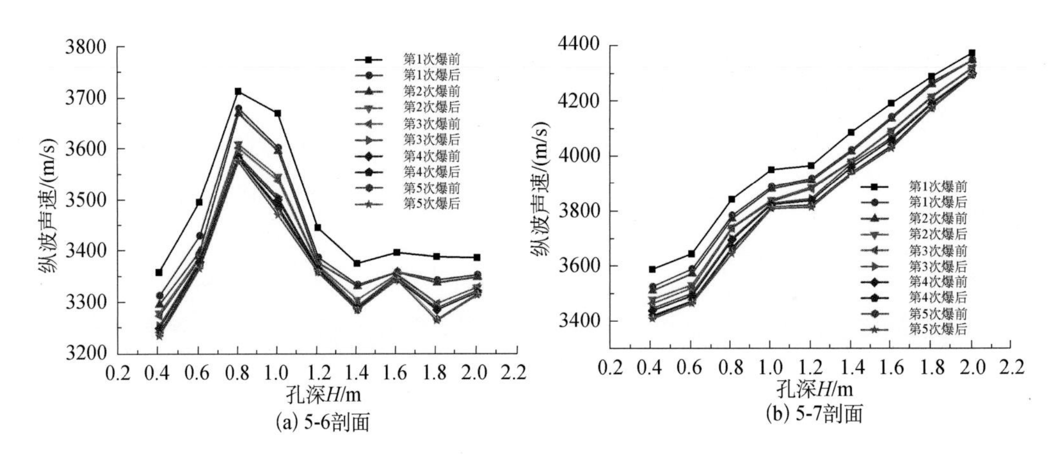

(a) 5-6剖面　　(b) 5-7剖面

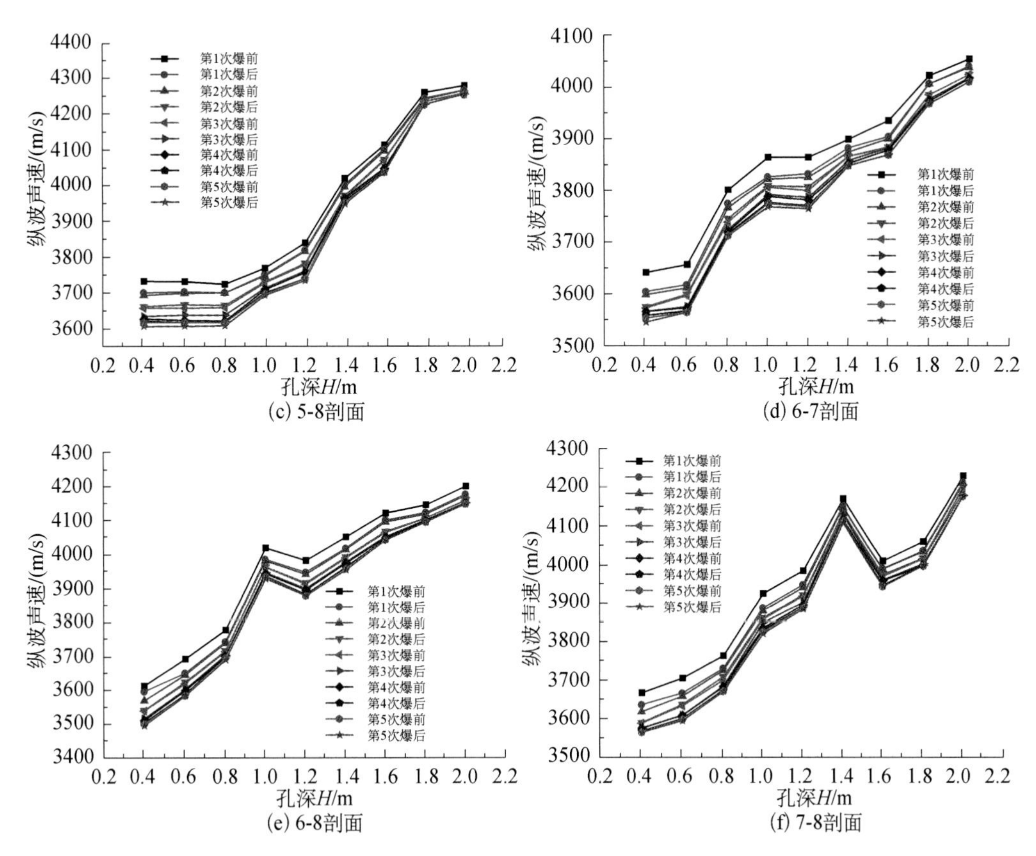

图 10.22　切缝药包周边爆破多次作用下不同剖面声速变化规律

基于表 10.9～表 10.15 所列数据，还可以得到两种爆破方式多次作用下，不同剖面的不同深度处围岩的声速变化规律，如图 10.23 和图 10.24 所示。

从图 10.23 可以看出，普通药包多次爆破作用下，前 4 次测量时围岩声速变化较大，当第 6 次测试即第 3 次爆破后声速变化开始平缓，较前 3 次爆破声速变化已经很小。对比不同深度处围岩的声速变化情况，可以看出，随着迎头的不断掘进，围岩声速整体呈下降趋势，但总体上是孔口处声速变化要大于孔底处声速变化，即围岩的深度越大，声速变化越小。

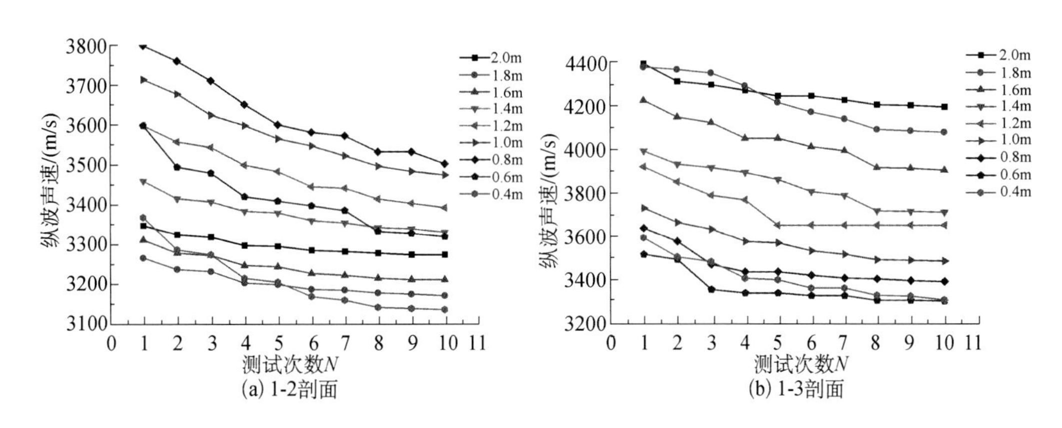

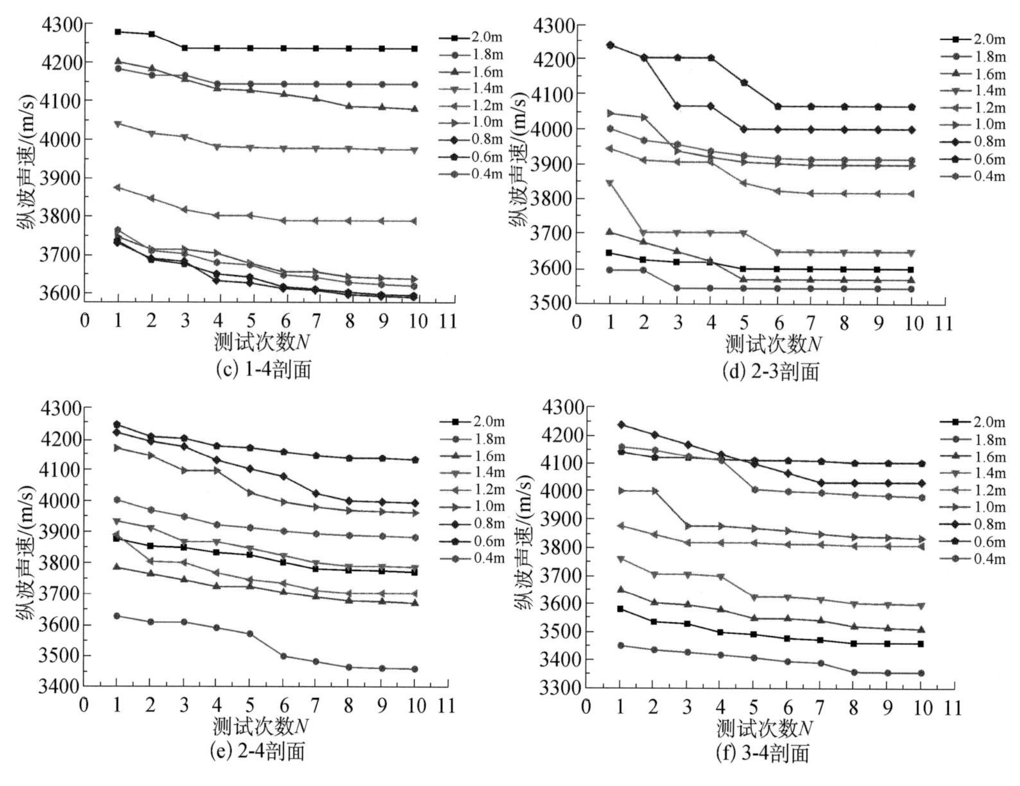

图 10.23　光面爆破多次作用下不同深度处围岩声速变化规律

分析原因如下：因为岩巷爆破掘进时，爆破荷载作用于围岩上，必然导致围岩一定程度受损，围岩整体声速会降低，但随着迎头不断向前，爆源距测点距离越来越远，爆破作用逐渐减弱。同样围岩深度越大，影响越小，从上述数据可以看出，总体上前 3 次爆破作用对围岩的声速影响较大，4 次爆破后影响减弱。

从图 10.24 可以看出，切缝药包周边爆破多次作用下，5-6 剖面声速变化情况较为明显，其他剖面声速变化相对较为平缓。从不同深度处围岩声速变化情况可以看出，2.0m 深处围岩声速变化最小，1.0m 内声速变化值相对较大。在第 4 次测量后即第 2 次爆破后，声速变化较为平缓。

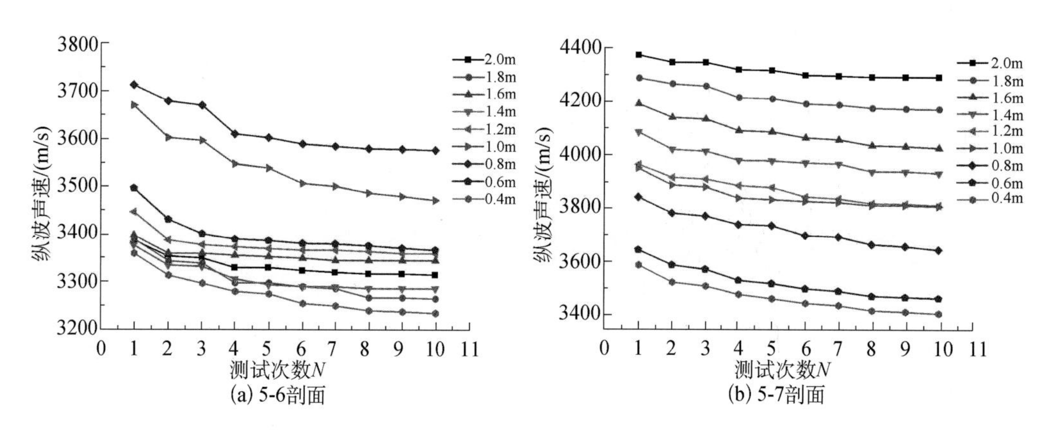

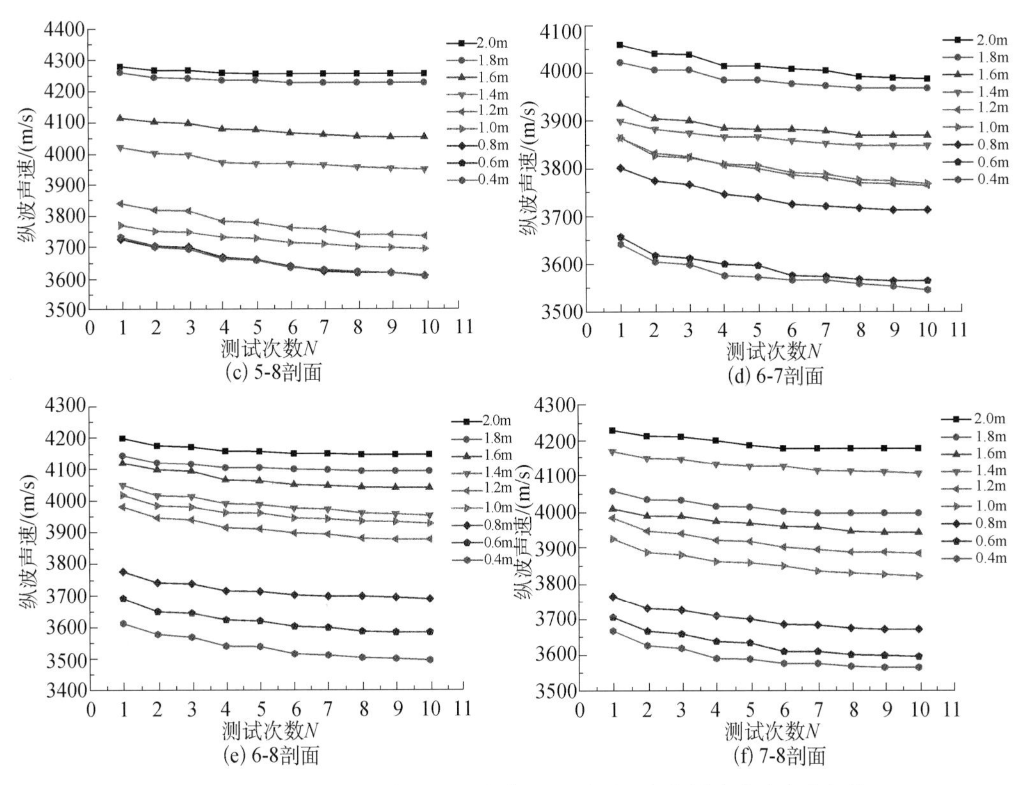

图 10.24　切缝药包周边爆破多次作用下不同深度处围岩声速变化规律

进一步分析两种爆破方式作用下围岩声速的变化规律可以看出，切缝药包周边控制爆破多次作用下，不同深度处围岩的声速变化趋势大体相同，而普通光面爆破多次作用下，则表现出波动较大。这说明切缝药包周边爆破围岩受荷载较小且相对较均匀。从这次爆后到下次爆前，要相隔大约 24h，这期间围岩主要承受静载压力，通过观察爆破后和爆破前声速变化可以看出，切缝药包爆破时，不仅本次爆破前后声速变化小，而且本次爆后和下次爆前直接声速值也十分接近。这说明切缝药包爆破后围岩承受静载能力要高于普通药包爆破时围岩承受的静载能力。

基于上述数据，根据第 5 章所述理论及声速和损伤的关系，可以得出两种爆破方式多次作用下围岩损伤变化规律，如图 10.25 和图 10.26 所示。

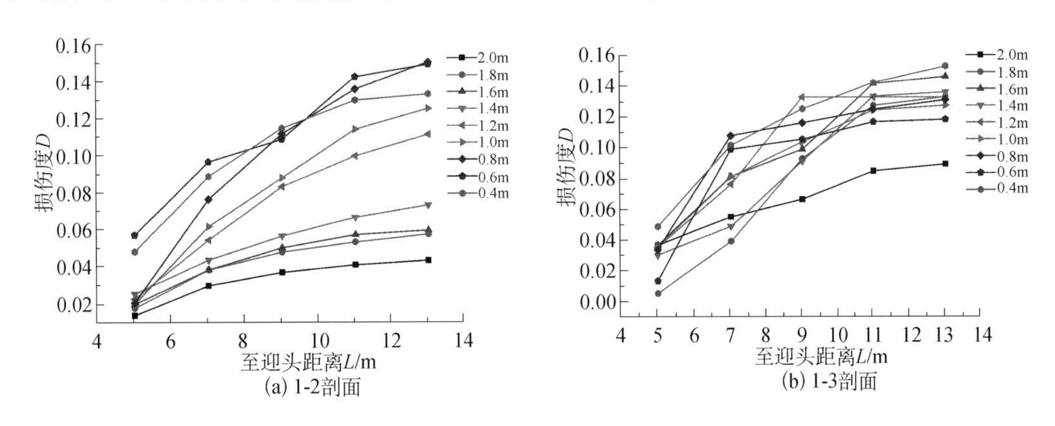

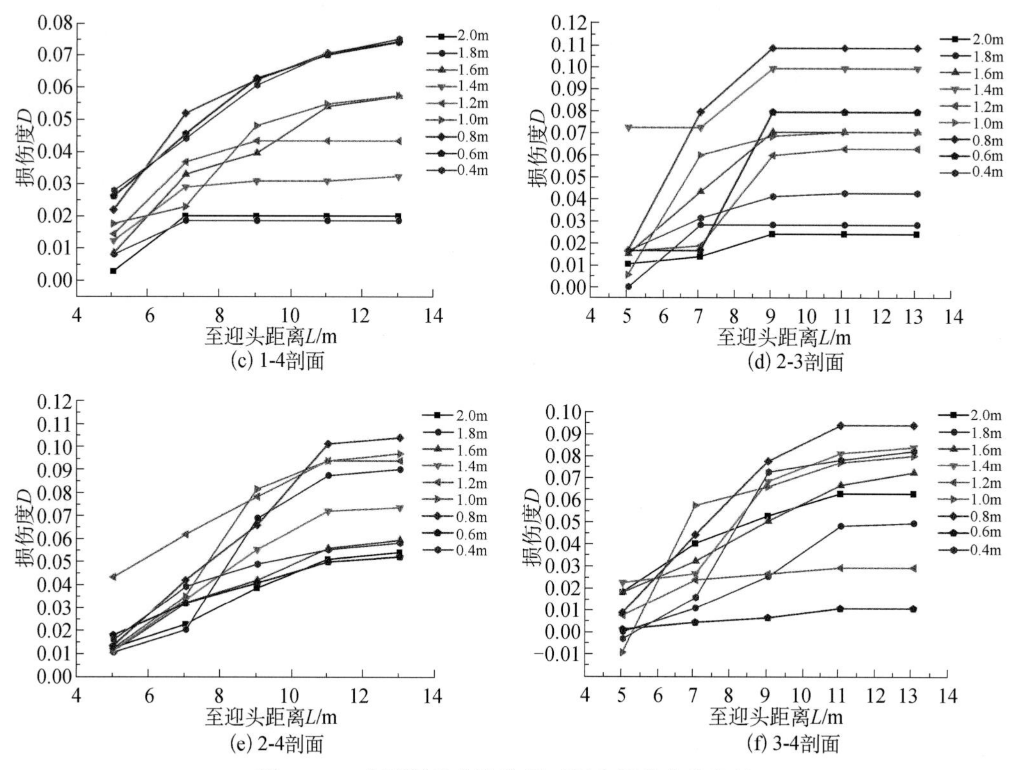

(c) 1-4剖面

(d) 2-3剖面

(e) 2-4剖面

(f) 3-4剖面

图 10.25　光面爆破多次作用下围岩损伤变化规律

从图 10.25 可以看出，随着爆破次数的增加，迎头的不断向前掘进，围岩损伤大体上先是单调增加，大约三个循环后即迎头距测点 9m 后趋于平缓。从数值上看，各剖面围岩损伤变量 D 为 0.08～0.16，1-4 剖面损伤变量 D 最小，约为 0.08，1-2 剖面和 1-3 剖面损伤变量较大，约为 0.16。相比不同深度围岩受损程度可以得出，深度越大，围岩受损程度越小。

分析原因如下：因为岩巷爆破掘进时，爆破荷载作用于围岩上，必然导致围岩一定程度受损，导致损伤变量 D 不断增加，但随着爆源距测点距离变大，损伤程度就越来越小。周边轮廓处存在粉碎区，靠近粉碎区则受损程度大，而深度较大的扰动区受损程度较小。

从图 10.26 可以看出，随着爆破次数的增加，迎头的不断向前掘进，围岩损伤表现出先增加后趋于平缓的变化趋势。从数值上看，各剖面围岩损伤变量 D 为 0.06～0.12，5-6 剖面和 5-7 剖面损伤变量大体相当，约为 0.12，其他 4 个剖面的围岩损伤大约在 0.06 左右。

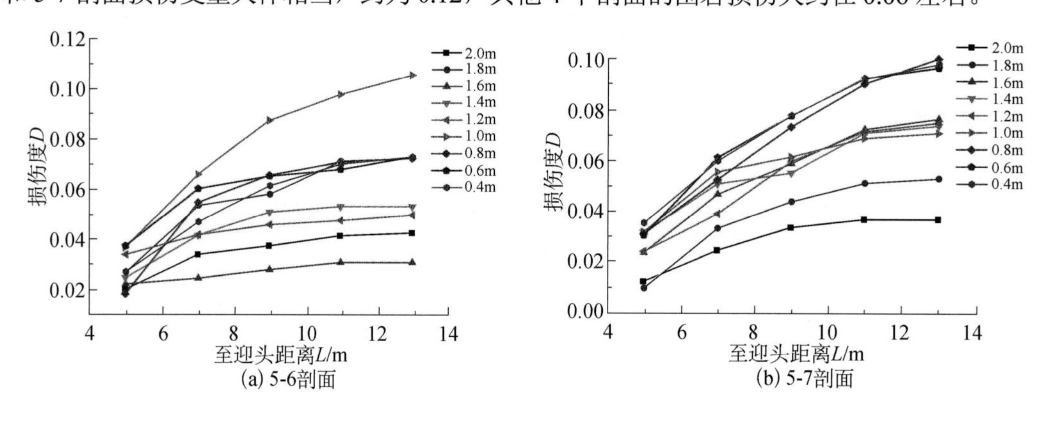

(a) 5-6剖面

(b) 5-7剖面

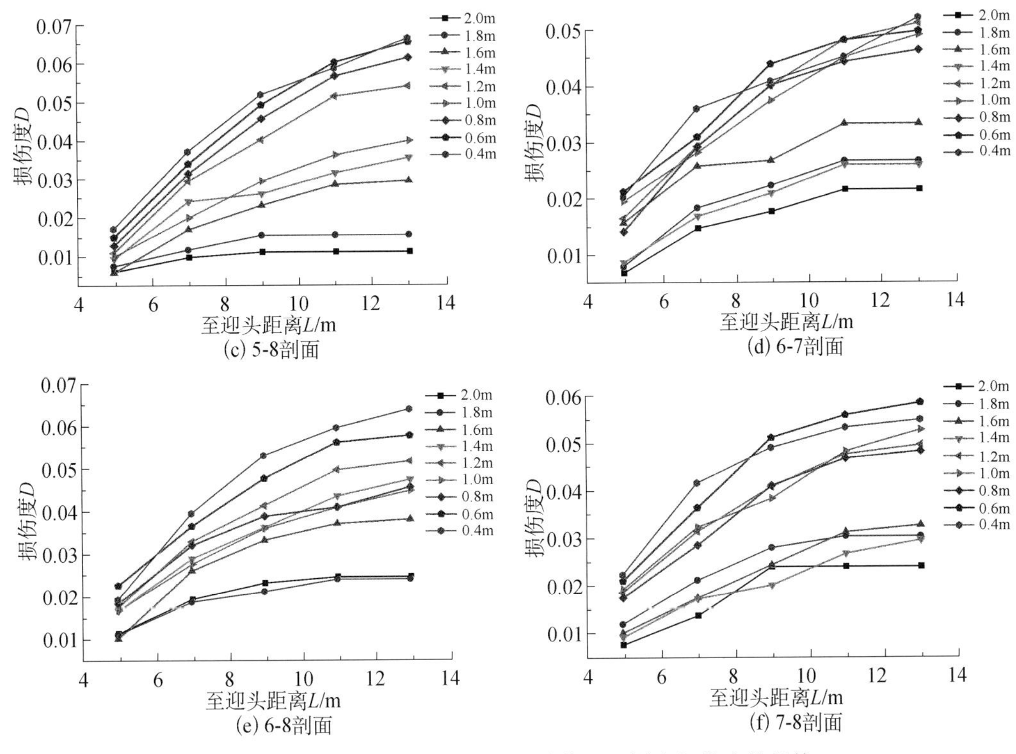

图 10.26　切缝药包周边爆破多次作用下围岩损伤变化规律

进一步分析两种爆破方式多次作用下围岩的累积损伤效应可以看出，当测点至迎头的距离小于 11m 时，围岩的受损程度较大，距离再增加围岩受损程度减弱。光面爆破时不同深度处围岩损伤变量 D 波动较大，而切缝药包爆破时各深度处围岩损伤变量 D 变化趋势大体相同。由于每个剖面损伤变量相差较大，且代表的损伤区域较小，所以为了更好地研究围岩整体的损伤效应，将几个剖面结合起来作为一个整体，对损伤变量 D 进行分析，这将更加清晰地表明两种爆破方式对围岩的损伤作用，以便于对比分析，提出控制围岩损伤的有效措施。表 10.16 列出了两种爆破方式下各剖面围岩的损伤变量 D 值以及损伤降低率。

根据表 10.16 可以得出，与普通光面爆破相比，切缝药包周边爆破时，5-7 剖面和 6-8 剖面的损伤量降低最多，降低了 42%；5-6 剖面和 7-8 剖面损伤量降低率相同，降低了 36%；5-8 剖面降低最少，降低了 17%。这说明切缝药包周边爆破时，两个对角线剖面损伤降低率最多，围岩受损程度最小，而沿着炮孔方向（即水平方向）两个剖面损伤降低率相同，而相邻两个炮孔的连线方向（即垂直方向）两个剖面损伤量降低率则出现了差异性。根据 6 个剖面的损伤量降低率可以得出采用切缝药包周边爆破后围岩整体损伤平均降低了 35%。

表 10.16　不同爆破方式的损伤变量 D

剖面	光面爆破损伤量	切缝药包爆破损伤量	损伤量降低率/%	损伤降低平均值/%
1-2/5-6	0.18	0.115	36	35
1-3/5-7	0.233	0.134	42	
1-4/5-8	0.09	0.075	17	
2-3/6-7	0.117	0.071	39	
2-4/6-8	0.136	0.079	42	
3-4/7-8	0.119	0.076	36	

分析原因如下：首先，采用切缝药包周边爆破时，切缝管在开挖轮廓线上的能量汇聚作用使得周边眼眼间距加大，周边眼装药量降低，所以使得围岩的整体损伤降低，受损程度减弱。其次，切缝药包周边爆破时，由于在切缝以外的其他方向药包外壳阻碍了爆生气体对孔壁的直接作用，尤其是“渗透”和“楔入”作用，从而起到了对围岩的保护作用。沿着炮孔方向（即水平方向）的两个剖面处围岩全部受到了管壁的保护，所以表现为水平方向两个剖面（5-6 和 7-8）损伤降低率相同。而在轮廓线方向，两个炮孔的切缝药包炸药能量很难完全对中，所以导致帮部垂直方向两个剖面（5-8 和 6-7）的受损程度具有差异性。如上所述，采用切缝药包周边爆破围岩声速变化表现出了较好的整体性，所以在两个对角线方向，5-7 剖面和 6-8 剖面的围岩损伤变化表现出了一致性。

2. *围岩爆破振动衰减规律研究*

煤矿岩石巷道全断面一次爆破，装药量大，爆破振动效应对围岩的损伤作用显著，尤其是随着迎头的掘进，周期性爆破振动对围岩产生的累积损伤效应，使得围岩内部节理裂隙等不连续面发生变化，进而导致围岩稳定性差、承载力降低，甚至岩体失稳。前面 CT 扫描试验是为了分析爆破近区围岩的损伤情况，可以认为是以“点”的方式进行研究；声波测试测试了 6 个剖面围岩的声速变化，并以 6 个剖面的平均损伤度对围岩的损伤效应进行了分析，可以认为是以“面”的方式进行研究；而本小节爆破振动测试是将振动探头喷射在围岩上，使用混凝土将其与围岩完全耦合，测试爆破荷载下围岩的振动响应问题，可以认为是从“体”的方面进行研究。这样就构建了从“点”到“面”再到“体”的研究体系，这将有助于全面分析爆炸载荷下围岩的损伤效应。对两种爆破方式多次作用下围岩的爆破振动进行了监测，其典型爆破振动波形如图 10.27 所示。

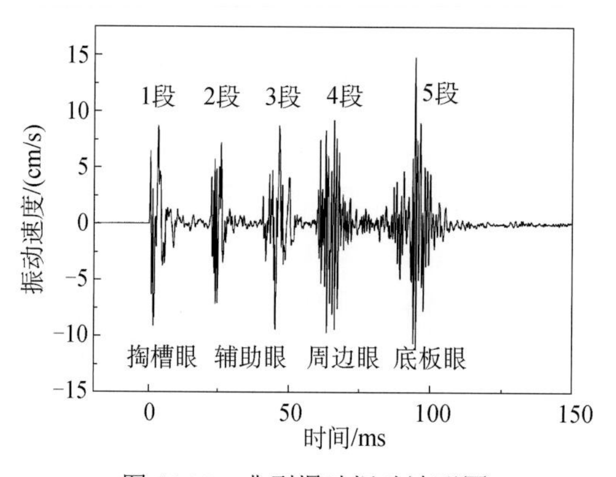

图 10.27　典型爆破振动波形图

通过图中时间振速曲线，可以判读到每个段位炸药爆炸所产生的振动速度，结合爆破方案可以对应到相应的炮眼名称。由于本试验只对周边眼参数进行了调整，其他参数保持不变，主要考虑的也是周边眼的损伤效应，因此下面只提取每次爆破周边眼诱发的爆破振动速度。试验中周边眼采用 4 段雷管进行爆破，其名义延期时间为 75±18ms。由于雷管的延期误差，最终将时间坐标控制在 55～85ms，这样能够清晰地看到周边眼引起的振动波形。试验采用的三向探头可测试三个方向质点振速，即 X 方向（径向）、Y 方向（切向）及 Z 方向（垂向）。在我国 2003 年发布的《爆破安全规程》（GB6722—2003）中对爆破振速做了相关规定，其中爆破振速是以三个方向中最大的一个方向上质点最大振速为参考指标，因此下面选取三个方向中最大质点振速进行了研究，如图 10.28 和图 10.29 所示。

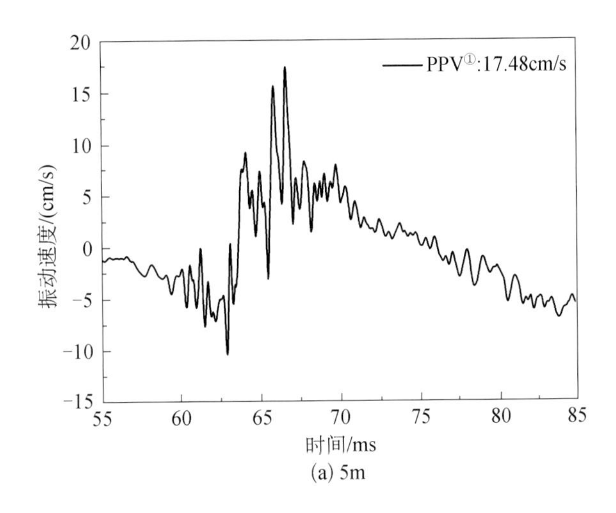

(a) 5m

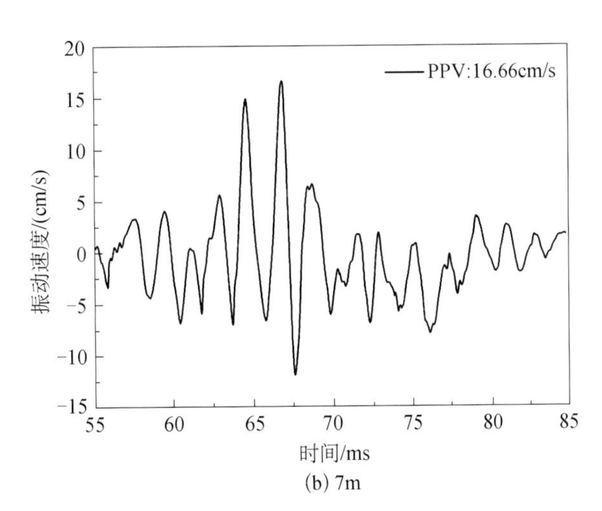

(b) 7m

① PPV：Peak Particle Velocity，质点峰值振动速度。

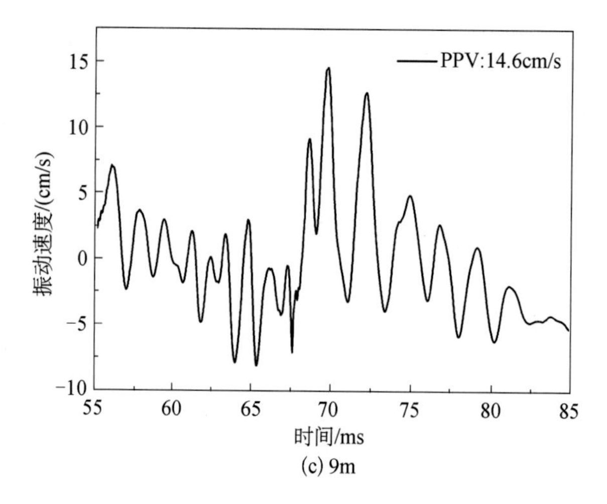

(c) 9m

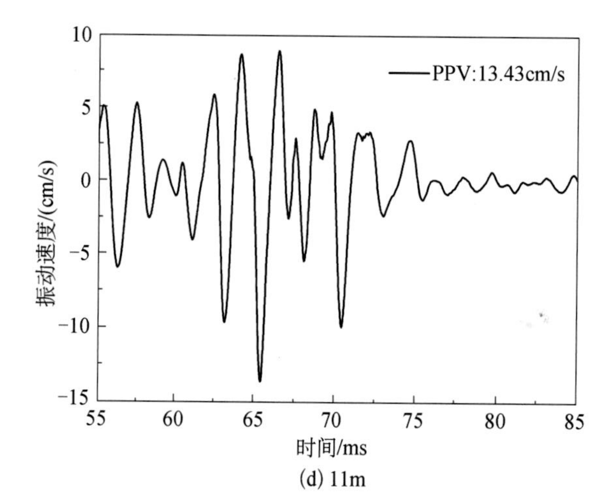

(d) 11m

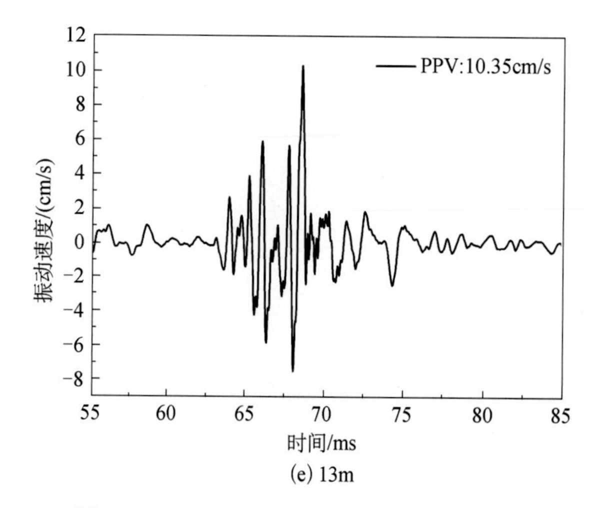

(e) 13m

图 10.28　光面爆破不同距离处爆破振动波形

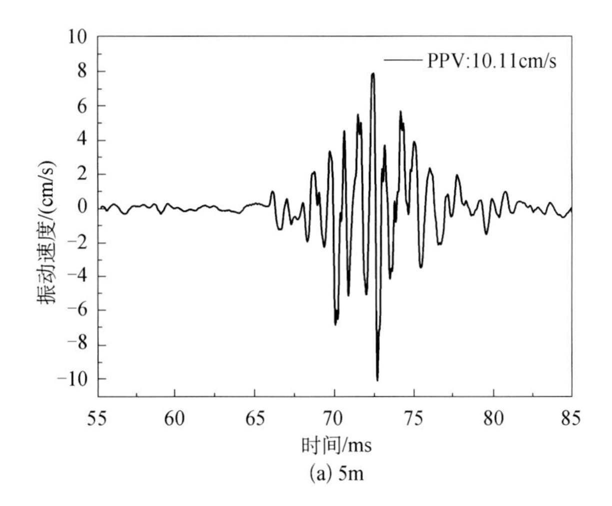
PPV:10.11cm/s
振动速度/(cm/s)
时间/ms
10
8
6
4
2
0
−2
−4
−6
−8
−10
55
60
65
70
75
80
85

(a) 5m

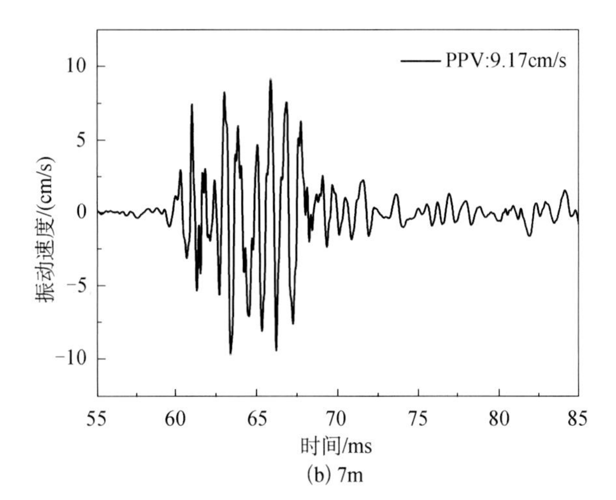
PPV:9.17cm/s
振动速度/(cm/s)
时间/ms
10
5
0
−5
−10
55
60
65
70
75
80
85

(b) 7m

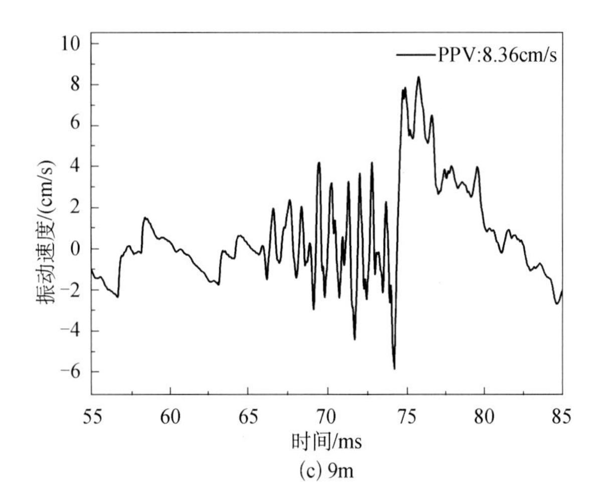
PPV:8.36cm/s
振动速度/(cm/s)
时间/ms
10
8
6
4
2
0
−2
−4
−6
55
60
65
70
75
80
85

(c) 9m

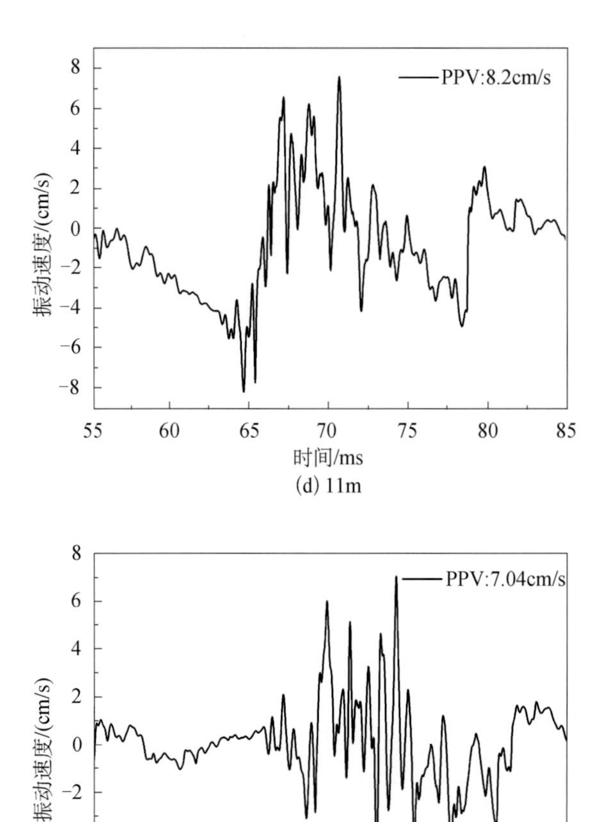

(d) 11m

(e) 13m

图 10.29　切缝药包周边爆破不同距离处爆破振动波形

从图可以看出，周边眼起爆时间为 60～70ms，这与现场情况相符合，同时周边眼的振动波并未与辅助眼和底板眼的振动波发生波形叠加现象，这将有利于研究周边眼振动效应。根据图 10.29 可以得出不同距离时，两种爆破方式周边眼产生的爆破振动速度（表 10.17）及其变化规律（图 10.30）。

表 10.17　周边眼的爆破峰值振速

测点至迎头的距离/m	周边眼爆破峰值振速/（cm/s）		爆破振速降低率/%
	普通光面爆破	切缝药包周边爆破	
5	17.48	10.11	42.2
7	16.66	9.17	45.0
9	14.60	8.36	42.7
11	13.43	8.20	40.0
13	10.35	7.04	32.0

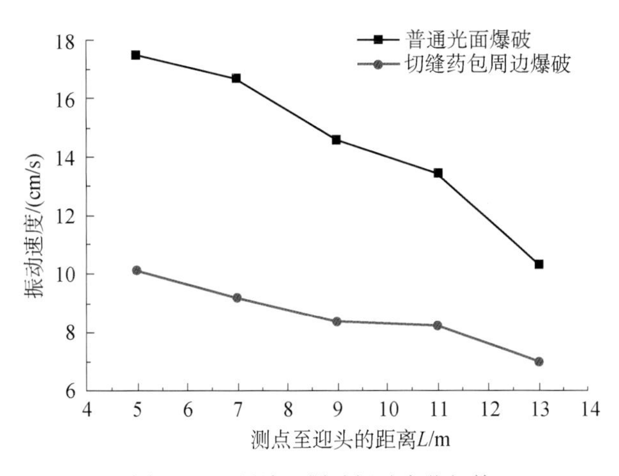

图 10.30　周边眼爆破振动变化规律

从表 10.17 可以看出，采用切缝药包周边爆破时，周边眼爆破振速较普通光面爆破有了很大降低，在测点距迎头 15m 范围内，质点峰值振速降低值为 30%～45%，且前 10m 时降低率大约在 40%左右，而 10m 之后降低率有所降低，大约 30%。

分析原因如下：采用切缝药包周边爆破后，周边眼间距从光面爆破时的 400mm 增加到了 600mm，眼间距增加了 50%，周边眼个数由 28 个减少到 18 个，减少了 35%，周边眼装药量减少了 9.9kg。根据萨道夫斯基公式可知，单段起爆药量正比于质点峰值振速，所以周边眼减少的 9.9kg 炸药直接导致了质点峰值振速的降低，进而降低了其爆破振动荷载，因此在此荷载频繁作用下，围岩的受损程度将小于普通光面爆破。

对比两种爆破方式各自的变化规律可以看出，普通光面爆破时周边眼峰值振速随距离的增加，衰减较快，而切缝药包周边爆破时衰减较慢。分析原因如下：切缝药包爆破管壁对围岩的保护作用使得围岩的受损程度降低，围岩的整体性较好，所以周边眼爆破质点峰值振速衰减较小，而普通光面爆破围岩受损程度严重，稳定性和整体性较差，所以爆破振动载荷对围岩的损伤作用较强，衰减较大。这也间接地说明了切缝药包周边爆破在保护围岩方面要优于普通光面爆破。

10.1.5　切缝药包控制围岩损伤的探讨

从目前煤矿岩巷爆破掘进施工来看，采用切缝药包定向断裂控制爆破具有以下优点：一是安全性。通过上面的研究已经证明采用切缝药包周边爆破可以降低围岩的损伤破坏，降低围岩出现动力失稳的可能性。二是经济性。采用切缝药包周边爆破后，炸药和雷管的成本有所降低，巷道的周边成型得到了显著改善，巷道的支护成本有所降低。三是技术先进性。从目前来看，切缝药包定向断裂爆破技术较传统的光面爆破，技术先进水平已经有了很大提高，优越性明显。但是，目前行业规范中关于切缝药包定向断裂控制爆破技术的规定还亟待补充，在成型药卷的生产及应用方面也有待于进一步提高。

10.2　青岛地铁隧道预裂爆破

10.2.1　工程概况

青岛地铁 3 号线全长约 25.93km，全部为地下线路，采用钻爆法施工。试验区域位于区间里程 K15+999m 处，断面为马蹄形断面，宽 5.8m，高 6.1m，断面面积约为 30.8m^2，埋深约 22m，采用楔形掏槽形式进行全断面爆破。工程地质条件如图 10.31 所示。施工采用ϕ32mm×300g 的 2 号岩石乳化炸药，试验采用切缝药包结构如图 10.32 所示，套管采用硬质 PVC 管，内径 36mm，外径 40mm，壁厚 2mm，预制裂缝宽 4mm[137]。

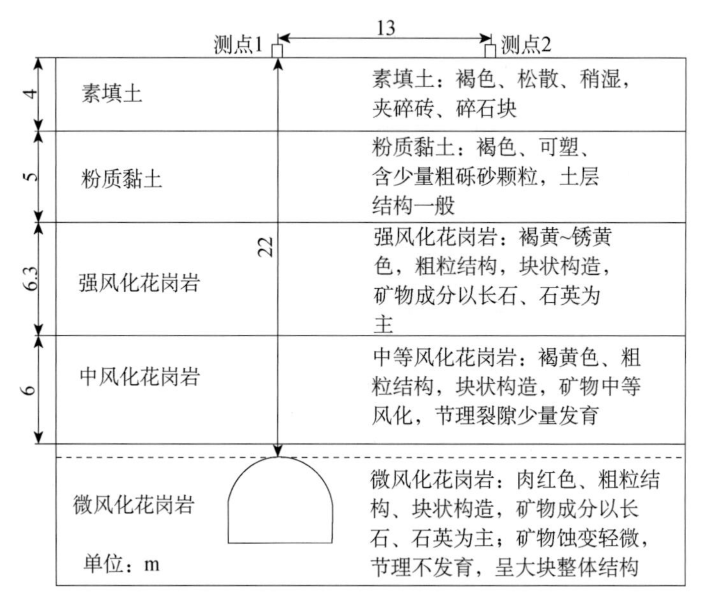

图 10.31　工程地质条件

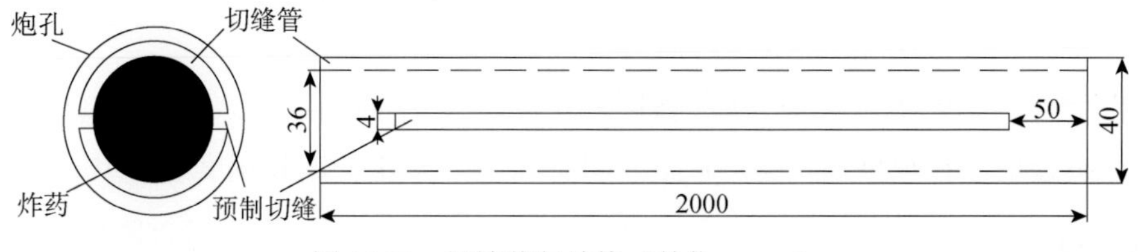

图 10.32　切缝药包结构（单位：mm）

采用切缝药包预裂爆破，能否将待爆岩石破裂开，以及预裂之后裂纹及裂隙区的情况如何，一直是工程技术人员关注的问题。尤其当岩石较完整且坚硬时，对预裂爆破效果的担心一直是阻碍其推广应用的关键因素。为了观察切缝药包预裂爆破的效果，对掌子面拱顶进行 5 个孔的切缝药包预裂爆破，炮孔深度为 2m，单孔装药量为 600g。采用切缝药包轴向空气间隔不耦合装药结构，使用导爆索连接炸药，如图 10.33 所示。5 个预裂孔同时起爆，如图

10.34 所示。爆破后形成的裂缝效果如图 10.35 所示，除渣后效果如图 10.36 所示。

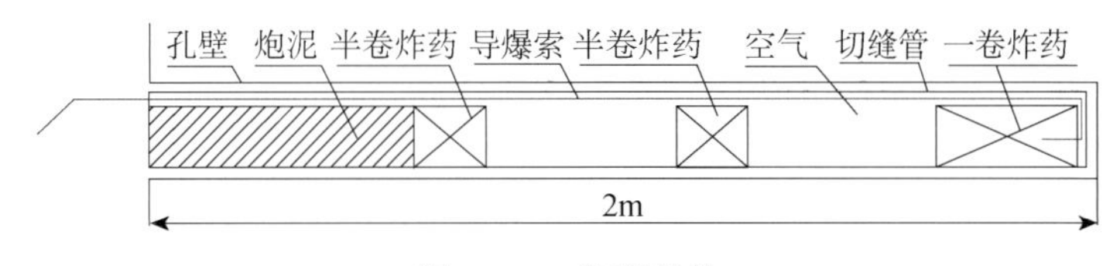

图 10.33　装药结构

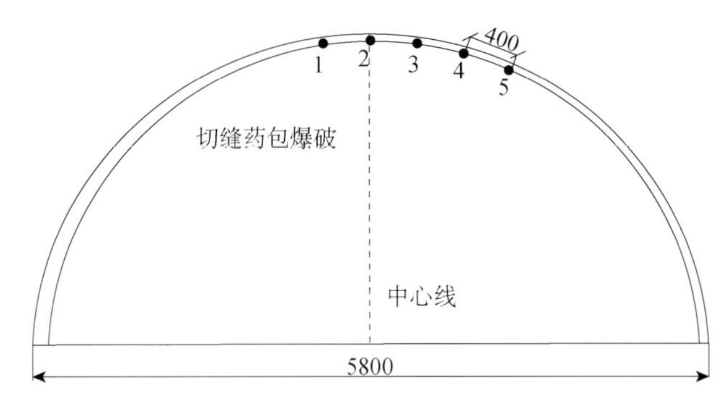

图 10.34　爆破方案（单位：mm）

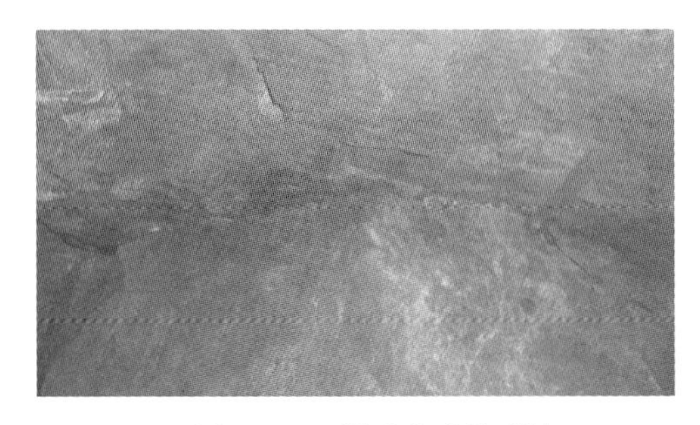

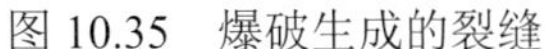

图 10.35　爆破生成的裂缝

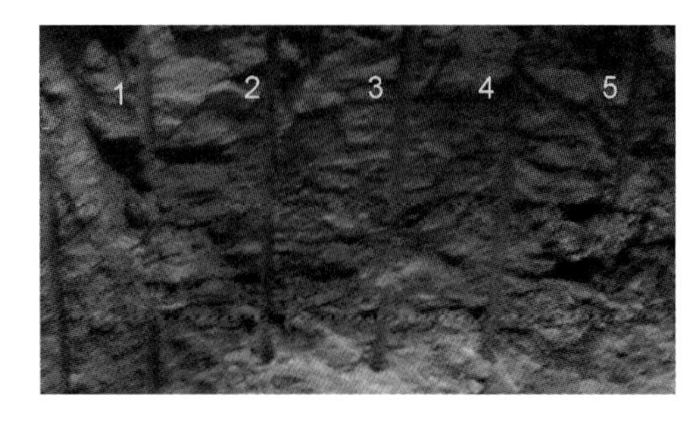

图 10.36　开挖后爆破效果

切缝药包预裂爆破形成的裂纹长度约为 3m，宽度约为 6～9cm。从图中可以看出，切缝药包预裂爆破成型规整。分析原因如下：采用切缝药包进行预裂爆破，在切缝方向，能量沿着切缝即轮廓线方向优先并大量释放，导致裂纹的长度和宽度增加；在非切缝方向，由于切缝管外壳的存在，导致作用于孔壁上的能量大大降低，使得非切缝区域孔壁产生的径向裂缝大大减少，所以周边成型规整，半眼痕率较高。试验证明，采用切缝药包预裂爆破能够很好地将岩石破裂，并形成具有一定长度和宽度的裂纹。

10.2.2　试验方案

1. 原爆破方案

为了对比降振效果，首先按原方案进行施工，如图 10.37（a）所示，具体参数见表 10.18。

2. 5 孔普通药包预裂爆破试验

首先采用普通药包进行预裂爆破，即在掏槽眼上方 600mm 处，横向布置 5 个炮孔，间距 600mm，炮孔深度要超深 20cm，即 2.2m，采用普通药包轴向空气间隔装药，使用导爆索进行连接，其他参数基本保持不变。爆破方案如图 10.37（b）所示，具体参数见表 10.19。

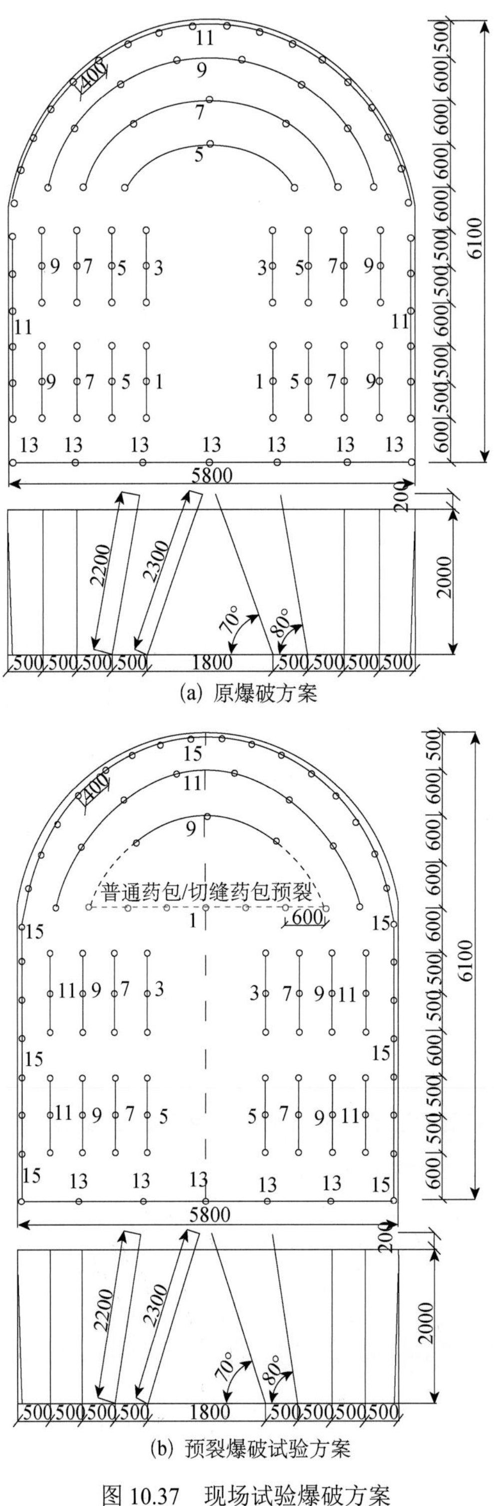

(a) 原爆破方案

(b) 预裂爆破试验方案

图 10.37　现场试验爆破方案

3. 5 孔切缝药包预裂爆破试验

在上述试验 2.的基础上，将 5 个预裂孔的普通药包改为切缝药包进行预裂爆破，其他参数保持不变。

4. 7 孔切缝药包预裂爆破

在上述试验 3.的基础上，将 5 个切缝药包预裂孔增加到 7 个切缝药包预裂孔，进行预裂爆破，其他参数同样保持不变。

表 10.18　原爆破方案的爆破参数

炮孔名称	数目	深度/m	段别	单孔装药量/kg	单段装药量/kg
掏槽眼	6	2.3	1	1.2	7.2
掏槽眼	6	2.3	3	1.2	7.2
掏槽眼	12	2.2	5	0.9	10.8
辅助眼	3	2.0	5	0.6	1.8
辅助眼	17	2.0	7	0.6	10.2
辅助眼	20	2.0	9	0.6	12
周边眼	30	2.0	11	0.45	13.5
底板眼	7	2.0	13	0.6	4.2
小计	101				66.9

表 10.19　预裂爆破方案的爆破参数

炮孔名称	数目	深度/m	段别	单孔装药量/kg	单段装药量/kg
预裂孔	5/7	2.2	1	0.6	3.0/4.2
掏槽眼	6	2.3	3	1.2	7.2
掏槽眼	6	2.3	5	1.2	7.2
掏槽眼	12	2.2	7	0.9	10.8
辅助眼	17/15	2.0	9	0.6	10.2/9.0
辅助眼	20	2.0	11	0.6	12.0
底板眼	5	2.0	13	0.6	3.0
周边眼	32	2.0	15	0.45	14.4
小计	103/103				67.8/67.8

10.2.3　结果分析

为了便于对比分析，不同方案（图 10.37）试验结果见表 10.20，爆破方案 1.～4.测试的波形如图 10.38～图 10.45 所示。

表 10.20　不同方案试验结果（单位：cm/s）

试验名称	测点	V_X	V_Y	V_Z	矢量合成
原方案	1	2.18	2.02	3.39	4.12
	2	1.78	1.36	1.19	2.23
5 孔普通药包预裂	1	1.28	1.13	3.59	3.60
	2	0.69	1.16	0.84	1.41
5 孔切缝药包预裂	1	1.12	1.28	2.45	2.59
	2	0.61	1.38	1.05	1.76
7 孔切缝药包预裂	1	1.23	1.35	2.72	3.00
	2	0.94	1.35	1.27	2.04

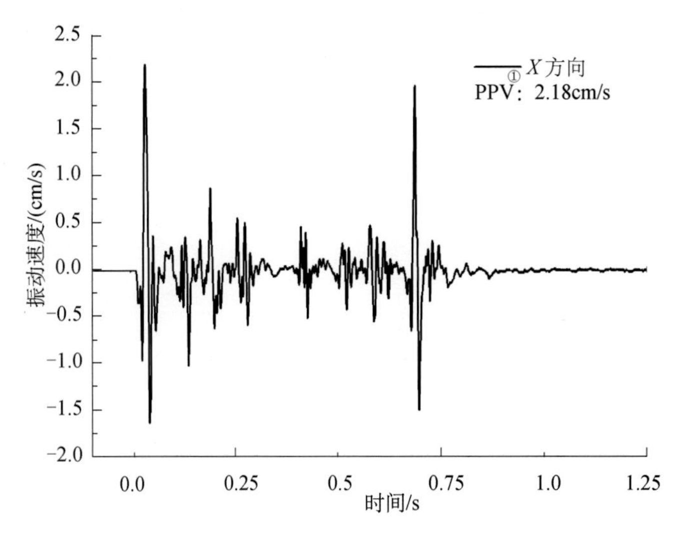

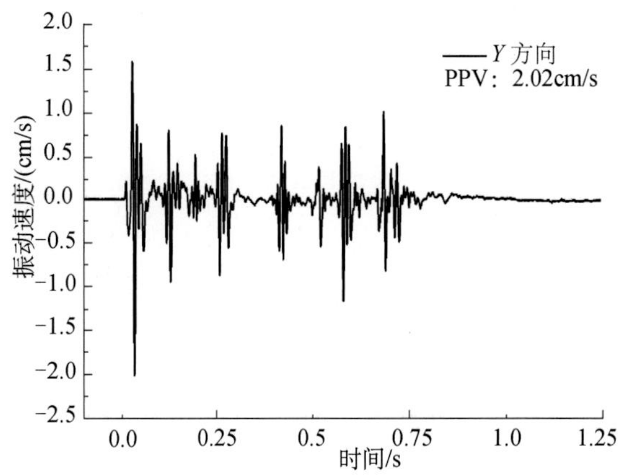

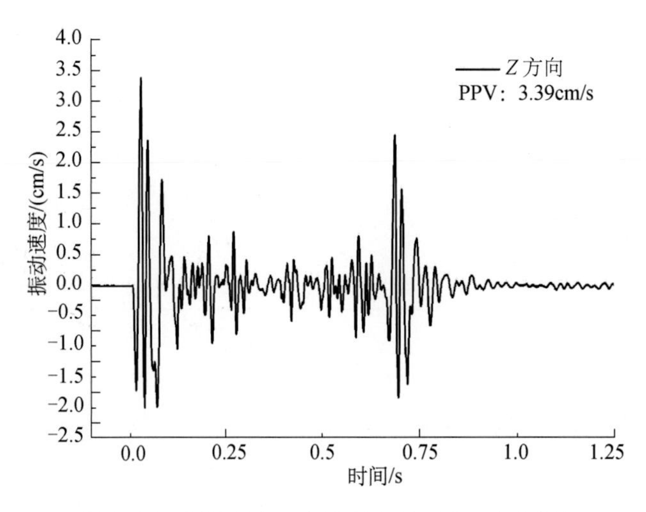

图 10.38　爆破方案 1.中测点 1（拱顶）测试波形

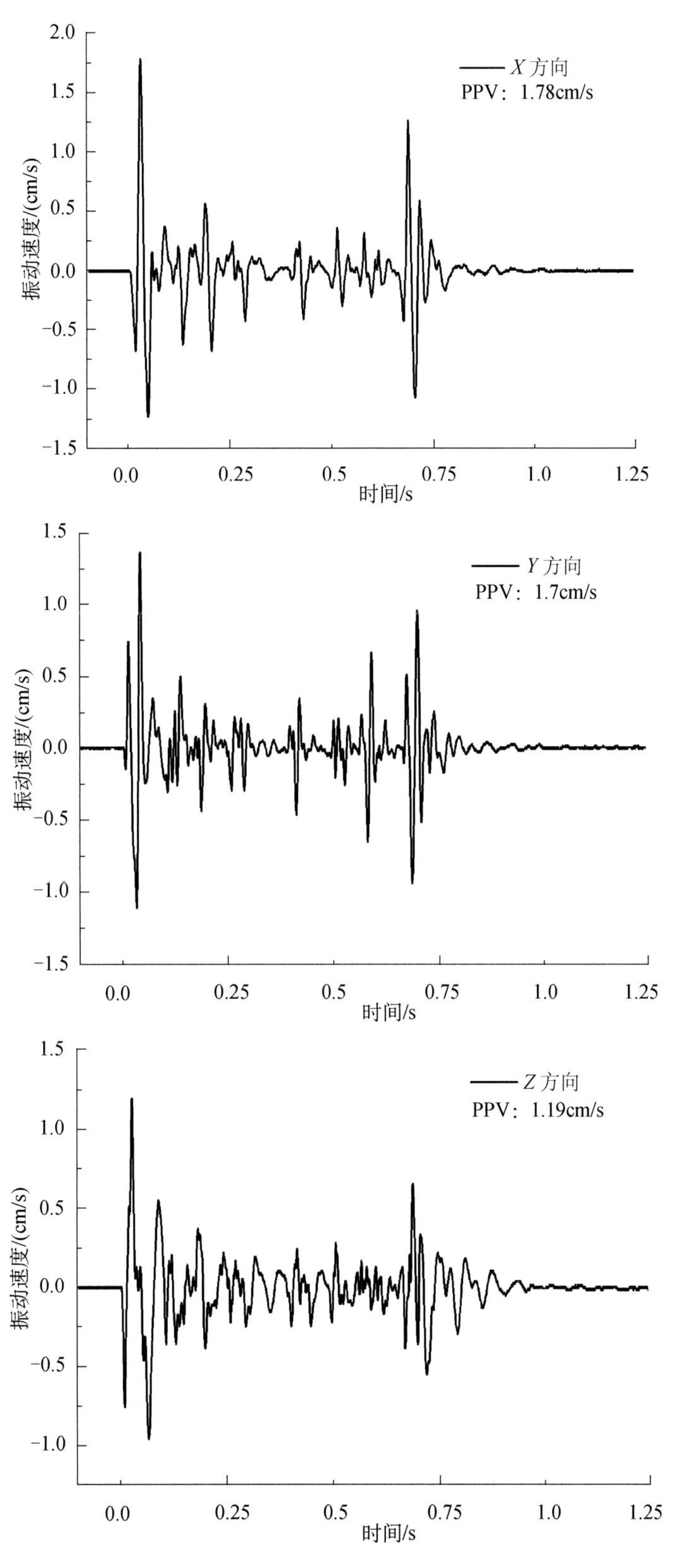

图 10.39　爆破方案 1.中测点 2（侧向）测试波形

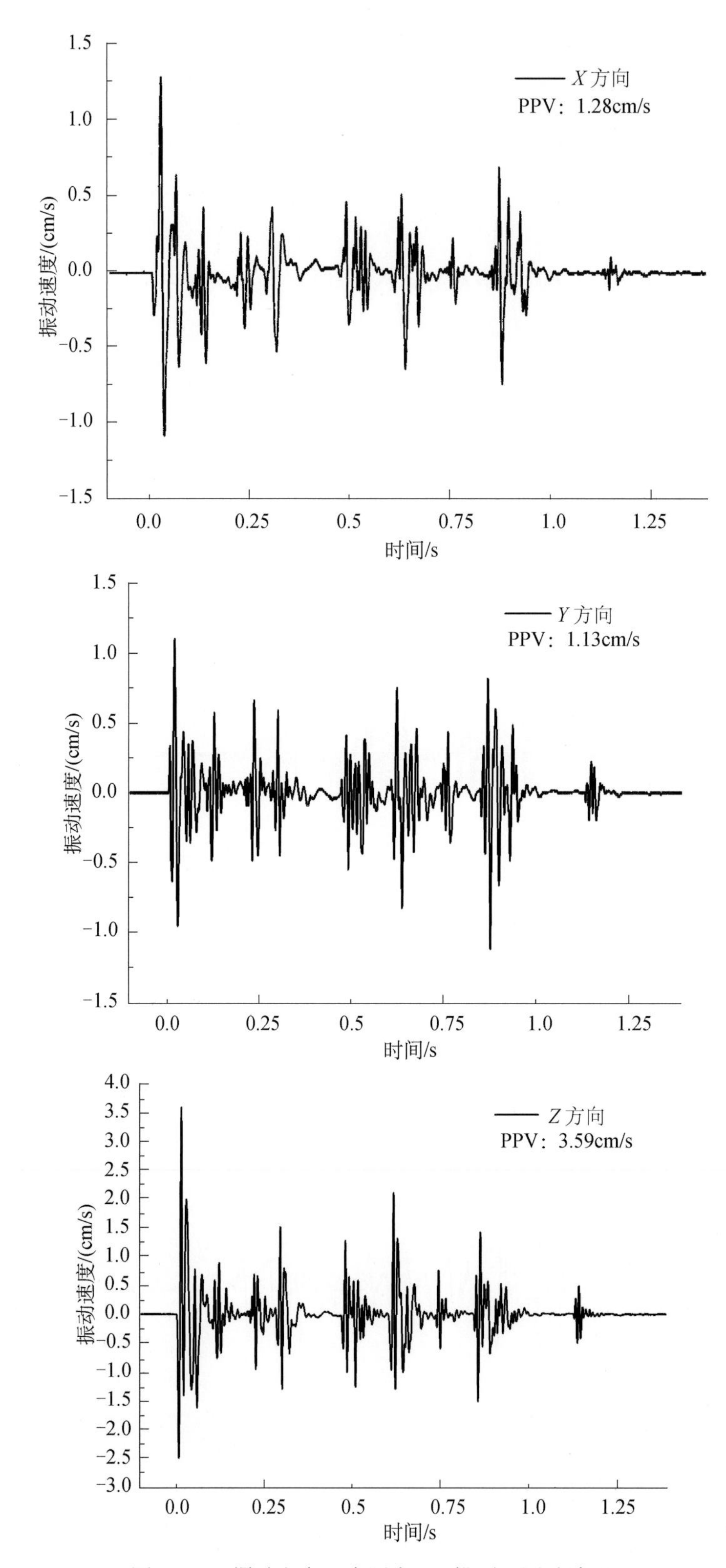

图 10.40　爆破方案 2.中测点 1（拱顶）测试波形

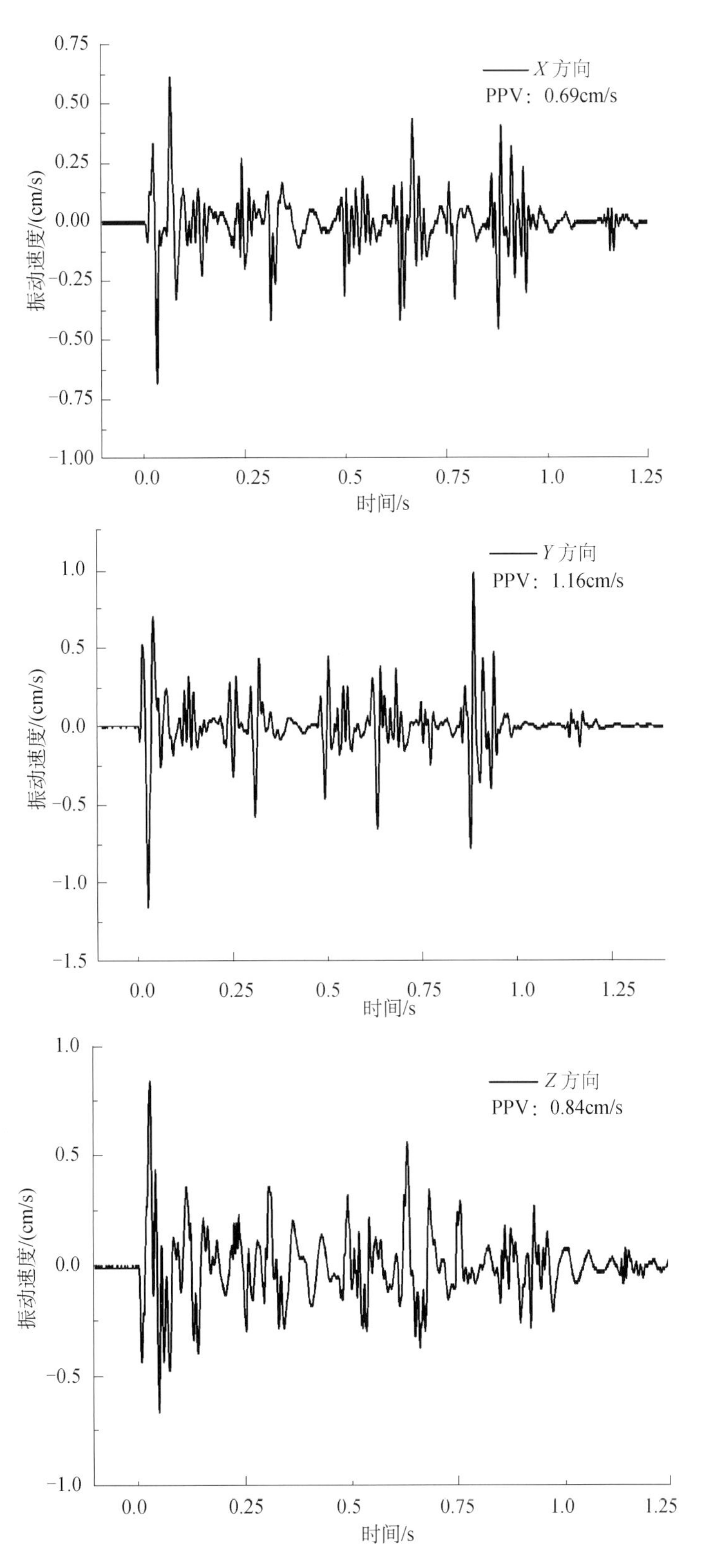

图 10.41　爆破方案 2.中测点 2（侧向）测试波形

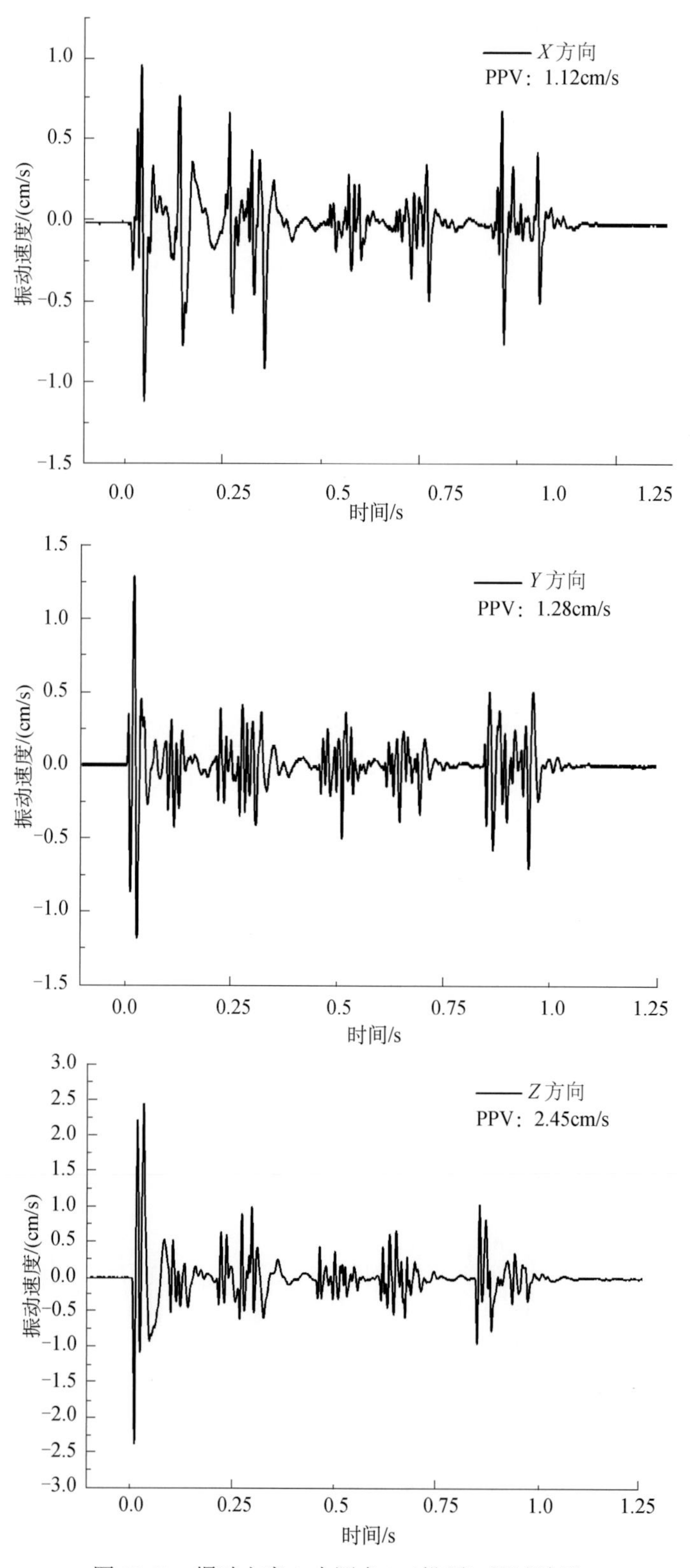

图 10.42　爆破方案 3.中测点 1（拱顶）测试波形

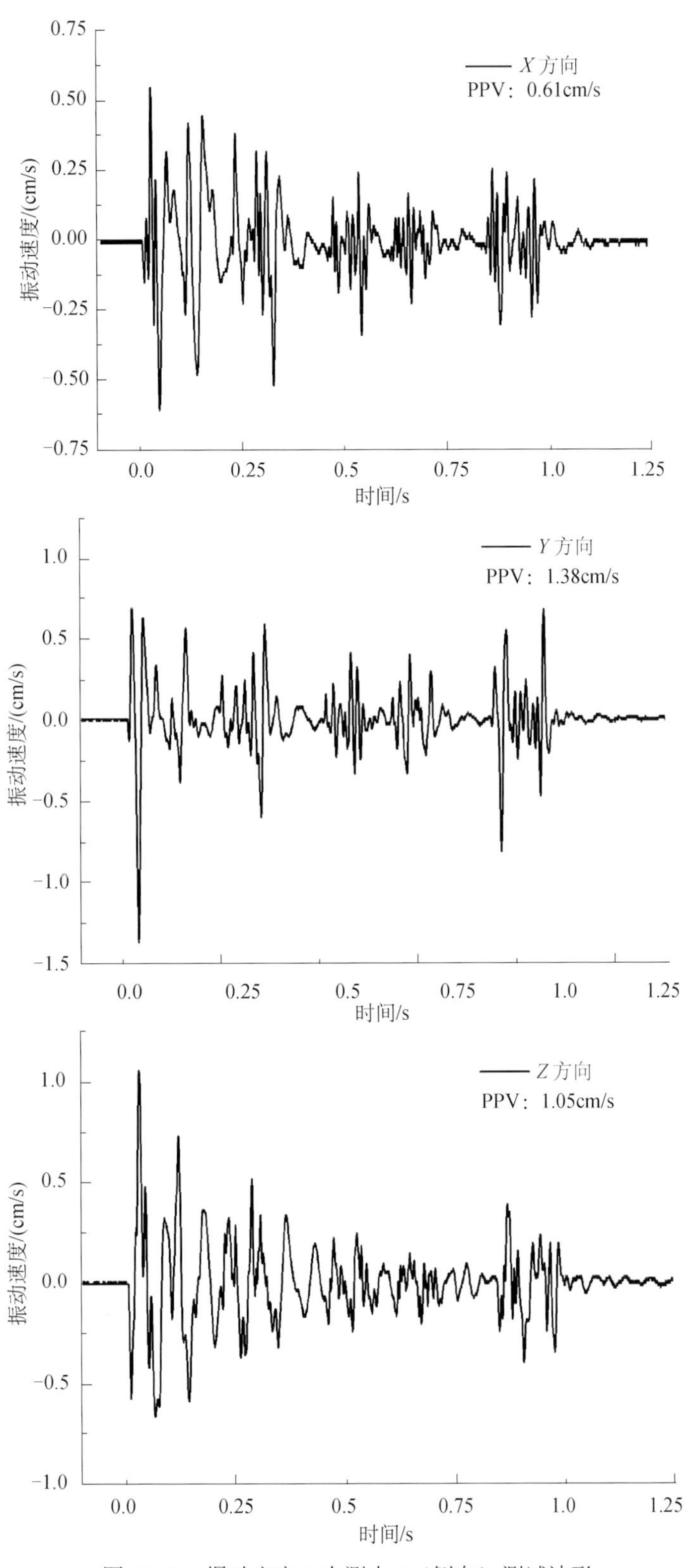

图 10.43　爆破方案 3.中测点 2（侧向）测试波形

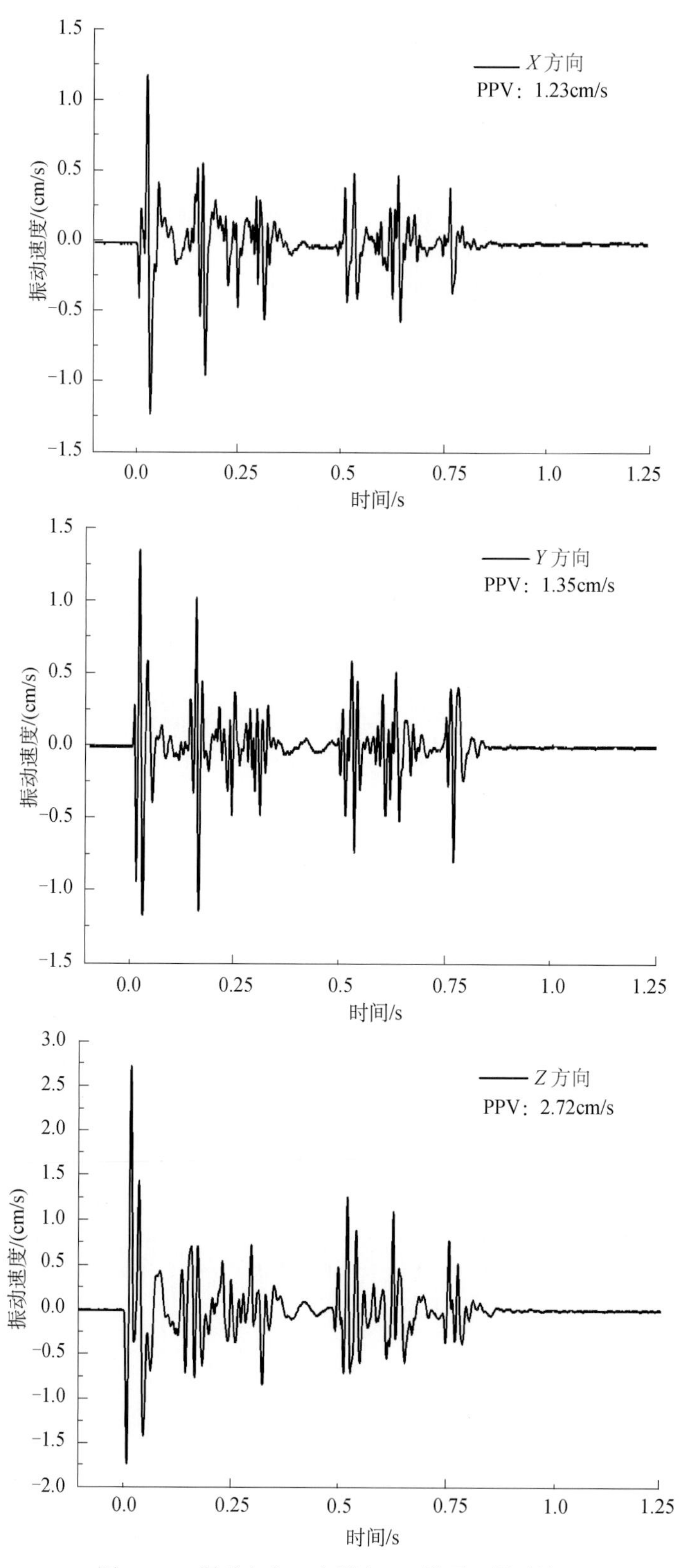

图 10.44　爆破方案 4.中测点 1（拱顶）测试波形

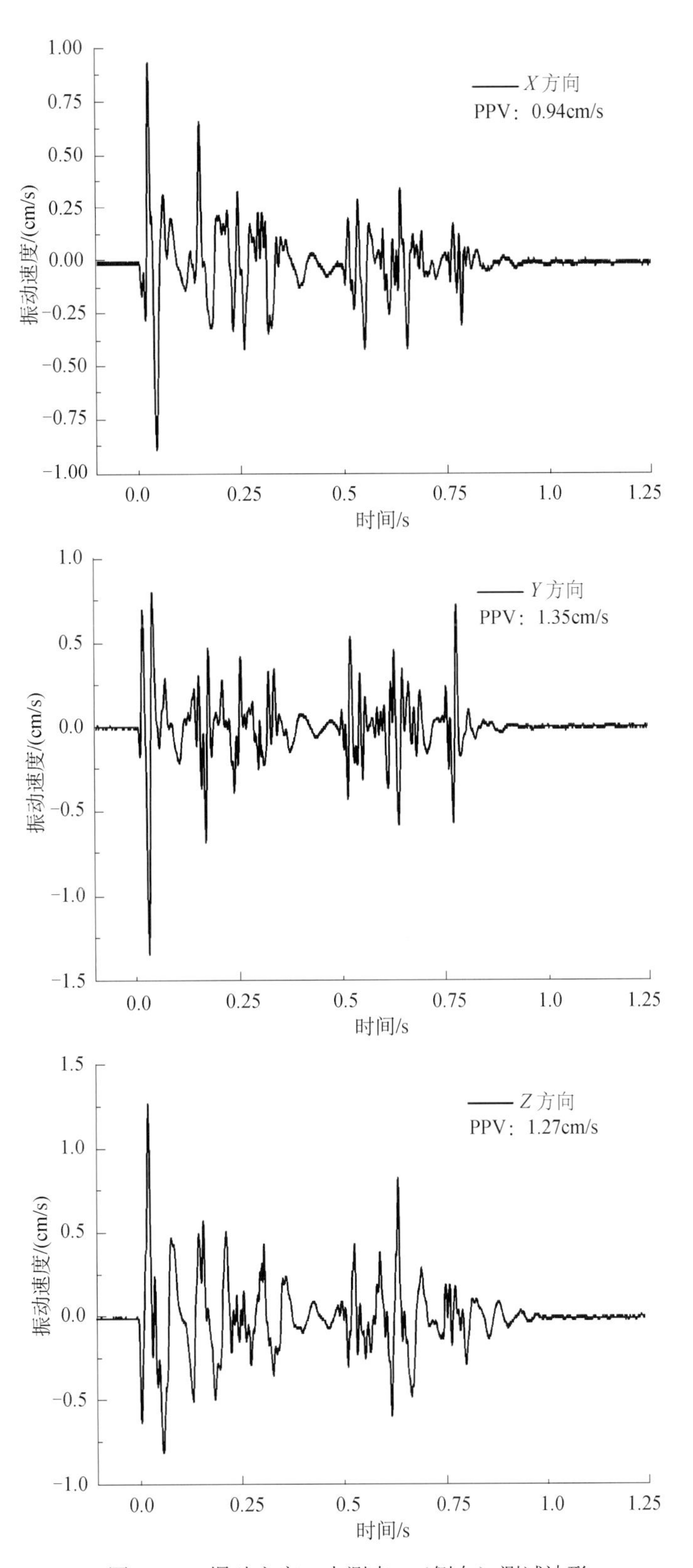

图 10.45　爆破方案 4.中测点 2（侧向）测试波形

（1）将上述试验过程定义为爆破方案 1、方案 2、方案 3 和方案 4。根据测点 1（拱顶）测试结果，绘制出拱顶振速变化规律，如图 10.46 所示。从图中可以看出：采用预裂爆破，质点三个方向的振速中，*Z* 方向（即垂向）振速最大；三个方向的合成速度高于任一方向的振速。将爆破方案 2 同爆破方案 1 对比：合成速度降低了 12.6%；*X* 方向（即径向）降低了 45.9%；*Y* 方向（即切向）降低了 32.7%；*Z* 方向（即垂向）振速增加了 5.8%。将爆破方案 3 同方案 1 对比：合成速度降低了 37.1%；*X* 方向降低了 48.6%；*Y* 方向降低了 36.6%；*Z* 方向降低了 27.7%。将爆破方案 4 同爆破方案 1 对比：合成速度降低了 27.2%；*X* 方向降低了 43.6%；*Y* 方向降低了 33.2%；*Z* 方向降低了 19.8%。因此，同原方案相比，对于拱顶上方质点峰值振速而言，采用 5 孔切缝药包预裂爆破降振效果最为明显。

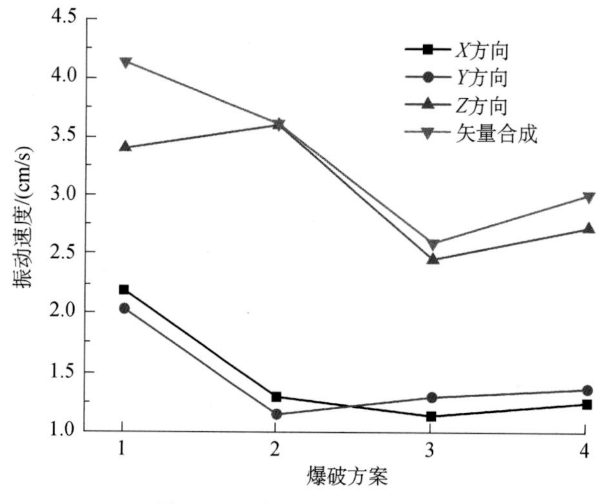

图 10.46　拱顶振速变化规律

（2）根据测点 2（侧向）的测试结果，绘制出侧向振速变化规律，如图 10.47 所示。从图中可以看出，采用预裂爆破，质点三个方向的振速中，*Y* 方向（即垂向）振速最大。

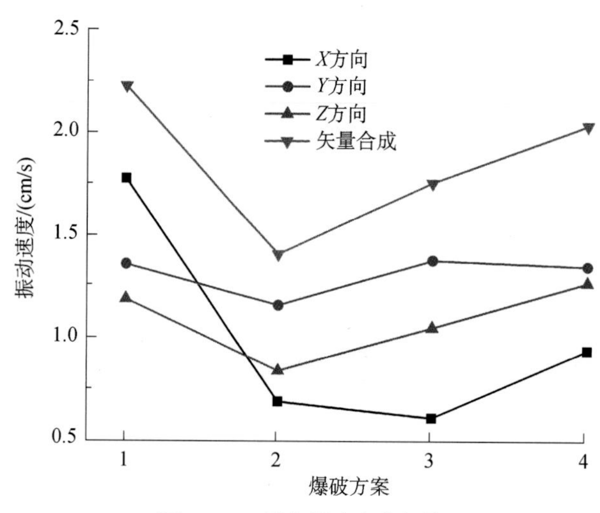

图 10.47　侧向振动变化规律

将爆破方案 2 同方案 1 对比：合成速度降低了 36.8%，*X* 方向降低了 41.5%，*Y* 方向降低了 14.7%，*Z* 方向降低了 54.6%。将爆破方案 3 同方案 1 对比：合成速度降低了 21.1%，*X* 方向降低了 48.3%，*Y* 方向增加了 5.6%，*Z* 方向降低了 11.8%。将爆破方案 4 同方案 1 对比：合成速度降低了 8.5%，*X* 方向降低了 20.3%，*Y* 方向降低了 0.7%，*Z* 方向增加了 6.7%。因此，同原方案相比，对于质点侧向振速而言，5 孔普通预裂爆破降振效果最为明显。

（3）原因分析。预裂爆破和原方案比较：采用此种预裂爆破，即在掏槽眼上方 600mm 处，横向布置 5～7 个预裂孔，首先爆破形成裂缝及裂隙区，减少和阻碍了掏槽眼爆破产生的振动波向上传播，同时预裂孔本身由于炮孔较少，段装药量同原方案掏槽眼药量相比，明显降低，两者共同作用降低了爆破振动速度。

将 5 孔切缝药包预裂和 5 孔普通药包预裂对比：在非切缝方向（拱顶方向）爆轰产物直接冲击其外壳表面，发生透射、反射等复杂现象后再作用在围岩上，爆破能量有所降低，所以拱顶质点峰值振速降低；但在切缝方向（侧向）则相反，由于切缝的存在，炸药爆炸能量优先沿着切缝方向集中释放，同时管壁对爆生气体的包裹作用，使爆生气体具有足够的强度和作用时间，结果导致了侧向质点峰值振速的增加。

将 5 孔切缝药包预裂爆破和 7 孔切缝药包预裂爆破对比：预裂孔数目的增加，使得段装药量增加，预裂孔的总能量有所增强，所以在切缝方向（侧向）和非切缝方向（拱顶）的质点峰值振速有所增强。

10.2.4　切缝药包在城市地铁中应用的探讨

近年来，随着国家对城市地铁建设的重视，北京、上海、广州、深圳、青岛、大连、重庆等各大城市都在建设地铁。矿山法施工技术的应用也十分广泛。由于城市地铁区间隧道埋深浅和开挖断面大等特点，对矿山法施工提出了更高的要求。通过上面的研究可以发现，切缝药包定向断裂控制爆破技术在爆破减振及周边成型控制等方面具有很好的效果，因此，该技术在城市地铁应用矿山法施工中还有很大的空间。

10.3　煤矿立井周边预裂爆破

10.3.1　工程概况

安徽某矿风井井筒设计全深 533.1m，基岩段荒断面直径ϕ8.2m/ϕ7.6m/ϕ7.4m，掘进断面 52.78m^2/45.34m^2/42.99m^2，净直径为ϕ6.5m，井筒净断面 33.1m^2，井壁厚度 850mm/550mm/450mm，表土段设计采用冻结法施工，冻结支护深度 265m。

该段井筒穿过的地层主要岩性以泥、粉砂岩为主，中硬岩 f=4～6。试验区域位于粉砂岩层，总体上岩性变化不大，但裂隙水较发育。

该段施工采用钻爆法施工，迎头伞钻打眼，抓岩机装罐，两套单钩提升，自卸式汽车排矸，底卸式吊桶下混凝土，3.7m 液压整体下行式模板砌壁，一掘一砌。涉及试验部分的施工工序有以下几个方面：

（1）凿岩。选用 FJZ-6.9 型伞钻，配 6 台 YGZ-70 型导轨式高频凿岩机，用 B25 中空六角钢 4.7m 长钎杆，ϕ55mm 的钻头。钻眼深度为 4.0m，掏槽眼深度为 4.2m，根据岩性采用一阶或二阶直眼掏槽方式。其炮眼布置如图 10.48 所示，爆破参数见表 10.21。

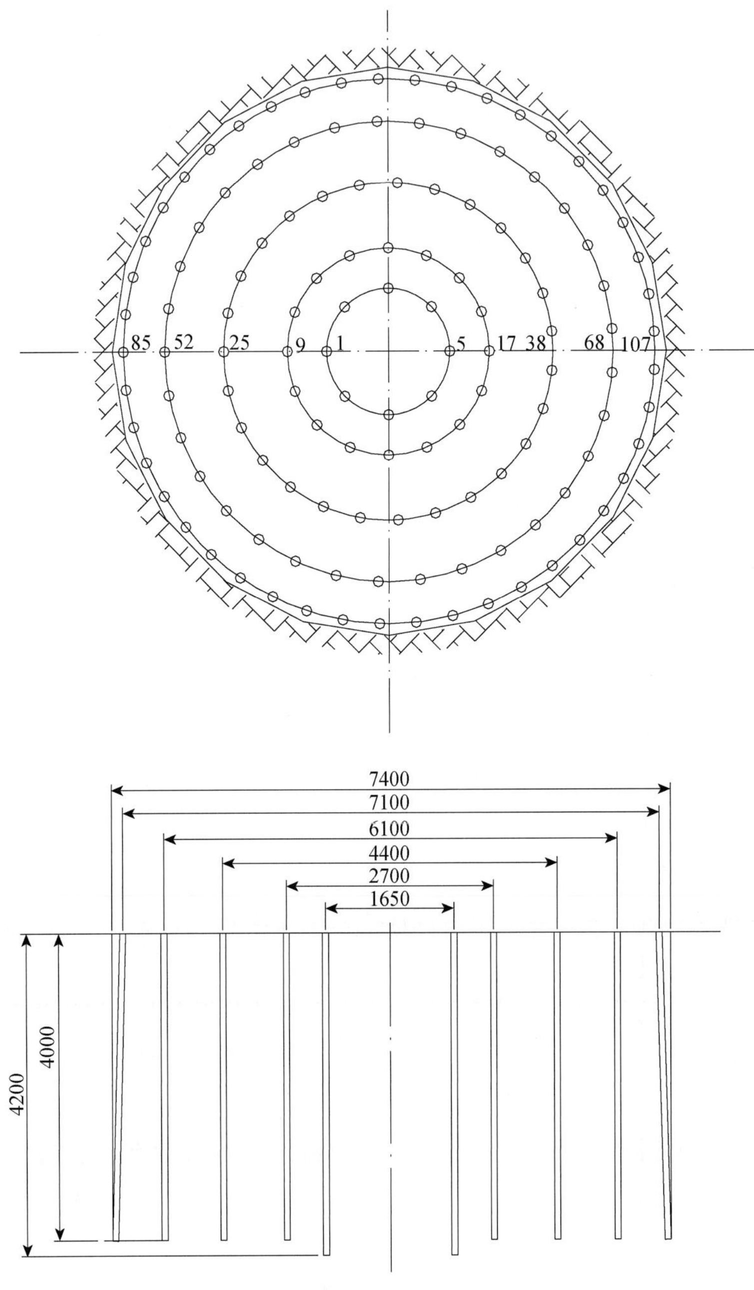

图 10.48　现场炮眼布置图（单位：mm）

（2）爆破。爆破选用煤矿许用 T220 型水胶炸药，炸药规格为ϕ45mm×400mm，单卷炸药重 0.714kg。采用毫秒延期长脚线电磁雷管，反向装药，并联的连线方式及 380V 电源起爆。

（3）出岩。采用 HZ-6 型中心回转抓岩机装岩。主提升机选用 2JK-3.5/18 专用凿井提升机，副提升机选用 JK-2.5/15 凿井提升机。

（4）下放模板。砌壁采用液压伸缩整体下行式大模板，正常段高为 3.7m。在掘进一个段高后，下放模板。

（5）浇筑混凝土。混凝土由地面搅拌站拌好装入 2.0m^3 底卸式吊桶，通过主、副提升机运送至井下分灰器上方，打开闸门经分灰器的 6 根ϕ203mm 胶管快速均匀对称入模。脱模控制在混凝土浇筑完 8h 以后进行，确保井壁质量。

表 10.21　爆破参数

序号	名称	眼号	眼数/个	圈径/mm	眼深/mm	眼距/mm	装药量		爆破顺序	连线方式
							/（卷/眼）	/（kg/圈）		
1	掏槽眼	1～8	8	1650	4200	647	6	34.3	Ⅰ	并联
2	辅助眼	9～24	16	2700	4000	530	4	26.5	Ⅱ	
3	辅助眼	25～51	27	4400	4000	512	4	77.1	Ⅲ	
4	辅助眼	52～84	33	6100	4000	580	4	94.2	Ⅳ	
5	周边眼	85～129	45	7100	4000	495	3	96.4	Ⅴ	
合计			129					328.5		

10.3.2　测试原理

本试验采用跨孔一发一收平行法进行声波测试，其基本原理是根据声波在围岩中的传播特性计算介质的声波波速。具体来说，是由超声脉冲发射源（发射探头）向介质内发射高频弹性脉冲波，首先是一个球面波，经水进入到围岩介质后，将在接收位置和发生位置之间形成一个复杂的声场，当声波到达围岩内的波阻抗界面（不连续或破损界面）时，将会发生波的透射与反射，使接收到的透射波能量明显降低，根据波的初始到达时间、能量衰减特性、频率变化及波形畸变程度等特征，可以获得测区范围内围岩的声速等参数。其测试原理如图 10.49 所示。

声波在围岩体中的传播，根据质点振动方向和波的传播方向之间的关系，可分为横波、纵波、表面波等。由于空气和水不能承受剪切力，故只能传播纵波，所以上述跨孔一发一收平行法测量的是纵波分量 C_p。

声波在围岩中传播时，会受岩性、结构面、风化程度以及岩体应力状态等因素的影响。一般来说，围岩体越坚硬越致密，声波传播越快，声速就越大，反之，则越小；岩性相同时，波速与岩体的结构面密切相关；相同的围岩，含水率越高，声速越大。因此，声波法适用于围岩稳定性分析研究。

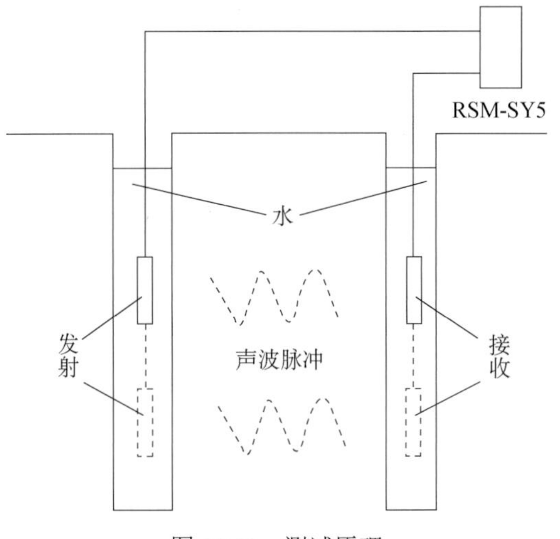

图 10.49　测试原理

1. 声速的计算

采用跨孔一发一收平行法进行声波测试时，声波速度 C_p 可用下式计算：

$$C_p = \frac{L}{t} \tag{10.3}$$

式中，L 为声波穿透围岩的实际距离，m；t 为声波透过岩体的时间，s。

2. 损伤的计算

损伤变量 D 可用下式计算：

$$D = 1 - \left(\frac{C}{C_0}\right)^2 \tag{10.4}$$

式中，C_0 和 C 分别为爆破前围岩声波波速和爆破后围岩声波波速。

现场试验采用的是武汉中岩科技有限公司生产的 RSM-SY5（T）智能声波仪及一发一收声波探头，如图 10.50 所示。其主要的技术性能指标见表 10.22。

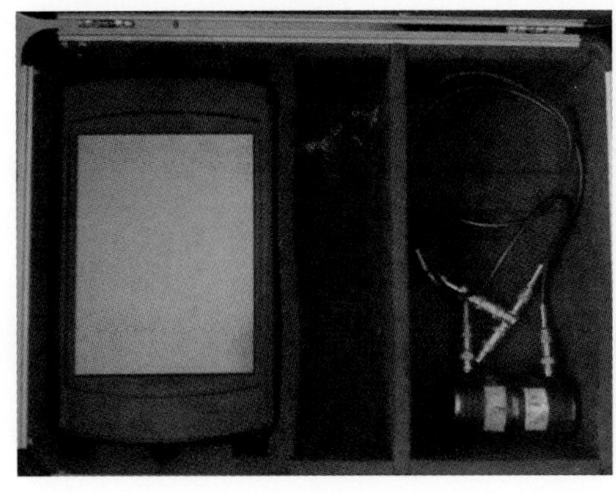
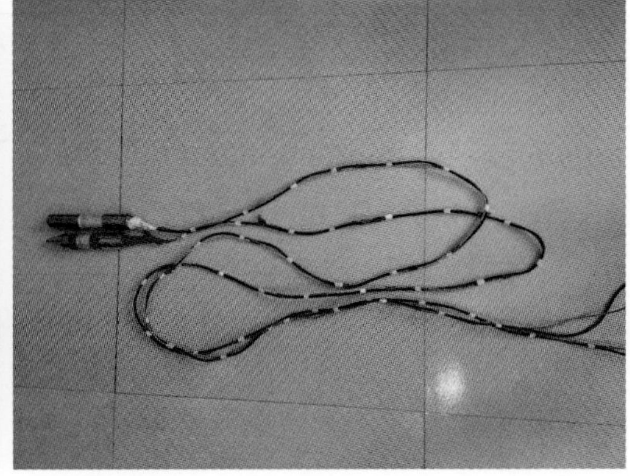

图 10.50　RSM-SY5（T）智能声波仪

表 10.22　主要的技术性能指标

参数名称	指标	参数名称	指标
主控形式	内置工控机	采样方式	发射接收独立分开
显示模式	8.4 寸彩色显示屏	操作方式	触摸屏
储存模式	电子硬盘	深度技数方式	手动记录
触发方式	信号触发	采样间隔	0.1～200μs
放大增益	100dB	通道数	一个发射、两个接收
发射脉宽	0.1～100μs	频带宽度	300～300kHz
声幅准确度	≤3%	声时准确度	≤0.5%
数据传输	USB	工作温度	−20～+55℃
体积	25cm×16cm×7cm	质量	1.6kg

10.3.3　试验方法

1. 试验方案

为了研究异形药包立井爆破围岩的损伤效应，基于上述声波传播和监测理论，结合现场施工，当井筒掘进至 262～274m 时，该区域井壁岩性为粉砂岩，岩性较为单一，所以选择该区段进行现场测试。试验为普通药包和切缝药包爆破对比试验，正常爆破时周边眼间距为 500mm，切缝药包爆破周边眼间距为 800mm，其他参数不变。现场试验具体爆破参数见表 10.23。

切缝药包采用市场上购买的硬质 U-PVC 优质塑料管，规格为 ϕ 50mm×2.0mm×400mm，其结构参数见图 10.51。现场装药情况见图 10.52。

表 10.23　现场试验爆破参数

药包形式	单孔装药量/kg	装药形式	周边眼间距/mm	装药长度/m	起爆方式
普通药包	2.142	连续装药	500	1.2	反向起爆
切缝药包	2.142	连续装药	800	1.2	反向起爆

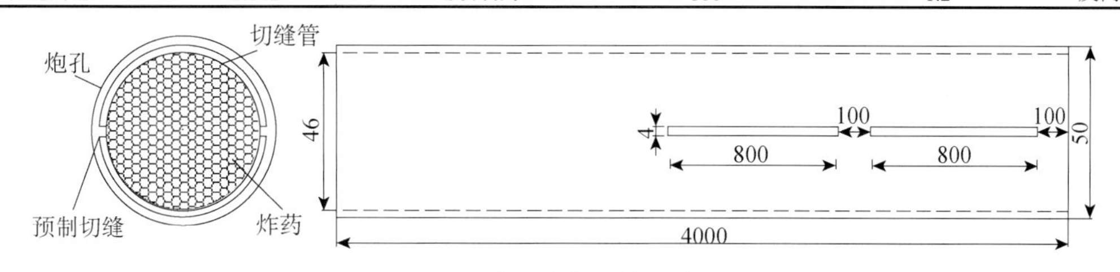

图 10.51　切缝药包结构参数（单位：mm）

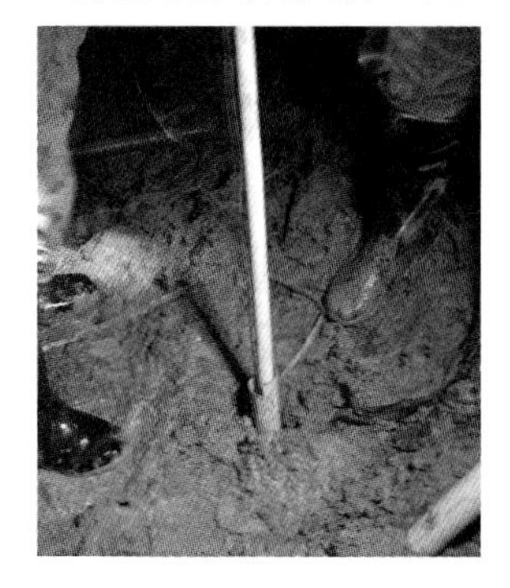

图 10.52　现场装药情况

2. 测点布置

根据实验要求，采用图 10.53 所示的现场监测方案进行测试。图中左侧周边眼（红色）采用切缝药包爆破，右侧周边眼（蓝色）采用普通药包爆破，分别在左、右两侧中间部位间隔 0.5m 打设 3 个 ϕ42mm×2.5m 深的声波测试孔，角度为斜向下 45°。左侧声波测试孔分别命名为 LS1、LS2 及 LS3，同理右侧声波测试孔命名为 RS1、RS2 及 RS3，这将便于后期数据处理。

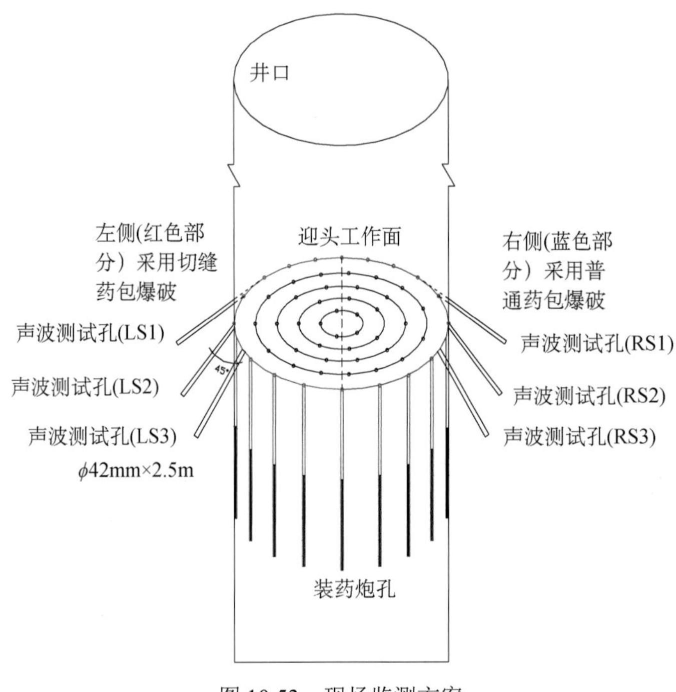

图 10.53 现场监测方案

3. 测试步骤

（1）爆破前打孔标记。在迎头工作面将周边眼平均分成左、右两个区域，并用红漆在井壁上做标记。然后在两个区域中间按图 10.53 所示打设声波测试孔，同样用红漆在井壁上做标记。

（2）爆破前测试声速。采用 RSM-SY5 声波监测仪对左、右两侧围岩体进行声速测试并记录。测试前将声波探头测试线按每 10cm 进行标记，便于施工过程中同步移动探头。测试过程中向孔内注水以便耦合传播介质，探头向外移动过程中水会从孔口流出，同时孔内水也会沿着节理裂隙流走，所以要不断向孔内注水，探头从底部向外每移动 20cm 测试一次声速，做好记录。测试完后用堵塞物将声波测试孔堵塞好，防止杂质进入孔内。标记的探头和测试情况如图 10.54 所示。

（3）爆破后测试声速。由于放炮后爆堆将原迎头工作面向上提高了 2m，所以先进行出矸，待爆堆表面降至原工作面时，按标记找到声波测试孔，取出堵塞物后，注水进行声波测试。

（4）观察爆破效果。在出岩完成后，观察爆破效果。

图 10.54　声波测试

10.3.4　试验结果分析

1. 声波测试结果

根据上述试验方案，采用声波测试技术对两种试验进行了声速测量，得到了爆破前、后不同剖面声速变化值，表 10.24 和表 10.25 所示为试验结果。

表 10.24　普通药包爆破声速测试结果

孔深	LS1-LS2 爆前/(m/s)	LS1-LS2 爆后/(m/s)	LS2-LS3 爆前/(m/s)	LS2-LS3 爆后/(m/s)	爆前平均值/(m/s)	爆后平均值/(m/s)
0.3	4102	3895	4083	3864	4092.5	3879.5
0.5	4118	3944	4112	3983	4115	3963.5
0.7	4163	4031	4143	4046	4153	4038.5
0.9	4190	4099	4172	4048	4181	4073.5
1.1	4203	4112	4182	4094	4192.5	4103
1.3	4188	4112	4196	4127	4192	4119.5
1.5	4210	4116	4203	4177	4206.5	4146.5
1.7	4213	4162	4214	4186	4213.5	4174
1.9	4220	4208	4223	4198	4221.5	4203
2.1	4238	4229	4240	4217	4239	4223
2.3	4238	4238	4243	4240	4240.5	4239
2.5	4243	4243	4250	4250	4246.5	4246.5

表 10.25　切缝药包爆破声速测试结果

孔深	RS1-LS2 爆前/(m/s)	RS1-LS2 爆后/(m/s)	RS2-RS3 爆前/(m/s)	RS2-RS3 爆后/(m/s)	爆前平均值/(m/s)	爆后平均值/(m/s)
0.3	4098	3989	4067	3948	4082.5	3968.5
0.5	4132	4045	4113	4011	4122.5	4028
0.7	4150	4073	4124	4068	4137	4070.5

续表

孔深	RS1-LS2 爆前/（m/s）	RS1-LS2 爆后/（m/s）	RS2-RS3 爆前/（m/s）	RS2-RS3 爆后/（m/s）	爆前平均值/（m/s）	爆后平均值/（m/s）
0.9	4158	4109	4140	4086	4149	4097.5
1.1	4165	4111	4176	4106	4170.5	4108.5
1.3	4197	4122	4176	4114	4186.5	4118
1.5	4223	4169	4220	4174	4221.5	4171.5
1.7	4254	4195	4237	4204	4245.5	4199.5
1.9	4281	4236	4285	4251	4283	4243.5
2.1	4296	4267	4301	4270	4298.5	4268.5
2.3	4320	4320	4301	4301	4310.5	4310.5
2.5	4331	4331	4328	4328	4329.5	4329.5

由表 10.24、表 10.25 可以得出声速随孔深的变化曲线，如图 10.55、图 10.56 所示。

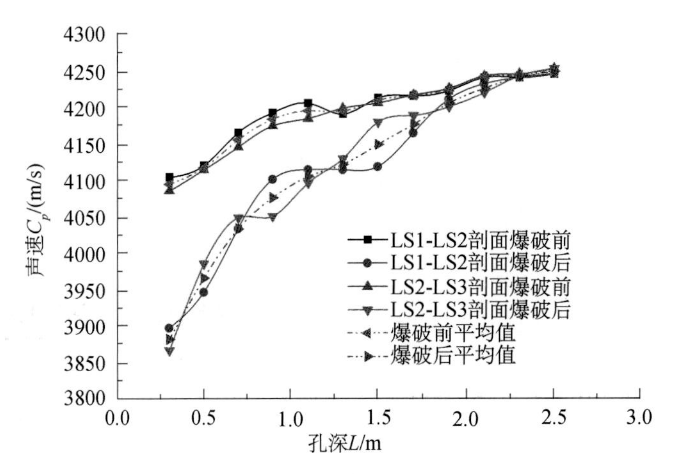

图 10.55　普通药包爆破声速变化曲线

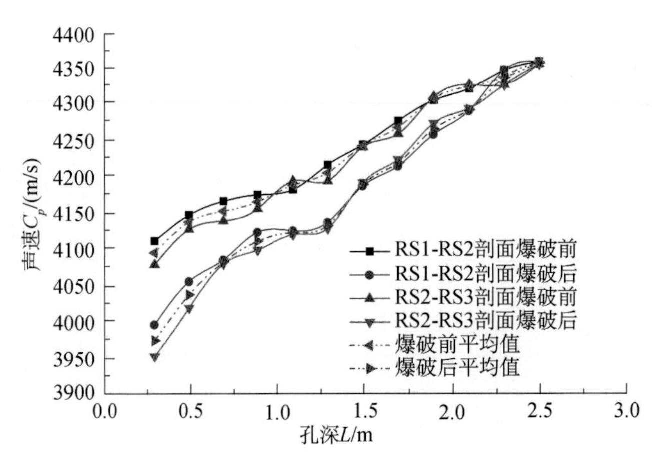

图 10.56　切缝药包爆破声速变化曲线

从上述声速变化曲线可以看出：

（1）竖直方向即井筒掘进方向，两次试验爆前围岩声速大体相当，一般为 4000～4300m/s，均值在 4150m/s 左右，说明竖向围岩体岩性变化不大；水平方向即周边眼的左右两侧，爆前围岩声速大体相当，同时相邻两个测试孔声速值接近，说明水平方向围岩体岩性变化不大，也说明此区域围岩体岩性比较单一，具备对比分析的基础。

（2）从爆破前、后声速变化可以看出，声速随着孔深的增加而增加，声速变化率逐渐减小，当孔深大于 2.0m 时声速变化平缓，爆前爆后声速值接近，说明孔深大于 2.0m 后围岩进入稳定区，在此范围内爆破对围岩的损伤作用较小。相反，孔口处声速降低率较大，并且正常爆破时的声速变化率要高于切缝药包爆破时的声速变化率。

2. 围岩损伤分析

岩石作为一种脆性材料，其内部含有大量的微裂隙和孔洞等固有缺陷。在爆炸载荷作用下，围岩体内将产生动态应力场，应力波和爆生气体都将对围岩内的原生缺陷起到进一步发展的作用，所以不均匀的薄弱细观结构会被激化、激活，形成随时空分布、演化的各类损伤，这种细观的损伤正是宏观损伤和破坏的物理基础。所以围岩的损伤破坏机制可以归结为其内部缺陷的动态演化。

根据声速结果，基于损伤和声速的关系，可求得不同药包爆破时损伤变量 D 值，如表 10.26 和表 10.27 所示，以及损伤变量随孔深的变化规律，如图 10.57 和图 10.58 所示。

表 10.26　普通药包和切缝药包爆破损伤变化规律

孔深/m	普通药包爆破损伤变量 D			切缝药包爆破损伤变量 D		
	LS1-LS2	LS2-LS3	平均值	RS1-RS2	RS2-RS3	平均值
0.3	0.098	0.104	0.101	0.052	0.058	0.055
0.5	0.083	0.062	0.072	0.042	0.049	0.045
0.7	0.062	0.046	0.054	0.037	0.027	0.032
0.9	0.043	0.059	0.051	0.023	0.026	0.025
1.1	0.043	0.042	0.042	0.026	0.033	0.030
1.3	0.036	0.033	0.034	0.035	0.029	0.032
1.5	0.044	0.034	0.039	0.025	0.022	0.024
1.7	0.024	0.036	0.030	0.028	0.016	0.022
1.9	0.006	0.012	0.009	0.021	0.016	0.018
2.1	0.004	0.011	0.008	0.013	0.014	0.014
2.3	0.000	0.001	0.001	0.000	0.000	0.000
2.5	0.000	0.001	0.001	0.000	0.000	0.000

表 10.27　损伤变量的对比分析

损伤变量 D	普通爆破	切缝爆破
1-2 剖面最大损伤值	0.098	0.058
1-2 剖面合计损伤值	0.443	0.303
2-3 剖面最大损伤值	0.104	0.053
2-3 剖面合计损伤值	0.441	0.290
最大损伤值降低率/%		44.7
合计损伤值降低率/%		32.95

注：合计损伤降低率=[(0.443−0.303)/0.443+(0.441−0.29)/0.441]=32.95%，同理，另一值为 36.65%。

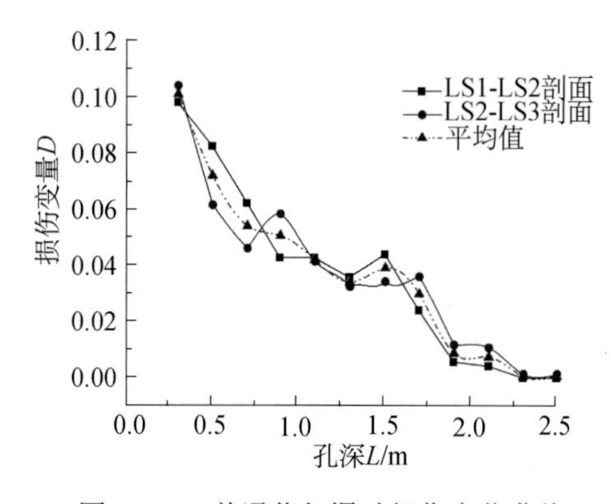

图 10.57　普通药包爆破损伤变化曲线

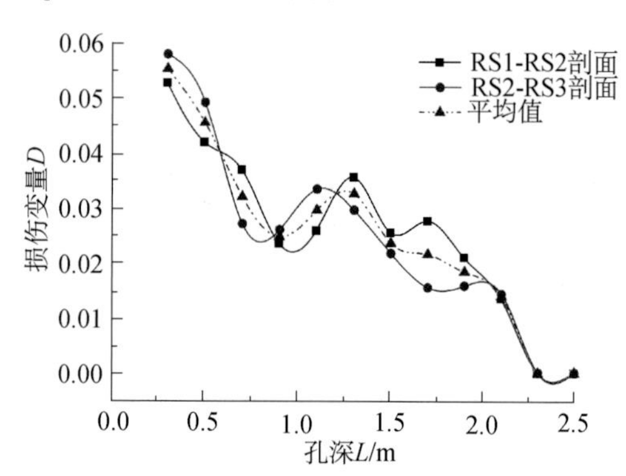

图 10.58　切缝药包爆破损伤变化曲线

从上述损伤变量的变化曲线可以看出：

（1）1-2 剖面和 2-3 剖面总体上损伤变化趋势基本一致，且损伤值比较接近，所以下面将参考两个剖面的平均值作为研究对象进行分析。

（2）从普通药包和切缝药包爆破损伤变化曲线可以看出，在孔深 1.0m 附近时，曲线出现了波动情况。分析原因如下：首先，采用普通药包爆破和切缝药包爆破时，装药量、装药长度及起爆方式相同，可以认为爆炸荷载作用形式相同，因此曲线变化趋势基本一致，这是相同点。其次，不同点是普通药包爆破时最大损伤变量 D 出现在 2-3 剖面，其值为 0.104，而切缝药包爆破时最大损伤变量 D 出现在 1-2 剖面，其值为 0.058，最大损伤变量 D 降低了 44.7%，造成这种差异性的原因是切缝药包爆破时套管的存在使得在炮孔壁周围形成了不均匀的应力场分布，在保留岩体方向由于药包外壳阻碍了爆生气体对孔壁的“渗透”和“楔入”作用，从而保护了炮孔壁。同时，切缝方向的能量汇聚作用和应力突出作用使得孔间距增加了 60%，相当于降低了单位面积炸药消耗，有利于围岩的保护。正因为这两个原因才降低了围岩的损伤程度。

3．爆破效果分析

切缝药包的定向断裂控制爆破效果已经在试验研究中得到证明。而现场试验则是其应用推广的前提，先进的爆破技术应在技术和经济效益等方面表现出优越性。根据传统指标测量和观察法对两次爆破试验进行了统计，具体见表 10.28，并对其爆破效果进行了拍摄，如图 10.59 所示。

表 10.28 试验结果统计

指标名称	普通爆破	切缝药包爆破
周边眼个数/个	20	13
周边眼间距/mm	500	800
每孔装药量/kg	2.142	2.142
再生裂隙	形成粉碎区	局部 1～2 条
不平整度/cm	±15	±5
半眼残痕/条	6	10
半孔残痕率/%	30	77
炮眼利用率/%	92.5	92.5
大块岩石程度/cm	<25	<25
周边眼打眼时间/min	300	195

(a) 普通药包爆破 (b) 切缝药包爆破

图 10.59 周边成型效果

从图 10.59 可以看出，采用普通药包爆破后，残留炮孔周围的围岩比较粉碎，且在孔壁上形成了很多裂隙，孔壁围岩的强度较低；而采用切缝药包爆破后，残留炮孔周围裂隙较少，孔壁的强度相对较高。这也说明了与普通药包爆破相比，切缝药包爆破对围岩的损伤作用较小。

1）技术指标分析

在装药量相等的情况下，与普通药包爆破相比，切缝药包爆破时周边眼间距为 800mm，眼间距增加了 300mm，增加了 60%；周边眼炮眼个数减少了 7 个，节省了 105min 的打眼时间；13 个炮孔中有 10 个炮孔呈半眼痕，占 77%，增加了 47%；周边不平整度在±5cm 左右，较普通药包爆破减少了约 10cm；炮眼利用率和大块度差异不大。

普通药包爆破一侧，周边眼大部分不存在半眼痕，炮孔周边几乎都是粉碎区，孔壁裂隙十分明显；而切缝药包爆破一侧，半眼痕率高，孔壁裂隙较少，局部出现 1～2 条裂隙。

2）经济效益分析

除技术方面对比分析外，经济效益对比分析也是重点关注的问题。可以从以下几个方面进行时间和经济效益分析，以一个单循环进尺为计算单位：

（1）打眼时间

普通药包爆破：15min/孔×20 个孔=300min；

切缝药包爆破：15min/孔×13 个孔=195min，节省了 105min。

（2）雷管消耗

普通药包爆破：12 元/个×20 个孔=240 元；

切缝药包爆破：12 元/个×13 个孔=156 元，节省了 44 元。

（3）炸药消耗

普通药包爆破：2.142kg/孔×20 个孔×12 元/kg=514.08 元；

切缝药包爆破：2.142kg/孔×13 个孔×12 元/kg=334.15 元，节省了 179.93 元。

（4）混凝土用量

普通药包爆破：45.31m^3×320 元/m^3=14499 元；

切缝药包爆破：40.23m^3×320 元/m^3=12873 元；

（5）增加材料费

切缝管 PVC：4 元/m×4m/孔×13 个孔=208 元；

根据上述计算结果，可以得出不同试验方案下的经济效益情况，如表 10.29 所示。

表 10.29　经济效益评价

指标参数	普通爆破	切缝爆破
雷管消耗/元	240	156
炸药消耗/元	514.08	334.15
混凝土/元	14499	12873
增加材料费（PVC）/元	0	208
总计/元	15253.08	13571.15

从表 10.29 可看出，采用较普通药包爆破，切缝药包爆破可节省 1681.93 元，如果算上辅助作业时间和装药时间，还会取得很好的时间效益。

10.4　京沪高铁露天边坡预裂爆破

采用切缝药包定向断裂爆破的主要优点在于爆破后断面光滑平整，半眼痕率高，因而对被保护一侧岩体的损伤极小，在临近边坡一侧的光面爆破和预裂爆破应用中具有明显的优势。此外，由于采用切缝药包预裂爆破后，被爆一侧与被保护一侧岩体可以完全被切分开，因而对于降低后续主炮孔的振动效应具有显著作用。从爆破引起的边坡破坏效应来说，主要包括爆破自身引起的围岩损伤和爆破振动对高陡边坡的损伤积累两个方面。可见，采用切缝药包爆破对于降低上述两种爆破危害具有极其重要的意义。

基于采用理论分析和砂浆模型试验所取得的研究成果，这里采用现场试验，对切缝药包预裂爆破进行研究，试验场地为北京—上海高速铁路济南段的边坡，对切缝管装药预裂爆破后的边坡平整度进行研究。

10.4.1　工程概况

试验场地为京沪高速铁路济南段（DK453+030—DK453+960），试验段为 DK540 段。现场爆破方法采用先预裂后松动的爆破方式。由于岩石节理、裂隙发育，岩石硬度较低（普氏系数小于 7），预裂爆破后边坡成型效果较差，边坡爆破后超挖及欠挖现象显著，极大地增加了后期的边坡修整的工作量，严重影响施工进度。现场边坡情况如图 10.60 所示。

图 10.60　现场爆破试验条件

10.4.2　试验方案

为了提高边坡预裂爆破后的成型质量，采用在炮孔中布置切缝药包的方式进行预裂爆破。试验中药包长为 20cm，直径为 32mm，炸药采用乳化炸药。切缝管采用白色硬质 PVC 材料，管内径为 32mm，壁厚为 2mm，切缝宽度为 4mm，单根切缝管长度为 60cm。现场炮孔深 8～10m。药包布置：炮孔采用聚能管串联方式绑扎在竹板上，每个炮孔采用 10 个聚能管，药包间距为 18cm，每个切缝管间距为 20cm，预裂孔采用高能导爆索起爆，布置见图 10.61。为了对聚能管装药与普通装药预裂爆破效果进行对比，在其中 8 个预裂炮孔中分别布置 4 个聚能管装药和 4 个普通装药[138]。

图 10.61　现场试验装药结构

10.4.3　边坡平整度比较分析

图 10.62 所示为边坡预裂爆破效果图，其中编号 1～4 为预裂孔采用切缝药包爆破后的效果；5～8 为普通装药下边坡预裂爆破效果。可以看出，采用普通预裂孔爆破时，受保护的岩体侧壁破碎较为严重，无明显的半眼痕，超挖、欠挖现象显著（5～8）；预裂孔采用切缝药包爆破时，受保护的边坡侧壁破坏极小，断面光滑平整，半眼痕明显（1～4）。图 10.63 所示为切缝药包爆破后半眼痕。结果发现，采用切缝药包爆破后，在受保护岩体的侧壁基本没有产生次生裂纹。

图 10.62　边坡平整度比较

图 10.63　切缝药包爆破后半眼痕

10.4.4　岩石破碎块度比较分析

图 10.64 所示为分别采用普通装药和切缝药包时，炮孔顶部岩体的破碎情况。现场爆破发现，当采用聚能管装药爆破时（图 10.64（b）），可以看到明显的边坡预裂爆破迹线，且沿开挖线岩体切割面平直；而采用普通装药预裂爆破时（图 10.64（a）），在上面无法看到明显的开挖迹线。对岩体破碎块度比较，采用聚能管预裂爆破时，顶部岩体破碎块度较大，最大块度达到 60cm，40cm 块体有 10 余块，底部岩体破碎块度较均匀，为 10～20cm；而采用普通预裂爆破时，顶部岩体破碎严重，而炮孔底部破碎块度分布极不均匀，岩石破碎区中夹杂大块较多。

(a) 普通预裂爆破

(b) 切缝药包预裂爆破

图 10.64　破碎块度比较

试验结果表明，聚能管装药爆破，爆炸能量被充分作用于切割岩体，岩体破碎块度均匀，无明显大块与粉碎区，而采用普通装药预裂爆破，炸药能量主要集中作用于炮孔壁，在炮孔近区形成非常严重的粉碎区，而在炮孔中心处，由于爆炸能量的衰减，出现多处大块区。试验与模拟结果的吻合较好。

10.5　德兴铜矿高陡边坡预裂爆破

10.5.1　工程概况

试验地点为江西德兴铜矿采场 3 号钻机边坡，现场边坡条件如图 10.65 所示。该边坡岩石较软，邻近边坡炮孔爆破后，边坡成型非常差，造成该边坡极不稳定，常有落石事故发生。为此选用该地段边坡进行切缝药包爆破，以提高边坡的稳定性。

图 10.65　德兴铜矿采场 3 号钻机边坡

10.5.2　四孔爆破试验

1. 爆破方案

试验中切缝管采用硬质 PVC 材料，内直径为 32mm，切缝管壁厚 2mm，单个切缝管长度为 1m。试验炮孔深度为 16m。为了保证清除根底，炮孔底部增大药量，采用三个药卷并列绑扎的方法，增强装药高度为 1m。而后上部采用切缝管装药结构，切缝药包串联绑扎在竹片上。每个炮孔使用 12 个切缝管，总装药长度为 13m，炮孔顶部 3m 不装药。试验共有 4 个炮孔采用切缝管装药结构，起爆方式为高能导爆索起爆。现场实际装药结构如图 10.66 和图 10.67 所示。

(a) 切缝管装药

(b)底部集中装药

图 10.66　切缝药包装药结构

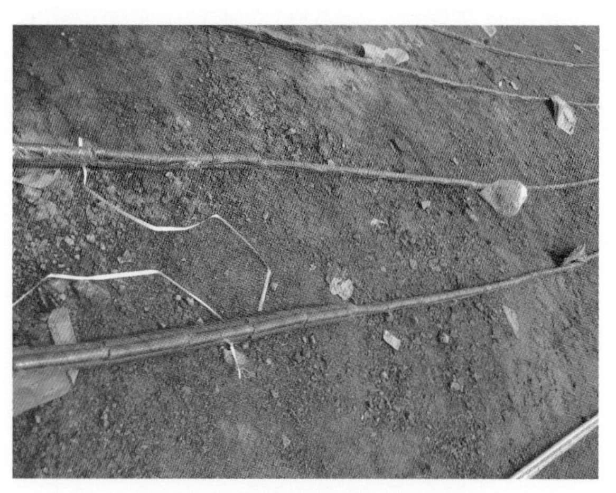

图 10.67　绑扎好后的切缝药包

2. 爆破结果

实际爆破后的效果如图 10.68 所示。可以发现，在采用切缝药包爆破的 4 个炮孔出现了明显的半眼痕，如图中标注的 1～4 炮孔；而其他炮孔爆破后基本没有留下眼痕，爆破后边坡平整度差，超挖和欠挖现象普遍。后来由于试验地点矿山规划的需要，要修建为永久运输坡道，因此只开挖出部分炮孔，炮孔底部大部分没有开挖出来。但是，通过开挖出来的部分炮孔，不难发现采用切缝药包进行边坡预裂爆破后边坡的成型得到了显著改善，大大提高了边坡的平整度。边坡成型质量的提高，必将提高边坡的整体稳定性，有利于减少落石、滑坡等事故的发生。

图 10.68　爆破效果

10.5.3　边坡整体开挖现场应用效果

在四孔预裂爆破试验的基础上，对德兴铜矿其中一段边坡整体采用切缝药包预裂爆破，爆破后效果如图 10.69 所示。爆破后边坡平整度极高，半眼痕达到了 95%以上，有效地提高了边坡的整体稳定性。

图 10.69　德兴铜矿边坡整体开挖效果

10.5.4　切缝管轴向间隔装药爆破降振试验

1. 试验方案

对切缝药包爆破的振动效应，以及采用切缝药包预裂爆破后对主炮孔的降振效应进行研究。试验地点均为铜矿采场 13 号电铲附近边坡。由于现场边坡岩石更为破碎，因此这里采用轴向间隔装药的爆破方式，如图 10.70 所示。炮孔底部采用集中装药，两个药包并列绑扎在炮孔底部，集中装药长度为 1m。单个药包长度 20cm，药包间距 10cm，切缝管长度 1m，如图 10.70（b）所示。炮孔深 9m，总装药长 7m，炮孔顶部 2m 不装药，起爆方式为高能导爆索起爆，如图 10.71 所示。

(a) 装药结构

(b) 切缝管装药局部放大图

图 10.70　试验现场装药结构

图 10.71　现场连线方式

现场试验共进行了两次。第一次试验：预裂孔总数 41 个，其中布置切缝药包 11 个，其余为普通装药，试验按照先切缝后普通的顺序分别进行爆破，记录各自爆破振动，进行对比研究；第二次试验：预裂孔总数 37 个，其中布置切缝药包 6 个，其余为普通装药，主要研究切缝药包爆破后形成的预裂缝对主炮孔的降振作用。为了对普通装药预裂孔和切缝管装药预裂爆破后的降振效应进行比较，试验中分别在两种预裂爆破近区布置了测振仪器，试验中炮孔布置如图 10.72 所示。

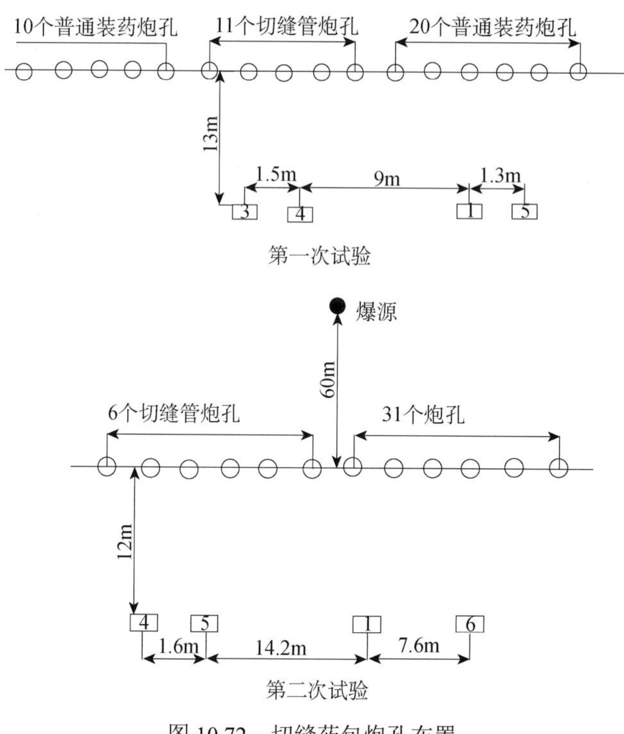

图 10.72　切缝药包炮孔布置

试验共采用两种测试仪器，编号 1～3 为成都中科公司生产的 TC-4850 型测振仪，编号 4～6 为加拿大生产的 Minimate Plus 型测振仪，如图 10.73 所示。

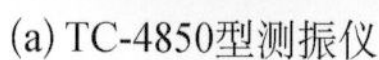

(a) TC-4850型测振仪

(b) Minimate Plus型测振仪

图 10.73　振动测试仪器

2. 试验结果分析

测点振动测试结果见表 10.30 和表 10.31，其中表 10.30 所示为预裂孔自身爆破振动测试结果，表 10.31 所示为松动爆破测点振动速度。

表 10.30　预裂爆破测点振动速度

测点	X/（cm/s）	Y/（cm/s）	Z/（cm/s）
1	17.0	6.1	17.8
3	16.3	8.4	10.4
4	10.6	9.4	8.6
5	10.0	9.9	10.1

表 10.31　松动爆破测点振动速度

测点	X/（cm/s）	Y/（cm/s）	Z/（cm/s）
1	1.2	1.9	1.8
4	2.2	1.5	1.2
5	1.8	1.9	1.2
6	1.7	2	2.6

首先，对预裂爆破测点振动速度进行研究。发现测点 1 和 3 的 X 向速度较大，均大于测点 4 和 5，而测点 1 和 3 的 Y 向速度又均小于测点 4 和 5。由于测点 3 和 4 距离较近，按理论分析测点振动速度不会发生显著差异。结合测试过程发现，由于测试时天气炎热，测试设备在太阳下暴晒，金属外壳温度在 60℃以上。成都中科公司生产的 TC-4850 型测振仪在预设触发阈值 1.5cm/s 的状态下，发生多次自身触发现象。可见，测试设备对高温反应非常敏感。因而在高温条件下，TC-4850 型测振仪在精度上存在一定误差。这里对测点 4 和 5 进行对比分析，发现测点 4 和 5 的 X 和 Y 向速度基本一致，而测点 4 的 Z 向速度略小于测点 5。实测结果说明，单独预裂爆破时，采用切缝管装药和普通装药对预裂孔近区的振动影响差异不大。

其次，对不同预裂爆破形式下对松动爆破的降振作用进行分析。由表 10.31 发现，除了仪器 1 的 X 向和测点 4 的 Y 向速度偏小外，其余各点的振动速度差异不大，均在 2cm/s 左右。同时发现测点 4 和 5 的 Z 向速度显著低于测点 1 和 3。试验结果说明，切缝管爆破和普通爆破下对 X 向和 Y 向降振作用不明显；而对于 Z 向，切缝管预裂爆破与普通预裂爆破相比，主炮孔产生的振动峰值降低了 33.3%～53.8%。

参 考 文 献

［1］杨善元. 岩石爆破动力学基础[M]. 北京：煤炭工业出版社，1993.

［2］钮强. 岩石爆破机理[M]. 沈阳：东北工学院出版社，1990.

［3］于亚伦. 工程爆破理论与技术[M]. 北京：冶金工业出版社，2004.

［4］王廷武，刘清泉，杨永琦，等. 地下与地面工程控制爆破[M]. 北京：煤炭工业出版社，1990.

［5］王汉军，黄风雷，张庆明. 岩石定向断裂爆破的力学分析及参数研究[J]. 煤炭学报，2003，28(4)：399-402.

［6］Barker L M. A simplified method for measuring plane fracture toughness[J]. Engineering Fracture Mechanics, 1977, 9(2): 361-369.

［7］Foster, CLN, Cox SH. A Treatise on Ore and Stone Mining[M]. London: Charles Griffin & Co. Ltd., 1905.

［8］Williams M L. Stress singularities resulting from various boundary conditions in angular corners of plates in extension[J]. Journal of Applied Mechanics, 1952, 19(4): 526-528.

［9］Langefors U, Kihlstrom B. The Modern Technique of Rock Blasting[M]. New York: John Wiley & Sons Ltd, 1978.

［10］Noda Nao-Aki, Tsubaki Masa-Akin, Nisitani Hironobu. Stress concentration of a strip with V- or U-shaped notches under transverse bending[J]. Engineering Fracture Mechanics, 1988, 33(1): 119-133.

［11］Fourney W L, Barker D B, Holloway D C. Model studies of well stimulation using propellant charges[J]. International Journal of Rock Mechanics, 1983, 20(2): 91-101.

［12］Fourney W L, Dally J W, Holloway D C. Controlled blasting with ligamented charge holders[J]. International Journal of Rock Mechanics, 1978, 15(3): 121-129.

［13］Foureny W L, Barker D B, Holloway D C. Model studies of explosive well simulation techniques[J]. International Journal of Rock Mechanics, 1981, 18(2): 113-127.

［14］Barker L M. A simplified method for measuring plane fracture toughness[J]. Engineering Fracture Mechanics, 1977, 9(2): 361-369.

［15］Biarnholt G A. System for contour blasting with directional fracture initiation[J]. International Journal of Rock Mechanics, 1983, 20(4): 129.

［16］Costin L S.Static and Dynamic Frature Behaviors of Oil Shale[C]. Fracture Mechanics for Ceramics, Rocks, and Concrete. Philadelphia PA, 1981.

［17］Yang Y Q, Gao Q C, Yu M S, et al. Experimental study of mechanism and technology of directed crack blasting[J]. Journal of China University of Mining & Technology, 1995, 5(2): 69-77.

［18］Yang R S, Zhuang J Z, Wang W, et al. Application of directional broken control blasting in cutting[J]. Journal of China University of Mining & Technology, 2000, 10(2): 112-115.

［19］宋俊生，杨仁树. 切槽孔爆破参数及其应力场模型试验研究[J]. 建井技术，1997，18（1）：21-25.

［20］杨仁树，宋俊生，杨永琦. 切槽孔爆破机理模型试验研究[J]. 煤炭学报，1995，20（2）：197-199.

[21] 陆文，张志呈，李明仁. 切槽爆破技术在赛马花岗石矿的试验[J]. 西南科技大学学报，1993，8（2）：76-83.

[22] 陆文，张志呈. 切槽爆破断裂应力强度因子及其装药量的确定[J]. 西南工学院学报，1994，9（1）：46-51.

[23] 李清，王平虎，杨仁树，等. 切槽孔爆破动态力学特征的动焦散线实验[J]. 爆炸与冲击，2009，29（4）：143-149.

[24] 杜云贵，张志呈. 圆形炮孔切槽后对岩石破坏方向控制作用的力学分析[C]. 全国第四届岩石破碎学术讨论会. 成都，1989.

[25] 徐颖，刘积铭. 切槽爆破在保护楼板的拆除中应用[J]. 西部探矿工程，1998，10（3）：40-41.

[26] 任从坡，王聚永. 分段凿岩阶段矿房法回采爆破方案的改进[J]. 采矿技术，2009，9（6）：88-89.

[27] Favreau R F. Displacement and velocity of rock in bench blasting[C]. First International Conference on Explosive Rock Breaking. 1983: 408-417.

[28] Harries G. A mathematical model of cratering and blasting[C]. National Symposium on Rock Fragmentation. Adelaide, 1973.

[29] Mchugh S. Power induced damage and broken simulation[C]. First International Conference on Explosive Rock Breaking. 1983: 234-243.

[30] Margolin L G. Numerical simulation of fracture[C]. The First International Conference on Explosive Rock Breaking. 1983: 218-226.

[31] Kuszmaul J S. A technique for Predicting fragmentation and fragment sizes resulting from rock blasting[C]. The 28th US Symposium on Rock Mechanics. Association, 1987.

[32] Grady D E, Kipp M E. Continuum modelling of explosive fracture in oil shale[J]. International Journal of Rock Mechanics, 1980, 17(3): 147-157.

[33] Kipp M E, Grady D E. Numerical Studies of Rock Fragmentation[M]. SAND-79-1582, 1980.

[34] Thorne B J. Application of a damage model for rock fragmentation to the straight creek mine blast experiments[J]. SAND-91-0867, 1991.

[35] Preece D S, Burchell S L. Variation of spherical element packing angle and its influence on computer simulations of blasting induced rock motion[C]. 1st International Conference on Diserete Element Methods. Camgirdge, 1993.

[36] 肖正学，郭学彬，张志呈. 切槽爆破断裂成缝机理的探讨[J]. 云南冶金，1999，28（6）：1-4.

[37] 宗琦. 岩石炮孔预切槽爆破断裂成缝机理研究[J]. 岩土工程学报，1998，20（1）：30-33.

[38] Chen S L, Zheng Z L. Large Deformation of Circular Membrane under the Concentrated Force[J]. Applied Mathematics and Mechanics, 2003, 24(1): 28-31.

[39] Yan Z X, Wu D L, Wang H Y, et al. Improvement of high pressure driving research method and study on particle motion[J]. Expolosion and Shock Waves, 2002, 22(2): 132-136.

[40] 王成端. 预制 V 型裂纹尖端应力强度因子的研究[J]. 应用数学和力学，1992，9（5）：26-28.

[41] 李成芳，邓小波. 螺旋形切槽孔爆破的机理分析及参数确定[J]. 施工与技术，2005，9（5）：32-35.

[42] 王艳梅，李成芳. 螺旋孔和圆孔切槽爆破的对比分析[J]. 施工与技术，2005，11（5）：51-53.

[43] 张志呈，王成端. 切槽爆破中切槽角的研究[J]. 爆炸与冲击，1990，10（3）：233-238.

[44] 阳友奎，邱贤德，张志呈. 切槽爆破中切槽的导向机理[J]. 重庆大学学报（自然科学版），1990，11（5）：56-59.

[45] 徐海清. 刻槽控制爆破有限元数值模拟[D]. 武汉：武汉理工大学，2004.

[46] 张玥. V 形刻槽爆破动态数值模拟[D]. 武汉：武汉理工大学，2006.

[47] 叶晓明，陈红，李成芳，等. 三维切槽孔爆破的数值分析[J]. 地下空间，2000，2（1）：59-61.

[48] 威廉. 成型装药原理及其应用[M]. 王树魁，贝静芬，译. 北京：兵器工业出版社，1992.

[49] Seely L, Clark J. High Speed Radiographic Studies of Controlled Fragmentation[C]. Ballistic Research Report No.368, 1943.

[50] Clark J, Rodas W. High Speed Radiographic Studies of Controlled Fragmentation[C]. Ballistic Research Laboratory Report No.585, 1945.

[51] Schardin H, Thomer G. Investigation of the Hollow Charge Problems With Help of the Flash X-Ray Method[C]. Ordnance Technical Intelligence Bulletin 20, 1941.

[52] Birkhoff G, MacDougall D, Pugh E, et al. Explosives with lined cavities[J]. Journal of Applied Physics, 1948, 19(6): 563-582.

[53] Evans W. The Hollow Charge Effect[C]. Institution of Mining and Metallurgy, No.520, 1950.

[54] Pugh E, Eichelberger R, Rostoker N. Theory of jet formation by charges with lined conical cavities[J]. Journal of Applied Physics, 1952, 23(2): 532-536.

[55] Bjarnholt G, Holmberg R, Ouchterlong F. A linear shaped charge system for contour blasting[C]. Proceeding of 9th Conference on Explosives and Blasting Technique. Dallas, 1983.

[56] Hayes G. Linear shaped charge collapse Mode[J]. Journal of Materials Science, 1984, 19(9): 3049-3058.

[57] Curtis J. Axisymmetrical instability model for shaped charge Jets[J]. Journal of Applied Physics, 1987, 61(11): 4978-4985.

[58] Hirsch E. The natural spread and tumbling of the shaped charge segments[J]. Propellants, Explosives and Pyrotechnics, 1981, 6(4): 104-111 .

[59] 罗勇. 聚能效应在岩土工程爆破中的应用研究[D]. 合肥：中国科学技术大学，2006.

[60] Held M. Dynamic plate thickness of ERA sandwiches against shaped charge jets[J]. Propellants Explosives and Pyrotechnics, 2004, 29(4): 244-246.

[61] Held M. Shaped charge optimisation against bulging targets[J]. Propellants, Explosives and Pyrotechnics, 2005, 30(5): 363-368.

[62] 杨永琦. 岩石聚能装药爆破[C]. 第四届全国工程爆破会议. 北京，1993.

[63] 谢源，刘庆林，常晋元，等. 聚能药包进行岩石二次破碎的试验研究[J]. 有色金属，2001，2：21-23.

[64] Ji R S. Experimental study on application of shaped charge to rock materials cutting[J]. Geoscience, 1998, 12(1): 138-142.

[65] 季荣生，何思为，孙强. 聚能药包侵彻岩石及其动态过程的高速摄影试验研究[J]. 有色金属，1999，4：32-36.

[66] 李明，张新华，刘永. 岩体聚能爆炸切割器的试验研究[J]. 爆破，2005，22（2）：103-105.

[67] Luo Y, Sheng Z W, Cui X R. Application study on blastin with linear cumulative cutting charge in rock[J]. Chinese Journal of Energetic Materials, 2006, 3(14): 236-241.

[68] Luo Y. Study on application of shaped charge in controlled rock mass blasting technology[J].Journal of Disaster Prevention and Mitigation Engineering, 2001, 27(1): 57-62.

[69] Liao M L, Xu D F, Wang Q Z.Use of cumulative charges blasting to remove pass blocks[J]. Mining Research and Development, 1996, 16(1): 143-145.

[70] Zhao G, Wen D J. Proparation of the annular cumulative charge and its application in fundation excavation blasting[J]. Blasting, 2001, 2(18): 8-12.

[71] Mohaupt H. Chapter 11: Shaped Charges and Warheads[M]. Aerospace Ordance Handbook. Englewood Cliffs, New Jersey: Prentice-Hall, 1966.

[72] 马建福. 聚能装药结构对混凝土侵彻作用研究[D]. 太原：中北大学，2007.

[73] 王铁福. 药型罩材料的晶度对射流性能的影响[J]. 高压物理学报，1996，10（4）：102.

[74] Zhao T H, Tan H, Zhang S Q. Effect of Detonation Front Geometry on Jet Performance of Shaped Charges[A]. Proceedings of the 16th International Symposium on Ballistics [C]. San Francisco，1996 .

[75] 陈启珍. 炸药性能对破甲深度的影响[C]. 爆轰聚能效应研究讨论会，1987.

[76] 郑哲敏. 聚能射流的稳定性问题[J]. 爆炸与冲击，1981，1（1）：6-17.

[77] 贾光辉，张国伟，裴思行. 扁平结构自锻破片成型研究[J]. 弹箭与制导学报，1999，12（1）：57-60.

[78] 蒋浩征. 火箭战斗部设计原理[M]. 北京：国防工业出版社，1982.

[79] 秦承森，刘义，杭义洪，等. 周培基抛射角公式的改进[J]. 爆炸与冲击，2005，25（2）：97-101.

[80] 秦承森，李勇. 一个新的射流颗粒速度差公式[J]. 爆炸与冲击，2001，21（1）：8-12.

[81] 郭德勇，裴海波，宋建成，等. 煤层深孔聚能爆破致裂增透机理研究[J]. 煤炭学报，2008，33（12）：1382-1385.

[82] 郭德勇，宋文健，李中州，等. 煤层深孔聚能爆破致裂增透工艺研究[J]. 煤炭学报，2009，34（8）：1086-1089.

[83] 宁建国，马天宝，王成. 多物质二维流体动力学程序 MMIC 的理论基础及其应用研究[J]. 太原理工大学学报，2005，5（06）：30-32.

[84] 郝莉，王成，宁建国. 聚能射流问题的数值模拟[J]. 北京理工大学学报，2003，23（1）：19-21.

[85] 吴开腾，牟廉明，宁建国. 聚能射流数值模拟中的几项关键技术[J]. 内江师范学院学报，2006，21（6）：9-13.

[86] 韩秀清，曹丽娜，曹宇新，等. 聚能射流形成及破甲过程的数值模拟分析[J]. 科学技术与工程，2009，9（23）：6960-6964 .

[87] 曹丽娜，韩秀清，董小刚，等. 药型罩结构对聚能射流影响的数值模拟[J]. 矿业研究与开发，2009，29（6）：98-105.

[88] 李伟兵，王晓鸣，李文彬，等. 韩玉药型罩结构参数对多模毁伤元形成的影响[J]. 弹道学报，2009，16（1）：23-25.

[89] 叶文通，陈勇，郁炜. 聚能金属射流开采石矿的形成过程数值研究[J]. 微计算机信息，2009，

25（6）：3-6.
［90］冯其京，郝鹏程，杭义洪，等. 聚能装药的欧拉数值模拟[J]. 爆炸与冲击，2008，28（2）：138-143.
［91］Fourney W L, Dally J W, Hollowouy DC. Controlled Blasting with Ligamented Charge Holders. International Journal of Rock Mechanics and Mining Sciences, 1978, 15(3): 184-188.
［92］吴金有. 谈工程爆破的堵塞作用及堵塞结构的改进[J]. 黄金，1990，11（10）：60-61.
［93］张志呈. 定向断裂控制爆破机理综述[J]. 矿业研究与开发，2000，20（10）：40-42.
［94］李彦涛，杨永琦，成旭. 切缝药包爆破模型及生产试验研究[J]. 辽宁工程技术大学学报（自然科学版），2000，19（2）：116-118.
［95］张玉明，张奇，白春华. 切缝药包成缝机理及参数优化[J]. 煤炭科学技术，2001，29（12）：32-36.
［96］高全臣，杨永琦，宋浩，等. 岩巷中深孔定向断裂爆破技术[J]. 煤炭科学技术，1995，23（2）：13-15.
［97］戴俊，王代华，熊光红，等. 切缝药包定向断裂爆破切缝管切缝宽度的确定[J]. 有色金属，2004，56（4）：110-113 .
［98］宋俊生，杨永琦，曾康生. 岩巷切缝药包定向断裂爆破技术研究[J]. 煤矿设计，1997，11：5-8.
［99］王树仁，魏有志. 岩石爆破中断裂控制的研究[J]. 中国矿业大学学报，1985，14（3）：113-120.
［100］Langefors U. The Modern Technique of Rock Blasting[M]. Wiley, 1978
［101］唐中华，肖正学. 切缝药包爆破应力分布规律的研究[J]. 四川冶金，1997，3：2-5.
［102］唐中华，张志呈，向开伟，等. 切缝药包爆破的作用机理[J]. 云南冶金，1998，27（4）：7-11.
［103］张玉明，员永峰，张奇. 切缝药包破岩机理及现场应用[J]. 爆破器材，2001，30（5）：5-8.
［104］杨永琦，金乾坤，杨仁树，等. 岩巷定向断裂爆破新工艺[J]. 工程爆破，1995，81（1）：8-11.
［105］杨同敏，吴增光，黄汉富，等. 岩石爆破定向断裂控制机理研究[J]. 煤炭，1999，8（1）：23-24.
［106］高金石，张继春. 半圆套管在定向成缝爆破中的作用分析[J]. 爆破，1990，4：21-24.
［107］高全臣，杨永琦，宋浩，等. 岩巷中深孔定向断裂爆破技术[J]. 煤炭科学技术，1995，23（2）：13-15.
［108］单仁亮，胡文博，李兴利. 切缝药包管定向断裂爆破软岩模型试验研究[J]. 辽宁工程技术大学学报，2001，20（4）：420-422 .
［109］田运生，田会礼，杨仁树，等. 切缝药包定向断裂爆破技术在岩巷中的应用[J]. 矿井技术，1997，6：10-12.
［110］Yang R S, Tian Y S, et al. Study on blasting descaling in the soot-delivery pipe[J]. Journal of coal science and engineering, 1997, 3(1): 45-48 .
［111］杨永琦. 切缝药包岩石定向断裂爆破参数研究[C]. 第七届全国工程爆破学术会议. 成都，2001.
［112］杨华. 应用切缝药包爆破技术提高巷道光面爆破质量[J]. 矿业安全与环保，2004，31（5）：69-70.
［113］何满潮，曹伍富，王树理. 双向聚能拉伸爆破及其在硐室成型爆破中的应用[J]. 安全与环境学报，2004，4（1）：8-11.
［114］何满潮，曹伍富，单仁亮，等. 双向聚能拉伸爆破新技术[J]. 岩石力学与工程学报，2003，22（12）：2047-2051.
［115］郭东明，华福才，李思璞，等. 采场采用聚能管爆破控顶应用研究[J]. 工程爆破，2006，12（3）：

33-35.

［116］Yuan K D, Zhou Z. Application on cutting seam cartridge blasting in highway slope excavation[J]. Journal of Southwest University of Science and Technology. 2005，20（2）57-60.

［117］张志呈，周州，张渝僵，等. 切缝药包爆破在公路采石场中的应用[J]. 石材，2006，3：35-40.

［118］张济宏，项开发. 切缝药包能量控制技术在采石场中的应用[J]. 有色金属（矿山部分），2009，3：34-36.

［119］李伟，方正，刘文进. 切缝药包爆破技术在提高软岩隧道爆破效果中的运用[J]. 科协论坛，2009，11：21-23.

［120］杨仁树，岳中文，肖同社，等. 节理介质断裂控制爆破裂纹扩展的动焦散试验研究[J]. 岩石力学与工程学报，2008，27（2）：244-250.

［121］刘永胜，傅洪贤，王梦恕，等. 水耦合定向断裂装药结构试验及机理分析[J]. 北京交通大学学报，2009，33（1）：109-112.

［122］蒲传金，郭学彬，张志呈，等. 切缝药包爆破机理分析与试验研究[J]. 爆破，2006，23（1）：33-35.

［123］肖正学，陆态，陆渝生，等. 切缝宽度对药包爆炸效应影响的动光弹试验[J]. 解放军理工大学学报（自然科学版），2006，7（4）：371-375.

［124］张志雄，郭银领，李林峰. 切缝药包爆破裂纹扩展机理研究[J]. 工程爆破，2007，13（2）：11-14.

［125］肖定军，郭学彬，蒲传金. 单孔护壁爆破数值模拟[J]. 化工矿物与加工，2008，（7）：22-24.

［126］李显寅，蒲传金，肖定军. 论切缝药包爆破的剪应力作用[J]. 爆破，2009，26（1）：19-21.

［127］Yang R S, Jiang L L, Yang G L, et al. Numerical Simulation of Directional Fracture Blasting[C]// Proceedings of the Second International Conference on Modelling and Simulation. Livepool UK: World Academic Press. 2009, 296-300.

［128］杨仁树，姜琳琳，杨国梁，等. 煤岩定向断裂控制爆破数值模拟[J]. 煤矿安全，2009，40（1）：14-19.

［129］姜琳琳. 切缝药包定向断裂爆破机理与应用研究[D]. 北京：中国矿业大学（北京），2010.

［130］张守中. 爆炸与冲击动力学[M]. 北京：兵器工业出版社，1993.

［131］高祥涛. 切缝药包爆轰冲击动力学行为研究[D]. 北京：中国矿业大学（北京），2013.

［132］陈岗. 切缝药包间隔装药爆破的试验研究[D]. 北京：中国矿业大学（北京），2010.

［133］刘国庆. 切缝药包爆破岩石损伤破坏范围研究[D]. 北京：中国矿业大学（北京），2013.

［134］王雁冰. 爆炸的动静作用破岩与动态裂纹扩展机理研究[D]. 北京：中国矿业大学（北京），2015.

［135］车玉龙. 异形药包爆破作用机理及对围岩的损伤效应研究[D]. 北京：中国矿业大学（北京），2015.

［136］杨国梁，杨仁树，佟强. 切缝药包掏槽爆破研究与应用[J]. 煤炭学报，2012，37（3）：385-388.

［137］杨仁树，车玉龙，冯栋凯，等. 切缝药包预裂爆破减振技术试验研究[J]. 振动与冲击，2014，33（12）：7-14.

［138］杨国梁，程师杰，王平，等. 切缝管轴向不耦合装药爆破试验研究[J]. 爆炸与冲击，2017，37（1）：134-139.